JN172707

駿台

2025 大学入学共通テスト

実戦問題集

化学

駿台文庫編

はじめに

「大学入学共通テスト」は，従来の大学入試センター試験に代わる新しい大学入学のための関門として，きわめて重要なテストといえる。共通テストでは，知識・技能のみならず，〈思考力・判断力・表現力〉も重視して評価するという出題の方針が示されており，今後も受験生にとって厳しい試練となるだろう。しかし，出題範囲については，従来通り教科書の範囲から出題されるので，教科書の内容を正しく把握していれば問題はない。

本書は，**駿台オリジナルの実戦問題を５回分**，**共通テスト本試験を３回分**収録しており，共通テストの特徴や傾向を把握しながらより多くの演習を重ねることが可能である。そして，**わかりやすく，ポイントをついた解説によって学力を補強し，ゆるぎない自信をもって試験にのぞめる**ようサポートするものである。

本書の問題を演習することによって，自分の理解度と弱点を自己診断し，その弱点を一つ一つ補強し，知識をより完全なものにしておくことができる。出来なかった問題はもちろん，出来た問題も解説をよく研究し，思考力，応用力を養っておこう。

あいまいな100の知識は０に等しく，それよりも正確な10の知識のほうが大切であるということを肝に銘じておかなければならない。

この『**大学入学共通テスト実戦問題集**』および姉妹編の『**共通テスト実戦パッケージ問題（青パック）**』を徹底的に学習することによって，みごと栄冠を勝ち取られることを祈ってやまない。

（編集責任者・共通テスト解説執筆者）　三門恒雄

本書の特長と利用法

●特　長

1　実物と同じ大きさの問題！

2　2025 年度入試対策が効率よく行える！

本書には，実戦問題５回分と共通テスト本試験３回分が収録されています。実戦問題は，実際の共通テストと遜色のないよう工夫した駿台オリジナル問題を掲載しました。また，「共通テスト攻略のポイント」では，これまでのセンター試験の出題傾向もふまえた上で，共通テストに向けた学習のポイントをわかりやすく解説しました。

3　重要事項の総復習ができる！

別冊巻頭には，共通テストに必要な重要事項をまとめた「直前チェック総整理」を掲載しています。コンパクトにまとめてありますので，限られた時間で効率よく重要事項をチェックすることができます。

4　解説がわかりやすい！

解説は，ていねいでわかりやすいだけでなく，そのテーマの背景，周辺の重要事項まで解説してあります。また，正解となる選択肢だけでなく，間違っている選択肢についても解説を行いましたので，「なぜそれを選んではいけないのか？」までもわかります。

5　自分の偏差値がわかる！

共通テスト本試験の各回の解答のはじめに，大学入試センター公表の平均点と標準偏差をもとに作成した偏差値表を掲載しました。「自分の得点でどのくらいの偏差値になるのか」が一目でわかります。

●利用法

1　問題は，実際の試験にのぞむつもりで，必ずマークシート解答用紙を用いて，制限時間を設けて取り組んでください。

2　解答したあとは，自己採点（結果は解答ページの自己採点欄に記入しておく）を行い，ウイークポイントの発見に役立ててください。ウイークポイントがあったら，何度も同じ問題に挑戦し，次に同じ間違いを繰り返さないようにしましょう。

●マークシート解答用紙を利用するにあたって

1　氏名・フリガナ，受験番号・試験場コードを記入する

受験番号・試験場コード欄には，クラス番号などを記入して，練習用として使用してください。

2　解答科目欄に正しくマークする

共通テストでは，解答科目が無マークまたは複数マークの場合は，0 点になりますので，注意しましょう。

2025年度　大学入学共通テスト　出題教科・科目

以下は，大学入試センターが公表している大学入学共通テストの出題教科・科目等の一覧表です。

最新の情報は，大学入試センター webサイト（http://www.dnc.ac.jp）でご確認ください。

不明点について個別に確認したい場合は，下記の電話番号へ，原則として志願者本人がお問い合わせください。

●問い合わせ先　大学入試センター　TEL　03-3465-8600　（土日祝日，５月２日，12月29日～１月３日を除く　９時30分～17時）

<table>
<tr><th>教科</th><th>グループ</th><th>出題科目</th><th>出題方法
（出題範囲，出題科目選択の方法等）
出題範囲について特記がない場合，出題科目名に含まれる学習指導要領の科目の内容を総合した出題範囲とする。</th><th>試験時間(配点)</th></tr>
<tr><td>国語</td><td></td><td>『国　語』</td><td>・「現代の国語」及び「言語文化」を出題範囲とし，近代以降の文章及び古典（古文，漢文）を出題する。</td><td>90分（200点）（注１）</td></tr>
<tr><td>地理歴史

公民</td><td></td><td>『地理総合，地理探究』
『歴史総合，日本史探究』
『歴史総合，世界史探究』　→(b)
『公共，倫理』
『公共，政治・経済』

『地理総合／歴史総合／公共』
→(a)

※(a)：必履修科目を組み合わせた出題科目
(b)：必履修科目と選択科目を組み合わせた出題科目</td><td>・左記出題科目の６科目のうちから最大２科目を選択し，解答する。
・(a)の『地理総合／歴史総合／公共』は，「地理総合」，「歴史総合」及び「公共」の３つを出題範囲とし，そのうち２つを選択解答する（配点は各50点）。
・２科目を選択する場合，以下の組合せを選択することはできない。
(b)のうちから２科目を選択する場合
『公共，倫理』と『公共，政治・経済』の組合せを選択することはできない。
(b)のうちから１科目及び(a)を選択する場合
(b)については，(a)で選択解答するものと同一名称を含む科目を選択することはできない。（注２）
・受験する科目数は出願時に申し出ること。</td><td>１科目選択
60分（100点）

２科目選択
130分（注３）
（うち解答時間120分）
（200点）</td></tr>
<tr><td rowspan="2">数学</td><td>①</td><td>『数学Ⅰ，数学A』
『数学Ⅰ』</td><td>・左記出題科目の２科目のうちから１科目を選択し，解答する。
・「数学A」については，図形の性質，場合の数と確率の２項目に対応した出題とし，全てを解答する。</td><td>70分（100点）</td></tr>
<tr><td>②</td><td>『数学Ⅱ，数学B，数学C』</td><td>・「数学B」及び「数学C」については，数列（数学B），統計的な推測（数学B），ベクトル（数学C）及び平面上の曲線と複素数平面（数学C）の４項目に対応した出題とし，４項目のうち３項目の内容の問題を選択解答する。</td><td>70分（100点）</td></tr>
<tr><td>理科</td><td></td><td>『物理基礎／化学基礎／生物基礎／地学基礎』
『物　理』
『化　学』
『生　物』
『地　学』</td><td>・左記出題科目の５科目のうちから最大２科目を選択し，解答する。
・『物理基礎／化学基礎／生物基礎／地学基礎』は，「物理基礎」，「化学基礎」，「生物基礎」及び「地学基礎」の４つを出題範囲とし，そのうち２つを選択解答する（配点は各50点）。
・受験する科目数は出願時に申し出ること。</td><td>１科目選択
60分（100点）
２科目選択
130分（注３）
（うち解答時間120分）
（200点）</td></tr>
<tr><td>外国語</td><td></td><td>『英　語』
『ドイツ語』
『フランス語』
『中国語』
『韓国語』</td><td>・左記出題科目の５科目のうちから１科目を選択し，解答する。
・『英語』は「英語コミュニケーションⅠ」，「英語コミュニケーションⅡ」及び「論理・表現Ⅰ」を出題範囲とし，【リーディング】及び【リスニング】を出題する。受験者は，原則としてその両方を受験する。その他の科目については，『英語』に準じる出題範囲とし，【筆記】を出題する。
・科目選択に当たり，『ドイツ語』，『フランス語』，『中国語』及び『韓国語』の問題冊子の配付を希望する場合は，出願時に申し出ること。</td><td>『英　語』
（【リーディング】
80分（100点）
【リスニング】
60分（注４）
（うち解答時間30分）（100点））

『ドイツ語』『フランス語』『中国語』『韓国語』
【筆記】
80分（200点）</td></tr>
<tr><td>情報</td><td></td><td>『情報Ⅰ』</td><td></td><td>60分（100点）</td></tr>
</table>

（備考）『　』は大学入学共通テストにおける出題科目を表し，「　」は高等学校学習指導要領上設定されている科目を表す。

また，『地理総合／歴史総合／公共』や『物理基礎／化学基礎／生物基礎／地学基礎』にある“／”は，一つの出題科目の中で複数の出題範囲を選択解答することを表す。

（注１）『国語』の分野別の大問数及び配点は，近代以降の文章が３問110点，古典が２問90点（古文・漢文各45点）とする。

（注２） 地理歴史及び公民で２科目を選択する受験者が，(b)のうちから１科目及び(a)を選択する場合において，選択可能な組合せは以下のとおり。

・(b)のうちから『地理総合，地理探究』を選択する場合，(a)では「歴史総合」及び「公共」の組合せ
・(b)のうちから『歴史総合，日本史探究』又は『歴史総合，世界史探究』を選択する場合，(a)では「地理総合」及び「公共」の組合せ
・(b)のうちから『公共，倫理』又は『公共，政治・経済』を選択する場合，(a)では「地理総合」及び「歴史総合」の組合せ

［参考］地理歴史及び公民において，(b)のうちから１科目及び(a)を選択する場合に選択可能な組合せについて

○：選択可能　×：選択不可

		(a)		
		「地理総合」 「歴史総合」	「地理総合」 「公共」	「歴史総合」 「公共」
(b)	『地理総合，地理探究』	×	×	○
	『歴史総合，日本史探究』	×	○	×
	『歴史総合，世界史探究』	×	○	×
	『公共，倫理』	○	×	×
	『公共，政治・経済』	○	×	×

（注３） 地理歴史及び公民並びに理科の試験時間において２科目を選択する場合は，解答順に第１解答科目及び第２解答科目に区分し各60分間で解答を行うが，第１解答科目及び第２解答科目の間に答案回収等を行うために必要な時間を加えた時間を試験時間とする。

（注４）【リスニング】は，音声問題を用い30分間で解答を行うが，解答開始前に受験者に配付したICプレーヤーの作動確認・音量調節を受験者本人が行うために必要な時間を加えた時間を試験時間とする。

なお，『英語』以外の外国語を受験した場合，【リスニング】を受験することはできない。

2019～2024年度　共通テスト・センター試験　受験者数・平均点の推移（大学入試センター公表）

センター試験←｜→共通テスト

科目名	2019年度		2020年度		2021年度第１日程		2022年度		2023年度		2024年度	
	受験者数	平均点	受験者数	平均点	受験者数	平均点	受験者数	平均点	受験者数	平均点	受験者数	平均点
英語 リーディング（筆記）	537,663	123.30	518,401	116.31	476,173	58.80	480,762	61.80	463,985	53.81	449,328	51.54
英語 リスニング	531,245	31.42	512,007	28.78	474,483	56.16	479,039	59.45	461,993	62.35	447,519	67.24
数学Ⅰ・数学A	392,486	59.68	382,151	51.88	356,492	57.68	357,357	37.96	346,628	55.65	339,152	51.38
数学Ⅱ・数学B	349,405	53.21	339,925	49.03	319,696	59.93	321,691	43.06	316,728	61.48	312,255	57.74
国　語	516,858	121.55	498,200	119.33	457,304	117.51	460,966	110.26	445,358	105.74	433,173	116.50
物理基礎	20,179	30.58	20,437	33.29	19,094	37.55	19,395	30.40	17,978	28.19	17,949	28.72
化学基礎	113,801	31.22	110,955	28.20	103,073	24.65	100,461	27.73	95,515	29.42	92,894	27.31
生物基礎	141,242	30.99	137,469	32.10	127,924	29.17	125,498	23.90	119,730	24.66	115,318	31.57
地学基礎	49,745	29.62	48,758	27.03	44,319	33.52	43,943	35.47	43,070	35.03	43,372	35.56
物　理	156,568	56.94	153,140	60.68	146,041	62.36	148,585	60.72	144,914	63.39	142,525	62.97
化　学	201,332	54.67	193,476	54.79	182,359	57.59	184,028	47.63	182,224	54.01	180,779	54.77
生　物	67,614	62.89	64,623	57.56	57,878	72.64	58,676	48.81	57,895	48.46	56,596	54.82
地　学	1,936	46.34	1,684	39.51	1,356	46.65	1,350	52.72	1,659	49.85	1,792	56.62
世界史B	93,230	65.36	91,609	62.97	85,689	63.49	82,985	65.83	78,185	58.43	75,866	60.28
日本史B	169,613	63.54	160,425	65.45	143,363	64.26	147,300	52.81	137,017	59.75	131,309	56.27
地理B	146,229	62.03	143,036	66.35	138,615	60.06	141,375	58.99	139,012	60.46	136,948	65.74
現代社会	75,824	56.76	73,276	57.30	68,983	58.40	63,604	60.84	64,676	59.46	71,988	55.94
倫　理	21,585	62.25	21,202	65.37	19,954	71.96	21,843	63.29	19,878	59.02	18,199	56.44
政治・経済	52,977	56.24	50,398	53.75	45,324	57.03	45,722	56.77	44,707	50.96	39,482	44.35
倫理，政治・経済	50,886	64.22	48,341	66.51	42,948	69.26	43,831	69.73	45,578	60.59	43,839	61.26

（注１）2020年度までのセンター試験『英語』は，筆記200点満点，リスニング50点満点である。

（注２）2021年度以降の共通テスト『英語』は，リーディング及びリスニングともに100点満点である。

（注３）2021年度第１日程及び2023年度の平均点は，得点調整後のものである。

2024年度　共通テスト本試「化学」
データネット（自己採点集計）による得点別人数

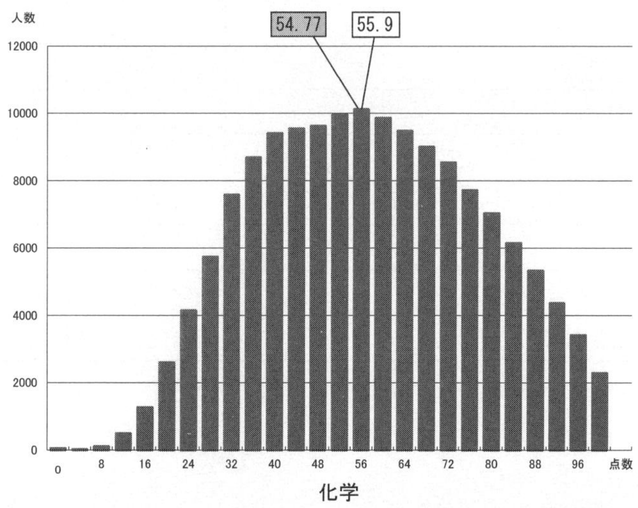

上のグラフは，2024年度大学入学共通テストデータネット（自己採点集計）に参加した，化学：152,423名の得点別人数をグラフ化したものです。

2024年度データネット集計による平均点は 55.9，大学入試センター公表の2024年度本試平均点は 54.77 です。

共通テスト攻略のポイント

「出題分野」と「学習方法」

分野	内容	2024 本試	2023 本試	2022 本試	2021 第1日程
物質の構造	原子構造・電子配置 (一部▼)			○	
	物質量 ▼	○	○	○	○
	化学結合・結晶 (一部▼)	○	○	○	○
物質の状態	物質の三態 (一部▼)	○			○
	気体の性質	○	○	○	○
	溶　解 (一部▼)			○	○
	希薄溶液の性質				
	コロイド	○	○		
物質の変化	化学反応と熱・光	○	○	○	○
	酸－塩基反応 ▼	○		○	
	酸化還元反応 ▼		○		
	電　池 (一部▼)	○		○	○
	電気分解	○	○		○
	反応速度と化学平衡	○	○	○	○
無機物質	周期表と元素	○	○		○
	気体の発生		○	○	
	陽イオンの反応・分析		○	○	○
有機化合物	化学式の決定・異性体			○	○
	脂肪族化合物	○	○	○	○
	芳香族化合物	○	○	○	○
高分子化合物	合成高分子化合物	○	○	○	○
	天然高分子化合物	○	○	○	○
上記とは別に実験としての内容		○	○	○	○

▼は「化学基礎」の分野。

●センター試験の歴史

センター試験は，1979年から実施された**共通一次試験**が，1990年から**大学入試センター試験**と改名され，受験科目や試験結果の活用法が現在のように変更されたもので，試験の目的は共通一次試験と同じである。

その第一の目的は，従来は大学入試が一回の試験で合否を決める方式であったものを，二回の受験の機会を与えることにより，受験生が実力を十分に発揮できるようにする。

第二の目的は，センター試験によって，基礎知識，基本事項の理解度を見て，二次試験によって理解力，思考力，応用力などを中心に専門的能力を見ることである。

したがって，センター試験の出題範囲は高校の教科書の内容から逸脱することなく，主として基本事項，基礎知識を中心に出題されている。しかし，1992年から私立大学の参加が急速に増加し，それに伴って出題内容も思考力，応用力，計算力を要する問題が見られるようになった。

●大学入学共通テストとは

大学入試センター試験の後継試験として実施された「大学入学共通テスト」は，各教科・科目の特質に応じ，思考力・判断力・表現力を中心に評価を行うものとされている。その「化学」の特徴は，以下のようなものである。

① 従来のセンター試験と比べると，「科学的な探究の過程を重視する」という共通テストの方向性に沿った出題が多く見られ，十分な考察力を問う内容となっている。

② 教科書等で扱われない内容を，与えられた資料を読みとることによって把握させる新しいタイプの問題が含まれる。

③ 基本概念や原理・法則の深い理解があるかどうかで得点差がつく内容となっている。

④ 実験の目的やデータの分析，結果の考察など思考力を養うための学習を必要とする。

⑤ 難易度の調整は，従来のセンター試験型の問題を適宜加えることで行われる。

以上のように，従来のセンター試験の過去問研究によってしっかりとした土台をつくり，その上に考察力，思考力，応用力などを十分に養う学習が欠かせない。

●各分野の学習ポイント

結晶構造は単位格子の理解が不可欠

体心立方格子，面心立方格子，六方最密構造の特徴を正確につかむ。結晶の密度を与える式を理論的に導けるように。

気体の計算は $PV = nRT$ で解決しよう

状態方程式（$PV = nRT$）と混合気体の分圧法則を使いこなせるように。

n，T 一定 ⇒ $PV = k$ 一定（ボイルの法則）

n，P 一定 ⇒ $\dfrac{V}{T} = k$ 一定（シャルルの法則）

n 一定 ⇒ $\dfrac{PV}{T} = k$ 一定（ボイル・シャルルの法則）

溶液の性質では電解質の溶質に注意しよう

沸点上昇，凝固点降下，浸透圧は，分子やイオンなど溶質粒子の種類によらない性質なので，計算などでは水溶液中の電解質の電離後の総溶質粒子に着目する。

コロイドの学習も忘れずに。

反応の速さと化学平衡との関係を正しく理解しよう

平衡に到達するまでの濃度変化のグラフから，いろいろな情報を読み取れるように。活性化エネルギーと触媒のはたらき，反応速度の表し方と反応速度を変える因子，平衡定数，電離定数，条件変化と平衡移動の方向（ルシャトリエの原理）に慣れておこう。

金属のイオン化傾向の大小で考えよう

イオン化傾向の大小は，金属単体の反応性（還元力）の大小と結びつくので，酸化・還元，電池・電気分解，金属の化学的性質と関係が深い。

①塩の水溶液を電気分解（Pt電極）するとき，

・陰極に金属を析出するもの

⇒Cu，Agのようなイオン化傾向の小さい金属のイオン。

・陰極に H_2 を発生するもの

⇒K，Ca，Na，Mg，Alのようなイオン化傾向の大きい金属のイオン（これらのイオンより H^+ や H_2O のほうが還元されやすい）。

②普通の酸に溶ける金属

⇒イオン化傾向の大きい金属。

Pb は表面に生じる $PbSO_4$，$PbCl_2$ が水に溶けにくいため，希硫酸，希塩酸には溶けにくい。

③強塩基に溶けるもの

⇒両性元素（Al，Zn，Sn，Pb）

無機物質の知識は正確に覚えよう

金属イオンの性質や沈殿反応

①金属イオンの沈殿反応

検出反応には，金属イオンによっては特殊試薬を用いるものがあるが，$H_2S(S^{2-})$ や $NaOH(OH^-)$ は共通の試薬だから，沈殿するか否か，沈殿の条件などをまとめておこう。

② Fe^{2+}，Fe^{3+} の沈殿反応

$Fe^{2+} + K_3[Fe(CN)_6] \longrightarrow$ 濃青色沈殿

$Fe^{3+} + K_4[Fe(CN)_6] \longrightarrow$ 濃青色沈殿

③水酸化物が過剰の NaOH に溶けるもの

⇒両性元素の水酸化物

④アンモニア水で，はじめに生じた沈殿が，過剰のアンモニア水に溶けるもの

⇒ Zn^{2+}，Cu^{2+}，Ag^+

⑤ Cl^-，CO_3^{2-}，SO_4^{2-} との反応

Cl^- で沈殿するもの⇒ Ag^+，Pb^{2+}

CO_3^{2-} で沈殿するもの⇒ Ca^{2+}，Ba^{2+} など多数

$$Ba^{2+} + CO_3^{2-} \longrightarrow BaCO_3\downarrow$$

SO_4^{2-} で沈殿するもの⇒ Ca^{2+}，Ba^{2+}，Sr^{2+}，Pb^{2+}

$$Ca^{2+} + SO_4^{2-} \longrightarrow CaSO_4\downarrow$$

有機化合物は官能基を中心にまとめよう

有機化合物の性質は，主に官能基の性質と考えてよい。したがって，主な官能基の名称，構造式，性質，検出法を正しく理解しておくことが大切である。

○炭化水素（炭素と水素のみからなる化合物）

$CH_4 \sim C_6H_{14}$ までの名称を正しく覚えておこう。

○脂肪族化合物

物質間の関係＝官能基間の関係より，CH_3OH，C_2H_5OH を中心に物質間の関係，反応の条件をまとめておこう。

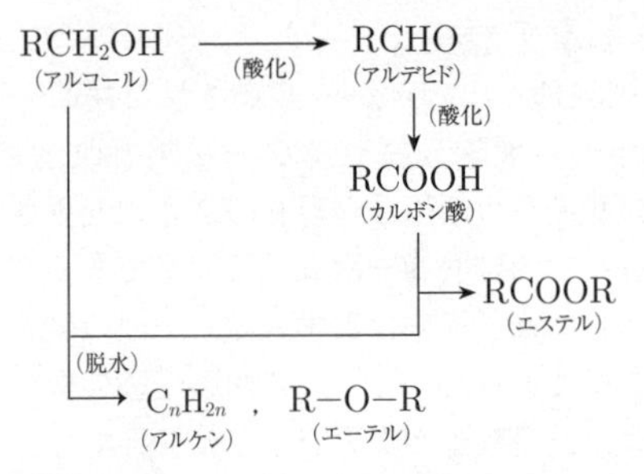

○芳香族化合物

芳香族化合物はベンゼン環の性質と，含まれる官能基の性質をもつ。ベンゼンを中心に，種々の置換反応の条件，反応名，反応生成物の関係をまとめておこう。

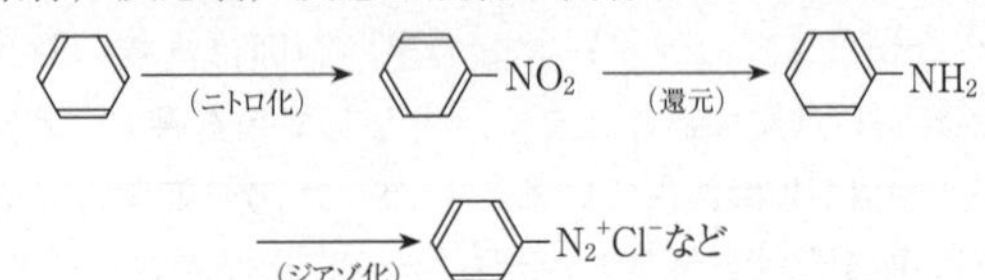

天然・合成高分子化合物は日常生活との関連にも注意を向けよう

身の回りにある天然有機化合物，合成高分子化合物で日々役立っているものを調べておこう。

天然高分子では，多糖類，タンパク質，核酸の構造をよく理解しておこう。

合成高分子では，合成繊維，合成樹脂，ゴムの構造とともに重合形式を理解しておくことが大切である。また，高分子の計算問題は難度が高くなる可能性があるので，十分に慣れておこう。

第 1 回

（60 分）

実 戦 問 題

標準所要時間

第 1 問	12 分	第 4 問	12 分
第 2 問	12 分	第 5 問	12 分
第 3 問	12 分		

化　　　学

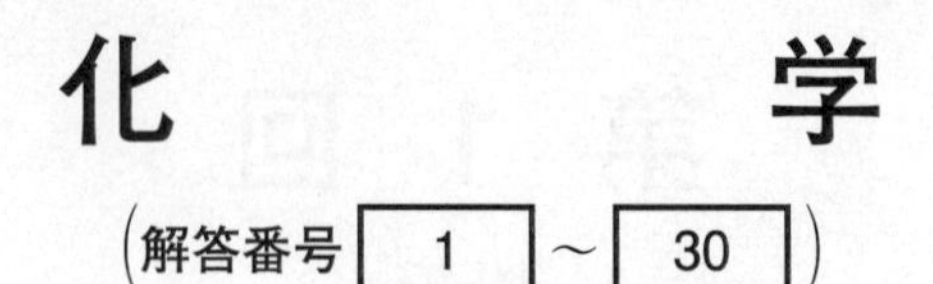

（解答番号 1 ～ 30 ）

必要があれば，原子量は次の値を使うこと。
H　1.0　　N　14　　O　16　　Cu　64
Sn　119
気体は，実在気体とことわりがない限り，理想気体として扱うものとする。

第1問　次の問い（問1・問2）に答えよ。（配点　20）

問1　1価の強酸 HA と1価の弱酸 HB について，次の問い（**a**・**b**）に答えよ。

a　0.10 mol/L の強酸 HA の水溶液と 0.10 mol/L の弱酸 HB の水溶液に関する記述（Ⅰ・Ⅱ）について，正誤の組合せとして最も適当なものを，後の①～④のうちから一つ選べ。ただし，強酸 HA は完全に電離しているものとする。 1

Ⅰ　各水溶液を水で10倍に薄めると，各水溶液の pH は同じ値になる。

Ⅱ　各水溶液を電解質水溶液として用いて豆電球を点灯させると，強酸である HA の水溶液の方が明るく点灯する。

	Ⅰ	Ⅱ
①	正	正
②	正	誤
③	誤	正
④	誤	誤

b　強酸と弱酸を混合した水溶液中では，弱酸の電離はほぼ起こらないことが知られている。強酸 HA と弱酸 HB が混合している水溶液 10 mL を，0.10 mol/L の水酸化ナトリウム水溶液で滴定したところ，次の図1の滴定曲線が得られた。滴定前の水溶液中における HA，HB の物質量の比(HA の物質量：HB の物質量)として最も適当なものを，後の ①～⑤ のうちから一つ選べ。ただし，HA の中和反応が完了するまで，HB は反応しないものとする。 2

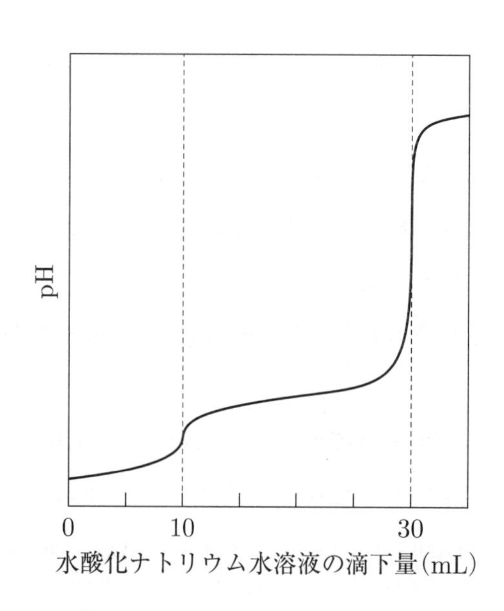

図1　強酸 HA と弱酸 HB の混合水溶液の滴定曲線

① 1：1　　② 1：2　　③ 2：1　　④ 1：3　　⑤ 3：1

問２　酢酸ナトリウムに塩酸を加えると酢酸が生成する。これは，酢酸イオン CH_3COO^- のような弱酸由来の陰イオンは H^+ を受け取りやすい性質をもつためである。次の問い（**a**〜**c**）に答えよ。

a　次の塩のうち，その水溶液が塩基性を示すものとして最も適当なものを，次の ① 〜 ④ のうちから一つ選べ。 3

① 硫酸カリウム K_2SO_4
② 炭酸水素ナトリウム $NaHCO_3$
③ 硝酸銅（Ⅱ） $Cu(NO_3)_2$
④ 塩化アンモニウム NH_4Cl

b　塩化水素 HCl，シアン化水素 HCN，次亜塩素酸 HClO とそのナトリウム塩の各水溶液を用いていくつかの組合せで反応させたところ，次の反応（**ア**〜**ウ**）が起きた。HCl，HCN，HClO を酸としての性質が強い順に並べたものとして最も適当なものを，後の ① 〜 ⑥ のうちから一つ選べ。 4

ア　$HCl + NaClO \longrightarrow NaCl + HClO$
イ　$HCl + NaCN \longrightarrow NaCl + HCN$
ウ　$HClO + NaCN \longrightarrow NaClO + HCN$

① HCl ＞ HCN ＞ HClO
② HCl ＞ HClO ＞ HCN
③ HCN ＞ HCl ＞ HClO
④ HCN ＞ HClO ＞ HCl
⑤ HClO ＞ HCl ＞ HCN
⑥ HClO ＞ HCN ＞ HCl

c 1価の弱酸HBのナトリウム塩NaBを1.0×10^{-4} mol含む水溶液に1.0×10^{-4} molの1価の強酸HAを混合し，水を加えて100 mLにした。混合後の水溶液のpHはいくらか。最も適当なものを，後の①～⑤のうちから一つ選べ。ただし，HBの電離度は，次の図2に従うものとする。また，水溶液中の物質は揮発しないものとする。 **5**

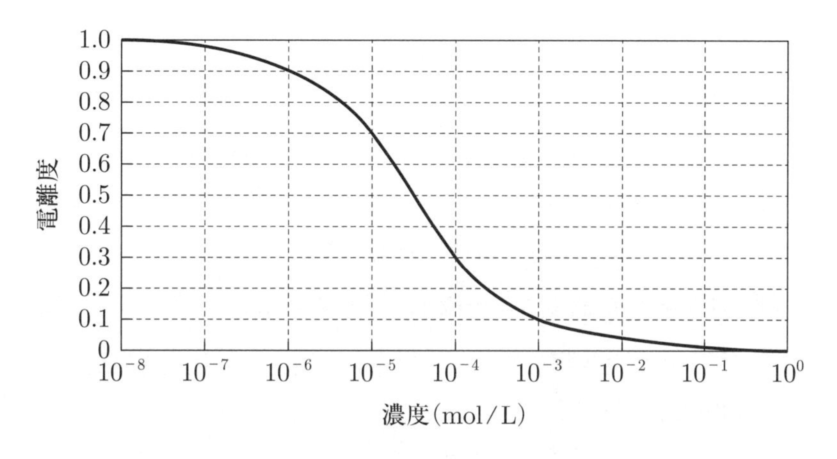

図2 HBの濃度と電離度の関係

① 1　　② 2　　③ 3　　④ 4　　⑤ 5

第2問　次の問い(問1～3)に答えよ。(配点　20)

問1　酸化還元反応に関する記述として下線部に**誤りを含むもの**はどれか。最も適当なものを，次の ① ～ ④ のうちから一つ選べ。 6

① シュウ酸 $H_2C_2O_4$ 水溶液を硫酸酸性の過マンガン酸カリウム $KMnO_4$ 水溶液で滴定する際は，MnO_4^- の赤紫色が消えた時点を滴定の終点と判定する。

② ヨウ化カリウム KI 水溶液と硫酸酸性の過酸化水素水 H_2O_2 を反応させると，H_2O_2 が酸化剤としてはたらき，溶液が褐色となる。

③ 二酸化硫黄 SO_2 水溶液と硫化水素 H_2S 水溶液を反応させると，H_2S が還元剤としてはたらき，溶液が白濁する。

④ ヨウ素 I_2 溶液をチオ硫酸ナトリウム $Na_2S_2O_3$ 水溶液で滴定する際は，デンプン水溶液を指示薬として加え，溶液が青紫色から無色になった時点を滴定の終点と判定する。

問2 電池に関する次の文章中の ア ・ イ に当てはまる物質の組合せとして正しいものを，後の ①～④ のうちから一つ選べ。 7

1円硬貨(アルミニウム Al) 9枚と10円硬貨(主成分は銅 Cu) 9枚を使って電池をつくった。次の図1のように，発光ダイオードの一方の導線の上にきれいに磨いた10円硬貨を置き，その上に食塩水に浸したコットン(綿)を重ね，その上に1円硬貨を置く。これを繰り返し，9枚目の1円硬貨の上に発光ダイオードのもう一方の導線を密着させると，電流が流れ発光ダイオードが点灯する。

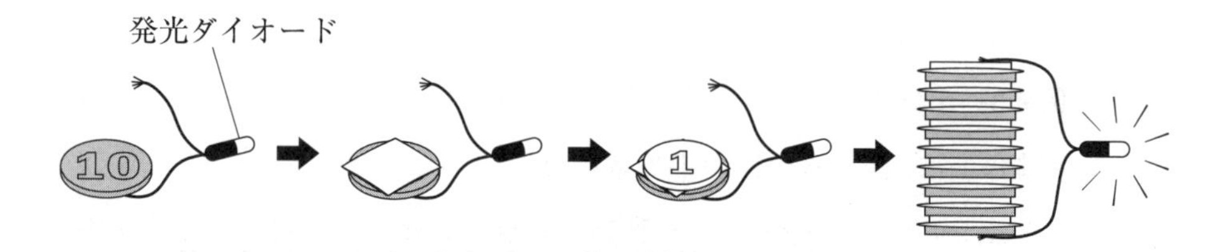

図1　1円硬貨と10円硬貨による電池

この電池において，負極としてはたらいて電子 e^- を放出した物質は ア である。正極側で e^- を受け取った物質が酸素 O_2 であるとすると，電池の放電によって主に イ が生成すると考えられる。

	ア	イ
①	Al	Al_2O_3
②	Al	$Al(OH)_3$
③	Cu	CuO
④	Cu	$Cu(OH)_2$

問3　酸化銅(Ⅱ)と酸化スズ(Ⅱ)を，活性炭を用いて還元する実験を次の**手順1**～**6**で行った。この実験に関する後の問い(**a**～**d**)に答えよ。

手順1　酸化銅(Ⅱ)の粉末10gと活性炭粉末をよく混合してるつぼに入れた。

手順2　酸化スズ(Ⅱ)の粉末3.0gと活性炭粉末をよく混合した。

手順3　**手順1**の混合物の入ったるつぼをガスバーナーで加熱した。ここで，予熱後，徐々に炎を強めていくと(a)混合物の外側から反応が始まり，その後，激しく反応して半溶融状態の金属が生成した。

手順4　半溶融状態の金属に**手順2**の混合物を加え，さらに活性炭粉末を十分に加えて，強熱した。強熱を続けながら，半溶融状態の金属を太い鉄棒で十分にかき混ぜ続けた。

手順5　十分にかき混ぜたら，徐々に火を弱めていき，ゆっくり火を止めた。

手順6　冷却後，るつぼの中の金属を取り出し，サンドペーパー等で磨き上げると，美しい(b)やや赤みを帯びた黄色の金属の塊が得られた。

a　下線部(a)で起こった**酸化還元反応として適切でないもの**はどれか。最も適当なものを，次の①～④のうちから一つ選べ。［8］

① $CuO + C \longrightarrow Cu + CO$

② $CuO + CO \longrightarrow Cu + CO_2$

③ $2CuO + C \longrightarrow 2Cu + CO_2$

④ $CuO + CO_2 \longrightarrow CuCO_3$

b　下線部(b)で得られた金属は銅とスズの合金である。この合金の質量は何gか。最も適当な数値を，次の①～④のうちから一つ選べ。ただし，下線部(b)で得られた合金には，**手順1**と**手順2**で用いた酸化銅(Ⅱ)と酸化スズ(Ⅱ)に含まれていた銅とスズがすべて入っており，炭素などの不純物は入っていなかったものとする。［9］g

① 8.0　② 11　③ 13　④ 15

c　下線部(b)で得られた銅とスズの合金の名称として最も適当なものを，次の ① ～ ④ のうちから一つ選べ。 10

① 青銅(ブロンズ)　　② 黄銅(真ちゅう)

③ ステンレス鋼　　④ ジュラルミン

d　合金は，混じり合う金属の割合によって融点などの性質が変化する。次の図２は，合金中のスズの割合(質量％)に対する銅とスズの合金の融点を示したものである。この実験で生成した合金の融点は約何℃か。**問 b** を参考にして，最も適当な数値を，後の ① ～ ④ のうちから一つ選べ。 11 ℃

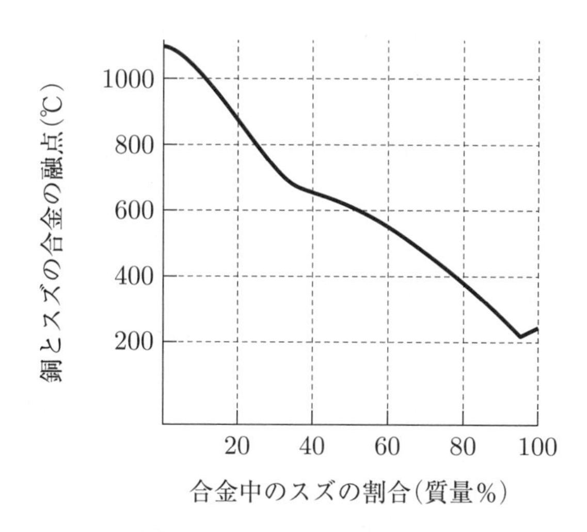

図２　銅とスズの合金の融点

① 400　　② 600　　③ 800　　④ 1000

第3問　次の問い(問1～4)に答えよ。(配点　20)

問1　次の記述(ア・イ)の両方に当てはまるものを，後の ①～④ のうちから一つ選べ。 12

ア　極性分子である

イ　非共有電子対を2組もつ

① メタン　② 水　③ アンモニア　④ 窒 素

問2　塩化ナトリウムの結晶の単位格子を図1に示す。この単位格子は一辺の長さが a の立方体である。この結晶に関する記述として**誤りを含むもの**はどれか。最も適当なものを，後の ①～④ のうちから一つ選べ。 13

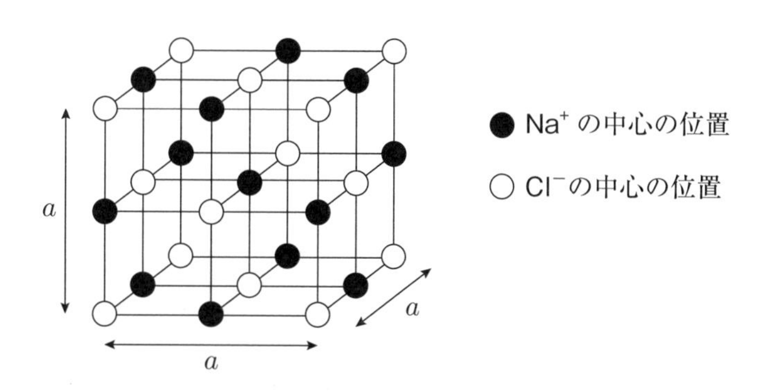

図1　塩化ナトリウムの結晶の単位格子

① 互いに最も近い陽イオンどうしの中心間の距離は $\frac{\sqrt{2}}{2}a$ である。

② 単位格子に含まれる Na^+ と Cl^- の数はともに4個である。

③ Na^+ に隣接する Cl^- の数は12個である。

④ Cl^- は面心立方格子と同じ配置を形成している。

問3　次の表は種々の塩素化合物について，大気圧下における融点とその融解液の電気伝導性の大小を示したものである。表1は第3周期の元素の塩素化合物，表2は酸化数の異なる2種類のスズ Sn および鉛 Pb の塩素化合物に関するものである。

表1　第3周期の元素の塩素化合物

	NaCl	$MgCl_2$	PCl_3	SCl_2
融点(℃)	801	714	−94	−77
融解液の電気伝導性	大きい	大きい	小さい	小さい

表2　スズおよび鉛の塩素化合物

	$SnCl_2$ 塩化スズ(Ⅱ)	$SnCl_4$ 塩化スズ(Ⅳ)	$PbCl_2$ 塩化鉛(Ⅱ)	$PbCl_4$ 塩化鉛(Ⅳ)
融点(℃)	247	−33	501	−15
融解液の電気伝導性	大きい	小さい	大きい	小さい

これらの融点や電気伝導性の相違に関して文献を調査し，次のようにまとめた。これを読み，後の問い(**a**・**b**)に答えよ。

文献調査のまとめ

分子結晶またはイオン結晶を形成する2種類の異なる典型元素間の結合について

1　一般に共有結合性とイオン結合性が混じり合った結合状態で存在する。

2　二つの粒子A，Bが結合をつくるときにAとBのそれぞれが電子を引きつける度合を数値化したものを電気陰性度という。

3　電気陰性度の差が小さい結合ほど共有結合性が大きく，電気陰性度の差が大きい結合ほどイオン結合性が大きい。

4　電気陰性度は同じ元素でも酸化数によって変化する。

5　2種類の異なる典型元素からなる結晶の中で，共有結合性が大きい結合をもつものは，分子結晶の特徴を示すものが多く，融点が低く融解しても電気伝導性が小さい。

6　2種類の異なる典型元素からなる結晶の中で，イオン結合性が大きい結合をもつものは，イオン結晶の特徴を示すものが多く，融点が高く融解液の電気伝導性が大きい。

a　表1の化合物に関する記述として**誤りを含むもの**はどれか。最も適当なものを，次の①～④のうちから一つ選べ。 14

① 表1より NaCl と $MgCl_2$ は常温(25℃)において固体であることわかる。

② 表1より PCl_3 と SCl_2 は常温(25℃)において気体であることがわかる。

③ NaCl の結晶はイオン結晶の特徴を，PCl_3 の結晶は分子結晶の特徴を示している。

④ $MgCl_2$ の結晶は SCl_2 の結晶よりイオン結合性が大きい結合をもつ。

b　表2の化合物に関連する次の文章中の［ア］・［イ］に当てはまる語句の組合せとして最も適当なものを，後の①～④のうちから一つ選べ。［15］

表2の化合物の融点と融解液の電気伝導性の違いから，化合物を構成する金属の酸化数が変化すると結晶を構成する粒子間にはたらく結合の性質が変化すると考えることができる。

$SnCl_2$ の結晶，$PbCl_2$ の結晶はともにイオン結晶，$SnCl_4$ の結晶，$PbCl_4$ の結晶はともに分子結晶の特徴を示している。これは，結晶を構成する Sn, Pb の酸化数が +2 から +4 になるとともに電気陰性度が［ア］なることで，Cl との電気陰性度の差が小さくなり，結晶内に含まれる結合の共有結合性が［イ］なったと考えられる。

	ア	イ
①	大きく	大きく
②	大きく	小さく
③	小さく	大きく
④	小さく	小さく

問4　図2は，実在気体である水素，メタンと理想気体について，温度300 Kにおいて，$\frac{PV}{nRT}$の値が圧力P(Pa)とともに変化する様子を示したものである。ここで，Vは気体の体積(L)，nは物質量(mol)，Rは気体定数(Pa·L/(K·mol))，Tは温度(K)である。図2に関する後の問い(**a**・**b**)に答えよ。ただし，気体定数は$R = 8.31 \times 10^3$ Pa·L/(K·mol)とする。

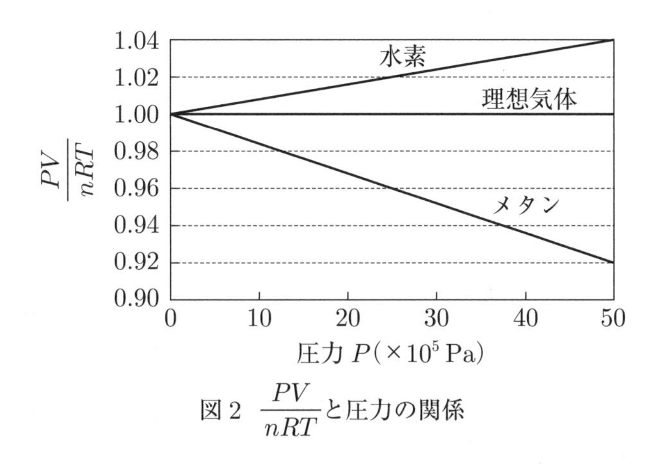

図2　$\frac{PV}{nRT}$と圧力の関係

a　300 K，10.0×10^5 Paで1.00 molの理想気体の体積(L)として最も適当なものを，次の①～④のうちから一つ選べ。 **16** L

①　2.24　　②　2.49　　③　22.4　　④　24.9

b　300 K，50.0×10^5 Paにおいて，1.00 molのメタンの体積をV_1，2.00 molの水素の体積をV_2としたとき，V_2はV_1の何倍か。その数値を，小数第2位を四捨五入して次の形式で表したとき， **17** と **18** に当てはまる数字を次の①～⓪のうちから一つずつ選べ。ただし，同じものを繰り返し選んでもよい。 **17** . **18** 倍

①　1　　②　2　　③　3　　④　4　　⑤　5
⑥　6　　⑦　7　　⑧　8　　⑨　9　　⓪　0

第4問　次の問い(問1・問2)に答えよ。(配点　20)

問1　溶解エンタルピーに関する次の文章を読み，後の問い(**a**～**c**)に答えよ。

イオン結晶の水への溶解は，次の二つの反応過程で考えることができる。例えば，塩化リチウムの水への溶解は，固体の塩化リチウム LiCl が気体状態のリチウムイオンと塩化物イオンに解離する吸熱反応(式(1))と解離したリチウムイオンと塩化物イオンが水和イオンとなる発熱反応(式(2))の二つからなると考えることができる。ただし，$x_1 > 0$，$x_2 > 0$ とする。

$$\mathrm{LiCl(固)} \longrightarrow \mathrm{Li^+(気)} + \mathrm{Cl^-(気)} \quad \Delta H = x_1\,(\mathrm{kJ}) \tag{1}$$

$$\mathrm{Li^+(気)} + \mathrm{Cl^-(気)} + \mathrm{aq} \longrightarrow \mathrm{Li^+\,aq} + \mathrm{Cl^-\,aq} \quad \Delta H = -x_2\,(\mathrm{kJ}) \tag{2}$$

塩化リチウム(固)の溶解エンタルピーは－37 kJ/mol であるので，x_1 と x_2 の大小関係は［　ア　］とわかる。塩化カリウム KCl について同様に考えると，

$$\mathrm{KCl(固)} \longrightarrow \mathrm{K^+(気)} + \mathrm{Cl^-(気)} \quad \Delta H = y_1\,(\mathrm{kJ})$$

$$\mathrm{K^+(気)} + \mathrm{Cl^-(気)} + \mathrm{aq} \longrightarrow \mathrm{K^+\,aq} + \mathrm{Cl^-\,aq} \quad \Delta H = -y_2\,(\mathrm{kJ})$$

ただし，$y_1 > 0$，$y_2 > 0$ とする。

塩化カリウム(固)の溶解エンタルピーは 17 kJ/mol であるので，y_1 と y_2 の大小関係は［　イ　］とわかる。このように，水への溶解エンタルピーは，二つの反応過程における反応エンタルピーの大小関係により発熱反応か吸熱反応かが決まる。

硝酸アンモニウム NH_4NO_3(固)の水への溶解エンタルピーを求める実験を行った。20℃において，(a)<u>断熱性の高い容器</u>に純水 50.0 g を入れ，硝酸アンモニウム 2.00 g を加えた。その直後から，よくかき混ぜながら水溶液の温度を測定して，図1のグラフを得た。このグラフより，断熱性の高い容器を用いても，周囲への熱の出入りを完全には防げていなかったことがわかる。

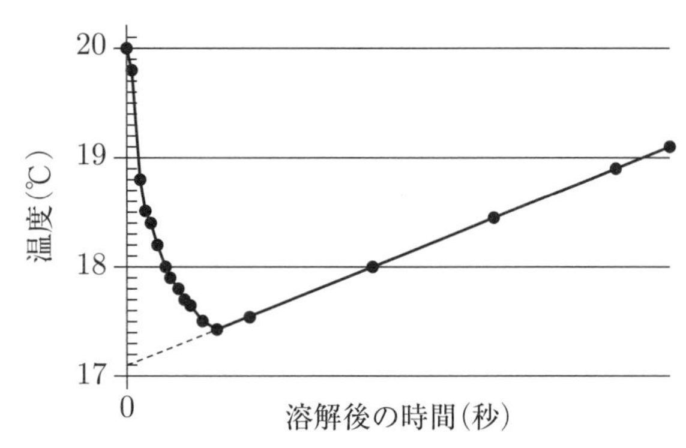

図１　硝酸アンモニウム水溶液の温度変化

a　文章中の ア ・ イ に当てはまる不等式の組合せとして最も適当なものを，次の ①～④ のうちから一つ選べ。 19

	ア	イ
①	$x_1 > x_2$	$y_1 > y_2$
②	$x_1 > x_2$	$y_1 < y_2$
③	$x_1 < x_2$	$y_1 > y_2$
④	$x_1 < x_2$	$y_1 < y_2$

b　文章中の下線部(a)について，この実験で使用する容器の材質として最も適当なものを，次の ①～④ のうちから一つ選べ。 20

① ガラス
② 発泡ポリスチレン
③ ステンレス鋼
④ 銀

c　この実験から求められる硝酸アンモニウム(固)の溶解エンタルピーは何 kJ/mol か。最も適当な数値を，次の ①～⑥ のうちから一つ選べ。ただし，水溶液の比熱は 4.2 J/(g･K) とする。また，溶解にともない出入りした熱はすべて水溶液の温度変化に使われるものとし，NH_4NO_3 の式量は 80 とする。

| 21 | kJ/mol

① 50　　② 25　　③ 15

④ －15　　⑤ －25　　⑥ －50

問2　日焼けは太陽光に含まれる紫外線によって引き起こされる。紫外線は波長が短く，高いエネルギーをもつので，皮膚の細胞が刺激を受けて黒くなったり，炎症を起こしたりする。日焼けと同じく(b)光エネルギーを吸収することによって起こる化学反応として光合成があげられる。植物は太陽光に含まれる可視光線を吸収して，二酸化炭素と水から有機化合物であるデンプンなどの糖類を合成し，酸素を放出する。次の問い(**a**・**b**)に答えよ。

a　光が関係する反応について，下線部(b)と同じく光エネルギーを吸収することで起こる反応を，次の①～④のうちから一つ選べ。 22

① 水素と塩素の混合気体に紫外線を当てると爆発的に反応する。
② シュウ酸ジフェニルを用いたケミカルライトを使用する。
③ ルミノールは過酸化水素と反応して青白い光を示し，血痕の鑑識に利用される。
④ ホタルイカやオワンクラゲは発光する。

b　光合成は，実際は複数の反応過程を経て起こるが，ここではエンタルピー変化を付した次の化学反応式(3)で表されるものとする。

$$6CO_2(\text{気}) + 6H_2O(\text{液}) \longrightarrow C_6H_{12}O_6(\text{固}) + 6O_2(\text{気}) \quad \Delta H = 2807\ \text{kJ} \qquad (3)$$

式(3)の反応は，吸収された光エネルギーの一部が2807 kJの化学エネルギーに変換されることを意味する。光合成で酸素1 molを得るのに1407 kJの光エネルギーが必要とすると，この光エネルギーの何%が化学エネルギーに変換されるか。最も適当な数値を，次の①～⑤のうちから一つ選べ。なお，求めるエネルギーの変換率(エネルギー効率(%))とは，吸収された光エネルギーに対する変換された化学エネルギーの比率である。 23 %

① 2.0　② 3.0　③ 8.4　④ 33　⑤ 50

第5問　次の問い(**問1〜3**)に答えよ。(配点　20)

問1　コロイド溶液の分類や，その溶液の性質に関する記述として**誤りを含むもの**はどれか。最も適当なものを，次の ①〜④ のうちから一つ選べ。 24

① 分散媒が液体であり，分散質が固体となる分散系には，墨汁や絵の具などがある。

② 水酸化鉄(Ⅲ)のコロイド溶液に横から光束を当てると，光の通路が明るく輝いて見える。

③ コロイド粒子の不規則な運動をブラウン運動といい，主にコロイド粒子自身の熱運動によって起こる。

④ コロイド溶液が，流動性を失った状態をゲルという。

問2 蒸気圧に関する次の文章を読み，後の問い（**a**～**c**）に答えよ。

不揮発性の物質を溶かした水溶液の蒸気圧は，同じ温度の純粋な水の蒸気圧より低くなる。この現象を蒸気圧降下という。図1は純粋な水の蒸気圧と，不揮発性物質が溶けた希薄水溶液の蒸気圧について，100℃付近を拡大して図示した蒸気圧曲線である。この図中の温度範囲内では2本の蒸気圧曲線は平行な直線と見なすことができるものとする。図1中の点aと点bの蒸気圧の差（点dと点eの蒸気圧の差）が，この希薄水溶液の蒸気圧降下の大きさ（蒸気圧降下度）を示している。蒸気圧降下により，水溶液の沸点は純粋な水の沸点よりも高くなる。大気圧（760 mmHg）下において，図1の［ア］の温度差がこの水溶液の沸点上昇度を示している。

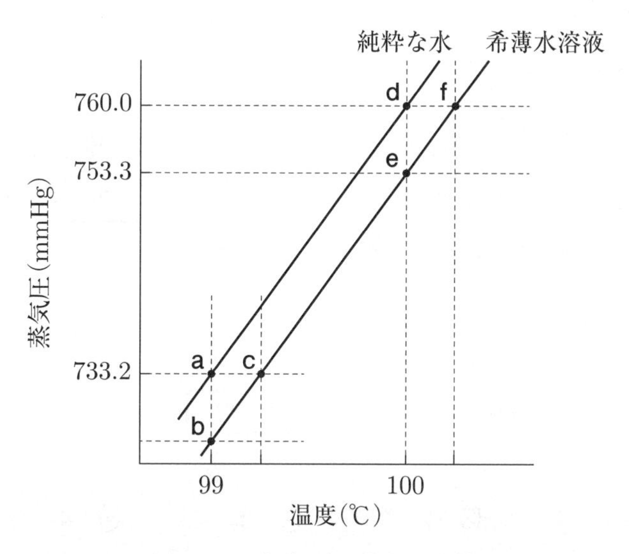

図1 100℃付近の蒸気圧曲線

a 空欄［ア］に当てはまる図1中の記号の組合せとして最も適当なものを，次の①～④のうちから一つ選べ。［25］

① 点aと点d　② 点cと点d　③ 点cと点f　④ 点dと点f

b　次に示す2種類の水溶液**ア**，**イ**を比較したとき，より蒸気圧が高い水溶液，より沸点が高い水溶液の組合せとして最も適当なものを，後の①～④のうちから一つ選べ。なお，溶質が電解質である場合，完全に電離しているものとする。 26

ア　0.030 mol/kg　スクロース $C_{12}H_{22}O_{11}$ 水溶液
イ　0.020 mol/kg　塩化ナトリウム NaCl 水溶液

	蒸気圧が高い	沸点が高い
①	ア	ア
②	ア	イ
③	イ	ア
④	イ	イ

c　図1で示した希薄水溶液の大気圧下における沸点を，小数第3位を四捨五入して次の形式で表したとき， 27 と 28 に当てはまる数字を後の①～⓪のうちから一つずつ選べ。ただし，同じものを繰り返し選んでもよい。

希薄水溶液の沸点：100. 27 28 ℃

① 1　② 2　③ 3　④ 4　⑤ 5
⑥ 6　⑦ 7　⑧ 8　⑨ 9　⓪ 0

問3　一定量の水に溶解する二酸化炭素 CO_2 量は，CO_2 の圧力を変えたときにどのように変化するかを温度一定の条件下で調べた。後の問い（**a**・**b**）に答えよ。なお CO_2 は理想気体とみなし，今回の条件下ではヘンリーの法則が成り立つものとする。

a　次のグラフ(A)〜(C)の概形のうち，(i)<u>CO_2 の圧力を横軸に，溶解した CO_2 の物質量を縦軸に示したグラフ</u>，および(ii)<u>CO_2 の圧力を横軸に，溶解した CO_2 を溶解したときの圧力における体積で示したグラフ</u>の組合せとして最も適当なものを，後の①〜⑥のうちから一つ選べ。 **29**

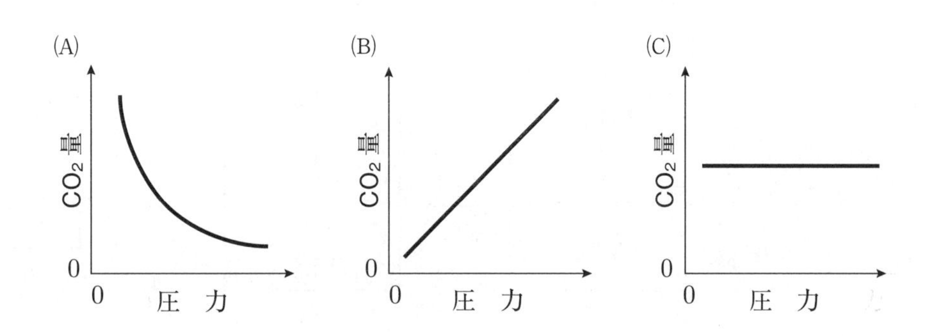

	(i)のグラフ	(ii)のグラフ
①	(A)	(B)
②	(A)	(C)
③	(B)	(A)
④	(B)	(C)
⑤	(C)	(A)
⑥	(C)	(B)

b　フタのついた真空容器があり，この容器に P(Pa)のもとである量の CO_2 を入れると，気体部分の体積は 5.7 L を示した(図 2(i))。その後，容器内の CO_2 が外に逃げないようにして，この容器に純水 1.0 L を入れると，CO_2 の一部が溶解して徐々にフタが下がり，しばらく放置すると平衡状態(溶解平衡)に達した。このときの気体部分の体積は 4.8 L を示した(図 2(ii))。この後，フタにかかる圧力を $3P$(Pa)にすると，気体部分の体積が変化し，しばらく放置すると新たな平衡状態に達した(図 2(iii))。このときの気体部分の体積(L)として最も適当な数値を，後の ①～⑤ のうちから一つ選べ。なお，水の飽和蒸気圧，状態変化や気体の溶解にともなう水の体積変化とフタの質量，フタが動くときの容器との摩擦は無視するものとする。 **30** L

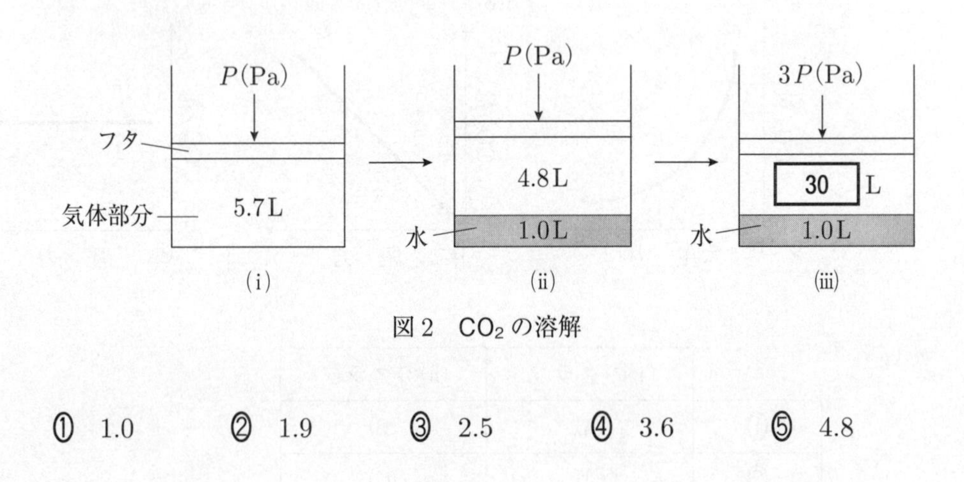

図 2　CO_2 の溶解

① 1.0　　② 1.9　　③ 2.5　　④ 3.6　　⑤ 4.8

第 2 回

（60分）

実 戦 問 題

標準所要時間

第1問	12分	第4問	12分
第2問	12分	第5問	12分
第3問	12分		

化　学

（解答番号 1 ～ 29 ）

必要があれば，原子量は次の値を使うこと。

H 1.0　　C 12　　O 16　　Br 80

Hg 201

気体は，実在気体とことわりがない限り，理想気体として扱うものとする。

第1問　次の問い（問1～4）に答えよ。（配点　20）

問1　次の記述（ア・イ）の両方に当てはまる元素として最も適当なものを，後の①～⑥のうちから一つ選べ。 1

ア　周期表の第3周期に属する

イ　単体が常温常圧で気体である

① Al　　② C　　③ Cl

④ Mg　　⑤ N　　⑥ Ne

（下 書 き 用 紙）

化学の試験問題は次に続く。

問2　図1は，水，エタノール，ジエチルエーテルの蒸気圧曲線である。

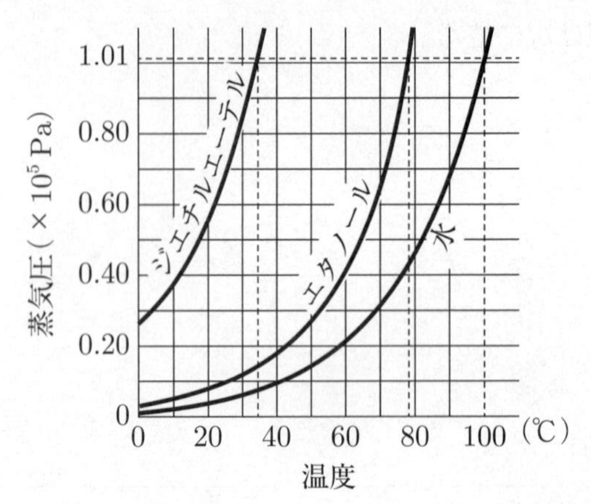

図1　水，エタノール，ジエチルエーテルの蒸気圧曲線

蒸気圧に関する次の**操作Ⅰ・Ⅱ**について，後の問い（**a**・**b**）に答えよ。

操作Ⅰ　25℃で，一端が閉じられた4本のガラス管**ア**～**エ**をガラス管内に空気が入り込まないように水銀中に沈め，ガラス管内を水銀で満たした後，沈めたガラス管を水銀浴の表面から高さが1000 mmになるように立ち上げたところ，図2のようになった。

操作Ⅱ　温度を一定に保ったまま，3本のガラス管**イ**～**エ**の下部から，水，エタノール，ジエチルエーテルのいずれかの液体をそれぞれ別々のガラス管内に少量ずつ加えると，加えた液体がガラス管内の水銀表面に浮かび，図3のようになった。

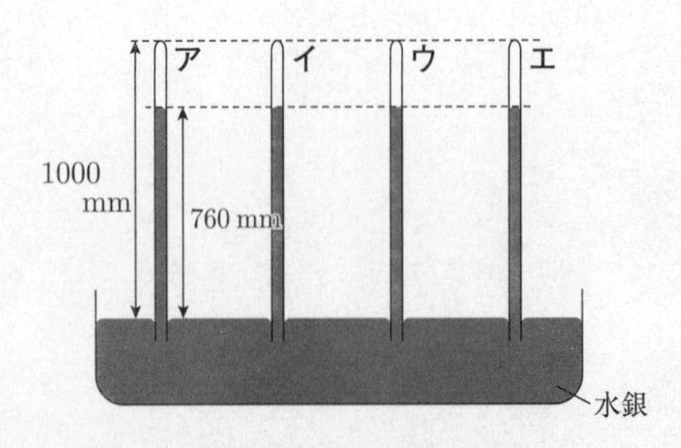

図2　水銀浴からガラス管を立ち上げたときのようす

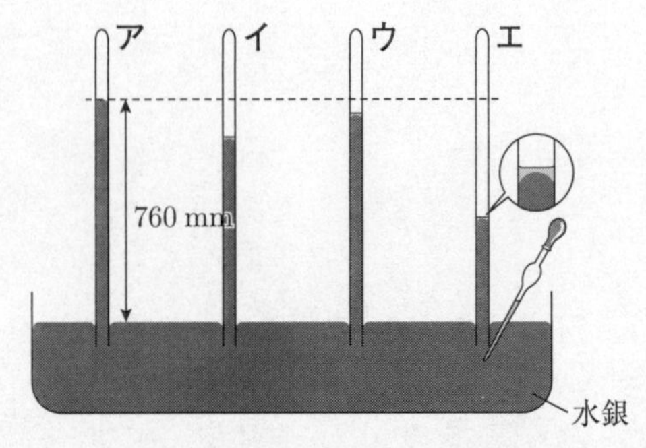

図3　液体を加えた後のガラス管内のようす

a　ガラス管**イ**～**エ**に加えた物質の組合せとして最も適当なものを，次の①～⑥のうちから一つ選べ。 2

	イ	ウ	エ
①	水	エタノール	ジエチルエーテル
②	水	ジエチルエーテル	エタノール
③	エタノール	水	ジエチルエーテル
④	エタノール	ジエチルエーテル	水
⑤	ジエチルエーテル	水	エタノール
⑥	ジエチルエーテル	エタノール	水

b　水銀は常温で液体だが，水，エタノール，ジエチルエーテルなどとは異なりほとんど蒸発せず，蒸気圧の値は27℃で0.22 Paである。いま，気温が27℃で容積が83 m^3 の部屋において，十分な量の水銀が入っている容器のフタを開けたまま十分な時間，放置したとする。このとき部屋の中に気体として存在する水銀の質量は何gか。その数値を有効数字2桁の次の形式で表すとき， 3 と 4 に当てはまる数字を，次の①～⓪のうちから一つずつ選べ。ただし，同じものを繰り返し選んでもよい。また，気体定数は 8.3×10^3 Pa·L/(K·mol)とし，水銀が入っている容器と容器内の水銀の体積は無視できるものとする。 3 . 4 g

①　1　　②　2　　③　3　　④　4　　⑤　5
⑥　6　　⑦　7　　⑧　8　　⑨　9　　⓪　0

問3　一定の温度で溶媒に溶解する溶質の最大値を溶解度といい，溶質が固体の場合，溶媒 100 g に溶解する溶質の質量(g)で表す。50℃の KNO_3 の飽和溶液 370 g を 10℃に冷却したときに析出する KNO_3 の質量は何 g か。最も適当な数値を，次の①～④のうちから一つ選べ。ただし，KNO_3 の溶解度は，10℃で 22，50℃で 85 とする。［ 5 ］g

① 32　　② 63　　③ 126　　④ 252

問4　硫黄コロイド溶液に関する記述として下線部に**誤りを含むもの**を，次の①～④のうちから一つ選べ。［ 6 ］

① 硫黄コロイド溶液のような疎水コロイドの溶液に，少量の電解質を加えるとコロイド粒子が集まり沈殿する。これを凝析という。

② 硫黄のコロイド溶液に 2 枚の電極を入れ，直流の電圧をかけるとコロイド粒子が陽極側に集まる。このようにコロイド粒子が一方の電極に向かって移動する現象をブラウン運動という。

③ 硫黄のコロイド溶液に横から強い光をあてると光の進路が輝いて見える。これをチンダル現象という。

④ 硫黄コロイド溶液では，硫黄がコロイド粒子の大きさになって分散したものである。このようなコロイドを分散コロイドという。

（下 書 き 用 紙）

化学の試験問題は次に続く。

第2問　次の問い(問1・問2)に答えよ。(配点　20)

問1　メタン CH_4 を原料とし，水蒸気を使用して合成ガス(水素および一酸化炭素)を得る方法を水蒸気改質法という。この方法に関する次の問い(**a**～**c**)に答えよ。ただし，CH_4(気)，CO(気)，CO_2(気)，H_2O(気)の生成エンタルピーを表1に示す。

表1　生成エンタルピー (kJ/mol)

物質	生成エンタルピー
CH_4(気)	−75
CO(気)	−111
CO_2(気)	−394
H_2O(気)	−242

a　CH_4 の水蒸気改質法の反応は，エンタルピー変化を付した次の化学反応式(1)で表すことができる。

$$CH_4(気) + H_2O(気) \longrightarrow CO(気) + 3H_2(気) \quad \Delta H = x\,(\mathrm{kJ}) \qquad (1)$$

式(1)の x は何 kJ か。最も適当な数値を，次の ①～⑥ のうちから一つ選べ。

[7] kJ

① −206　② −131　③ −36
④ 36　⑤ 131　⑥ 206

b　CO(気)と H_2O(気)から CO_2(気)と H_2(気)を生成する反応を，シフト反応(水性ガスシフト反応)という。水蒸気改質法における反応とシフト反応を連続的に行うことで，H_2 の生成量を増やすことができる。図1は，シフト反応に関わる物質におけるエンタルピーの関係を示している。ここで，図1中の**ア**，**イ**はこの反応における反応物あるいは生成物である。**ア**，**イ**に当てはまる物質，および生成した H_2 1 mol あたりのシフト反応の反応エンタルピーの組合せとして最も適当なものを，後の ①～⑥ のうちから一つ選べ。

[8]

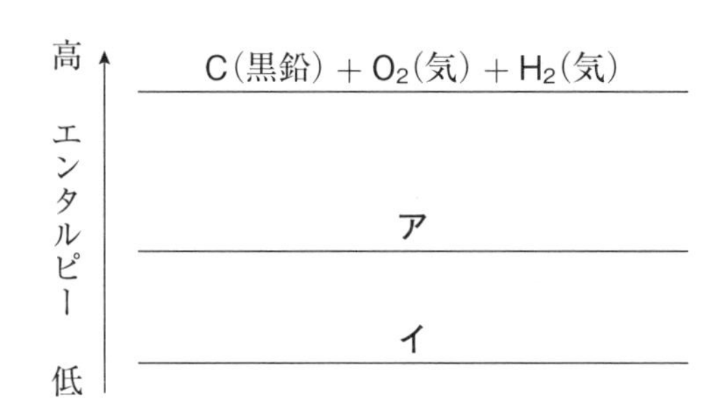

図1　シフト反応におけるエンタルピーの関係

	ア	イ	シフト反応の反応エンタルピー(kJ/mol)
①	CO_2(気)+H_2(気)	CO(気)+H_2O(気)	−41
②	CO_2(気)+H_2(気)	CO(気)+H_2O(気)	−152
③	CO_2(気)+H_2(気)	CO(気)+H_2O(気)	−283
④	CO(気)+H_2O(気)	CO_2(気)+H_2(気)	−41
⑤	CO(気)+H_2O(気)	CO_2(気)+H_2(気)	−152
⑥	CO(気)+H_2O(気)	CO_2(気)+H_2(気)	−283

c　水蒸気改質法とシフト反応で生じた H_2 は燃料電池の燃料などとして使われている。リン酸型の H_2-O_2 燃料電池に関する記述として**誤りを含むもの**を，次の①～④のうちから一つ選べ。 9

① 燃料の H_2 は，負極に供給される。

② 負極側では，反応により生じる H_2O が生成する。

③ 供給する O_2 には，微量の CO_2 が含まれていても反応に影響しない。

④ 電極板には，白金触媒をつけた多孔質の黒鉛板などが用いられる。

問2　電解槽に硫酸ニッケル(Ⅱ) $NiSO_4$ を水溶液を満たし，図2のような装置で，1.00 A で3860秒間電気分解を行った。このとき，陽極では O_2 のみが発生し，陰極では H_2 の発生および Ni の析出が起こった。後の問い(**a** ～ **c**)に答えよ。ただし，発生した O_2 および H_2 の水溶液への溶解は無視できるものとする。また，そのほかの反応は起こらなかったものとする。

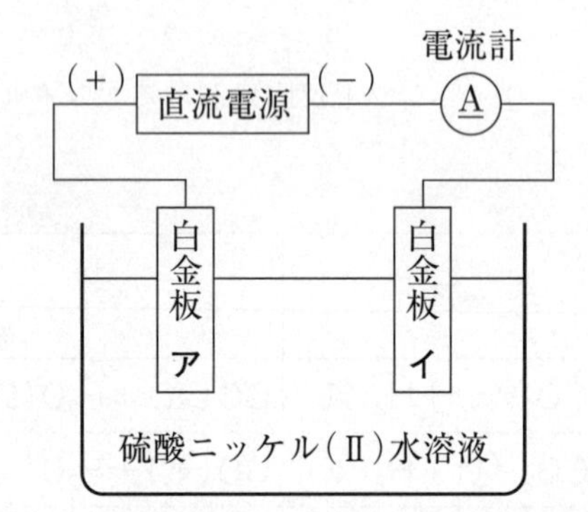

※　(＋)は正極，(－)は負極を表している

図2　電気分解装置の模式図

a　白金板**ア**の電極の名称と起こった反応の組合せとして正しいものを，次の①～④のうちから一つ選べ。 10

	電極の名称	起こった反応
①	陽　極	酸化反応
②	陽　極	還元反応
③	陰　極	酸化反応
④	陰　極	還元反応

b　陰極で発生した H_2 と，陽極で発生した O_2 は，物質量が互いに同じであった。陰極で析出した Ni の物質量は何 mol か。最も適当な数値を，後の①～⑥のうちから一つ選べ。ただし，ファラデー定数は 9.65×10^4 C/mol とする。また，Ni が析出する反応は，次の反応式で表される。 11 mol

$$Ni^{2+} + 2e^- \longrightarrow Ni$$

① 0.0050　② 0.010　③ 0.020
④ 0.030　⑤ 0.040　⑥ 0.050

c　H_2 の性質に関する記述として正しいものを，次の①～④のうちから一つ選べ。 12

① 湿ったヨウ化カリウムデンプン紙を青紫色にする。
② 塩酸を近づけると白煙が生じる。
③ 火のついた線香を近づけると，線香が炎をあげて激しく燃える。
④ 空気と混合したものに点火すると，爆発する。

第3問　化学平衡に関する次の問い(**問1**・**問2**)に答えよ。(配点　20)

問1　気体状態のヨウ化水素 HI を密閉容器に入れると，式(1)で表される反応の正反応が起こり始める。その後，一定温度に保ったまま，長時間放置をすると平衡状態になる。このとき，式(1)の反応の平衡定数 K は式(2)で表され，その値は温度によって変化することが知られている。後の問い(**a**・**b**)に答えよ。

$$2HI \rightleftarrows H_2 + I_2 \tag{1}$$

$$K = \frac{[H_2][I_2]}{[HI]^2} \tag{2}$$

a　式(1)，式(2)に関する次の文章中の［ア］・［イ］に当てはまる語の組合せとして最も適当なものを，次の ①～④ のうちから一つ選べ。［13］

式(1)の正反応は吸熱反応である。したがって，温度を上げると式(1)の平衡は［ア］に移動するので，式(2)で表される平衡定数 K は温度を上げると［イ］なる。

	ア	イ
①	右	大きく
②	右	小さく
③	左	大きく
④	左	小さく

b　$\log_{10}K$（K の常用対数）と $\dfrac{1}{T}$（絶対温度の逆数）の関係は，定数 a，b を用いて式(3)のように表される。

$$\log_{10}K = a\frac{1}{T} + b \tag{3}$$

いくつかの温度で式(1)の反応の平衡状態を調べ，各温度における平衡定数 K を求めた。図1は，$\log_{10}K$ と $\dfrac{1}{T}$ の関係をグラフで表したものである。

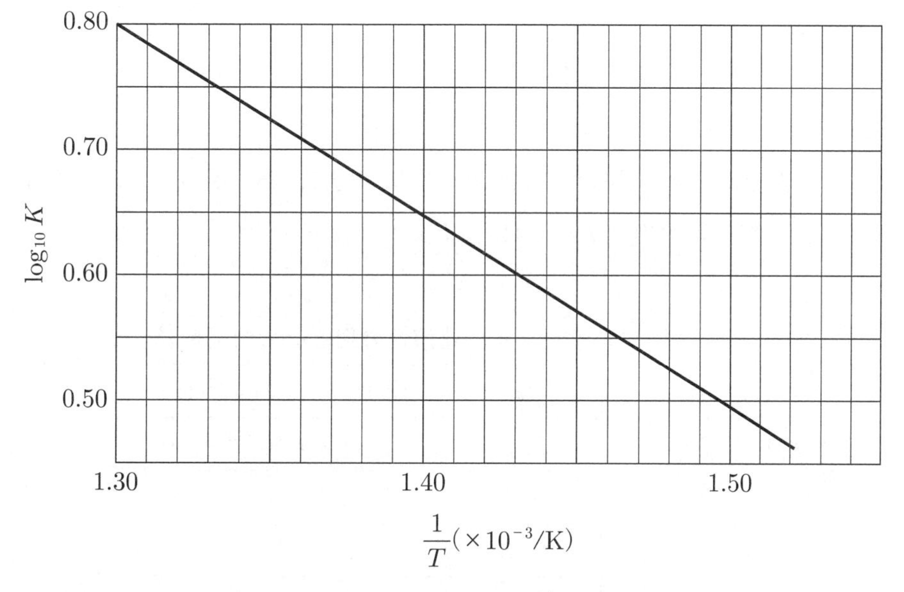

図1　式(1)の反応の $\log_{10}K$ と $\dfrac{1}{T}$ の関係

式(2)で表される平衡定数 K が，ある温度において，$K = 4.0$ であるとすると，その温度は何Kか。最も適当な数値を，次の ①～⑤ のうちから一つ選べ。ただし，$\log_{10}2 = 0.30$ とする。 **14** K

① 250　　② 400　　③ 550

④ 700　　⑤ 850

問2　塩は一般に水に溶解しやすいものが多いが，硫化鉛(Ⅱ) PbS のように水に少量しか溶解しないものも存在する。このときの溶解平衡は次式のようになる。

$$PbS\text{(固)} \rightleftarrows Pb^{2+} + S^{2-}$$

このような水に難溶性の塩の溶解度を考えるときは，溶解度積 K_{sp} を用いることが多い。K_{sp} は飽和水溶液において溶解しているイオンの濃度を用いて表される。例えば，PbS の場合は Pb^{2+}，S^{2-} のモル濃度 $[Pb^{2+}]$，$[S^{2-}]$ を用いて次式で表される。

$$K_{sp} = [Pb^{2+}][S^{2-}]$$

表1に，4種類の水に難溶性の塩について，ある温度における溶解度積の値を示す。後の問い(**a**～**c**)に答えよ。

表1　水に難溶性の塩とその溶解度積

塩	溶解度積 K_{sp} (mol^2/L^2)
ZnS	2.2×10^{-18}
FeS	3.7×10^{-19}
CdS	2.1×10^{-20}
CuS	6.5×10^{-30}

a　表1の塩のうちで，その水溶液のモル濃度で比べた場合，最も水に溶解しにくい塩はどれか。最も適当なものを，次の①～④のうちから一つ選べ。 15

① ZnS　　② FeS　　③ CdS　　④ CuS

b　フッ化マグネシウム MgF_2 は純水には難溶性であるが，酸を含んだ水溶液に加えると，次式で表される反応が起こることにより水溶液中の F^- の濃度が小さくなっていくため，純水に加えた場合より溶解しやすい。

$$H^+ + F^- \longrightarrow HF$$

MgF_2 の固体をある酸の水溶液に加えたところ，一部は溶解せず，溶解平衡の状態になった。このとき，F^- の濃度$[F^-]$が 2.0×10^{-3} mol/L であったとすると，Mg^{2+} の濃度$[Mg^{2+}]$は何 mol/L か。最も適当な数値を，次の ①～⑥ のうちから一つ選べ。ただし，MgF_2 の溶解度積 K_{sp} は 1.0×10^{-8} mol^3/L^3 とする。 16 mol/L

① 1.0×10^{-6}　② 2.5×10^{-6}　③ 5.0×10^{-6}
④ 1.0×10^{-3}　⑤ 2.5×10^{-3}　⑥ 5.0×10^{-3}

c　水に難溶性の塩を加えた水溶液に対して酸を加えて水素イオン濃度$[H^+]$を増加させたとき，表2に示すように，弱酸の塩である MgF_2 や ZnS は溶解した量が大きくなり，強酸の塩である AgCl や PbI_2 は溶解した量がほとんど変化しないという結果が得られた。

表2　溶解した量の変化

溶解した量が大きくなった塩	溶解した量がほとんど変化しなかった塩
MgF_2，ZnS	AgCl，PbI_2

この結果を参考にしたとき，酸を加えて水溶液中の水素イオン濃度$[H^+]$を増加させても，溶解する量がほとんど変化しないと考えられる塩はどれか。最も適当なものを，次の ①～④ のうちから一つ選べ。 17

① $CaCO_3$　② $BaSO_4$　③ FeS　④ PbC_2O_4

第4問 次の問い(問1～3)に答えよ。(配点 20)

問1 元素ア～エは，C，N，Si，Sのいずれかであり，次の記述Ⅰ～Ⅲに示す特徴をもつ。ア，エとして最も適当な元素を，それぞれ後の①～④のうちから一つずつ選べ。

ア [18]
エ [19]

Ⅰ 元素ア～エの中で，アとイには同素体が存在する。

Ⅱ 元素ア～エの水素化合物の中で，イの水素化合物の水溶液は酸性，ウの水素化合物の水溶液は塩基性を示す。

Ⅲ 元素ア～エの酸化物(CO，CO_2，NO，NO_2，SiO_2，SO_2，SO_3)の中で，エの酸化物の結晶は，共有結合の結晶である。

① C　② N　③ Si　④ S

問2 希塩酸と希硝酸はどちらも無色の水溶液である。それぞれの水溶液に対して次の操作ア～エを行うとき，この二つの水溶液を区別することができる操作の組合せはどれか。正しく選択しているものを，後の①～⑥のうちから一つ選べ。 [20]

ア 硝酸銀水溶液を加える。
イ 水酸化ナトリウム水溶液を加える。
ウ 酢酸ナトリウムを加える。
エ 銅を加える。

① ア，イ　② ア，ウ　③ ア，エ
④ イ，ウ　⑤ イ，エ　⑥ ウ，エ

（下 書 き 用 紙）

化学の試験問題は次に続く。

問3　枯れ葉に含まれる金属元素を調べる実験を次の**手順1～5**で行った。この実験に関する後の問い(**a**～**c**)に答えよ。ただし，枯れ葉に含まれていた微量成分については検出できなかったものとする。

手順1　蒸発皿の中で枯れ葉を燃焼させ，純水を加えてろ過し，**ろ液A**と**残留物X**に分離した。

手順2　**ろ液A**を加熱して蒸発濃縮したのち，塩酸を数滴加えてから炎色反応を行うと，[ア]色に少し赤色が混ざった色の炎が観察されたので，ナトリウムイオンNa^{+}が含まれていることがわかった。さらに，[ア]色の光を吸収する青色のコバルトガラスを用いると，[イ]色の炎が観察されたので，カリウムイオンK^{+}が含まれていることがわかった。

手順3　**残留物X**に純水と塩酸を加えて十分に加熱したのち，ろ過して**ろ液B**を得た。**ろ液B**に適当な濃度の水酸化ナトリウム水溶液を加えると(a)赤褐色沈殿のみが生じたのでろ別し，**ろ液C**を得た。この結果，**ろ液B**には鉄のイオンが含まれていることがわかった。

手順4　**ろ液C**に塩酸を少しずつ滴下していくと，(b)白色沈殿が生成したのでろ別し，**ろ液D**を得た。この結果，**ろ液C**にはアルミニウムイオンAl^{3+}が含まれていることがわかった。

手順5　**ろ液D**に(c)試薬の水溶液を滴下すると，白色沈殿が生じた。この結果，**ろ液D**にはカルシウムイオンCa^{2+}が含まれていることがわかった。

a　空欄[ア]・[イ]に当てはまる語の組合せとして最も適当なものを，次の①～④のうちから一つ選べ。[21]

	ア	イ
①	黄	紅
②	黄	赤　紫
③	橙　赤	紅
④	橙　赤	赤　紫

b 下線部(a)の赤褐色沈殿の物質名として最も適当なものを，次の ① ～ ④ のうちから一つ選べ。 22

① 酸化鉄(Ⅱ)
② 酸化鉄(Ⅲ)
③ 水酸化鉄(Ⅱ)
④ 水酸化鉄(Ⅲ)

c 下線部(b)の白色沈殿と下線部(c)の試薬の化学式の組合せとして最も適当なものを，次の ① ～ ④ のうちから一つ選べ。 23

	白色沈殿	試 薬
①	$AlCl_3$	NH_4NO_3
②	$AlCl_3$	$(NH_4)_2CO_3$
③	$Al(OH)_3$	NH_4NO_3
④	$Al(OH)_3$	$(NH_4)_2CO_3$

第5問 次の問い(問1〜3)に答えよ。(配点 20)

問1 カルボン酸に関する記述として**誤りを含むもの**を，次の ①〜④ のうちから一つ選べ。 24

① 試験管中でアンモニア性硝酸銀水溶液にギ酸を加えて温めると，試験管の内壁に銀が析出する。

② 酢酸は無色の刺激臭をもつ液体であり，純度の高いものは氷酢酸と呼ばれる。

③ 油脂を構成する脂肪酸の一つであるステアリン酸は，分子内にカルボキシ基を3個もつ。

④ ヒドロキシ酸の一つである乳酸には分子内に不斉炭素原子があるため，1組の鏡像異性体が存在する。

問2 あるアルケンA 1.4gを臭素の四塩化炭素溶液に加えたところ，アルケンAがすべて反応して5.4gの付加生成物が得られた。アルケンAの分子式として最も適当なものを，次の ①〜⑤ のうちから一つ選べ。 25

① C_2H_4　② C_3H_6　③ C_4H_8　④ C_5H_{10}　⑤ C_6H_{12}

問3　十分な量のメタンに少量の塩素を添加した混合気体に光(紫外線)を照射すると，主としてクロロメタンが生じる。

$$CH_4 + Cl_2 \longrightarrow CH_3Cl + HCl \qquad (1)$$

式(1)の反応は，次に示す三つの段階によって進むと考えられている。

段階1　塩素分子に光が当たることで Cl－Cl 結合が切断され，塩素原子が生成する。

$$\mathrm{Cl:Cl} \longrightarrow \mathrm{Cl\cdot} + \mathrm{\cdot Cl}$$

このとき生成する塩素原子には不対電子が存在するため，反応性が高い。このような不対電子が残っているものをラジカルという。

段階2　塩素原子がメタン分子から水素原子を引き抜いて，塩化水素分子となり，メチルラジカル $CH_3\cdot$ が生成する。

$$\mathrm{Cl\cdot} + \mathrm{H:}\underset{\underset{\mathrm{H}}{|}}{\overset{\overset{\mathrm{H}}{|}}{\mathrm{C}}}\mathrm{-H} \longrightarrow \mathrm{Cl:H} + \mathrm{\cdot}\underset{\underset{\mathrm{H}}{|}}{\overset{\overset{\mathrm{H}}{|}}{\mathrm{C}}}\mathrm{-H}$$

段階3　メチルラジカルが塩素分子から塩素原子を引き抜いて，クロロメタン分子となる。

$$\mathrm{Cl:Cl} + \mathrm{\cdot}\underset{\underset{\mathrm{H}}{|}}{\overset{\overset{\mathrm{H}}{|}}{\mathrm{C}}}\mathrm{-H} \longrightarrow \mathrm{Cl\cdot} + \mathrm{Cl-}\underset{\underset{\mathrm{H}}{|}}{\overset{\overset{\mathrm{H}}{|}}{\mathrm{C}}}\mathrm{-H}$$

このとき生成した塩素原子は，また別のメタン分子から水素原子を引き抜いていき，**段階2**と**段階3**が繰り返される。なお，**段階2**と**段階3**の反応を一つにまとめると，式(1)が得られる。後の問い(**a**～**d**)に答えよ。

a　式(1)の反応は，一般に何と呼ばれるか。最も適当なものを，次の ①～④ のうちから一つ選べ。 26

① 付加反応　　② 重合反応　　③ 置換反応　　④ 縮合反応

b　各結合の結合エネルギー(結合エンタルピー)の値を表1に示す。

表1　各結合の結合エネルギー(結合エンタルピー)

結合の種類	結合エネルギー (結合エンタルピー)(kJ/mol)
H－C	440
H－Cl	432
C－Cl	352
Cl－Cl	243

段階3の反応では，Cl－Cl 結合が切断され C－Cl 結合が形成されるので，これらの結合の結合エネルギー(結合エンタルピー)から 243 kJ/mol の吸熱と 352 kJ/mol の発熱が起こる。したがって，243 < 352 より，**段階3**の反応が発熱反応であることがわかる。同様に考えたとき，**段階1**（Cl－Cl 結合が切断されるのみ）および**段階2**（H－C 結合が切断され，H－Cl 結合が形成される）の反応はそれぞれ発熱反応か吸熱反応か。それらの組合せとして最も適当なものを，次の ①～④ のうちから一つ選べ。 27

	段階1	**段階2**
①	発熱反応	発熱反応
②	発熱反応	吸熱反応
③	吸熱反応	発熱反応
④	吸熱反応	吸熱反応

c 不対電子をもったラジカルどうしが結合を形成すると，それ以上ラジカルが生成しないため，反応が止まってしまう。**段階1～3**で生成する2種のラジカル$\left(\cdot Cl,\ \cdot \overset{\displaystyle H}{\overset{|}{\underset{\underset{\displaystyle H}{|}}{C}}}-H \right)$からは**生成しない物質**はどれか。最も適当なものを，次の①～④のうちから一つ選べ。 28

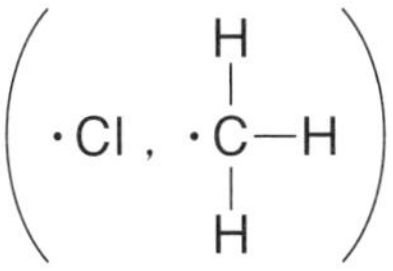

① HCl　② Cl_2　③ CH_3Cl

④ CH_3-CH_3 （C_2H_6）

d 式(1)の反応は，メタン以外のアルカンでも同様に起こる。2-メチルブタンに対して式(1)と同様の反応を行った場合，生成する塩素の一置換体(2-メチルブタンのH原子1個をCl原子に置き換えた化合物)の異性体は何種類か。最も適当な数を，後の①～⑥のうちから一つ選べ。ただし，立体異性体は考えないものとする。また，式(1)と同様の反応は，2-メチルブタン中のすべてのH原子について起こるものとする。 29

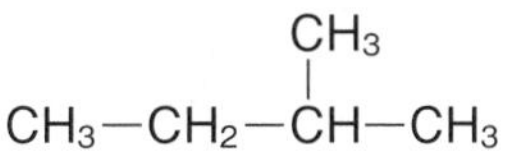

$$CH_3-CH_2-\underset{}{\overset{\displaystyle CH_3}{\overset{|}{C}}}H-CH_3$$

図1　2-メチルブタンの構造式

① 1　② 2　③ 3

④ 4　⑤ 5　⑥ 6

第 3 回

（60 分）

実 戦 問 題

標 準 所 要 時 間

第 1 問	12 分	第 4 問	12 分
第 2 問	12 分	第 5 問	12 分
第 3 問	12 分		

化　　学

（解答番号 [1] ～ [31]）

> 必要があれば，原子量は次の値を使うこと。
>
> | | | | | | | | | | |
> |---|---|---|---|---|---|---|---|---|---|
> | H | 1.0 | C | 12 | N | 14 | O | 16 | Na | 23 |
> | Al | 27 | S | 32 | Ar | 40 | Zn | 65 | | |
>
> 気体は，実在気体とことわりがない限り，理想気体として扱うものとする。

第1問　次の問い（問1～5）に答えよ。（配点　20）

問1　混合物の分離に関する次の記述（Ⅰ～Ⅲ）のうち，下線部の操作を行うときに，加熱や冷却が必要であるものはどれか。正しく選択しているものを，後の①～⑥のうちから一つ選べ。 [1]

Ⅰ　原油から石油ガス，ナフサ（粗製ガソリン），軽油などを，<u>精留塔（分留塔）を用いて分離する</u>。

Ⅱ　黒いインクに含まれる複数の色素を，<u>ろ紙を用いて分離する</u>。

Ⅲ　鰹節（かつお）の煮汁から，出汁（だし）と鰹の削り節を，<u>布を用いて分離する</u>。

①　Ⅰのみ	②　Ⅱのみ	③　Ⅲのみ
④　Ⅰ，Ⅱ	⑤　Ⅰ，Ⅲ	⑥　Ⅱ，Ⅲ

問2　文中の下線部に**誤りを含むもの**を，次の ①～④ のうちから一つ選べ。 2

① デンプンのコロイド溶液は，親水コロイドであり，少量の電解質を加えても沈殿を生じない。

② 水酸化鉄(Ⅲ)のコロイド溶液は，疎水コロイドであり，水酸化鉄(Ⅲ)に多数の水分子が結びついて分散している。

③ スクロースの水溶液では，分子に含まれるヒドロキシ基－OH が水素結合によって水和している。

④ 塩化ナトリウムが水に溶解するとき，イオンが水和して水溶液になっている。

問3　気体の性質について，次の文章に関する後の問い（**a**・**b**）に答えよ。ただし，気体定数は $R = 8.3 \times 10^3$ Pa·L/(K·mol) とする。

図1のような，ピストンがついた容器に，ある気体 0.40 g を入れた。これを 27℃で 1.0×10^5 Pa に保ったところ，気体の体積は 250 mL になった（**状態1**）。

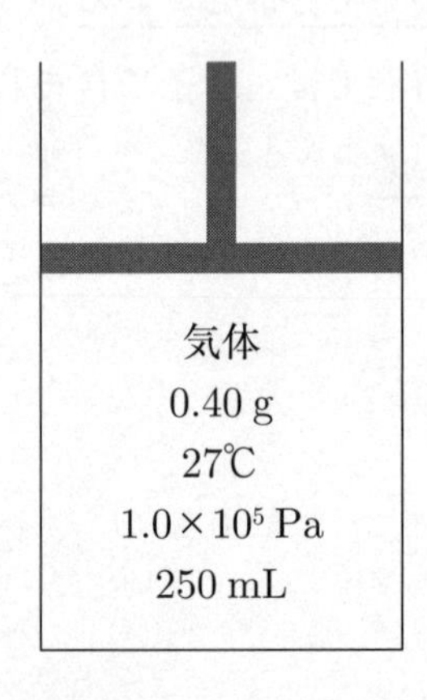

図1　容器に入れた気体（**状態1**）

a　この気体として最も適当なものを，次の①～⑤のうちから一つ選べ。 3

① メタン　② 窒素　③ 酸素
④ アルゴン　⑤ 二酸化炭素

b　**状態1**から圧力一定の条件で温度を下げた。その後，温度を下げたまま一定にして体積を増加させた。これらの操作による圧力 P と体積 V の関係を表すとどうなるか。最も適当なものを，次の ①～⑥ のうちから一つ選べ。 **4**

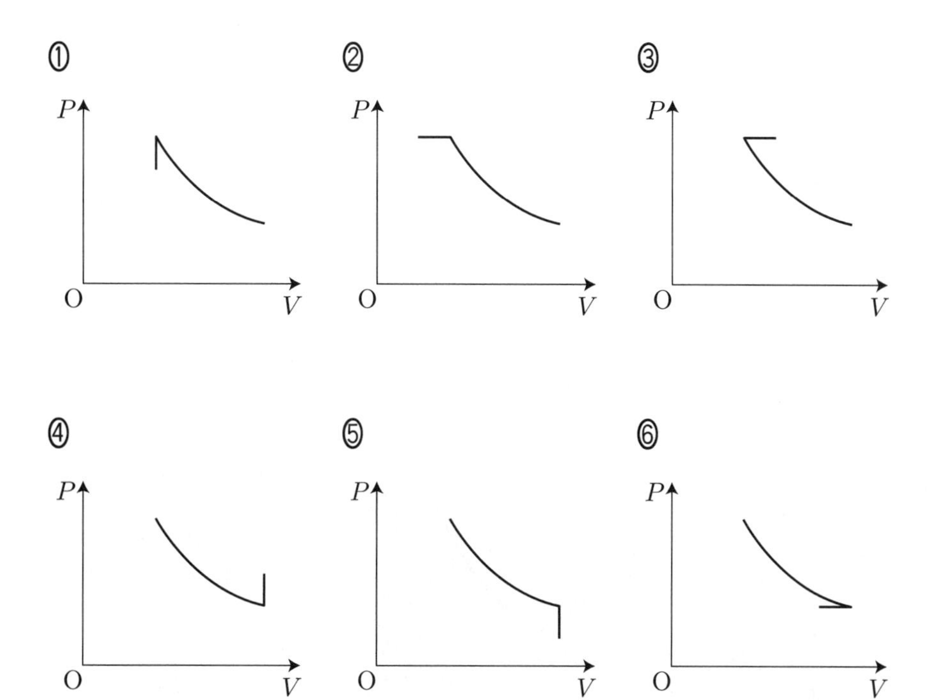

問4　図2は，硫酸ナトリウムの溶解度曲線である。硫酸ナトリウムの飽和水溶液から結晶が析出するとき，32.4℃よりも高い温度では無水物(Na_2SO_4)が析出し，32.4℃よりも低い温度では十水和物($Na_2SO_4 \cdot 10H_2O$)が析出する。このため，硫酸ナトリウムの溶解度曲線は32.4℃を境に2種類の曲線で表される。60℃における硫酸ナトリウムの飽和水溶液200gを20℃に冷却したとき，析出する結晶の質量は何gか。最も適当な数値を，後の①～⑤のうちから一つ選べ。ただし，溶解度は水100gに溶ける溶質(無水物)の質量〔g〕である。

5 g

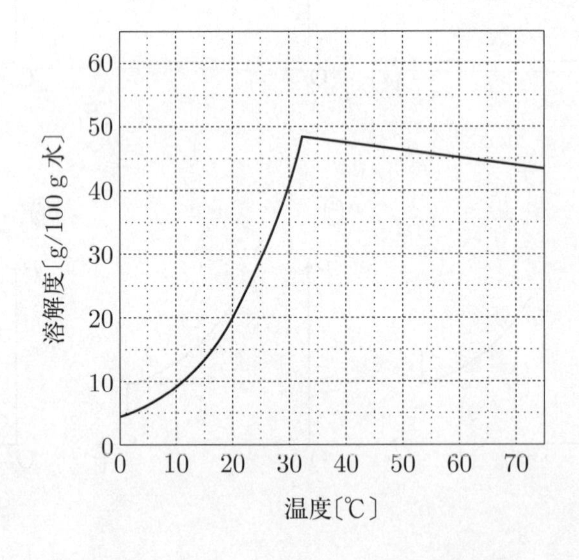

図2　硫酸ナトリウムの溶解度曲線

① 25　② 30　③ 34　④ 48　⑤ 105

問5　図3の立方体は，ある金属結晶の単位格子を示している。この単位格子に関する記述（Ⅰ～Ⅲ）について，正誤の組合せとして最も適当なものを，後の①～⑧のうちから一つ選べ。ただし，単位格子の一辺の長さを a〔cm〕とし，単位格子内で最も近いところに存在する原子は互いに接しているものとする。 6

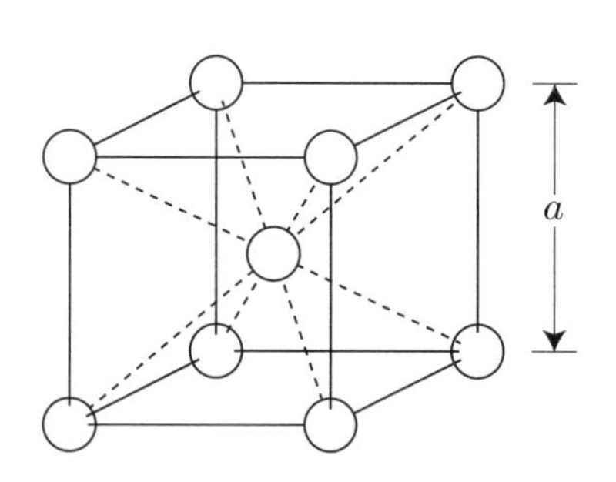

図3　ある金属結晶の単位格子

Ⅰ　配位数は8である。

Ⅱ　単位格子内に含まれる原子は2個である。

Ⅲ　原子半径は $\frac{\sqrt{2}a}{2}$〔cm〕である。

	Ⅰ	Ⅱ	Ⅲ
①	正	正	正
②	正	正	誤
③	正	誤	正
④	正	誤	誤
⑤	誤	正	正
⑥	誤	正	誤
⑦	誤	誤	正
⑧	誤	誤	誤

第2問 次の問い(問1～3)に答えよ。(配点 20)

問1 マグネシウムとバリウムは，いずれも周期表の2族に属する元素である。これらの元素の単体やイオンの反応性を調べる実験を行った。図1に示すように，5本の試験管A～Eに，冷水，熱水(沸騰水)，塩酸，0.1 mol/L の $Mg(NO_3)_2$ 水溶液，0.1 mol/L の $Ba(NO_3)_2$ 水溶液をそれぞれ入れ，次の**実験Ⅰ・Ⅱ**を行った。後の問い(**a**・**b**)に答えよ。

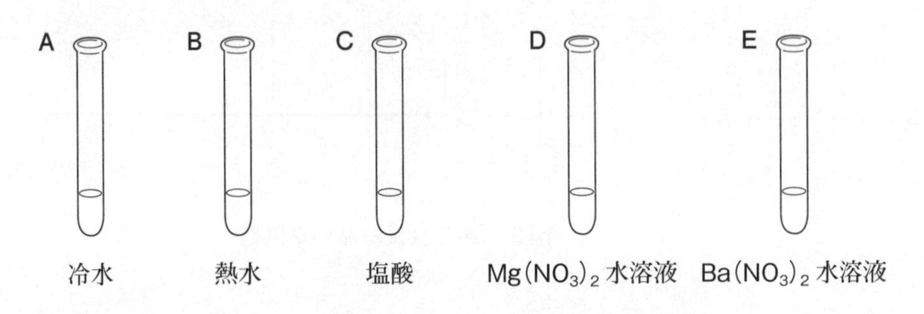

図1 水や水溶液を入れた5本の試験管

実験Ⅰ A～Cに，マグネシウムの小片をそれぞれ入れて，変化を観察した。

実験Ⅱ DとEの水溶液に，希硫酸を少量ずつ加えて，変化を観察した。

a **実験Ⅰ**では，マグネシウムの冷水・熱水・塩酸に対する反応性について，どのような観察結果が得られると考えられるか。最も適当なものを，次の①～④のうちから一つ選べ。 7

① 冷水・熱水・塩酸のいずれとも，ほとんど反応しない。

② 冷水・塩酸とはほとんど反応しないが，熱水とは反応して水素を発生する。

③ 冷水・熱水とはほとんど反応しないが，塩酸とは反応して水素を発生する。

④ 冷水とはほとんど反応しないが，熱水・塩酸とは反応して水素を発生する。

b　**実験Ⅱ**の観察結果に関する記述として最も適当なものを，次の①～④のうちから一つ選べ。 8

① DとEのいずれにおいても，沈殿は生じない。
② Dでは白色沈殿が生じるが，Eでは沈殿は生じない。
③ Dでは沈殿は生じないが，Eでは白色沈殿が生じる。
④ DとEのいずれにおいても，白色沈殿が生じる。

問2　アルミニウムは，水酸化ナトリウム水溶液と反応して水素を発生する。この反応は次の化学反応式で表される。反応式中の a ～ e は係数である。

$$a\,\mathrm{Al} + b\,\mathrm{NaOH} + c\,\mathrm{H_2O} \longrightarrow d\,\mathrm{Na[Al(OH)_4]} + e\,\mathrm{H_2}$$

0.45 g のアルミニウムを水酸化ナトリウム水溶液に完全に溶かしたとき，発生する水素は，0℃，1.013×10^5 Pa の状態において何 L か。最も適当な数値を，次の①～⑤のうちから一つ選べ。 9 L

① 0.28　② 0.37　③ 0.56
④ 0.75　⑤ 0.93

問3　次の文章を読み，次ページの問い（**a**〜**c**）に答えよ。

ケイ素 Si は，岩石や鉱物の成分元素として地殻中に酸素 O に次いで多く存在する。岩石や鉱物の主成分はケイ酸塩である。一般に，ケイ酸塩を構成するイオンは，図2に示すような，Si 原子1個と O 原子4個からなる四面体を基本単位とした構造が多い。図3は，ケイ酸塩を構成するイオンの構造の例を模式的に表したものである。**ア**は四面体が単独で存在するもの，**イ**は四面体が2個連結したもの，**ウ**は四面体が鎖状に次々と連結したものであり，これらの化学式はそれぞれ，**ア**は SiO_4^{4-}，**イ**は $Si_2O_7^{6-}$，**ウ**は SiO_3^{2-} で表される。また，このほかに，環状に連結した構造も存在する。

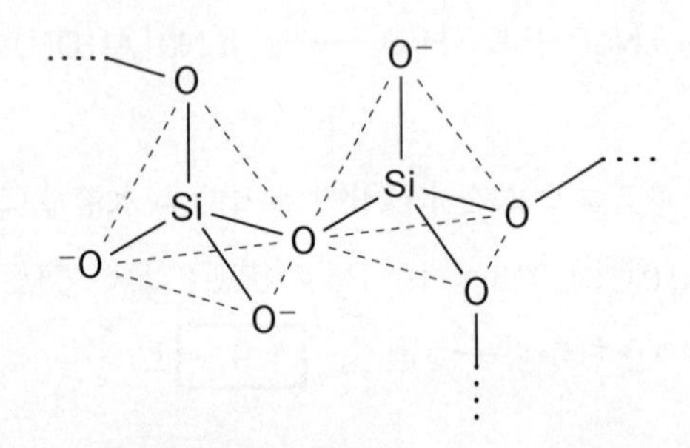

図2　ケイ酸塩を構成するイオンの部分構造の例

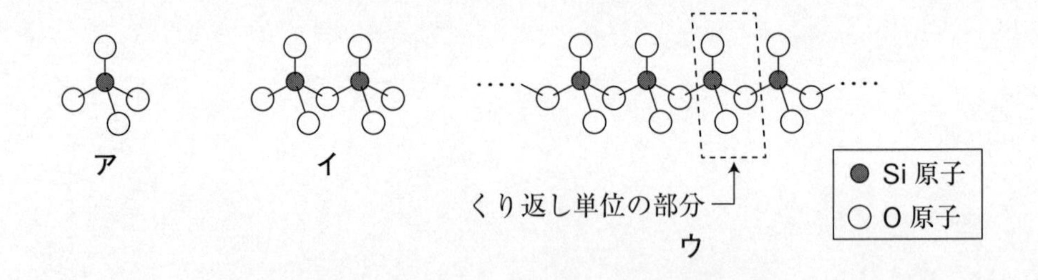

図3　ケイ酸塩を構成するイオンの構造の例

a　元素の周期律は，原子番号の増加に伴って原子の価電子の数が規則的に変化していくことと深く関係している。原子のもつ価電子の数が Si と同じである元素はどれか。最も適当なものを，次の ①〜⑤ のうちから一つ選べ。 10

① B　　② N　　③ Na　　④ Ne　　⑤ Sn

b　ケイ素の単体は，ダイヤモンドと同様の構造をもつ結晶である。ケイ素の単体とダイヤモンドに関する記述として**誤りを含むもの**を，次の ①〜④ のうちから一つ選べ。 11

① いずれも共有結合の結晶である。
② いずれも無色透明である。
③ ケイ素の単体は半導体の性質を示す。
④ ダイヤモンドは研磨剤などに用いられる。

c　図4は，ケイ酸塩を構成するイオンの構造の一つを模式的に表したもので，その化学式は $Si_4O_{11}{}^{A-}$ で表される。価数 A に当てはまる数値として最も適当なものを，後の ①〜⑤ のうちから一つ選べ。 12

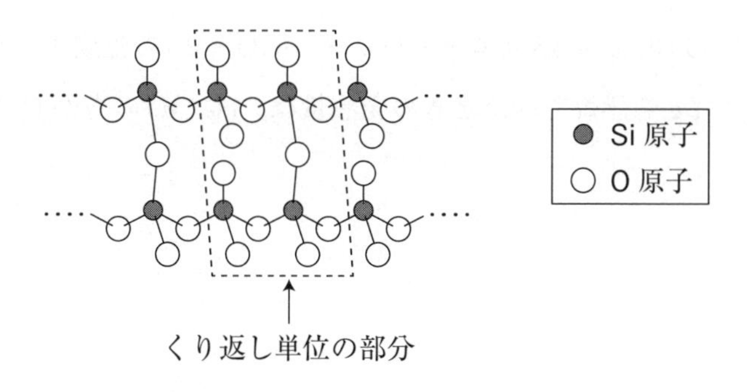

図4　ケイ酸塩($Si_4O_{11}{}^{A-}$)を構成するイオンの構造

① 2　　② 4　　③ 6　　④ 8　　⑤ 10

第3問　次の問い(問1・2)に答えよ。(配点　20)

問1　次の式(1)〜(5)は，さまざまな物質の反応や状態変化にともなうエンタルピー変化を付した化学反応式である。式(1)〜(5)に関して，後の問い(**a**〜**c**)に答えよ。

$$NaCl(固) + aq \longrightarrow NaCl\,aq \quad \Delta H = 3.9\,kJ \tag{1}$$

$$NaOH\,aq + HCl\,aq \longrightarrow NaCl\,aq + H_2O(液) \quad \Delta H = -56.5\,kJ \tag{2}$$

$$H_2O(気) \longrightarrow H_2O(液) \quad \Delta H = -44\,kJ \tag{3}$$

$$C(黒鉛) + O_2(気) \longrightarrow CO_2(気) \quad \Delta H = -394\,kJ \tag{4}$$

$$H_2(気) + \frac{1}{2}O_2(気) \longrightarrow H_2O(液) \quad \Delta H = -286\,kJ \tag{5}$$

a　式(1)〜(5)に関する記述として**誤りを含むもの**を，次の①〜⑤のうちから一つ選べ。 13

① NaCl(固)の水への溶解は，吸熱変化である。

② 水酸化ナトリウム 0.100 mol が溶けている水溶液を塩酸で完全に中和すると，5.65 kJ の熱が発生する。

③ H_2O(気)の生成エンタルピーの絶対値は，H_2O(液)の生成エンタルピーの絶対値より大きい。

④ C(黒鉛)の燃焼エンタルピーと CO_2(気)の生成エンタルピーは等しい。

⑤ 1 g を燃焼させたときの発熱量は，H_2(気)の方が C(黒鉛)より大きい。

b プロペン(プロピレン)C_3H_6 と水素 H_2 が反応してプロパン C_3H_8 が生じる反応は，エンタルピー変化を付した次の化学反応式(6)で表される。

$$C_3H_6(気) + H_2(気) \longrightarrow C_3H_8(気) \quad \Delta H = x_1\,[\mathrm{kJ}] \tag{6}$$

式(6)の x_1 は何 kJ か。最も適当な数値を，後の ①～⑥ のうちから一つ選べ。なお，C_3H_6 の燃焼エンタルピー，および C_3H_8 の生成エンタルピーを付した化学反応式は，それぞれ次の式(7)，式(8)で表される。 **14** kJ

$$C_3H_6(気) + \frac{9}{2}O_2(気) \longrightarrow 3CO_2(気) + 3H_2O(液) \quad \Delta H = -2058\,\mathrm{kJ} \tag{7}$$

$$3C(黒鉛) + 4H_2(気) \longrightarrow C_3H_8(気) \quad \Delta H = -105\,\mathrm{kJ} \tag{8}$$

① −123　② −105　③ −18
④ 18　⑤ 105　⑥ 123

c　水酸化ナトリウム NaOH が多量の水に溶解するときの溶解エンタルピー ΔH を付した化学反応式は，次式のように表される。ただし，$x_2 > 0$ である。

$$\mathrm{NaOH}(固) + \mathrm{aq} \longrightarrow \mathrm{NaOH\,aq} \quad \Delta H = -x_2〔\mathrm{kJ}〕$$

この式の x_2 を求めるため，次のような**実験**を行った。

実験　ビーカーに水 49 g をとり，水酸化ナトリウム 1.0 g を加えて溶解させ，そのときの温度変化を測定した。水酸化ナトリウムを加えた瞬間を 0 秒とした場合の水溶液の温度の時間変化を，表 1 に示す。

表 1　水溶液の温度変化

時間〔秒〕	0	60	120	180	240	300
温度〔℃〕	20.0	24.5	24.6	24.4	24.2	24.0

x_2 に当てはまる数値として最も適当なものを，次の ①～⑤ のうちから一つ選べ。ただし，水溶液の比熱は 4.2 J/(g·K) とする。また，必要があれば，次ページの方眼紙を使うこと。 **15** kJ

① 38　② 40　③ 42　④ 44　⑤ 46

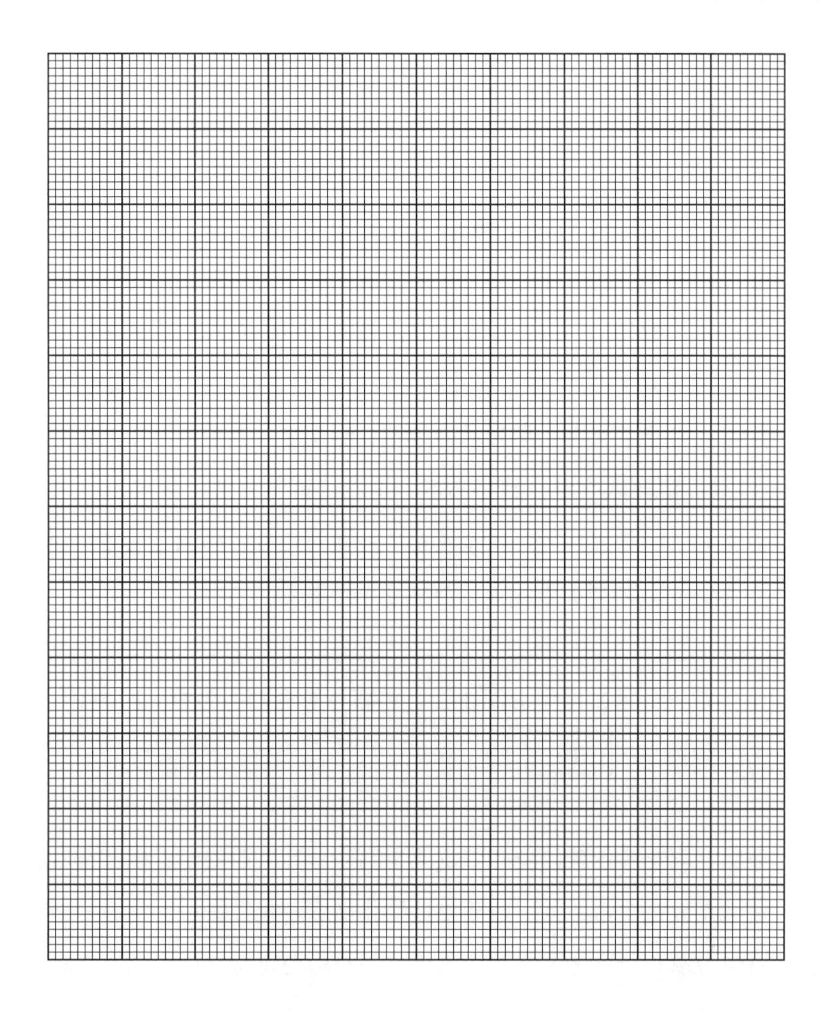

問2　電池，電気分解に関する次の問い（**a**〜**c**）に答えよ。

電解質水溶液にイオン化傾向の異なる2種類の金属を浸すと，電池になる。1800年頃に考案されたボルタ電池は，希硫酸に亜鉛板と銅板を入れたものである。

電解質の水溶液に二つの電極を入れ，電池（外部電源）の電気エネルギーを用いて直流電流を流すと，電極で酸化還元反応が起こる。これを電気分解という。電気分解は，さまざまな工業製品の製造に利用されており，粗銅から純銅を得る(a)銅の電解精錬はその一例である。また，電気分解は金属の(b)めっきにも利用されている。鉄板（鋼板）に金属をめっきしたものの例として，亜鉛をめっきしたトタンや，スズをめっきしたブリキがある。

a　電池，電気分解に関する記述として**誤りを含むもの**を，次の①〜④のうちから一つ選べ。 16

① 亜鉛と銅を希硫酸に浸して電池をつくると，亜鉛が正極となる。
② 電池が放電するとき，負極では酸化反応が起こる。
③ 電気分解を行うと，電池の負極につないだ電極では還元反応が起こる。
④ 電極に白金を用いて希硫酸を電気分解すると，陰極で水素が生じる。

b　文章中の下線部(a)に関する記述として**誤りを含むもの**を，次の①〜⑤のうちから一つ選べ。 17

① 粗銅を陽極に，純銅を陰極に用いて，電気分解を行う。
② 電解液には硫酸酸性の硫酸銅（Ⅱ）水溶液が用いられる。
③ 電気分解を行うと，銀や金は陽極泥として沈殿する。
④ 電気分解を続けると，電解液中の銅（Ⅱ）イオンの濃度は増加する。
⑤ 電気分解を続けると，粗銅中の金属のうち，銅よりイオン化傾向が大きい金属は，陽イオンになって電解液中に溶け出す。

c 文章中の下線部(b)について，図1のように，亜鉛板と鉄板を亜鉛イオンを含む水溶液に浸し，電気分解を行うと，鉄板の表面で亜鉛イオンが亜鉛になり，鉄板が亜鉛めっきされて質量が増加する。電気分解で0.50 Aの電流を386秒間流したとき，増加する質量は何gか。質量を有効数字2桁(けた)で次の形式で表すとき，[18]～[20]に当てはまる数字を，後の①～⓪のうちから一つずつ選べ。ただし，この電気分解の間，流れた電流はすべて亜鉛の生成に使われるものとし，ファラデー定数は 9.65×10^4 C/mol とする。また，同じものをくり返し選んでもよい。

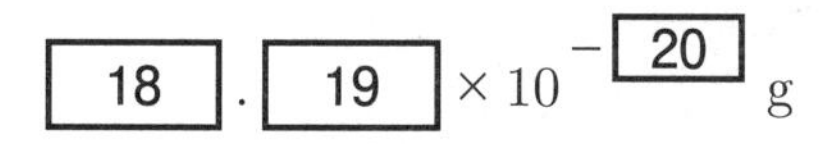

[18].[19] $\times 10^{-[20]}$ g

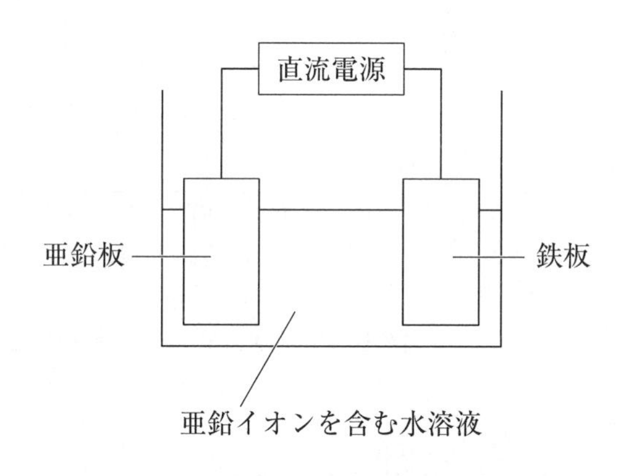

図1 鉄板の亜鉛めっき

① 1 ② 2 ③ 3 ④ 4 ⑤ 5
⑥ 6 ⑦ 7 ⑧ 8 ⑨ 9 ⓪ 0

第4問　次の問い(問1～3)に答えよ。(配点　20)

問1　容積一定の容器に，気体Xを1.2 mol/L，気体Yを1.0 mol/Lになるように入れ，一定温度に保ったところ，気体Xと気体Yが反応し，気体Zが生じた。この実験において，時間に対する各気体の濃度の変化は，図1のようになった。

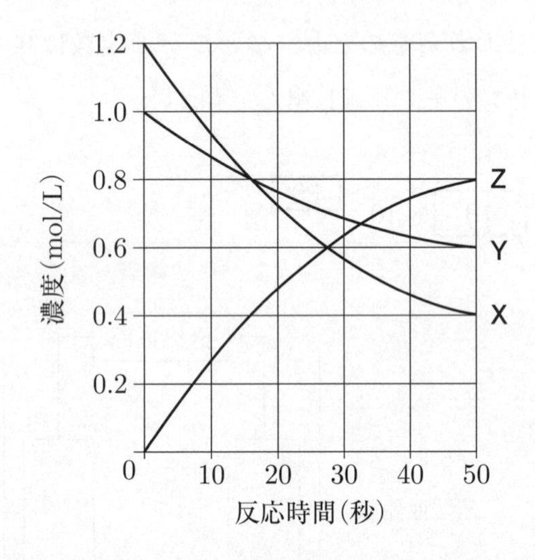

図1　気体X，Y，Zの濃度変化

この反応を次の化学反応式で表すとき，係数a～cに当てはまる数値の組合せとして最も適当なものを，後の①～⑥のうちから一つ選べ。ただし，係数が1のときも省略しないものとする。 **21**

aX + bY ⟶ cZ

	a	b	c
①	2	1	2
②	2	1	3
③	3	1	2
④	3	1	3
⑤	3	2	2
⑥	3	2	3

問2　窒素 N_2 と水素 H_2 からアンモニア NH_3 が生じる反応は可逆反応である。この反応の正反応のエンタルピー変化を付した化学反応式は，次式で表される。

$$N_2(気) + 3H_2(気) \rightleftarrows 2NH_3(気) \quad \Delta H = -92\,kJ$$

N_2 と H_2 を混合し，反応を開始させたとき，この反応に関する記述として最も適当なものを，次の ①～④ のうちから一つ選べ。 22

① 正反応と逆反応の活性化エネルギーは，時間経過とともに小さくなる。
② 正反応と逆反応の活性化エネルギーは，時間経過とともに大きくなる。
③ 単位時間あたりに放出される熱量は，時間経過とともに小さくなる。
④ 単位時間あたりに放出される熱量は，時間経過とともに大きくなる。

問3　図2は，(a)電離定数 K_a が 1.0×10^{-4} mol/L である一価の弱酸 HA の水溶液に水酸化ナトリウム水溶液を少量ずつ滴下していったときの滴定曲線である。未反応の HA と中和反応で生じた塩 NaA が共存する領域では，緩衝液となる。緩衝液に酸や塩基の水溶液を少量加えても，pH は大きく変化しない。

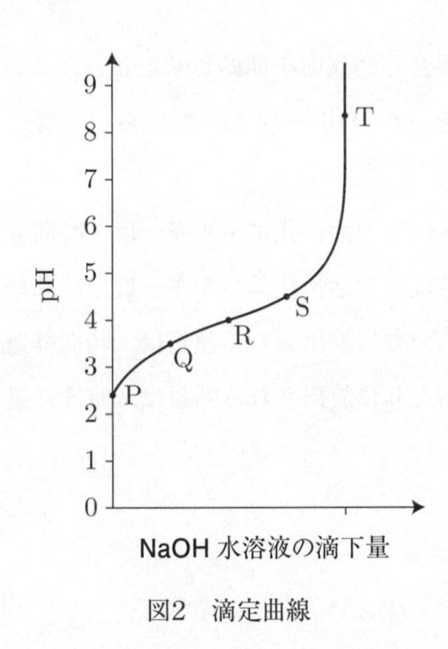

図2　滴定曲線

弱酸 HA の電離平衡($HA \rightleftarrows H^+ + A^-$)において，HA，$H^+$，$A^-$のモル濃度をそれぞれ[HA]，[$H^+$]，[$A^-$]とすると，弱酸 HA の電離定数 K_a は次の式(1)で表される。

$$K_a = \frac{[H^+][A^-]}{[HA]} \qquad (1)$$

したがって，水素イオン濃度は，HA の電離定数 K_a を用いて，次の式(2)で表される。

$$[H^+] = \frac{[HA]}{[A^-]}K_a \qquad (2)$$

HA と NaA が共存する溶液中で HA のモル濃度を C_1〔mol/L〕，NaA のモル濃度を C_2〔mol/L〕とすると，この溶液中では HA はほとんど電離せず，NaA は完全に電離するとみなせることから，[HA] ≒ C_1〔mol/L〕，[A^-] ≒ C_2〔mol/L〕と近似できる。したがって，(b)[H^+]は次の式(3)のように，K_a と $\frac{C_1}{C_2}$ によって決まることがわかる。

$$[\mathrm{H}^+] = \frac{C_1}{C_2} K_a \qquad (3)$$

図2において，溶液が緩衝液となる領域では，水素イオン濃度$[\mathrm{H}^+]$が電離定数K_aに近い値になっている。また，C_1とC_2の値が大きく異なる場合は，この領域に入らず，緩衝液としての性質を示さなくなる。次の問い(**a**～**c**)に答えよ。

a　下線部(a)について，HAの半分が中和されたとき，HAとA^-のモル濃度が等しくなり，$[\mathrm{H}^+] = K_a$となる。また，このとき緩衝液の緩衝作用は最大となる。このときを示す点は，図2中のP～Tのうちどれか。最も適当なものを，次の①～⑤のうちから一つ選べ。 23

① P　② Q　③ R　④ S　⑤ T

b　下線部(b)について，この関係を利用して，弱酸とその塩の組合せやそれらの濃度によって，必要なpHの緩衝液を調製することができる。表1に，シュウ酸，リン酸の電離定数を示す。

表1　シュウ酸，リン酸の電離定数

シュウ酸	$H_2C_2O_4 \rightleftarrows HC_2O_4^- + H^+$	$K_1 = 9.1 \times 10^{-2}$ mol/L
	$HC_2O_4^- \rightleftarrows C_2O_4^{2-} + H^+$	$K_2 = 1.5 \times 10^{-4}$ mol/L
リン酸	$H_3PO_4 \rightleftarrows H_2PO_4^- + H^+$	$K_1 = 1.5 \times 10^{-2}$ mol/L
	$H_2PO_4^- \rightleftarrows HPO_4^{2-} + H^+$	$K_2 = 3.7 \times 10^{-7}$ mol/L
	$HPO_4^{2-} \rightleftarrows PO_4^{3-} + H^+$	$K_3 = 3.5 \times 10^{-12}$ mol/L

表1の電離定数の値を参考にして，2種類の化合物を混合してpH 7.0の緩衝液を調製するとき，用いる化合物の組合せとして最も適当なものを，次の①～⑤のうちから一つ選べ。 24

① $H_2C_2O_4$と$NaHC_2O_4$
② $NaHC_2O_4$と$Na_2C_2O_4$
③ H_3PO_4とNaH_2PO_4
④ NaH_2PO_4とNa_2HPO_4
⑤ Na_2HPO_4とNa_3PO_4

c　**b** で選んだ組合せで pH 7.0 の緩衝液を調製したとき，$\frac{C_1}{C_2}$ の値として最も適当なものを，次の ①～⑤ のうちから一つ選べ。 25

① 0.27　② 0.37　③ 1.0　④ 2.7　⑤ 3.7

（下 書 き 用 紙）

化学の試験問題は次に続く。

第5問　次の問い(問1～5)に答えよ。(配点　20)

問1　分子式が C_3H_5Cl である化合物の異性体のうち，炭素原子間に不飽和結合をもつ化合物はいくつあるか。正しい数を，次の ①～⑤ のうちから一つ選べ。ただし，立体異性体があれば区別して数えるものとする。 26

① 3　　② 4　　③ 5　　④ 6　　⑤ 7

問2　炭化水素に関する記述として下線部に**誤りを含むもの**を，次の ①～④ のうちから一つ選べ。 27

① プロパンは，水によく溶ける。
② シクロプロパンは，化学的に不安定で環を開く反応が起こりやすい。
③ プロペン(プロピレン)は，付加重合により分子量の大きい化合物が生じる。
④ プロピン(メチルアセチレン)は，三重結合している炭素原子とそれに結合する原子が同一直線上にある。

問3　図1にエタノールの反応を示す。化合物A・化合物Bに当てはまる化合物として最も適当なものを，後の①～⑤のうちからそれぞれ一つずつ選べ。

化合物A　**28**

化合物B　**29**

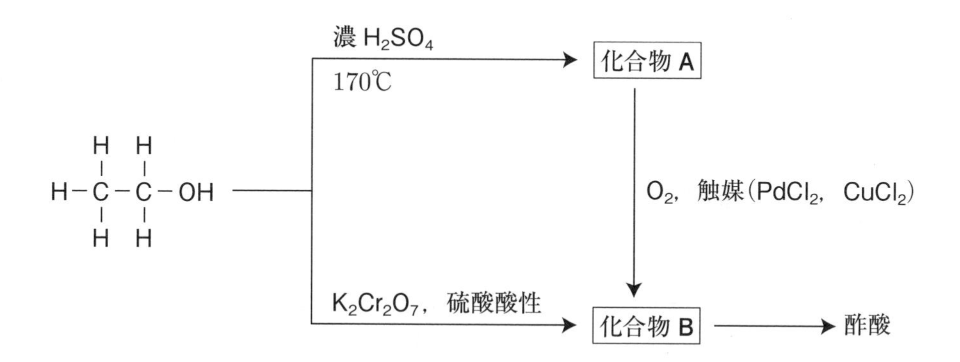

図1　エタノールの反応

①
```
H＼   ／H
   C＝C
H／   ＼H
```

②
```
   H  H     H  H
   |  |     |  |
H－C－C－O－C－C－H
   |  |     |  |
   H  H     H  H
```

③
```
   H     H
   |     |
H－C－C－C－H
   |  ‖  |
   H  O  H
```

④
```
   H
   |
H－C－C－H
   |  ‖
   H  O
```

⑤
```
   H    H
   |    |
H－C－C－H
   |    |
   OH  OH
```

問4　エタノールに単体のナトリウムを反応させると，水素が発生するとともにナトリウムエトキシドが生成する。

$$2C_2H_5OH + 2Na \longrightarrow 2C_2H_5ONa + H_2 \quad (1)$$

式(1)で生じたナトリウムエトキシドはイオン結合からなる化合物であり，ナトリウムエトキシドの電離によって生じた陰イオンにヨードメタン CH_3I を反応させると，ヨウ素原子が結合した炭素原子に非共有電子対をもつ $C_2H_5O^-$ が結合すると同時に，I^- がとれる。

$$C_2H_5O^- + CH_3I \longrightarrow C_2H_5OCH_3 + I^- \quad (2)$$

分子式 $C_4H_{10}O$ で表されるエーテルのうち，エーテル結合を中心に左右非対称の構造であるものが式(1)・式(2)と同様の反応でつくられるとする。この反応に用いる化合物の組合せとして**適当でないもの**を，次の ①～④ のうちから一つ選べ。 30

① メタノールと 1-ヨードプロパン
② エタノールとヨードエタン
③ 1-プロパノールとヨードメタン
④ 2-プロパノールとヨードメタン

問5　セッケンおよび合成洗剤に関する記述として下線部に**誤りを含むもの**を，次の ①～⑤ のうちから一つ選べ。 31

① セッケンを水に溶かすと，水溶液は<u>中性を示す</u>。
② セッケン水に塩化カルシウム水溶液を加えると，<u>不溶性の塩をつくって沈殿が生じる</u>。
③ セッケンは，油脂の<u>けん化により得られる</u>。
④ 合成洗剤は，親水基を外側に向けて<u>水溶液中でミセルをつくる</u>。
⑤ 合成洗剤は，羊毛や絹などの<u>動物性繊維の洗濯に適する</u>。

第 4 回

（60 分）

実戦問題

標準所要時間

第 1 問	12 分	第 4 問	12 分
第 2 問	12 分	第 5 問	12 分
第 3 問	12 分		

化　　　学

（解答番号 1 ～ 32 ）

必要があれば，原子量は次の値を使うこと。

H　1.0　　C　12　　N　14　　O　16

Na　23　　Ar　40

気体は，実在気体とことわりがない限り，理想気体として扱うものとする。

第１問　次の問い（問１～５）に答えよ。（配点　20）

問１　次の記述（Ⅰ・Ⅱ）の両方に当てはまるものを，後の ①～⑤ のうちから一つ選べ。 1

Ⅰ　電気伝導性が高い結晶

Ⅱ　分子間力がはたらいている結晶

①　ヨウ素 I_2　　②　黒鉛 C　　③　銀 Ag

④　リチウム Li　　⑤　塩化ナトリウム NaCl

問2　図1は NaCl 型(塩化ナトリウム型)の結晶の単位格子である。一つのイオンに隣り合って結合している異符号のイオンの数を配位数といい，図1の陰イオン(○)の配位数は6である。塩化ナトリウム型の陽イオン(●)の配位数として最も適当な数字を，後の ①～⑤ のうちから一つ選べ。 **2**

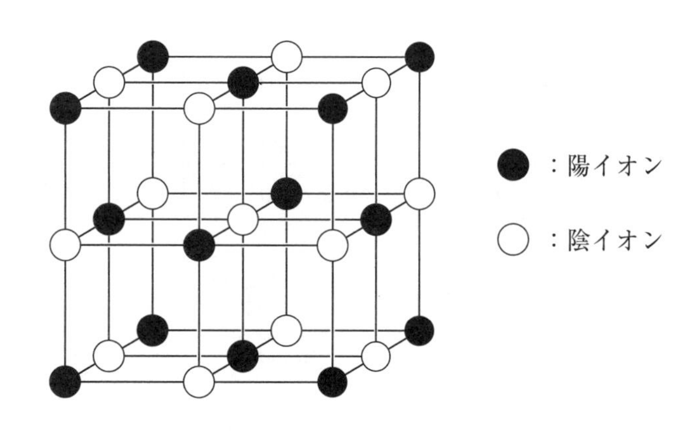

図1　塩化ナトリウム型の単位格子

① 2　　② 4　　③ 6　　④ 8　　⑤ 12

問3　4種類の気体が，それぞれ表1に示す圧力と絶対温度で存在するとき，密度(g/L)が最も大きなものはどれか。後の ①～④ のうちから一つ選べ。 **3**

表1　気体の圧力・温度

気　体	圧力（Pa）	絶対温度(K)
水　素	1.0×10^5	300
二酸化炭素	1.0×10^5	450
メタン	5.0×10^5	450
アルゴン	2.0×10^5	600

① 水　素　　② 二酸化炭素　　③ メタン　　④ アルゴン

問4 27℃において，図2のように耐圧容器Aに U 字管が接続された容器がある。U 字管には水銀が入っており，A と U 字管の間にコックがついている。はじめ，コックを開いた状態で容器Aには水素 H_2 と酸素 O_2 の混合気体が封入してあり，U 字管のもう一方の先端は真空状態で，水銀面の高さの差は 760 mm であった。次に，コックを閉じ，着火装置を作動させたところ，A 内の水素が完全に燃焼した。反応後，A 内が 27℃に戻るまで放置したところ，A 内に水滴が観察された。再びコックを開くと，水銀面の高さの差は 331 mm になった。はじめに封入されていた混合気体中の H_2 と O_2 の物質量比(H_2:O_2)はいくらか。最も適当なものを，後の ①～⑤ のうちから一つ選べ。ただし，27℃における水の飽和蒸気圧は 27 mmHg で，水銀の飽和蒸気圧は無視できるものとする。また，コックから水銀面までの気体の体積，および生成した水滴の体積は無視でき，気体は液体に溶けないものとする。 **4**

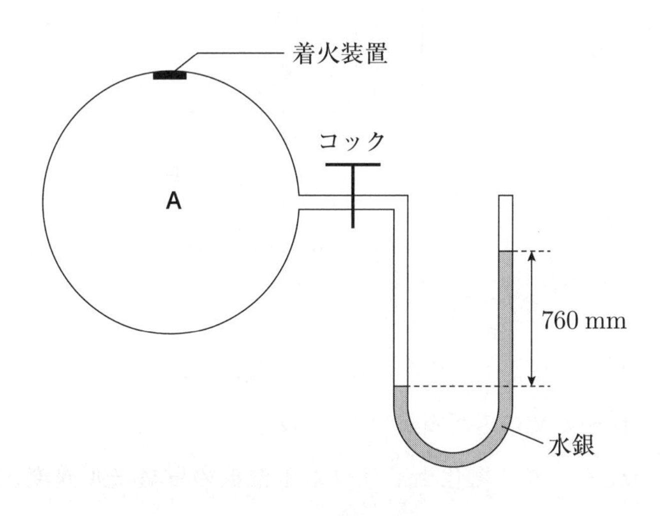

図2 実験装置

① 1：1　② 1：2　③ 1：3　④ 2：1　⑤ 2：3

問5　凝固点降下に関する次の問い（**a**・**b**）に答えよ。

a　図3は，1.01×10^5 Pa における塩化ナトリウム水溶液の冷却曲線である。図3に関する後の記述（**I**～**III**）について，正誤の組合せとして最も適当なものを，次ページの ①～⑧ のうちから一つ選べ。 **5**

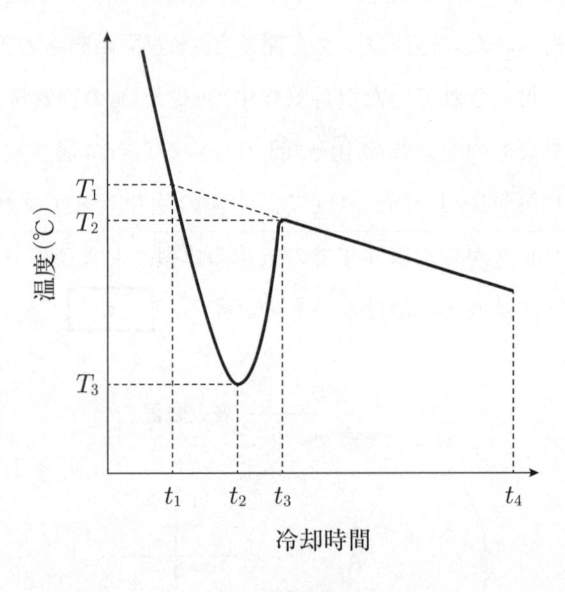

図3　冷却曲線

I　用いた塩化ナトリウム水溶液の凝固点は T_3（℃）である。

II　t_2 ～ t_3 でのみ凝固が起きている。

III　t_2 ～ t_4 では塩化ナトリウム水溶液の質量モル濃度(mol/kg)は大きくなっていく。

	Ⅰ	Ⅱ	Ⅲ
①	正	正	正
②	正	正	誤
③	正	誤	正
④	正	誤	誤
⑤	誤	正	正
⑥	誤	正	誤
⑦	誤	誤	正
⑧	誤	誤	誤

b　1.00 kg の水に 0.100 mol の塩化ナトリウムと 0.100 mol の硝酸銀を加えたところ，白色沈殿 **A** が得られた。ろ過によりこの沈殿 **A** を除いた溶液の凝固点は，純水に比べて何 K 下がるか。最も適当な数値を，次の ①～④ のうちから一つ選べ。ただし，水のモル凝固点降下は 1.85 K·kg/mol とする。また，白色沈殿 **A** の生成は完全に進むものとし，**A** 以外の電解質は完全に電離するものとする。 **6** K

① 0.185　② 0.370　③ 0.555　④ 0.740

第2問　次の問い(問1～3)に答えよ。(配点　20)

問1　水酸化ナトリウムの固体を多量の水に溶解させたときのエンタルピー変化を付した化学反応式は次の式(1)で表される。

$$\mathrm{NaOH(固) + aq \longrightarrow NaOH\,aq} \qquad \Delta H = -45\,\mathrm{kJ} \qquad (1)$$

また，水酸化ナトリウム水溶液を塩酸と反応させたときのエンタルピー変化を付した化学反応式は次の式(2)で表される。

$$\mathrm{NaOH\,aq + HCl\,aq \longrightarrow NaCl\,aq + H_2O(液)} \qquad \Delta H = -56\,\mathrm{kJ} \qquad (2)$$

固体の水酸化ナトリウム 12 g を 1.0 mol/L の塩酸 200 mL に完全に溶解させたときに発生する熱量(kJ)を，小数第1位を四捨五入して整数で表すとき，[7]と[8]に当てはまる数字を，次の①～⓪のうちから一つずつ選べ。ただし，整数で表した値が1桁の場合には，[7]には⓪を選べ。また，同じものを繰り返し選んでもよい。[7][8] kJ

① 1　② 2　③ 3　④ 4　⑤ 5
⑥ 6　⑦ 7　⑧ 8　⑨ 9　⓪ 0

問2　光化学反応に関する次の文章中の[ア]・[イ]に当てはまる化学式として最も適当なものを，それぞれ次ページの①～⑤のうちから一つずつ選べ。
ア [9]
イ [10]

水素と塩素の混合気体に紫外線を当てると，爆発的に反応が進行し，塩化水素が生じる。

$$\mathrm{H_2 + Cl_2 \longrightarrow 2HCl}$$

この反応は次のように進行している。

まず，塩素分子 Cl_2 に紫外線が当たると式(3)のように分解して，塩素原子が生じる。塩素原子には不対電子があり，不対電子をもつ原子や原子団をラジカルという。ラジカルは Cl･のように，不対電子を・で表す。

$$\mathrm{Cl-Cl \longrightarrow Cl\cdot \ + \ \cdot Cl} \qquad (3)$$

式(3)で生じた塩素原子 Cl･は水素分子 H_2 と式(4)のように反応し水素原子 H･を生じる。

$$\mathrm{Cl\cdot \ + \ H-H \longrightarrow H-Cl \ + \ H\cdot} \qquad (4)$$

式(4)で生じた水素原子 H･が塩素分子と式(5)のように反応し塩素原子 Cl･を生じる。

$$\mathrm{H\cdot \ + \ Cl-Cl \longrightarrow H-Cl \ + \ Cl\cdot} \qquad (5)$$

式(4)，(5)の反応が繰り返されることで連鎖的に反応する。

オゾン層を破壊する原因物質の一つに，CCl_3F などのフロンがある。CCl_3F に紫外線が当たると式(6)のように分解して，塩素原子 Cl･を生じる。

$$\mathrm{F-\underset{\underset{Cl}{|}}{\overset{\overset{Cl}{|}}{C}}-Cl \xrightarrow{\text{紫外線}} F-\underset{\underset{Cl}{|}}{\overset{\overset{Cl}{|}}{C}}\cdot \ + \ \cdot Cl} \qquad (6)$$

生じた塩素原子 Cl･は式(7)のようにオゾン分子 O_3 を分解する。

$$\mathrm{Cl\cdot \ + \ O_3 \longrightarrow} \boxed{\text{ア}} + \boxed{\text{イ}} \qquad (7)$$

また，式(7)の反応で生じた［イ］も紫外線が当たると分解し酸素原子･O･を生じる。

［ア］と･O･が式(8)のように反応すると，再び Cl･が生じる。

$$\boxed{\text{ア}} + \mathrm{\cdot O\cdot \longrightarrow} \boxed{\text{イ}} + \mathrm{Cl\cdot} \qquad (8)$$

その後，生じた Cl･によって別の O_3 が分解され，O_3 の分解が連鎖的に繰り返される。したがって，少量の Cl･によって大量の O_3 が分解される。

① Cl^-　② O^{2-}　③ O_2　④ ･OCl　⑤ OCl^-

問3　図1は，25℃において，0.10 mol/L の酢酸水溶液 10 mL を 0.10 mol/L の水酸化ナトリウム水溶液で中和滴定したときの滴定曲線である。後の問い（**a**～**c**）に答えよ。25℃における酢酸の電離定数は $K_a = 2.7 \times 10^{-5}$ mol/L，水のイオン積は $K_w = 1.0 \times 10^{-14}$ $(\text{mol/L})^2$ とする。

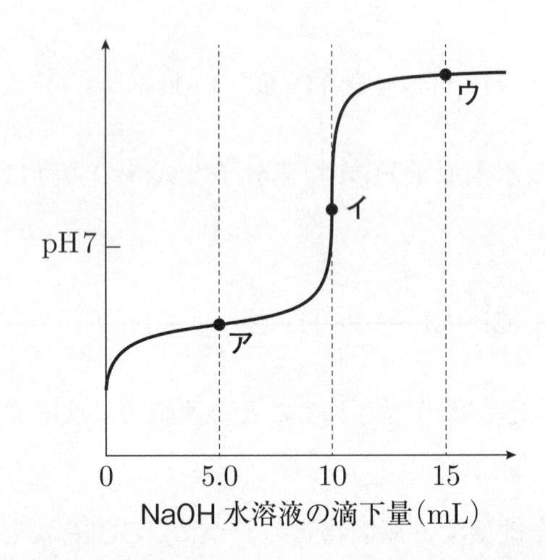

図1　酢酸水溶液を水酸化ナトリウム水溶液で滴定したときの滴定曲線

a　25℃における 0.10 mol/L の酢酸水溶液 **A** と 1.0 mol/L の酢酸水溶液 **B** を比較したときの結果に関する次の記述（**I**・**II**）について，正誤の組合せとして最も適当なものを，後の ① ～ ④ のうちから一つ選べ。ただし，これらの濃度のもとでは，酢酸の電離度 α は 1 と比べて非常に小さく，$1 - \alpha \fallingdotseq 1$ と近似できるものとする。 11

I　**A** 中の酢酸の電離度の方が，**B** 中の酢酸の電離度よりも大きい。

II　**A** の水素イオン濃度よりも，**B** の水素イオン濃度の方が大きい。

	I	II
①	正	正
②	正	誤
③	誤	正
④	誤	誤

b 図1の滴定曲線に関する次の記述(Ⅰ～Ⅲ)について，正誤の組合せとして最も適当なものを，後の ① ～ ⑧ のうちから一つ選べ。 12

Ⅰ 点**ア**では，水溶液中の CH_3COOH と CH_3COO^- の物質量の比は 2：1 である。

Ⅱ 点**ア**付近では，少量の水酸化ナトリウム水溶液を加えても pH が変化しにくい。

Ⅲ 点**イ**では，水溶液中の CH_3COO^- のモル濃度は 0.10 mol/L である。

	Ⅰ	Ⅱ	Ⅲ
①	正	正	正
②	正	正	誤
③	正	誤	正
④	正	誤	誤
⑤	誤	正	正
⑥	誤	正	誤
⑦	誤	誤	正
⑧	誤	誤	誤

c 図1の点**ウ**での水溶液の pH はいくらか。最も適当な数値を，次の ① ～ ⑤ のうちから一つ選べ。ただし，混合後の水溶液の体積は混合前の水溶液の体積の和に等しいとする。また，$\log_{10} 2.0 = 0.30$ とする。 13

① 11.3　② 11.7　③ 12.0　④ 12.3　⑤ 12.7

第3問 次の問い(**問1～3**)に答えよ。(配点　20)

問1　周期表第4周期までのアルカリ金属に関する記述として**誤りを含むもの**を，次の ① ～ ④ のうちから一つ選べ。 **14**

① 単体は，常温で水と反応して水素を発生する。

② 陽イオンを含む水溶液は，炎色反応を示す。

③ 天然には，単体として産出されない。

④ 原子番号が大きいほど，単体の融点は高くなる。

問2 次の記述（Ⅰ～Ⅲ）における元素**ア**～**エ**は Cl, Ne, P, Si のいずれかである。**ア**, **ウ**として最も適当なものを，それぞれ後の ①～④ のうちから一つずつ選べ。

ア [15]

ウ [16]

Ⅰ 常温常圧のもとで，**ア**と**イ**の単体は気体であるが，**ウ**と**エ**の単体は固体である。

Ⅱ **イ**のみ周期表の異なる周期に位置している。

Ⅲ **ウ**の酸化物には，白色の固体で吸湿性を示すものがある。

① Cl　② Ne　③ P　④ Si

問3　水に難溶な水酸化物の溶解度積と水溶液の pH に関する後の問い（**a**～**c**）に答えよ。ただし，すべての操作は25℃で行ったものとする。また，必要があれば次の方眼紙を使うこと。

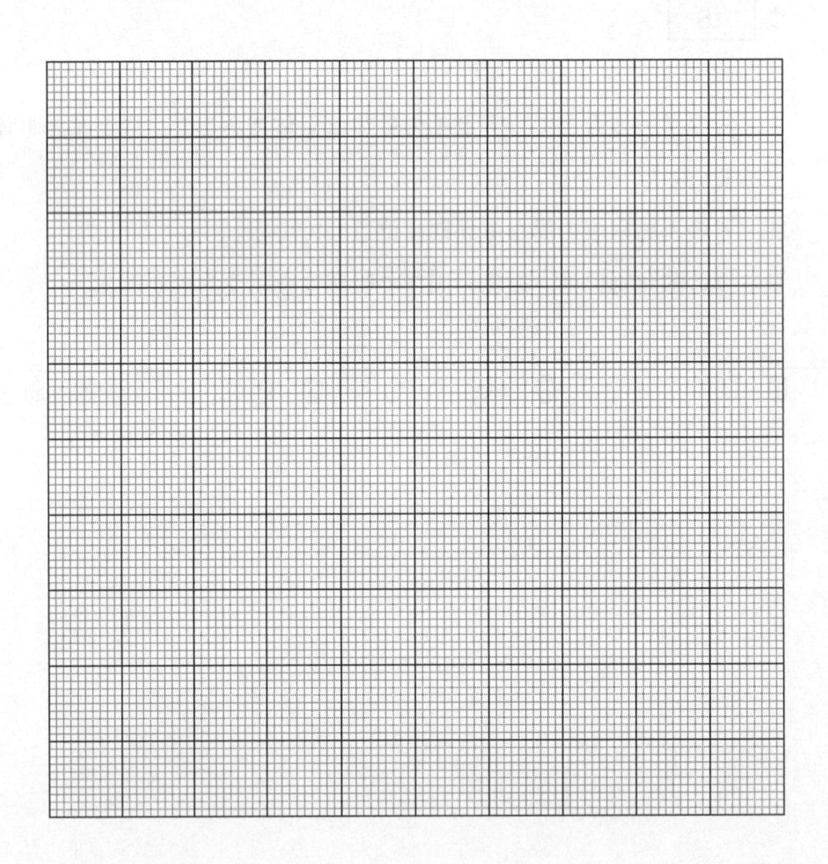

a　水溶液中での水酸化鉄（Ⅱ）の溶解度積（25℃）を K_{sp} とすると，K_{sp} は以下のように式(1)の形で表される。

$$K_{sp} = [Fe^{2+}][OH^-]^2 (mol/L)^3 \quad (1)$$

この式の両辺の対数をとって整理すると，$\log_{10}[Fe^{2+}]$ と pH の間には以下のような関係式が成立する。

$$\log_{10}[Fe^{2+}] = \log_{10} K_{sp} + \boxed{} \quad (2)$$

pH を横軸に，$\log_{10}[Fe^{2+}]$ を縦軸にとったグラフは，式(2)からその傾きに注目すると，次の**ア**・**イ**のうち，どちらになると考えられるか。

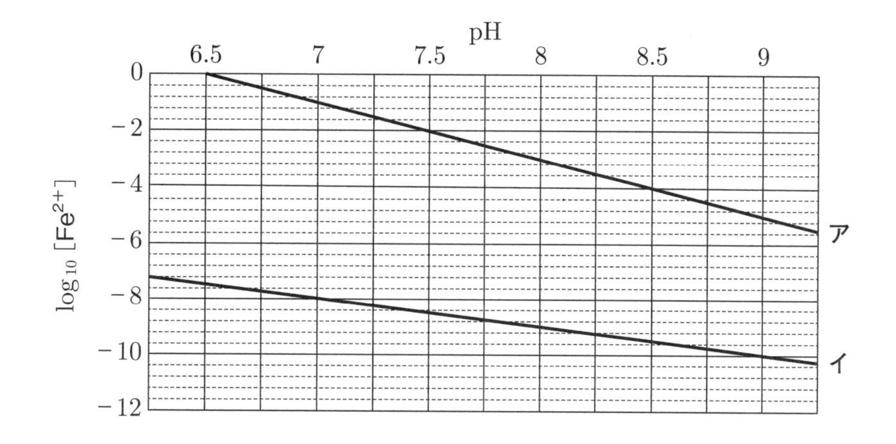

式(2)の [ ] に当てはまる式およびグラフの組合せとして最も適当なものを，次の①～④のうちから一つ選べ。ただし，25℃における水のイオン積は $K_w = 1.0 \times 10^{-14}\,(\mathrm{mol/L})^2$ とする。 17

	式	グラフ
①	14 − pH	ア
②	28 − 2pH	ア
③	14 − pH	イ
④	28 − 2pH	イ

b ある金属Mの水酸化物について，pH と $\log_{10}[M^{x+}]$ の関係は以下の表1のような結果になった。

表1 pH と $\log_{10}[M^{x+}]$ の関係

pH	3.5	4.0	4.3	4.5	5.0	5.3
$\log_{10}[M^{x+}]$	−0.8	−2.3	−3.2	−3.8	−5.3	−6.2

この金属Mとして最も適当なものを，次の①～⑤のうちから一つ選べ。
18

① Al　② Cu　③ K　④ Li　⑤ Zn

c　**b** の M^{x+} が 2.0×10^{-5} mol/L の濃度で溶解している酸性の水溶液 10 mL に，水酸化ナトリウム水溶液を少量ずつ加えていったところ，ちょうど 10 mL 加えたとき，M の水酸化物の沈殿が生じはじめた。このときの混合水溶液の pH はいくらか。最も適当な数値を，次の ①～⑥ のうちから一つ選べ。 19

① 3.7　② 4.1　③ 4.5
④ 4.9　⑤ 5.3　⑥ 5.7

（下 書 き 用 紙）

化学の試験問題は次に続く。

第4問 次の問い(問1～4)に答えよ。(配点 20)

問1 メタノールとエタノールを区別できる方法として最も適当なものを，次の①～④のうちから一つ選べ。 20

① 金属ナトリウムを加える。
② アンモニア性硝酸銀水溶液を加える。
③ 炭酸水素ナトリウム水溶液を加える。
④ 水酸化ナトリウム水溶液とヨウ素を加えて加熱する。

問2 分子式 C_4H_8 で表される有機化合物について，考えられる構造異性体はいくつあるか。正しい数を，次の①～⑤のうちから一つ選べ。ただし，立体異性体は区別しないものとする。 21

① 4 ② 5 ③ 6 ④ 7 ⑤ 8

問3 芳香族化合物に関する次の問い(**a**・**b**)に答えよ。

a アニリンの性質に関する記述として**誤りを含むもの**はどれか。最も適当なものを，次の①～④のうちから一つ選べ。 22

① 常温常圧で水に溶けにくい無色の液体である。
② 硫酸酸性の二クロム酸カリウム水溶液を加えると，黒色の物質を生じる。
③ 無水酢酸を作用させると，アミド結合をもつ物質を生じる。
④ 塩化鉄(Ⅲ)水溶液を加えると，赤紫色を呈する。

b　図1に，ベンゼンからp-ヒドロキシアゾベンゼン(p-フェニルアゾフェノール)を合成する経路を示す。**操作Ⅰ，Ⅲ，Ⅳ**として最も適当なものを，それぞれ後の①～⑥のうちから一つずつ選べ。

操作Ⅰ 23

操作Ⅲ 24

操作Ⅳ 25

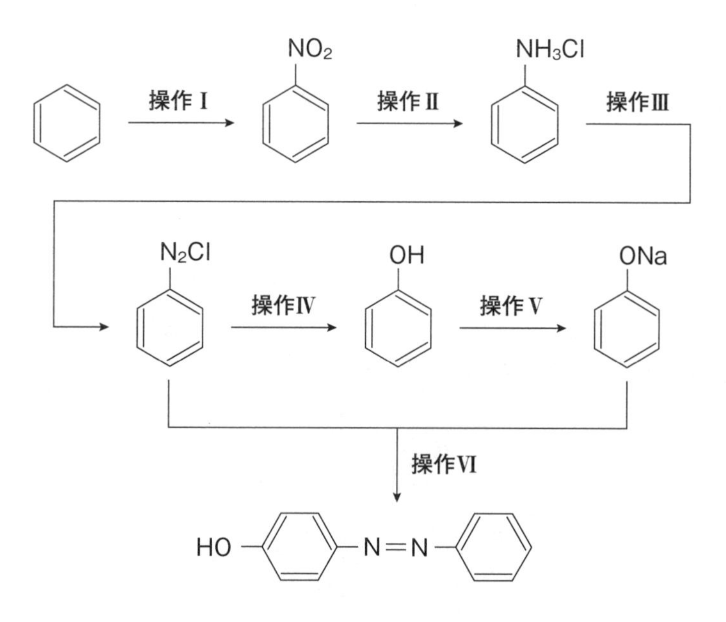

図1　p-ヒドロキシアゾベンゼン(p-フェニルアゾフェノール)を合成する経路

① 氷冷しながら塩酸と亜硝酸ナトリウム水溶液を加える。

② スズと濃塩酸を加えて加熱する。

③ 水酸化ナトリウム水溶液を加える。

④ 水溶液を加熱する。

⑤ 濃硝酸と濃硫酸の混合物を加えて加熱する。

⑥ 水溶液を氷冷しながら混合する。

問4　油脂**X**は純物質であり，**X**の44.2gをけん化するのに必要な水酸化カリウムの物質量は0.150molであった。また，**X** 25.0gに触媒を用いて炭素間二重結合に水素を完全に付加させたところ，0℃，1.013×10^5 Paの体積で1.90Lの水素が必要であった。**X** 1分子中に含まれる炭素間二重結合の数はいくつか。最も適当な数値を，次の①～⑨のうちから一つ選べ。ただし，**X**の中には炭素間三重結合は含まれていないものとする。 26

① 1	② 2	③ 3	④ 4	⑤ 5
⑥ 6	⑦ 7	⑧ 8	⑨ 9	

（下 書 き 用 紙）

化学の試験問題は次に続く。

第5問 身のまわりのプラスチックに関する次の問い(**問1～3**)に答えよ。(配点 20)

問1 プラスチックの性質や利用に関する記述として**誤りを含むもの**はどれか。最も適当なものを，次の ① ～ ④ のうちから一つ選べ。 27

① プロペン(プロピレン)の付加重合によって得られるポリプロピレンは，ポリエチレンと性質が似ており，フィルムや容器，日用雑貨などに用いられる。

② フェノールとホルムアルデヒドの付加縮合によって得られるフェノール樹脂は，電気伝導性に優れており，コンデンサーや電池などに用いられる。

③ メタクリル酸メチルの付加重合によって得られるメタクリル樹脂は，有機ガラスともよばれ，風防ガラスやプラスチックレンズに利用されている。

④ スチレンの付加重合によって得られるポリスチレンは，透明で加工しやすいため，透明容器に用いられる。また，発泡ポリスチレンとして断熱材や緩衝材に用いられる。

問2 ポリエチレンテレフタラート(PET)のリサイクル手順の一つとして，回収後に不純物を取りのぞいたポリエチレンテレフタラートを，常温常圧においてアルカリ存在下，十分量のメタノールと反応させるメタノールアルカリ分解法がある。この反応によって，ポリエチレンテレフタラートは完全にテレフタル酸ジメチルとエチレングリコールに分解される。図1に，テレフタル酸ジメチルの構造を示す。

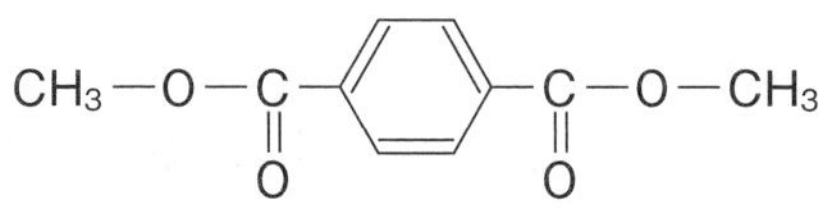

$$CH_3-O-\underset{\underset{O}{\|}}{C}-C_6H_4-\underset{\underset{O}{\|}}{C}-O-CH_3$$

図1 テレフタル酸ジメチルの構造

この反応により得られたテレフタル酸ジメチルは，ポリエチレンテレフタラートの原料として再利用されている。

メタノールアルカリ分解法により，ポリエチレンテレフタラート 96 g を完全に分解したときに生成するテレフタル酸ジメチルの質量は何 g か。最も適当な数値を，次の①～④のうちから一つ選べ。ただし，ポリエチレンテレフタラートの末端は無視できるものとする。 **28** g

① 83　② 97　③ 166　④ 194

問3　五つのプラスチックの小片**ア**～**オ**がある。これら五つの小片の材質は，ポリプロピレン，フェノール樹脂，メタクリル樹脂，ポリスチレン，およびポリエチレンテレフタラートのいずれかであることがわかっている。

この小片**ア**～**オ**の材質を決定するために，次の**実験Ⅰ**～**Ⅲ**を行い，その観察結果を表1にまとめたのち，考察した。この実験と考察に関する後の問い(**a**～**c**)に答えよ。

〈実験および観察結果〉

実験Ⅰ　小片**ア**～**オ**を，二つの液体A，Bにそれぞれ入れ，浮き沈みを観察した。

実験Ⅱ　小片**ア**～**オ**を，ガスバーナーの炎から少し離して温め，その状態で引っ張ったときの変化を観察した。

実験Ⅲ　小片**ア**～**オ**を，ガスバーナーの外炎に入れて燃焼させ，その様子を観察した。

表1　**実験Ⅰ**～**Ⅲ**の観察結果

		小片**ア**	小片**イ**	小片**ウ**	小片**エ**	小片**オ**
実験Ⅰ	液体A	浮いた。	沈んだ。	沈んだ。	沈んだ。	沈んだ。
	液体B	浮いた。	浮いた。	浮いた。	沈んだ。	沈んだ。
実験Ⅱ		軟らかくなり，引っ張ると伸びた。	軟らかくなり，引っ張ると伸びた。	軟らかくなり，引っ張ると伸びた。	軟らかくなり，引っ張ると伸びた。	ほとんど変化がなかった。
実験Ⅲ		融けながら燃えた。すすはほとんど生じなかった。	融けながら燃えた。すすはほとんど生じなかった。	黒い煙を上げて燃えた。	黒い煙を上げて燃えた。	燃えにくく，表面が黒く焦げた。

〈考察〉

実験Ⅰについて

五つの小片の材質の密度は，次の表2のとおりである。

表2　プラスチックの密度

名称	ポリプロピレン	フェノール樹脂	メタクリル樹脂	ポリスチレン	ポリエチレンテレフタラート
密度 (g/cm^3)	0.91	1.40	1.20	1.05	1.35

液体の密度よりもプラスチックの密度のほうが小さい場合，プラスチックはその液体に浮く。また，液体の密度よりもプラスチックの密度のほうが大きい場合，プラスチックはその液体に沈む。この事実と**実験Ⅰ**の結果から，小片**ア**の材質を決定することができた。

実験Ⅱについて

小片**ア**～**エ**は，温めると軟らかくなり，また引っ張ると伸びた。しかし，小片**オ**のみはほとんど変化がなかった。この結果から，小片**オ**のみ［**あ**］樹脂であると考えられ，小片**オ**の材質を決定することができた。

実験Ⅲについて

小片**ア**～**エ**は，ガスバーナーに入れると燃えたが，小片**オ**は表面が黒く焦げただけであまり燃えなかった。また，小片**ア**，**イ**は融けながら燃えて，すすなどの煙はほとんど生じなかったが，小片**ウ**，**エ**は黒い煙を上げて燃えた。

小片**ア**，**イ**と小片**ウ**，**エ**で燃え方が異なっていた理由について調べたところ，分子内に［**い**］が存在すると，燃焼したときに黒い煙が生じやすいことがわかった。

以上の結果から，小片**ア**～**オ**の材質をすべて決定することができた。

a　**実験Ⅰ**で使用した液体**A**，**B**として最も適当なものを，それぞれ次の ①～④ のうちから一つずつ選べ。ただし，(　)内の値は，実験温度におけるその液体の密度を表している。

A 29

B 30

① 水(1.00 g/cm^3)

② 20％ヨウ化カリウム水溶液(1.17 g/cm^3)

③ 30％ヨウ化カリウム水溶液(1.27 g/cm^3)

④ 40％ヨウ化カリウム水溶液(1.39 g/cm^3)

b　考察の文中にある空欄 あ ， い に当てはまる語の組合せとして最も適当なものを，次の ①～④ のうちから一つ選べ。 31

	あ	い
①	熱可塑性	酸素原子
②	熱可塑性	ベンゼン環
③	熱硬化性	酸素原子
④	熱硬化性	ベンゼン環

c　小片**イ**の材質として最も適当なものを，次の ①～⑤ のうちから一つ選べ。

32

① ポリプロピレン　　② フェノール樹脂　　③ メタクリル樹脂

④ ポリスチレン　　⑤ ポリエチレンテレフタラート

第 5 回

（60 分）

実 戦 問 題

標 準 所 要 時 間

第 1 問	12 分	第 4 問	12 分
第 2 問	12 分	第 5 問	12 分
第 3 問	12 分		

化　学

（解答番号 1 ～ 36 ）

必要があれば，原子量は次の値を使うこと。

H	1.0	C	12	O	16	S	32
Cl	35.5	Ca	40	Cu	64		

気体は，実在気体とことわりがない限り，理想気体として扱うものとする。
また，必要があれば，次の値を使うこと。

$\sqrt{2} = 1.41$

第1問　次の問い（問1～4）に答えよ。（配点　20）

問1　極性分子からなる結晶を，次の①～④のうちから一つ選べ。 1

① 氷（H_2O）　② ドライアイス（CO_2）

③ ヨウ素（I_2）　④ ナフタレン（$C_{10}H_8$）

問2　次の文章を読み，下線部(a)・(b)の内容を示す法則名の組合せとして最も適当なものを，後の ① ～ ⑥ のうちから一つ選べ。 **2**

容積可変の密閉容器に，絶対温度 T (K)，圧力 P (Pa)で n(mol)の気体を入れたところ体積 V (L)となった。(a)この気体を圧力 P 一定のまま絶対温度を $2T$ にすると体積は $2V$ になった。また，温度を T に戻し，(b)P，T 一定のまま気体をさらに n(mol)追加したところ体積は $2V$ になった。

	(a)	(b)
①	ボイルの法則	シャルルの法則
②	ボイルの法則	アボガドロの法則
③	シャルルの法則	ボイルの法則
④	シャルルの法則	アボガドロの法則
⑤	アボガドロの法則	ボイルの法則
⑥	アボガドロの法則	シャルルの法則

問3　図1は，ジエチルエーテル，エタノール，および水の蒸気圧曲線を示したものである。後の問い（**a**・**b**）に答えよ。

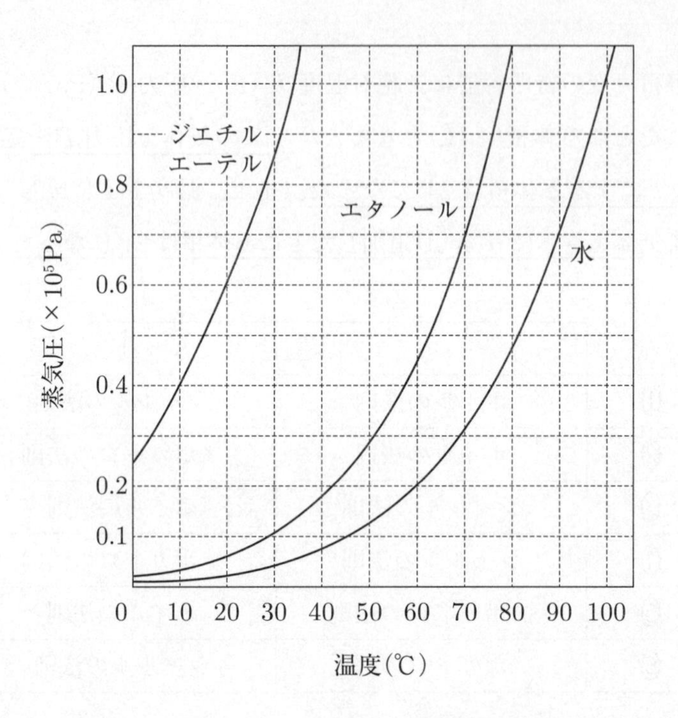

図1　ジエチルエーテル，エタノール，および水の蒸気圧曲線

a　図1に関する記述として**誤りを含むもの**を，次の①～④のうちから一つ選べ。　3

① 同じ温度では，ジエチルエーテルの方がエタノールよりも飽和蒸気圧が大きい。

② 同じ圧力下では，水の方がエタノールよりも沸点が高い。

③ 大気圧下で沸騰しているとき，ジエチルエーテルの方が水よりも飽和蒸気圧が大きい。

④ 水は，ジエチルエーテルやエタノールよりも分子間力が強くはたらく。

b　圧力と容積を自由に調整できる真空の密閉容器内に，物質量の比１：１のエタノールと水を加え，60℃の恒温槽に入れた。容器内の物質はすべて気体となっていたが，ゆっくり加圧していくと，ある圧力で一方の物質が凝縮し始めた。このときの容器内の全圧は何 Pa か。最も適当な数値を，次の①～⑤のうちから一つ選べ。ただし，異なる物質が共存してもそれぞれの物質の蒸気圧には影響を与えないものとする。 [4] Pa

①　2.0×10^4　②　4.0×10^4　③　4.5×10^4　④　6.5×10^4　⑤　9.0×10^4

問4　結晶格子に関する次の文章を読み，後の問い（**a**～**c**）に答えよ。

チタン酸バリウムは，天然には産出しないが，コンデンサなどに使われている物質である。この物質の結晶は，ある温度領域で図2に示すような立方体の単位格子をもつ。

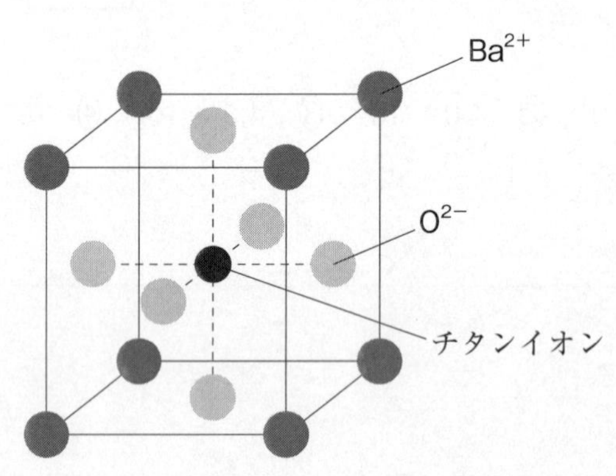

図2　チタン酸バリウムの結晶の単位格子

a　チタン酸バリウムの組成式として最も適当なものを，次の①～④のうちから一つ選べ。 5

① $BaTiO$　② $BaTiO_2$　③ $BaTiO_3$　④ $BaTi_2O_3$

b　チタンイオンのイオン式として最も適当なものを，次の①～④のうちから一つ選べ。 6

① Ti^{+}　② Ti^{2+}　③ Ti^{3+}　④ Ti^{4+}

c　図2の単位格子からなる結晶において，一つの O^{2-} に隣接しているチタンイオンの数を a，Ba^{2+} の数を b としたとき，$a:b$ として最も適当なものを，次の①～⑤のうちから一つ選べ。 7

① 1：1　② 1：2　③ 2：1　④ 1：3　⑤ 3：1

（下 書 き 用 紙）

化学の試験問題は次に続く。

第2問　次の問い(問1～4)に答えよ。(配点　20)

問1　二酸化硫黄 SO_2 や硫化水素 H_2S は火山ガスに含まれる有毒な気体であるが，この2種類の気体を反応させると硫黄の単体が得られる。次の式(1)は，この反応の化学反応式に反応エンタルピー ΔH を付したものである。式(1)中の x の値は何kJか。最も適当な数値を，後の①～⑥のうちから一つ選べ。ただし SO_2(気)，H_2S(気)，H_2O(液)の生成エンタルピー(kJ/mol)は，それぞれ－297，－20，－286とする。 **8** kJ

$$SO_2(気) + 2H_2S(気) \longrightarrow 3S(固) + 2H_2O(液) \quad \Delta H = x(kJ) \qquad (1)$$

①　－31　②　－235　③　－288　④　31　⑤　235　⑥　288

問2　図1に示すように水酸化ナトリウム水溶液の入った電解槽Ⅰと，硫酸銅(Ⅱ)水溶液の入った電解槽Ⅱを直列につなぎ，白金電極1 ～ 4を用いて一定時間電気分解を行ったところ，電極4の質量が0.320 g増加した。この電気分解により電解槽Ⅰから発生した気体の総体積は0℃，1.013×10^5 Paにおいて何mLか。最も適当な数値を，後の①～⑤のうちから一つ選べ。ただし，気体定数は$R = 8.31 \times 10^3$ Pa・L/(K・mol)とする。また，各電解槽の中の水溶液は十分にあるものとする。 **9** mL

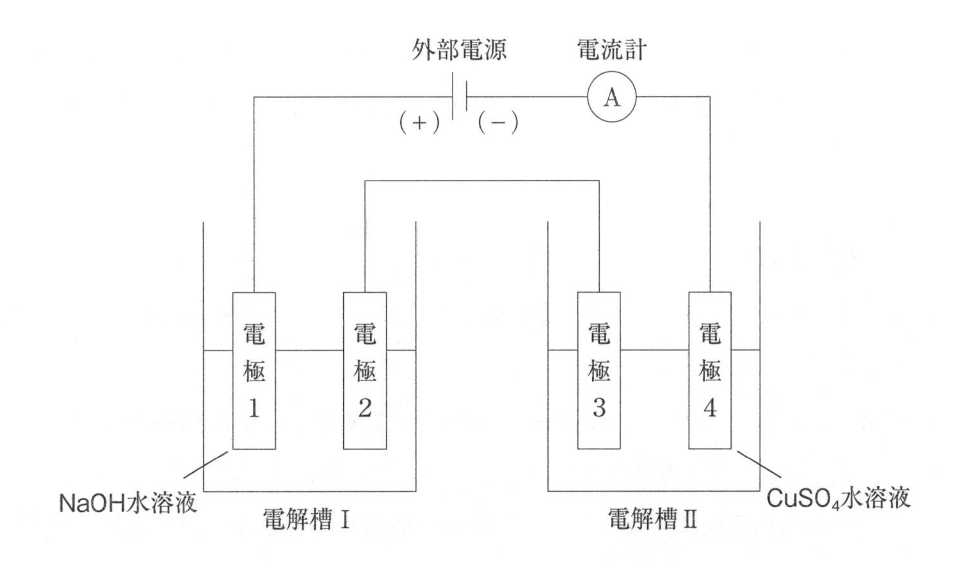

図1　電気分解の実験装置

① 112　　② 168　　③ 224　　④ 560　　⑤ 672

問3　酢酸水溶液と水酸化ナトリウム水溶液の中和滴定に関する次の問い（**a**・**b**）に答えよ。

a　濃度不明の酢酸水溶液を 10.0 mL はかり取り，純水 10.0 mL を加えた。この水溶液にフェノールフタレイン水溶液を数滴加えたのち，ビュレットから 0.100 mol/L 水酸化ナトリウム水溶液を滴下していったところ，9.70 mL 滴下したところで水溶液が薄赤色に変化した。一方，酢酸水溶液の代わりに純水 10.0 mL を用いて同様の操作を行ったところ，水酸化ナトリウム水溶液 0.30 mL を滴下したところで水溶液が薄赤色に変化した。この酢酸水溶液の濃度は何 mol/L か。最も適当な数値を，次の ① ～ ⑥ のうちから一つ選べ。 10 mol/L

① 0.0940	② 0.0970	③ 0.100
④ 0.188	⑤ 0.194	⑥ 0.200

b　この滴定の途中，pH メーターを用いて滴定される水溶液の pH を測定したところ，その値が 5.0 になっていた。この時点までに加えた水酸化ナトリウムの物質量は，はかりとった酢酸の物質量の何倍か。最も適切な数値を，後の ① ～ ⑥ のうちから一つ選べ。ただし，酢酸の電離定数 K_a は，

$$K_a = \frac{[CH_3COO^-][H^+]}{[CH_3COOH]} = 2.0 \times 10^{-5}\,\text{mol/L}$$　とする。

11 倍

① 0.33　② 0.50　③ 0.67　④ 1.0　⑤ 1.5　⑥ 2.0

問4　容積一定の密閉容器に気体 X と気体 Y を入れて温度 T_1 に保ったところ，次の式(2)の反応が起こって気体 Z が生成し，化学平衡に達した。

$$X + Y \rightleftarrows 2Z \qquad (2)$$

この可逆反応の正反応（気体 Z の生成）および逆反応（気体 Z の分解）の反応の速さをそれぞれ v_1，v_2 とすると，これらの反応速度式は $v_1 = k_1[X][Y]$，$v_2 = k_2[Z]^2$ と表される。温度 T_1 における速度定数 k_1，k_2 の値は $k_1 = 3.2 \times 10^{-2}$ mol/(L・min)，$k_2 = 5.0 \times 10^{-4}$ mol/(L・min) である。この反応に関する次の問い（**a**・**b**）に答えよ。

a　この容器に X と Y をそれぞれ 1.0 mol ずつ入れて，温度 T_1 に保った。平衡状態になったとき，容器内に存在している Z の物質量は何 mol か。最も適当な数値を，次の ①～⑤ のうちから一つ選べ。 **12** mol

① 0.80　② 1.0　③ 1.2　④ 1.6　⑤ 2.0

b　式(2)の正反応が発熱反応であるとする。容器内の温度を T_1 から T_2（$T_1 < T_2$）に上昇させると，正反応の速度定数と逆反応の速度定数はそれぞれどのように変化するか。最も適当な組合せを，次の ①～④ のうちから一つ選べ。 **13**

	正反応の速度定数	逆反応の速度定数
①	大きくなる	大きくなる
②	大きくなる	小さくなる
③	小さくなる	大きくなる
④	小さくなる	小さくなる

第3問 次の問い(問1～3)に答えよ。(配点 20)

問1 ケイ素とその化合物に関する記述として**誤りを含むもの**を，次の ①～④ のうちから一つ選べ。 14

① ケイ素の単体は自然界に存在しない。

② 二酸化ケイ素を電気炉で融解させ，コークスで還元するとケイ素の単体が得られる。

③ 二酸化ケイ素は石英などとして存在する。

④ 二酸化ケイ素に炭酸ナトリウムの固体を混ぜ融解させたものがシリカゲルである。

問2　次の文章を読み，後の問い（**a**・**b**）に答えよ。

Pb^{2+}，Cu^{2+}，Zn^{2+}，Ca^{2+}，Na^{+}，Li^{+}のいずれか3種類の金属イオンを含む水溶液がある。これらの金属イオンを特定するために，次のような実験を行った。

実験Ⅰ　塩酸を加えて溶液を酸性にした。このとき沈殿は生じなかった。

実験Ⅱ　次いで硫化水素を吹き込むと沈殿**A**が生成した。

実験Ⅲ　沈殿**A**をろ過したのち，ろ液を煮沸した。さらにアンモニア水を加えていくと白色の沈殿を生じたが，過剰に加えると沈殿は溶解した。

実験Ⅳ　次いで硫化水素を吹き込むと沈殿**B**が生成した。

実験Ⅴ　沈殿**B**をろ過したのち，ろ液を白金線につけガスバーナーの外炎に入れたところ，橙赤色の炎色反応が確認できた。

a　沈殿**A**，**B**に含まれていた金属イオンとして最も適当なものを，次の①～⑥のうちから一つずつ選べ。

A　[15]
B　[16]

①　Pb^{2+}　②　Cu^{2+}　③　Zn^{2+}　④　Ca^{2+}　⑤　Na^{+}　⑥　Li^{+}

b　**実験Ⅴ**で確認されたイオンと同じ族にある元素として最も適当なものを，次の①～⑥のうちから一つ選べ。[17]

①　Al　②　Fe　③　Sr　④　Ni　⑤　Ag　⑥　K

問3　次の文章を読み，後の問い(**a**～**c**)に答えよ。

接触法は硫酸 H_2SO_4 の工業的な製法である。その製造過程を図1に示す。また，各過程での主要な操作や反応を**Ⅰ**～**Ⅲ**に示す。

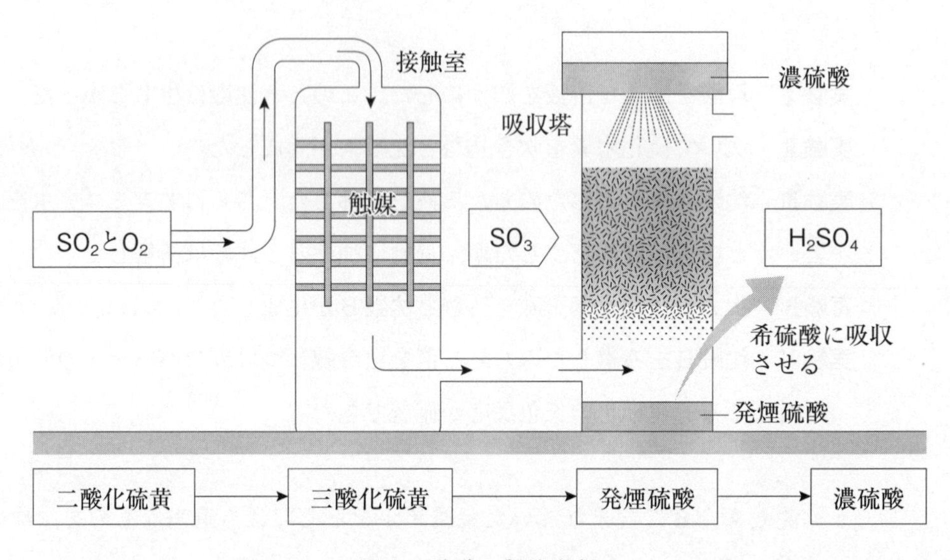

図1　硫酸の製造過程

Ⅰ　硫黄の単体を燃焼させ，二酸化硫黄を得る。

Ⅱ　触媒に酸化バナジウム(Ⅴ)を使用し，二酸化硫黄と酸素を反応させて三酸化硫黄にする。

Ⅲ　三酸化硫黄を濃硫酸に吸収させて発煙硫酸とし，これを希硫酸に吸収させ，濃硫酸を得る。

a　濃硫酸に関する記述として**誤りを含むもの**を，次の①～④のうちから一つ選べ。 18

① 水に対する溶解熱が大きいので，希釈するときは冷却しながら水に濃硫酸を少量ずつ加える。
② 吸湿性が強いので，乾燥剤として利用される。
③ 不揮発性の粘性が大きい液体である。
④ 加熱した濃硫酸は強い酸化力をもち，イオン化傾向の小さい白金や金を溶解させる。

b　接触法により質量パーセント濃度98%の濃硫酸を1.0t得たい。このとき理論上必要な硫黄Sの質量(kg)として最も適当な数値を，次の①～④のうちから一つ選べ。 19 kg

① 160　　② 240　　③ 320　　④ 480

c　濃硫酸を希釈し，1.0×10^{-2} mol/L の希硫酸を調製した。希硫酸中のH_2SO_4は次の式(1)，(2)のように電離する。

$$H_2SO_4 \longrightarrow H^+ + HSO_4^- \qquad (1)$$
$$HSO_4^- \rightleftarrows H^+ + SO_4^{2-} \qquad (2)$$

式(1)の電離度を1.0，式(2)の電離定数を1.0×10^{-2} mol/L としたとき，1.0×10^{-2} mol/L の希硫酸の式(2)におけるHSO_4^-の電離度はいくらか。その数値を次の形式で表すとき， 20 ～ 22 に当てはまる数字を，後の①～⓪のうちから一つずつ選べ。ただし，同じものを繰り返し選んでもよい。

20 . 21 $\times 10^{-}$ 22

① 1　　② 2　　③ 3　　④ 4　　⑤ 5
⑥ 6　　⑦ 7　　⑧ 8　　⑨ 9　　⓪ 0

第4問　次の問い(問1～4)に答えよ。(配点　20)

問1　次の条件(**ア**・**イ**)をともに満たす有機化合物として最も適当なものを，後の①～④のうちから一つ選べ。 23

ア　加水分解すると，銀鏡反応を示す化合物が得られる。

イ　加水分解すると，ヨードホルム反応を示す化合物が得られる。

① $H-C(=O)-O-CH_3$

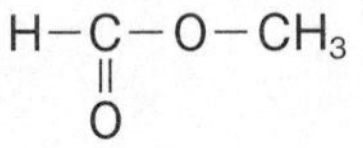

② $H-C(=O)-O-CH(CH_3)-CH_3$

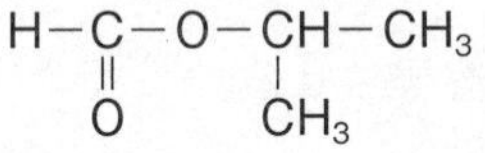

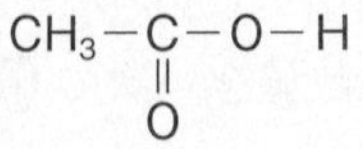

③ $CH_3-C(=O)-O-H$

④ $CH_3-C(=O)-O-CH_2-CH_3$

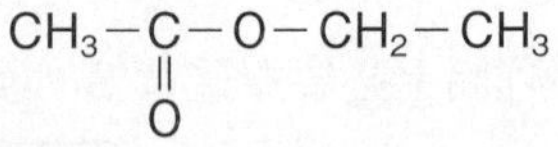

問2　芳香族炭化水素に関する記述として**誤りを含むもの**を，次の①～④のうちから一つ選べ。 24

① クメンの分子式は，C_9H_{12} である。

② ベンゼンとスチレンは，元素分析によって得られる組成式だけでは区別ができない。

③ トルエン分子中の水素原子1個を塩素原子に置換した化合物には，3種類の異性体がある。

④ エチルベンゼンと m-キシレンは，構造異性体である。

問3　合成高分子化合物に関する記述として**誤りを含むもの**を，次の①～④のうちから一つ選べ。 25

① ナイロン66は，分子内にアミド結合をもつ。

② ナイロン6は，(ε-)カプロラクタムの開環重合によって合成される。

③ ポリエチレンテレフタラートは，エチレングリコールとテレフタル酸の縮合重合によって合成される。

④ ビニロンは，分子内にヒドロキシ基をもたない。

問4 (a)デンプンは多数の α-グルコースが脱水縮合した構造をもつ高分子化合物である。α-グルコースの構造は，図1のように表される。

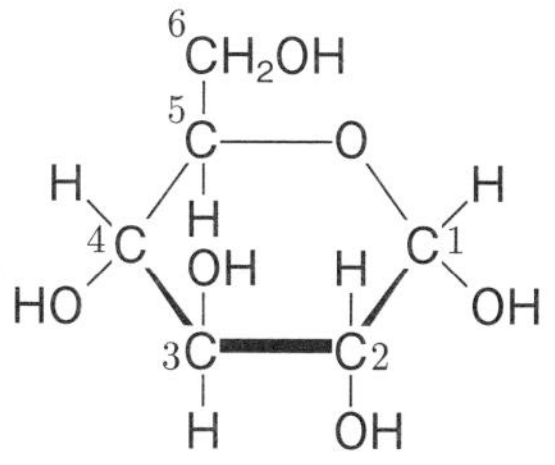

6 CH_2OH
5 C　O
H　H
4 C　C 1
HO　OH　H　OH
3 C　C 2
H　OH

図1　α-グルコースの構造

デンプンのうち，温水に可溶な成分をアミロース，温水に不溶な成分をアミロペクチンという。アミロースは多数の α-グルコースが1位と4位の－OH 間で脱水縮合しており，(b)アミロペクチンは多数の α-グルコースが1位と4位の－OH 間で脱水縮合した部分と，1位と6位の－OH 間で脱水縮合した枝分かれの部分を合わせもつ。次の問い（**a**～**c**）に答えよ。

a　下線部(a)に関して，810 g のデンプンを完全に加水分解して得られたグルコースをすべてアルコール発酵させたとき，得られるエタノールの質量は何 g か。その数値を整数で次の形式で表すとき，[26]～[28]に当てはまる数字を，後の①～⓪のうちから一つずつ選べ。ただし，同じものを繰り返し選んでもよい。また，答えが1桁や2桁の整数の場合は[26]，[27]に⓪を入れよ。

[26][27][28] g

① 1	② 2	③ 3	④ 4	⑤ 5
⑥ 6	⑦ 7	⑧ 8	⑨ 9	⓪ 0

b　デンプンの水溶液にヨウ素ヨウ化カリウム水溶液を加えると呈色する。この反応をヨウ素デンプン反応という。ヨウ素デンプン反応を示すデンプン以外の物質として最も適当なものを，次の①～④のうちから一つ選べ。

29

① マルトース　　② セルロース

③ タンパク質　　④ グリコーゲン

c　下線部(b)に関して，アミロペクチンの構造を調べるために，アミロペクチンのグルコース単位ごとに残っている $-OH$ の水素原子をすべてメチル基に置換し，$-OCH_3$ とした。その後，このメチル化されたアミロペクチンを希硫酸で完全に加水分解したところ，グリコシド結合はすべて切れたが，$-OCH_3$ の部分は変化しなかった。その結果，次の3種類の化合物 A～C が得られた。

A　B　C

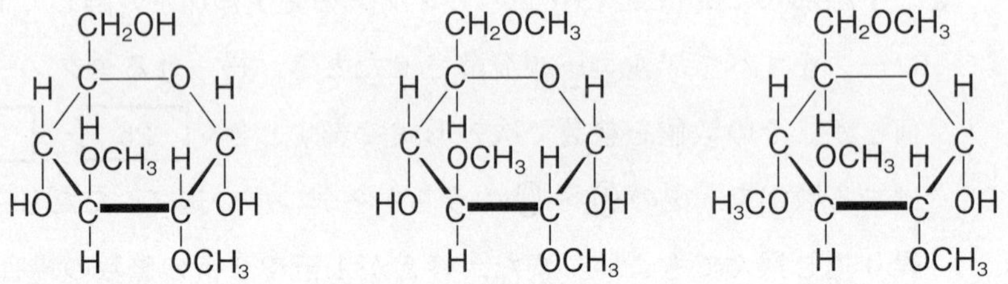

A: CH_2OH, H, C, O, H, H, C, OCH_3, H, C, HO, C, C, OH, H, OCH_3

B: CH_2OCH_3, H, C, O, H, H, C, OCH_3, H, C, HO, C, C, OH, H, OCH_3

C: CH_2OCH_3, H, C, O, H, H, C, OCH_3, H, C, H_3CO, C, C, OH, H, OCH_3

図2は，アミロペクチンの主鎖と枝分かれの部分を模式的に表したものである。図中のグルコース単位**ア**～**ウ**は，それぞれ得られた化合物**A**～**C**のどれと対応するか。最も適当な組合せを，後の ① ～ ⑥ のうちから一つ選べ。ただし，**イ**と**ウ**は直接グリコシド結合しているものとする。 **30**

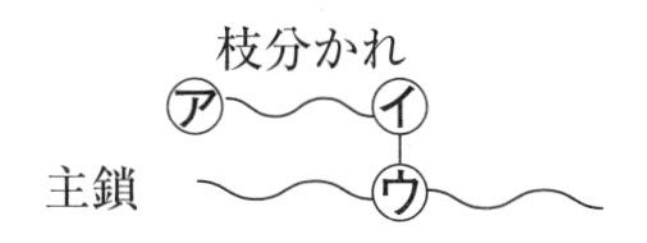

図2 アミロペクチンの主鎖と枝分かれ部分を模式的に表したもの

	ア	イ	ウ
①	A	B	C
②	A	C	B
③	B	A	C
④	B	C	A
⑤	C	A	B
⑥	C	B	A

第5問　塩化カルシウム $CaCl_2$ は，アルカリ土類金属のイオンであるカルシウムイオン Ca^{2+} と塩化物イオン Cl^- からなるイオン結晶である。$CaCl_2$ は容易に水分を吸収するため，実験室では元素分析の際の水の吸収剤や発生させた気体の乾燥剤として用いられる。また，身のまわりでは融雪剤(凍結防止剤)としても利用されている。$CaCl_2$ に関する次の問い(**問1～3**)に答えよ。ただし，電解質は水溶液中において完全に電離しているものとする。(配点　20)

問1　アルカリ土類金属のカルシウムとアルカリ金属のナトリウムについて，それらの単体や化合物の性質を比較した記述として**誤りを含むもの**はどれか。最も適当なものを，次の①～④のうちから一つ選べ。 31

① 単体の融点は，カルシウムの方がナトリウムよりも高い。

② 単体はいずれも常温の水と反応して水素を発生する。

③ 同じモル濃度の水酸化カルシウム水溶液と水酸化ナトリウム水溶液では，水酸化カルシウム水溶液の方が pH は小さい。

④ 硫酸ナトリウムは水に溶けやすいが，硫酸カルシウムは水に溶けにくい。

問2　3.7 g の $CaCl_2$ を湿った空気中にしばらく放置したところ，空気中の水分を吸収して，単一の組成の $CaCl_2 \cdot nH_2O$ が 7.3 g 生成した。n の値はいくつか。最も適当な数値を，次の①～⑥のうちから一つ選べ。 32

① 1　　② 2　　③ 3　　④ 4　　⑤ 5　　⑥ 6

問3　$CaCl_2$ の融雪剤としてのはたらきについて考える。$CaCl_2$ は水によく溶けるため，凝固点降下により氷が析出し始める温度を下げることができる。また，$CaCl_2$ は溶解による発熱が大きく，その熱により生成している氷を融解させることができる。次の問い（**a**～**c**）に答えよ。

a　$CaCl_2$ を 1.11 g とり，50 g の水に溶解させた。この水溶液の凝固点は何℃か。最も適当な数値を，次の ①～⑥ のうちから一つ選べ。ただし，水の凝固点を 0℃，水のモル凝固点降下を 1.85 K･kg/mol とする。 33 ℃

① −0.0617　② −0.185　③ −0.370
④ −0.555　⑤ −1.11　⑥ −1.85

b　25 ℃の水 88.9 g に同じ温度の $CaCl_2$ を 11.1 g 溶解させたとき，得られた水溶液の温度は何℃になるか。その数値を 2 桁の整数で表すとき， 34 ， 35 に当てはまる数字を，後の ①～⓪ のうちから一つずつ選べ。ただし，温度が 1 桁の場合には， 34 には ⓪ を選べ。また，同じものを繰り返し選んでもよい。なお，$CaCl_2$ の溶解エンタルピーを −84 kJ/mol，水溶液の比熱を 4.2 J/(g･K) とし，発生した熱はすべて水溶液の温度変化に用いられたものとする。

34 35 ℃

① 1　② 2　③ 3　④ 4　⑤ 5
⑥ 6　⑦ 7　⑧ 8　⑨ 9　⓪ 0

c　1000 g の水を冷凍庫に入れてしばらく放置したところ，ある量の氷が生成して氷水となった。生成した氷水を冷凍庫から取り出して断熱容器に入れ，そこに 0℃に冷やした 1.0 mol の $CaCl_2$ を加えたところ，氷はすべて融解して均一な水溶液となった。図 1 は，この実験の概略を示したものである。

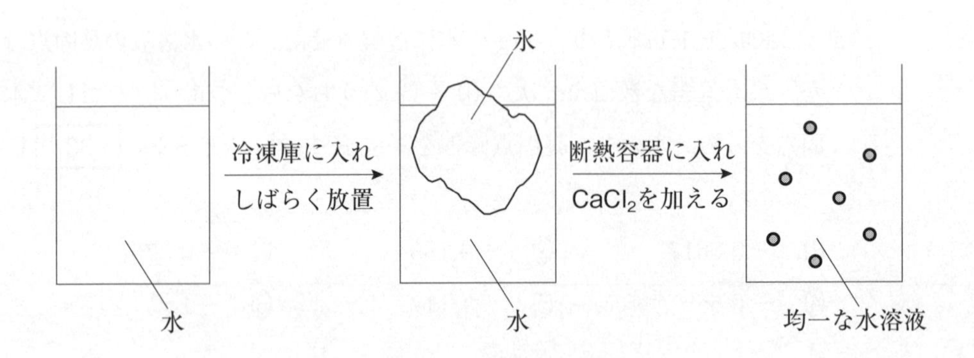

図 1　実験の概略図

実験操作終了後の水溶液の温度は 9.0℃であった。冷凍庫に入れて放置した際に生成した氷は何 mol か。最も適当な数値を，次の ①～⑥ のうちから一つ選べ。なお，$CaCl_2$ の溶解エンタルピーを −84 kJ/mol，氷の融解エンタルピーを 6.0 kJ/mol，水溶液の比熱を 4.2 J/(g·K) とし，発生した熱はすべて氷の融解および水溶液の温度変化に用いられたものとする。

[36] mol

① 4.0　② 7.0　③ 10　④ 13　⑤ 16　⑥ 20

2024 年度
大学入学共通テスト
本試験

難易度・標準所要時間・出題内容一覧

問題番号	難易度	標準所要時間	出題内容
第1問	*	12分	物質の状態
第2問	**	15分	物質の変化
第3問	**	12分	無機物質
第4問	*	10分	有機化合物，高分子化合物
第5問	**	11分	質量分析法に関する総合問題

（注） 1° 難易度記号は次の意味で用いている。

* ：教科書とほぼ同じレベル

** ：教科書に比べて少し難しい

*** ：教科書に比べて難しい

化　　　学

（解答番号 [1] ～ [31]）

必要があれば，原子量は次の値を使うこと。			
H　1.0	Li　6.9	C　12	N　14
O　16	S　32	Cl　35.5	Mn　55
Ni　59	Cu　64	Zn　65	Ag　108

気体は，実在気体とことわりがない限り，理想気体として扱うものとする。

第1問　次の問い(問1～4)に答えよ。(配点　20)

問1　次のイオンのうち，配位結合してできたイオンとして**適当でないものを**，次の①～④のうちから一つ選べ。[1]

① NH_4^+
② H_3O^+
③ $[Ag(NH_3)_2]^+$
④ $HCOO^-$

問 2　温度 111 K，圧力 1.0×10^5 Pa で，液体のメタン CH_4（分子量 16）の密度は $0.42\ g/cm^3$ である。同圧でこの液体 16 g を 300 K まで加熱してすべて気体にしたとき，体積は何倍になるか。最も適当な数値を，次の①～④のうちから一つ選べ。ただし，気体定数は $R = 8.3 \times 10^3$ Pa・L/(K・mol) とする。

[2] 倍

① 6.5×10^2　② 1.3×10^3　③ 1.0×10^4　④ 9.6×10^5

問 3　水に入れてよくかき混ぜたグルコース，砂，およびトリプシン(水中で分子コロイドになる)のうち，ろ紙を通過できるものと，セロハンの膜を通過できるものの組合せとして最も適当なものを，次の①～⑨のうちから一つ選べ。
3

	ろ紙を通過できるもの	セロハンの膜を通過できるもの
①	グルコース，砂	グルコース
②	グルコース，砂	砂
③	グルコース，砂	グルコース，砂
④	グルコース，トリプシン	グルコース
⑤	グルコース，トリプシン	トリプシン
⑥	グルコース，トリプシン	グルコース，トリプシン
⑦	砂，トリプシン	砂
⑧	砂，トリプシン	トリプシン
⑨	砂，トリプシン	砂，トリプシン

問 4　水 H_2O(分子量 18)に関する次の問い(**a** ～ **c**)に答えよ。

a　図1は水の状態図である。水の状態変化に関する記述として**誤りを含むもの**はどれか。最も適当なものを，後の①～④のうちから一つ選べ。 4

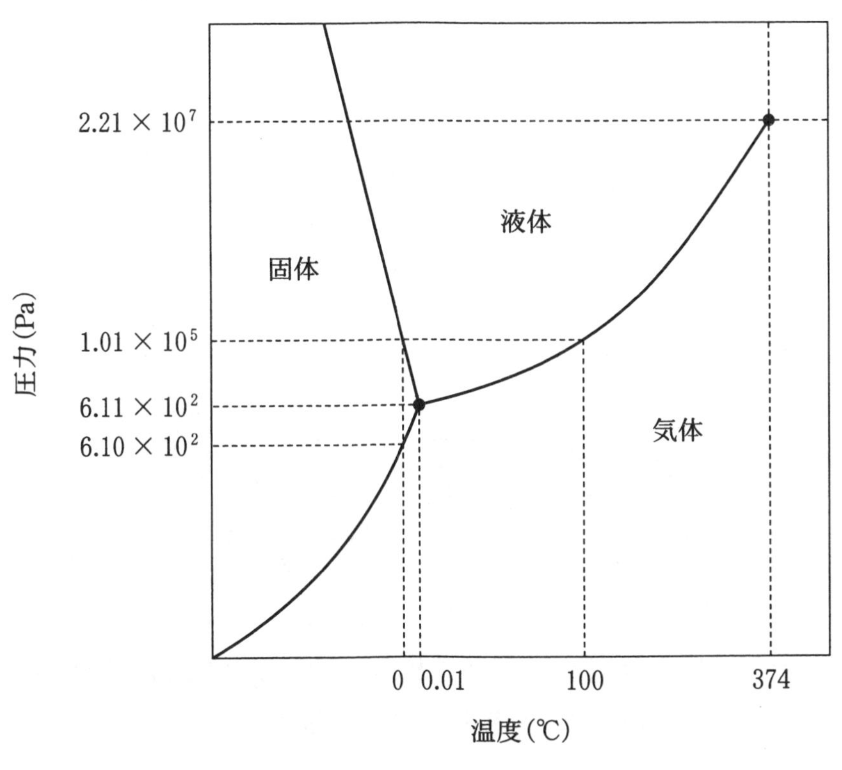

図1　水の状態図

① 2×10^2 Pa の圧力のもとでは，氷は 0 ℃ より低い温度で昇華する。

② 0 ℃のもとで，1.01×10^5 Pa の氷にさらに圧力を加えると，氷は融解する。

③ 0.01 ℃，6.11×10^2 Pa では，氷，水，水蒸気の三つの状態が共存できる。

④ 9×10^4 Pa の圧力のもとでは，水は 100 ℃ より高い温度で沸騰する。

b　図2は 1.01×10^5 Pa の圧力のもとでの氷および水の密度の温度変化を表したものである。この図から読み取れる内容として正しいものはどれか。最も適当なものを，後の①～④のうちから一つ選べ。 5

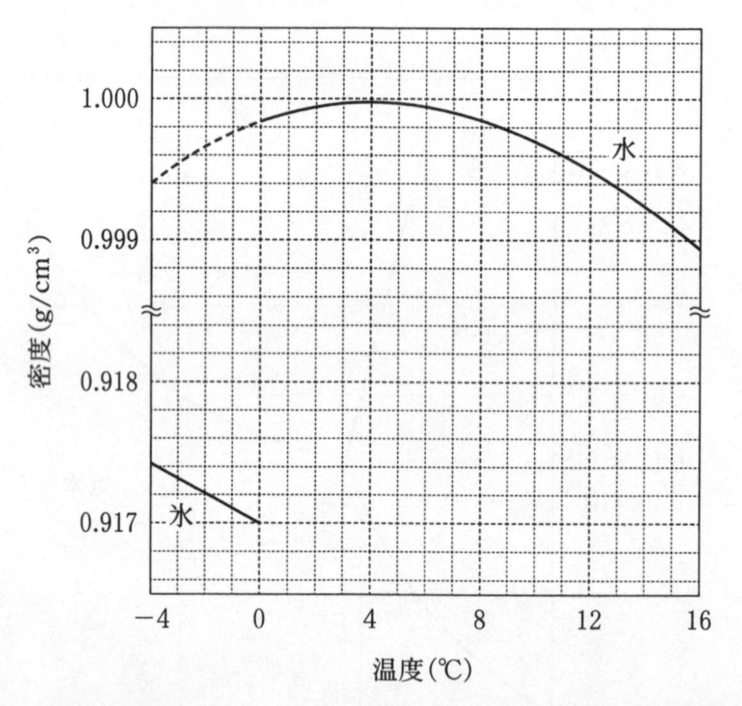

図2　1.01×10^5 Pa の圧力のもとでの氷および水の密度の温度変化
（破線は過冷却の状態の水の密度を表す）

① 0℃での氷1gの体積は同温での水1gの体積よりも小さい。

② 氷の密度は0℃で最大になる。

③ 12℃での水の密度は，－4℃での過冷却の状態の水の密度よりも大きい。

④ 断熱容器に入った4℃の水の液面をゆっくりと冷却すると，温度の低い水が下の方へ移動する。

c 1.01×10^5 Pa の圧力のもとにある 0 ℃ の氷 54 g がヒーターとともに断熱容器の中に入っている。ヒーターを用いて 6.0 kJ の熱を加えたところ，氷の一部が融解して水になった。残った氷の体積は何 cm^3 か。最も適当な数値を，次の①～⑥のうちから一つ選べ。ただし，氷の融解熱は 6.0 kJ/mol とし，加えた熱はすべて氷の融解に使われたものとする。また，氷の密度は図 2 から読み取ること。 [6] cm^3

① 18　② 19　③ 20

④ 36　⑤ 39　⑥ 40

第2問　次の問い(問1～4)に答えよ。(配点　20)

問1　市販の冷却剤には，硝酸アンモニウム NH_4NO_3(固)が水に溶解するときの吸熱反応を利用しているものがある。この反応のエネルギー図として最も適当なものを，次の①～④のうちから一つ選べ。ただし，太矢印は反応の進行方向を示す。 7

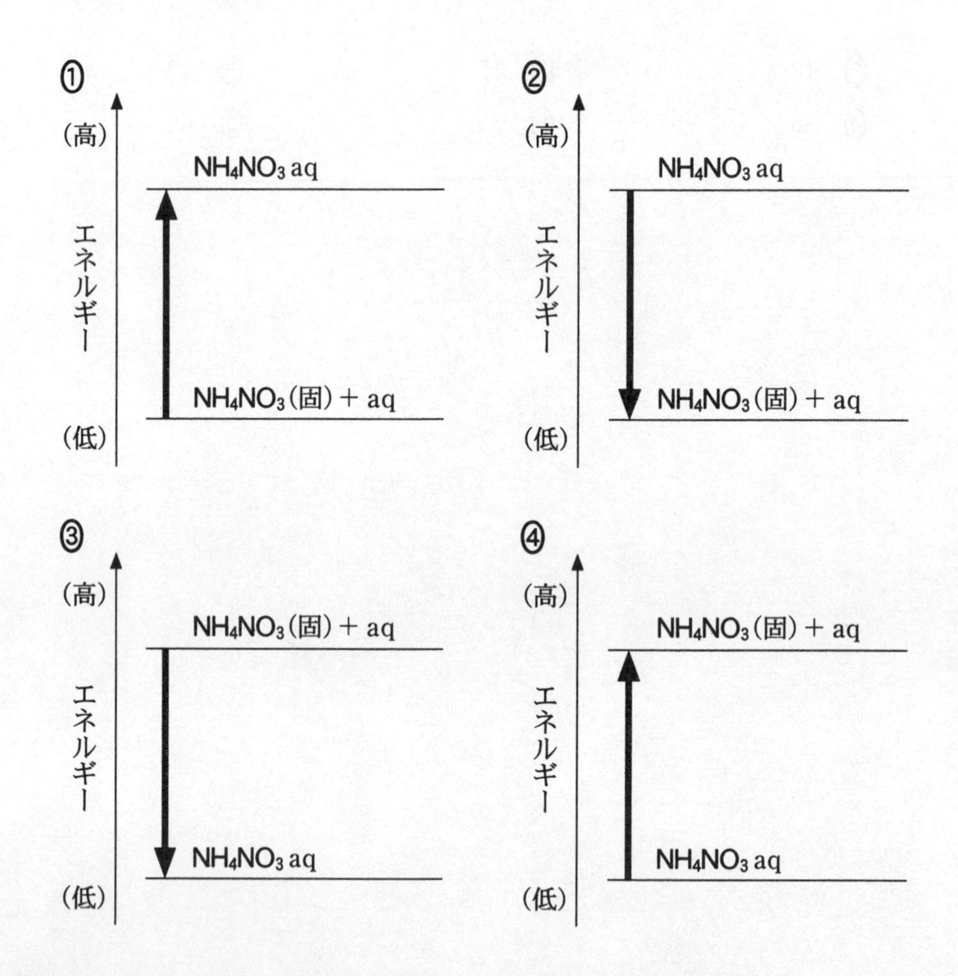

(**編集注**：旧課程の問題。現課程用に改題したものを解答・解説に掲載した。)

問 2 容積可変の密閉容器に二酸化炭素 CO_2 と水素 H_2 を入れて，800 ℃ に保ったところ，次の式(1)の反応が平衡に達した。

$$CO_2 + H_2 \rightleftarrows CO + H_2O \quad (1)$$

平衡状態の CO の物質量を増やす操作として最も適当なものを，次の①～④のうちから一つ選べ。ただし，反応物，生成物はすべて気体として存在し，正反応は吸熱反応であるものとする。 **8**

① 密閉容器内の圧力を一定に保ったまま，容器内の温度を下げる。
② 密閉容器内の温度を一定に保ったまま，容器内の圧力を上げる。
③ 密閉容器内の温度と圧力を一定に保ったまま，H_2 を加える。
④ 密閉容器内の温度と圧力を一定に保ったまま，アルゴンを加える。

問 3 アルカリマンガン乾電池，空気亜鉛電池(空気電池)，リチウム電池の，放電における電池全体での反応はそれぞれ式(2)～(4)で表されるものとする。それぞれの電池の放電反応において，反応物の総量が 1 kg 消費されるときに流れる電気量 Q を比較する。これらの電池を，Q の大きい順に並べたものはどれか。最も適当なものを，後の①～⑥のうちから一つ選べ。ただし，反応に関与する物質の式量(原子量・分子量を含む)は表 1 に示す値とする。 **9**

アルカリマンガン乾電池

$$2\,MnO_2 + Zn + 2\,H_2O \longrightarrow 2\,MnO(OH) + Zn(OH)_2 \quad (2)$$

空気亜鉛電池 $O_2 + 2\,Zn \longrightarrow 2\,ZnO$ (3)

リチウム電池 $Li + MnO_2 \longrightarrow LiMnO_2$ (4)

表 1 電池の反応に関与する物質の式量

物 質	式 量
MnO_2	87
Zn	65
H_2O	18
$MnO(OH)$	88
$Zn(OH)_2$	99

物 質	式 量
O_2	32
ZnO	81
Li	6.9
$LiMnO_2$	94

	反応物の総量が 1 kg 消費されるときに流れる電気量 Q の大きい順
①	アルカリマンガン乾電池 ＞ 空気亜鉛電池 ＞ リチウム電池
②	アルカリマンガン乾電池 ＞ リチウム電池 ＞ 空気亜鉛電池
③	空気亜鉛電池 ＞ アルカリマンガン乾電池 ＞ リチウム電池
④	空気亜鉛電池 ＞ リチウム電池 ＞ アルカリマンガン乾電池
⑤	リチウム電池 ＞ アルカリマンガン乾電池 ＞ 空気亜鉛電池
⑥	リチウム電池 ＞ 空気亜鉛電池 ＞ アルカリマンガン乾電池

（下 書 き 用 紙）

化学の試験問題は次に続く。

問 4　1価の弱酸 HA の電離，および HA 水溶液へ水酸化ナトリウム NaOH 水溶液を滴下するときの水溶液中の分子やイオンの濃度変化に関する次の問い(**a**〜**c**)に答えよ。ただし，水溶液の温度は変化しないものとする。

a　純水に弱酸 HA を溶解させた水溶液を考える。HA 水溶液のモル濃度 c(mol/L) と HA の電離度 α の関係を表したグラフとして最も適当なものを，次の①〜⑤のうちから一つ選べ。ただし，HA 水溶液のモル濃度が c_0(mol/L) のときの HA の電離度を α_0 とし，α は1よりも十分小さいものとする。 10

①

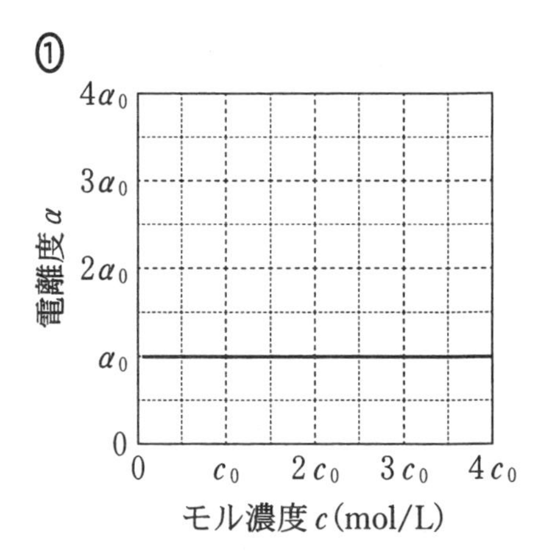

4α0
3α0
2α0
α0
0
電離度 α
0
c0
2c0
3c0
4c0
モル濃度 c (mol/L)

②

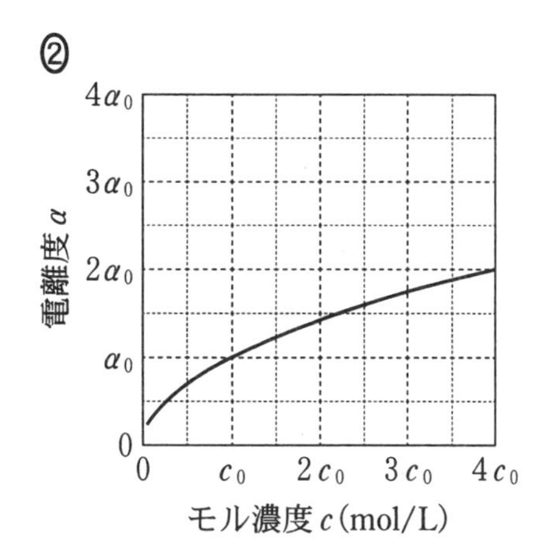

4α0
3α0
2α0
α0
0
電離度 α
0
c0
2c0
3c0
4c0
モル濃度 c (mol/L)

③

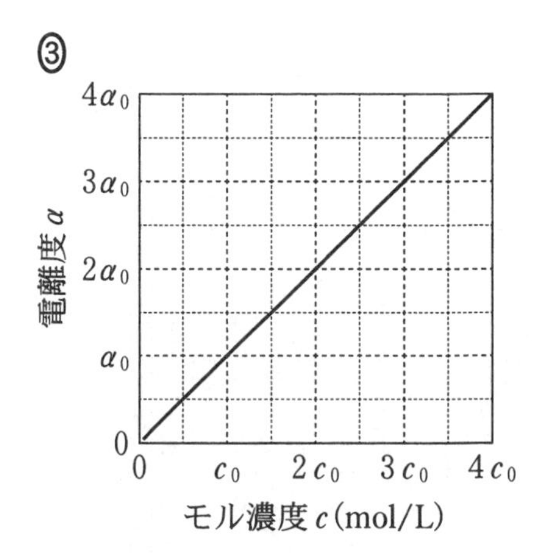

4α0
3α0
2α0
α0
0
電離度 α
0
c0
2c0
3c0
4c0
モル濃度 c (mol/L)

④

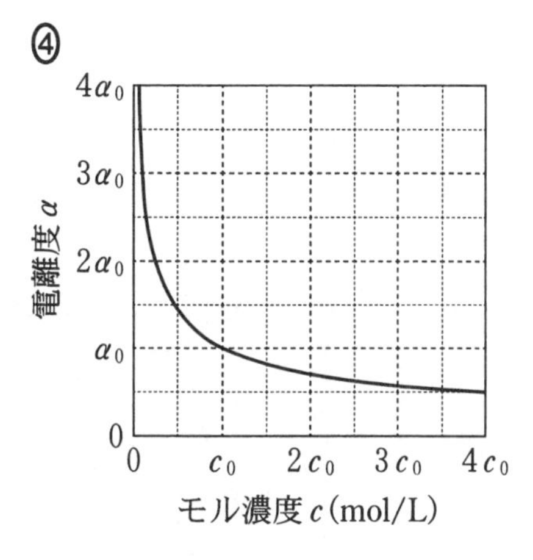

4α0
3α0
2α0
α0
0
電離度 α
0
c0
2c0
3c0
4c0
モル濃度 c (mol/L)

⑤

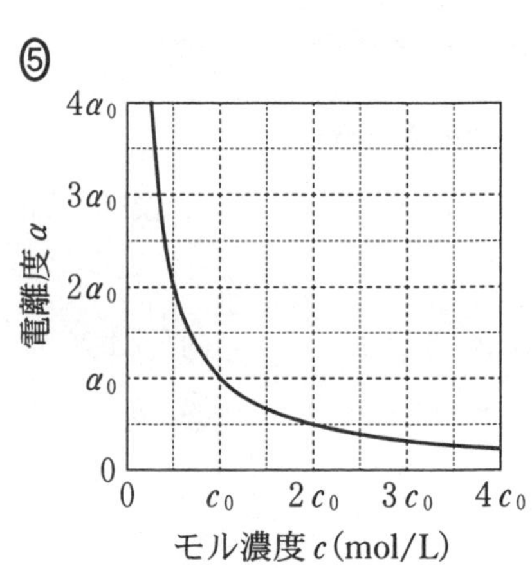

4α0
3α0
2α0
α0
0
電離度 α
0
c0
2c0
3c0
4c0
モル濃度 c (mol/L)

b　モル濃度 0.10 mol/L の HA 水溶液 10.0 mL に，モル濃度 0.10 mol/L の $NaOH$ 水溶液を滴下すると，水溶液中の HA，H^+，A^-，OH^- のモル濃度 $[HA]$，$[H^+]$，$[A^-]$，$[OH^-]$ は，図 1 のように変化する。$NaOH$ 水溶液の滴下量が 2.5 mL のとき，H^+ のモル濃度は $[H^+] = 8.1 \times 10^{-5}$ mol/L である。弱酸 HA の電離定数 K_a は何 mol/L か。最も適当な数値を，後の①～⑥のうちから一つ選べ。 11 mol/L

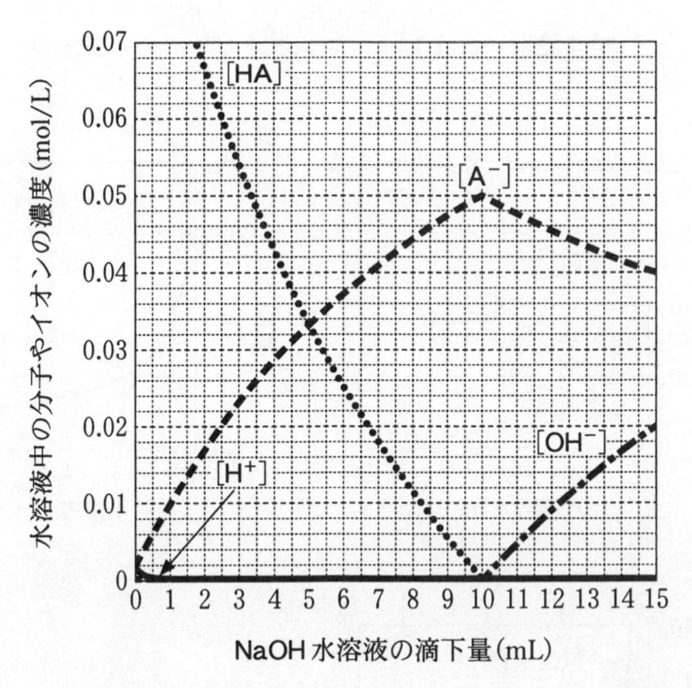

図 1　NaOH 水溶液の滴下量と水溶液中の分子やイオンの濃度の関係

① 2.0×10^{-5}　② 2.7×10^{-5}　③ 1.1×10^{-4}

④ 2.4×10^{-4}　⑤ 3.2×10^{-4}　⑥ 6.7×10^{-3}

c　**b**で設定した条件において，NaOH 水溶液の滴下に伴う水溶液中の分子やイオンの濃度変化を説明する記述として，下線部に**誤りを含むもの**はどれか。最も適当なものを，次の①～④のうちから一つ選べ。 12

① NaOH 水溶液の滴下量によらず，陽イオンの総数と陰イオンの総数は等しい。

② NaOH 水溶液の滴下量によらず，$[H^+]$と$[OH^-]$の積は一定である。

③ NaOH 水溶液の滴下量が 10 mL 未満の範囲では，HA の電離平衡の移動により$[A^-]$が増加する。

④ NaOH 水溶液の滴下量が 10 mL より多い範囲では，中和反応により$[A^-]$が減少する。

第3問　次の問い(問1～4)に答えよ。(配点　20)

問1　実験室で使用する化学物質の取扱いに関する記述として下線部に**誤りを含むもの**を，次の①～⑤のうちから二つ選べ。ただし，解答の順序は問わない。

13
14

① ナトリウムは空気中の酸素や水と反応するため，エタノール中に保存する。

② 水酸化ナトリウム水溶液を誤って皮膚に付着させたときは，ただちに多量の水で洗う。

③ 濃硫酸から希硫酸をつくるときは，濃硫酸に少しずつ水を加える。

④ 濃硝酸は光で分解するため，褐色びんに入れて保存する。

⑤ 硫化水素は有毒な気体なので，ドラフト内で取り扱う。

問2　17族に属するフッ素F，塩素Cl，臭素Br，ヨウ素I，アスタチンAtはハロゲンとよばれる。Atには安定な同位体が存在しないが，F，Cl，Br，Iから推定されるとおりの物理的・化学的性質を示すとされている。Atの単体や化合物の性質に関する記述として**適当でないもの**を，次の①～④のうちから一つ選べ。 15

① Atの単体の融点と沸点は，ともにハロゲン単体の中で最も高い。

② Atの単体は常温で水に溶けにくい。

③ 硝酸銀水溶液をアスタチン化ナトリウムNaAt水溶液に加えると，難溶性のアスタチン化銀AgAtを生じる。

④ 臭素水をNaAt水溶液に加えても，酸化還元反応は起こらない。

問 3 表1にステンレス鋼とトタンの主な構成元素を示す。**ア**と**イ**に当てはまる元素として最も適当なものを，後の①～⑤のうちから一つずつ選べ。

ア [16]
イ [17]

表1　ステンレス鋼とトタンの主な構成元素

	主な構成元素		
ステンレス鋼	Fe	ア	Ni
トタン	Fe	イ	

① Al　② Ti　③ Cr　④ Zn　⑤ Sn

問 4 ニッケルの製錬には，鉱石から得た硫化ニッケル(Ⅱ)NiS を塩化銅(Ⅱ)$CuCl_2$ の水溶液と反応させて塩化ニッケル(Ⅱ)$NiCl_2$ の水溶液とし，この水溶液の電気分解によって単体のニッケル Ni を得る方法がある。次の問い(**a**～**c**)に答えよ。

a 塩酸で酸性にした $CuCl_2$ 水溶液に固体の NiS を加えて反応させると，式(1)に示すように，NiS は $NiCl_2$ の水溶液として溶解させることができる。なお，硫黄 S は析出し分離することができる。

$$NiS + 2\,CuCl_2 \longrightarrow NiCl_2 + 2\,CuCl + S \qquad (1)$$

式(1)の反応におけるニッケル原子と硫黄原子の化学変化に関する説明の組合せとして正しいものはどれか。最も適当なものを，次の①～⑥のうちから一つ選べ。 18

	ニッケル原子	硫黄原子
①	酸化される	酸化される
②	酸化される	還元される
③	酸化も還元もされない	酸化される
④	酸化も還元もされない	還元される
⑤	還元される	酸化される
⑥	還元される	還元される

b 式(1)で $NiCl_2$ と塩化銅(Ⅰ)$CuCl$ が得られた水溶液に塩素 Cl_2 を吹き込むと，式(2)に示すように $CuCl$ から $CuCl_2$ が生じ，再び式(1)の反応に使うことができる。

$$2\,CuCl + Cl_2 \longrightarrow 2\,CuCl_2 \qquad (2)$$

$CuCl_2$ を 40.5 kg 使い，NiS を 36.4 kg 加えて Cl_2 を吹き込んだ。式(1)と(2)の反応によって，すべてのニッケルが $NiCl_2$ として水溶液中に溶解し，銅はすべて $CuCl_2$ に戻されたとする。このとき式(1)と(2)の反応で消費された Cl_2 の物質量は何 mol か。最も適当な数値を，次の①～⑧のうちから一つ選べ。 [19] mol

① 150　② 200　③ 300　④ 350
⑤ 400　⑥ 500　⑦ 550　⑧ 700

c　式(1)で $NiCl_2$ と CuCl が得られた水溶液から CuCl を除いた後，その水溶液を電気分解すると，単体の Ni が得られる。このとき陰極では，式(3)と(4)に示すように Ni の析出と気体の水素 H_2 の発生が同時に起こる。陽極では，式(5)に示すように気体の Cl_2 が発生する。

$$NiS + 2\,CuCl_2 \longrightarrow NiCl_2 + 2\,CuCl + S \qquad (1)\ \text{（再掲）}$$

陰極　$Ni^{2+} + 2\,e^- \longrightarrow Ni$　　(3)

$2\,H^+ + 2\,e^- \longrightarrow H_2$　　(4)

陽極　$2\,Cl^- \longrightarrow Cl_2 + 2\,e^-$　　(5)

電気分解により H_2 と Cl_2 が安定に発生しはじめてから，さらに時間 t(s) だけ電気分解を続ける。この間に発生する H_2 と Cl_2 の体積が，温度 T(K)，圧力 P(Pa) のもとでそれぞれ V_{H_2}(L) と V_{Cl_2}(L) のとき，陰極に析出する Ni の質量 w(g) を表す式として最も適当なものを，後の①～⑥のうちから一つ選べ。

ただし，Ni のモル質量は M(g/mol)，気体定数は R(Pa·L/(K·mol)) とする。また，流れた電流はすべて式(3)～(5)の反応に使われるものとし，H_2 と Cl_2 の水溶液への溶解は無視できるものとする。

$w =$ [20]

① $\dfrac{MP(V_{Cl_2} + V_{H_2})}{RT}$　　② $\dfrac{MP(V_{Cl_2} - V_{H_2})}{RT}$

③ $\dfrac{MP(V_{H_2} - V_{Cl_2})}{RT}$　　④ $\dfrac{2\,MP(V_{Cl_2} + V_{H_2})}{RT}$

⑤ $\dfrac{2\,MP(V_{Cl_2} - V_{H_2})}{RT}$　　⑥ $\dfrac{2\,MP(V_{H_2} - V_{Cl_2})}{RT}$

（下 書 き 用 紙）

化学の試験問題は次に続く。

第4問　次の問い(問1～4)に答えよ。(配点　20)

問1　式(1)のようにエチレン(エテン)$CH_2=CH_2$を，塩化パラジウム(Ⅱ)$PdCl_2$と塩化銅(Ⅱ)$CuCl_2$を触媒として適切な条件下で酸化すると，化合物Aが得られる。化合物Aの構造式として最も適当なものを，後の①～④のうちから一つ選べ。［21］

$$2\ H_2C{=}CH_2 + O_2 \xrightarrow{\text{触媒}(PdCl_2,\ CuCl_2)} 2\,A \qquad (1)$$

① $H-CH_2-CH_2-OH$（CH_3-CH_2-OH）

② $H-CH_2-O-CH_2-H$（CH_3-O-CH_3）

③ $H-CH_2-C(=O)-H$（CH_3-CHO）

④ $H-CH_2-C(=O)-OH$（CH_3-COOH）

問2　高分子化合物に関する記述として下線部に**誤りを含むもの**はどれか。最も適当なものを，次の①～④のうちから一つ選べ。［22］

① デンプンの成分の一つであるアミロペクチンは，<u>冷水に溶けやすい</u>。

② アクリル繊維は，<u>アクリロニトリル$CH_2=CH-CN$が付加重合した</u>高分子を主成分とする合成繊維である。

③ 生ゴムに数％の硫黄粉末を加えて加熱すると，鎖状のゴム分子のところどころに硫黄原子による<u>架橋構造が生じ</u>，弾性，強度，耐久性が向上する。

④ レーヨンは，一般に<u>セルロース</u>を適切な溶媒に溶解させた後，繊維として再生させたものである。

問 3 図1に示すトリペプチドの水溶液に対して，後に示す検出反応**ア**～**ウ**をそれぞれ行う。このとき，特有の変化を示す検出反応はどれか。すべてを正しく選択しているものとして最も適当なものを，後の①～⑦のうちから一つ選べ。 23

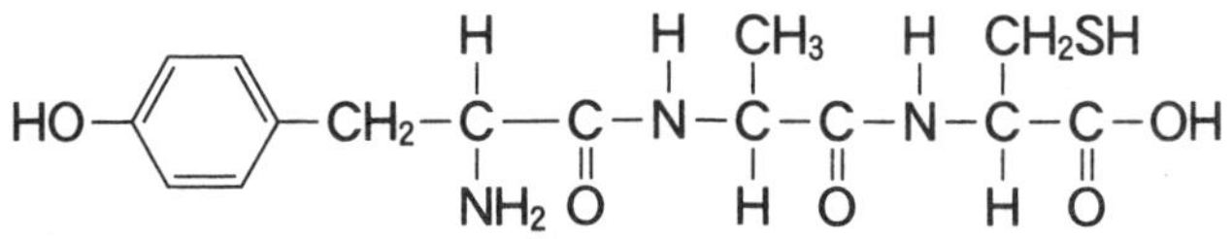

図1　トリペプチドの構造

検出反応に用いる主な試薬と操作

ア　ニンヒドリン反応：ニンヒドリン水溶液を加えて加熱する。

イ　キサントプロテイン反応：濃硝酸 HNO_3 を加えて加熱し，冷却後アンモニア水を加えて塩基性にする。

ウ　ビウレット反応：水酸化ナトリウム NaOH 水溶液を加えて塩基性にした後，薄い硫酸銅(Ⅱ) $CuSO_4$ 水溶液を少量加える。

① **ア**　② **イ**　③ **ウ**　④ **ア**，**イ**
⑤ **ア**，**ウ**　⑥ **イ**，**ウ**　⑦ **ア**，**イ**，**ウ**

問 4　医薬品に関する次の問い(**a** ～ **c**)に答えよ。

a　ヤナギの樹皮に含まれるサリシンは，サリチルアルコールとグルコースが脱水縮合したかたちのグリコシド結合をもつ化合物である。サリシンは消化管を通る間に，図2に示すように加水分解される。生成したサリチルアルコールは酸化され，生じたサリチル酸が解熱鎮痛作用を示す。しかしサリチル酸を服用すると胃に炎症を起こすため，そのかわりにアセチルサリチル酸が開発された。アセチルサリチル酸のように病気の症状を緩和する医薬品を対症療法薬という。

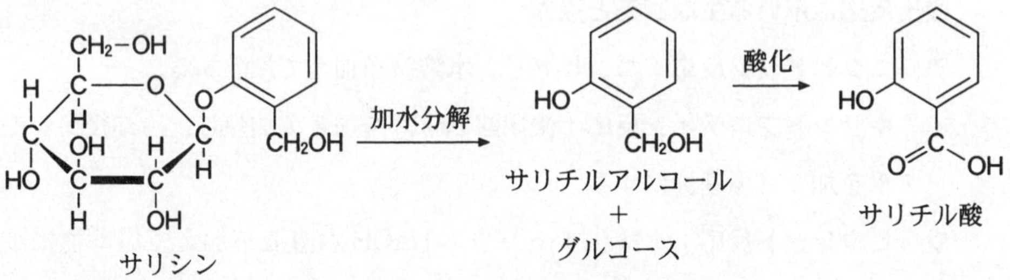

サリシン　—加水分解→　サリチルアルコール ＋ グルコース　—酸化→　サリチル酸

図2　サリシンの加水分解で得られるサリチルアルコールを経由したサリチル酸の生成

次の記述のうち下線部に**誤りを含むもの**はどれか。最も適当なものを，次の①〜④のうちから一つ選べ。 24

① グリコシド結合は，<u>希硫酸と加熱する</u>ことにより加水分解される。

② サリシンを溶かした水溶液は，<u>銀鏡反応を示す</u>。

③ サリチル酸は，ナトリウムフェノキシドと二酸化炭素を<u>高温・高圧で反応させた</u>後，酸性にすることにより得られる。

④ サリチル酸とメタノールを反応させてできるエステルは，<u>消炎鎮痛剤として用いられる</u>。

b　イギリスの細菌学者フレミングがアオカビから発見した抗生物質ペニシリンGは，病原菌の増殖を抑えて感染症を治す化学療法薬である。図3に示すペニシリンGは，破線で囲まれたβ-ラクタム環とよばれる環状のアミド構造をもつことで抗菌作用を示す。

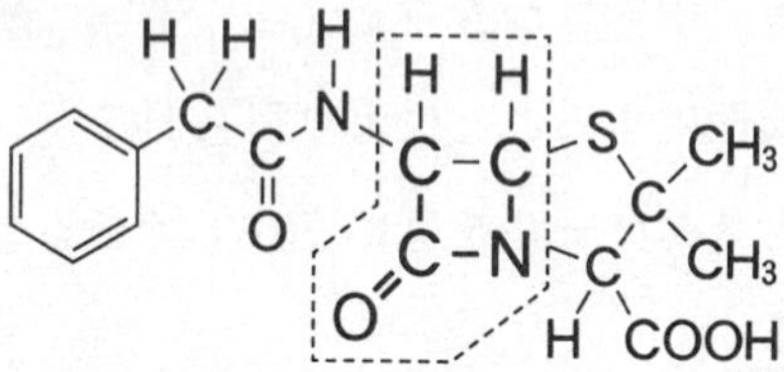

図3　ペニシリンGの構造
（破線で囲まれた部分がβ-ラクタム環）

ペニシリンGのβ-ラクタム環は反応性が高く，図4のように細菌の増殖に重要なはたらきをする酵素の活性部位にあるヒドロキシ基と反応する。その結果，この酵素のはたらきが阻害されるため，細菌の増殖が抑えられる。

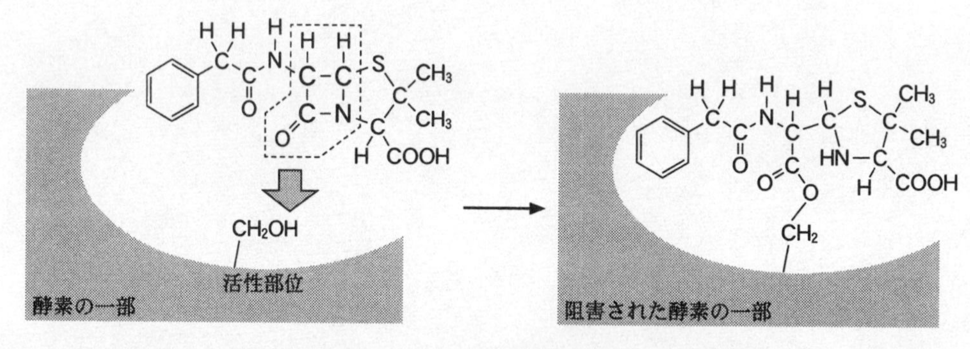

図4　ペニシリンGと細菌内の酵素との反応

分子内の脱水反応によりβ-ラクタム環ができる化合物はどれか。最も適当なものを，次の①～⑤のうちから一つ選べ。 25

①
$$H_2N-\underset{H}{\overset{H}{C}}-\overset{O}{\overset{\|}{C}}-OH$$

②
$$H_2N-\underset{H}{\overset{H}{C}}-\underset{H}{\overset{H}{C}}-\overset{O}{\overset{\|}{C}}-OH$$

③
$$H_2N-\underset{H}{\overset{H}{C}}-\underset{H}{\overset{H}{C}}-\underset{H}{\overset{H}{C}}-\overset{O}{\overset{\|}{C}}-OH$$

④
$$H_2N-\underset{H}{\overset{H}{C}}-\underset{H}{\overset{H}{C}}-\underset{H}{\overset{H}{C}}-\underset{H}{\overset{H}{C}}-\overset{O}{\overset{\|}{C}}-OH$$

⑤
$$H_2N-\underset{H}{\overset{H}{C}}-\underset{H}{\overset{H}{C}}-\underset{H}{\overset{H}{C}}-\underset{H}{\overset{H}{C}}-\underset{H}{\overset{H}{C}}-\overset{O}{\overset{\|}{C}}-OH$$

c　p-アミノ安息香酸エチルは局所麻酔薬として用いられる合成医薬品である。図5にトルエンから化合物A，B，Cを経由して合成する経路を示す。化合物Bとして最も適当なものを，後の①～⑥のうちから一つ選べ。

化合物B　26

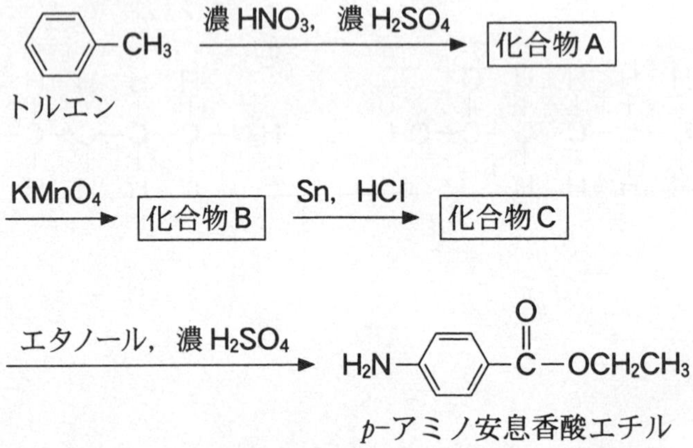

トルエン（C_6H_5–CH_3） —濃 HNO_3，濃 H_2SO_4→ 化合物A

—$KMnO_4$→ 化合物B —Sn，HCl→ 化合物C

—エタノール，濃 H_2SO_4→ H_2N–C_6H_4–C(=O)–OCH_2CH_3

p-アミノ安息香酸エチル

図5　p-アミノ安息香酸エチルを合成する経路

① H_2N–C_6H_4–CH_3

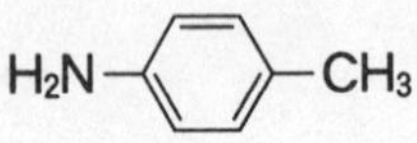

② H_2N–C_6H_4–C(=O)–H

③ H_2N–C_6H_4–C(=O)–OH

④ O_2N–C_6H_4–CH_3

⑤ O_2N–C_6H_4–C(=O)–OH

⑥ O_2N–C_6H_4–C(=O)–OCH_2CH_3

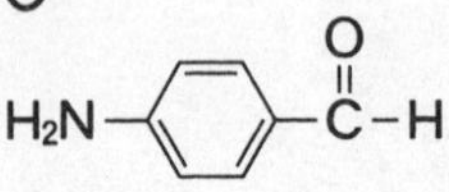

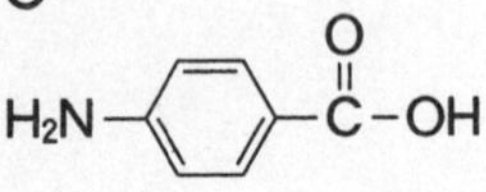

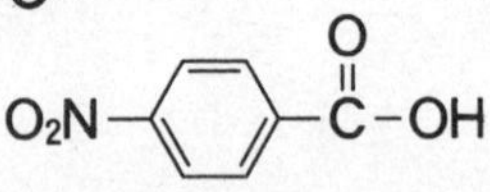

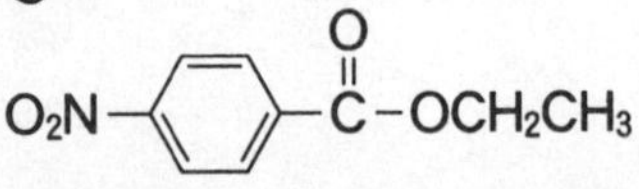

(下 書 き 用 紙)

化学の試験問題は次に続く。

第5問 質量分析法に関する次の文章を読み，後の問い（**問1～3**）に答えよ。（配点 20）

質量分析法では，(a)きわめて微量な成分を分析することができる。この方法では，真空中で原子や分子をイオン化した後，電気や磁気の力を利用して(b)イオンを質量ごとに分離し，これを検出することで，イオン化した原子や分子の個数を知ることができる。

問1 下線部(a)に関連して，質量分析法はスポーツ競技における選手のドーピング検査などに利用されている。ドーピング検査では，検査対象となった選手から 90 mL 以上の尿を採取し，その一部を質量分析に用いて，対象物質の量が適正な範囲内であるかを調べる。

テストステロンは，生体内に存在するホルモンであるが，筋肉増強効果があるためドーピング禁止物質に指定されている。

図1に既知の質量のテストステロンを含む尿を質量分析法で分析した結果を示した。横軸は，尿 3.0 mL に含まれるテストステロンの質量で，縦軸は，テストステロンに由来する陽イオン A^+ の検出された個数（信号強度）である。ここで縦軸の数値は，尿 3.0 mL 中のテストステロンの質量が 5.0×10^{-8} g のときの A^+ の信号強度を 100 とした相対値で表している。

ある選手の尿 3.0 mL から得られた A^+ の信号強度は 10 であった。この選手の尿 90 mL 中に含まれるテストステロンの質量は何 g か。最も適当な数値を，後の①～⑥のうちから一つ選べ。 [27] g

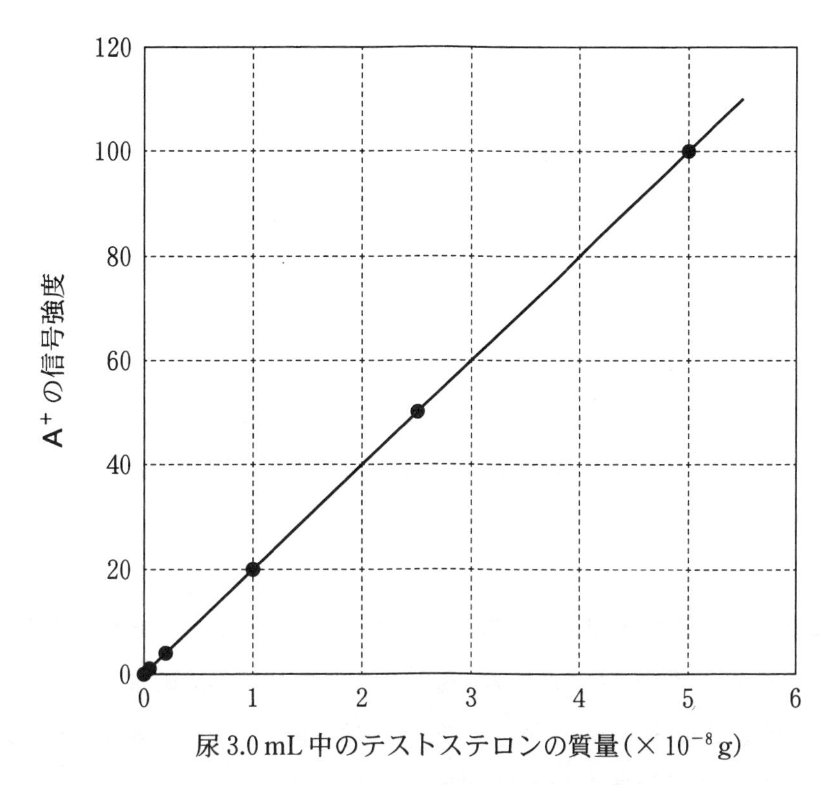

図1　尿中のテストステロンの質量と質量分析法で検出した
テストステロンに由来するイオン A^+ の信号強度との関係

① 1.5×10^{-8}	② 9.0×10^{-8}	③ 6.0×10^{-7}
④ 1.5×10^{-7}	⑤ 9.0×10^{-7}	⑥ 6.0×10^{-6}

問 2　下線部(b)に関連して，質量分析法により，ある元素の同位体の物質量の割合を測定することで，試料中に含まれるその元素の物質量を求めることができる。

ある金属試料 X 中に含まれる銀 Ag の物質量を求めるため，次の**実験Ⅰ・Ⅱ**を行った。金属試料 X 中に含まれていた Ag の物質量は何 mol か。最も適当な数値を，後の①～④のうちから一つ選べ。 **28** mol

実験Ⅰ　X をすべて硝酸に完全に溶解させ 200 mL とした。この溶液中の ^{107}Ag と ^{109}Ag の物質量の割合を質量分析法により求めたところ，^{107}Ag が 50.0 %，^{109}Ag が 50.0 % であった。

実験Ⅱ　**実験Ⅰ**で調製した溶液から 100 mL を取り分け，それに ^{107}Ag の物質量の割合が 100 % である Ag 粉末を 5.00×10^{-3} mol 添加し，完全に溶解させた。この溶液中の ^{107}Ag と ^{109}Ag の物質量の割合を質量分析法により求めたところ，^{107}Ag が 75.0 %，^{109}Ag が 25.0 % であった。

① 1.00×10^{-3}　② 5.00×10^{-3}　③ 1.00×10^{-2}　④ 5.00×10^{-2}

(下 書 き 用 紙)

化学の試験問題は次に続く。

問 3　イオンの質量(^{12}C 原子の質量を 12 とした「相対質量」)に対して，検出したそのイオンの個数(またはその最大値を 100 とした相対値で表した「相対強度」)をグラフにしたものを質量スペクトルという。質量スペクトルに関する次の文章を読み，後の問い(**a**～**c**)に答えよ。

図 2 は，メタン CH_4 を例としたイオン化の模式図である。外部から大きなエネルギーを与えると，CH_4 から電子が放出され，CH_4^+ が生成する。与えられるエネルギーがさらに大きいと，CH_4^+ の結合が切断された CH_3^+ や CH_2^+ などが生成することもある。

CH_4 をあるエネルギーでイオン化したときの質量スペクトルを図 3 に，相対質量 12～17 のイオンの相対強度を表 1 に示す。相対質量が 17 のイオンは，天然に 1 % 存在する $^{13}CH_4$ に由来する $^{13}CH_4^+$ である。CH_4^+ のような，電子を放出しただけのイオンを「分子イオン」，CH_3^+ や CH_2^+ のような結合が切断されたイオンを「断片イオン」とよぶ。

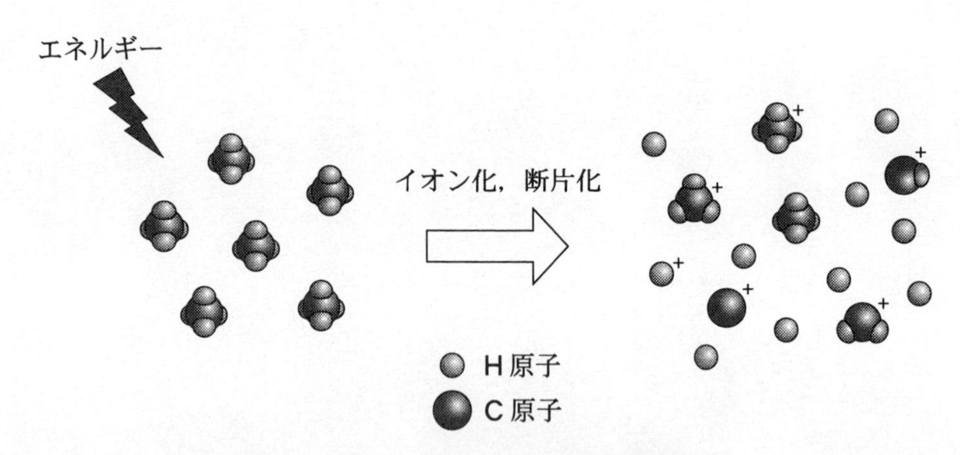

図 2　メタンのイオン化，断片化の模式図

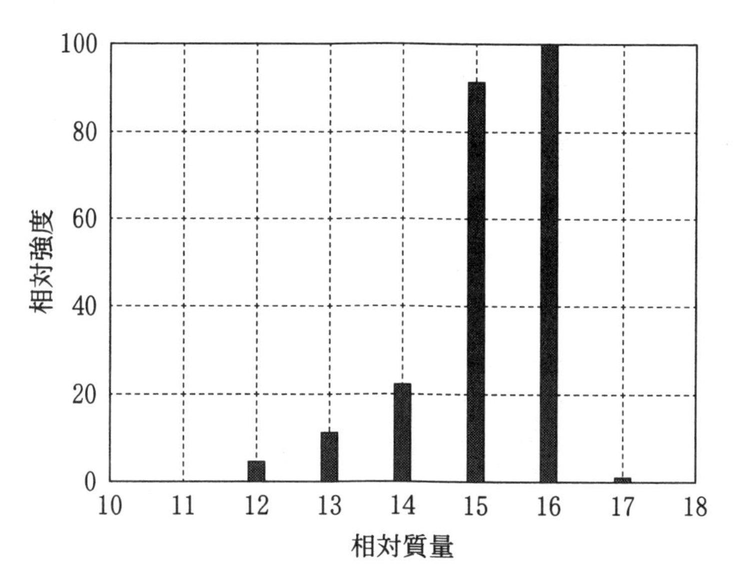

図3　メタンの質量スペクトル

表1　メタンの質量スペクトルにおけるイオンの強度分布

相対質量	相対強度	主なイオン
12	5	$^{12}C^{+}$
13	11	$^{12}CH^{+}$
14	22	$^{12}CH_2{}^{+}$
15	91	$^{12}CH_3{}^{+}$
16	100	$^{12}CH_4{}^{+}$
17	1	$^{13}CH_4{}^{+}$

a　塩素 Cl には2種の同位体 ^{35}Cl と ^{37}Cl があり，それらは天然におよそ 3：1の割合で存在する。図3と同じエネルギーでクロロメタン CH_3Cl をイオン化した場合の，相対質量が50付近の質量スペクトルはどれか。最も適当なものを，次の①～⑥のうちから一つ選べ。ただし，^{35}Cl と ^{37}Cl の相対質量は，それぞれ35，37とする。 29

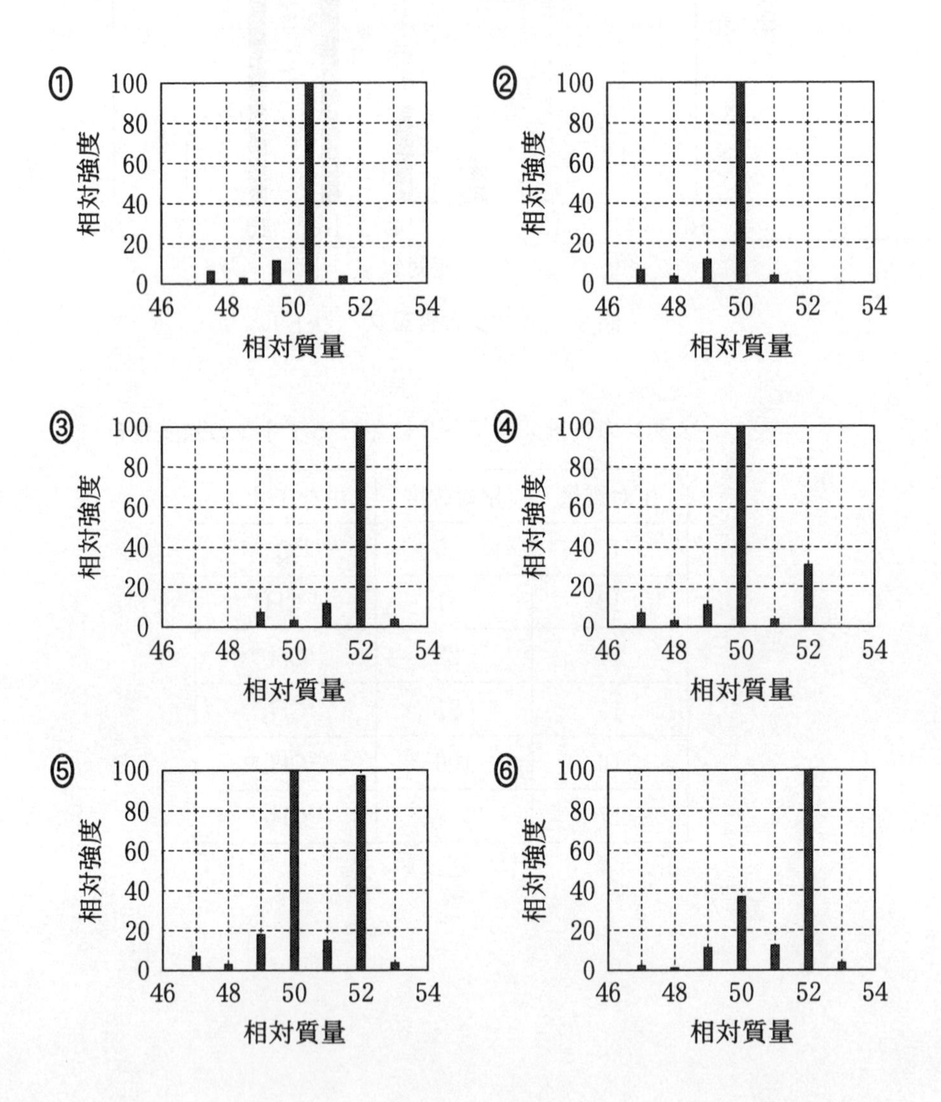

b ^{12}C 以外の原子の相対質量は，その原子の質量数とはわずかに異なる。分子量がいずれもおよそ 28 である一酸化炭素 CO，エチレン（エテン）C_2H_4，窒素 N_2 の混合気体 X の，相対質量 27.98～28.04 の範囲の質量スペクトルを図 4 に示す。図中の**ア**～**ウ**に対応する分子イオンの組合せとして正しいものはどれか。最も適当なものを，後の①～⑥のうちから一つ選べ。ただし，^{1}H，^{12}C，^{14}N，^{16}O の相対質量はそれぞれ，1.008，12，14.003，15.995 とし，これら以外の同位体は無視できるものとする。 30

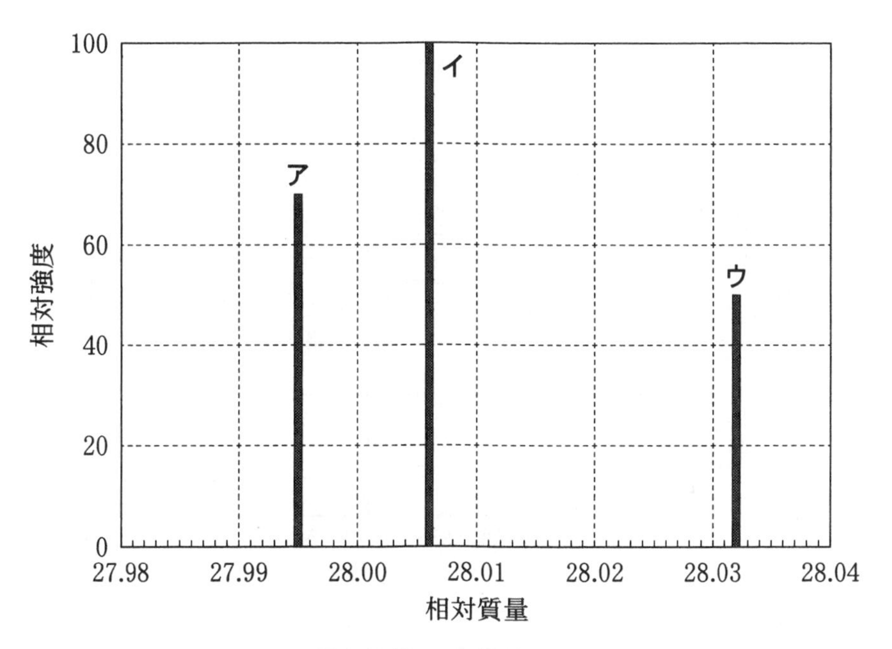

図 4　混合気体 X の質量スペクトル

	ア	イ	ウ
①	CO^+	$C_2H_4^+$	N_2^+
②	CO^+	N_2^+	$C_2H_4^+$
③	$C_2H_4^+$	CO^+	N_2^+
④	$C_2H_4^+$	N_2^+	CO^+
⑤	N_2^+	CO^+	$C_2H_4^+$
⑥	N_2^+	$C_2H_4^+$	CO^+

c　あるエネルギーでメチルビニルケトン $CH_3COCH=CH_2$（分子量 70）をイオン化すると，図 5 の破線で示した位置で結合が切断された断片イオンができやすいことがわかっている。メチルビニルケトンの質量スペクトルとして最も適当なものを，後の①～④のうちから一つ選べ。ただし，相対強度が 10 未満のイオンは省略した。 **31**

$$H_3C - \vdots - \overset{\overset{\displaystyle O}{\|}}{C} - \vdots - CH=CH_2$$

図 5　メチルビニルケトンの構造と切断されやすい結合

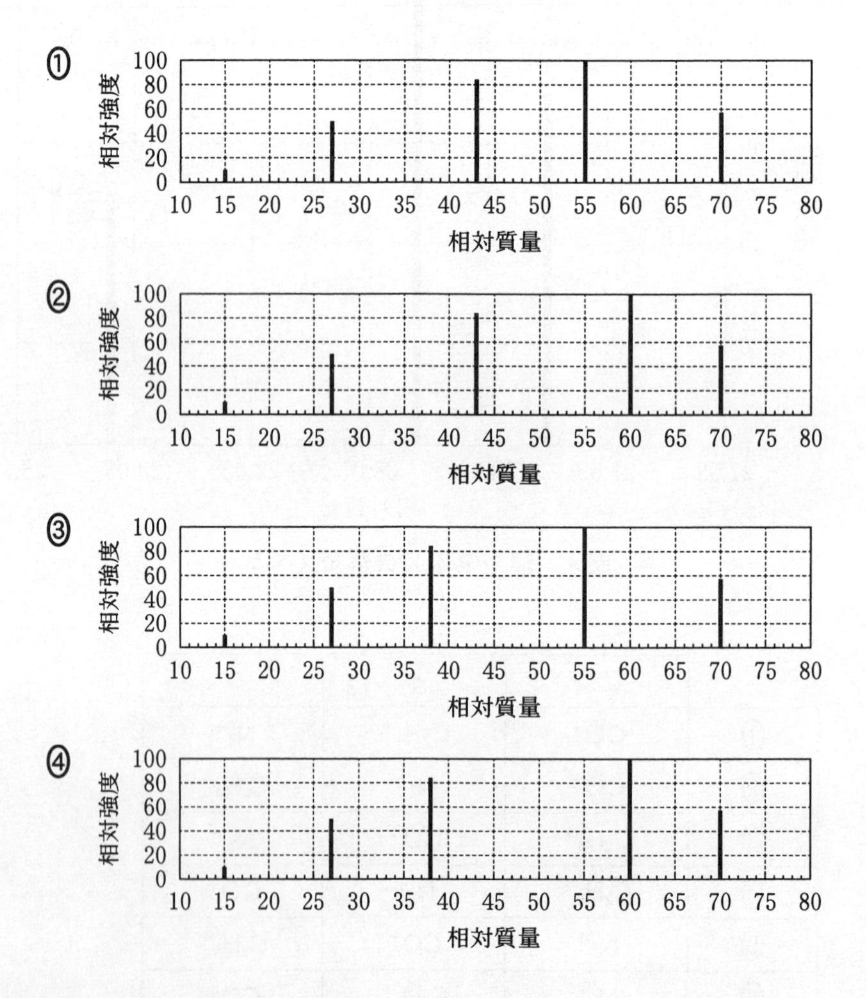

2023年度
大学入学共通テスト
本試験

難易度・標準所要時間・出題内容一覧

問題番号	難易度	標準所要時間	出題内容
第1問	*	15分	物質の状態
第2問	**	12分	物質の変化
第3問	*	11分	無機物質
第4問	*	10分	有機化合物，高分子化合物
第5問	**	12分	物質の変化，無機化合物

(注)　1°難易度記号は次の意味で用いている。

*　　：教科書とほぼ同じレベル

**　：教科書に比べて少し難しい

***：教科書に比べて難しい

化　　　学

(解答番号 [1] ～ [35])

必要があれば，原子量は次の値を使うこと。

H　1.0	Li　6.9	Be　9.0	C　12
O　16	Na　23	Mg　24	S　32
K　39	Ca　40	I　127	

気体は，実在気体とことわりがない限り，理想気体として扱うものとする。
また，必要があれば，次の値を使うこと。

$\sqrt{2} = 1.41$

第1問　次の問い(問1～4)に答えよ。(配点　20)

問1　すべての化学結合が単結合からなる物質として最も適当なものを，次の①～④のうちから一つ選べ。[1]

① CH_3CHO　② C_2H_2　③ Br_2　④ $BaCl_2$

問 2 次の文章を読み，下線部(a)・(b)の状態を示す用語の組合せとして最も適当なものを，後の①～⑧のうちから一つ選べ。 **2**

海藻であるテングサを乾燥し，熱湯で溶出させると流動性のあるコロイド溶液が得られる。この溶液を冷却すると(a)流動性を失ったかたまりになる。さらに，このかたまりから水分を除去すると(b)乾燥した寒天ができる。

	(a)	(b)
①	ゾ　ル	エーロゾル(エアロゾル)
②	ゾ　ル	キセロゲル
③	エーロゾル(エアロゾル)	ゾ　ル
④	エーロゾル(エアロゾル)	ゲ　ル
⑤	ゲ　ル	エーロゾル(エアロゾル)
⑥	ゲ　ル	キセロゲル
⑦	キセロゲル	ゾ　ル
⑧	キセロゲル	ゲ　ル

問 3　水蒸気を含む空気を温度一定のまま圧縮すると，全圧の増加に比例して水蒸気の分圧は上昇する。水蒸気の分圧が水の飽和蒸気圧に達すると，水蒸気の一部が液体の水に凝縮し，それ以上圧縮しても水蒸気の分圧は水の飽和蒸気圧と等しいままである。

分圧 3.0×10^3 Pa の水蒸気を含む全圧 1.0×10^5 Pa，温度 300 K，体積 24.9 L の空気を，気体を圧縮する装置を用いて，温度一定のまま，体積 8.3 L にまで圧縮した。この過程で水蒸気の分圧が 300 K における水の飽和蒸気圧である 3.6×10^3 Pa に達すると，水蒸気の一部が液体の水に凝縮し始めた。図 1 は圧縮前と圧縮後の様子を模式的に示したものである。圧縮後に生じた液体の水の物質量は何 mol か。最も適当な数値を，後の①～⑥のうちから一つ選べ。ただし，気体定数は $R = 8.3 \times 10^3$ Pa·L/(K·mol) とし，全圧の変化による水の飽和蒸気圧の変化は無視できるものとする。［ 3 ］mol

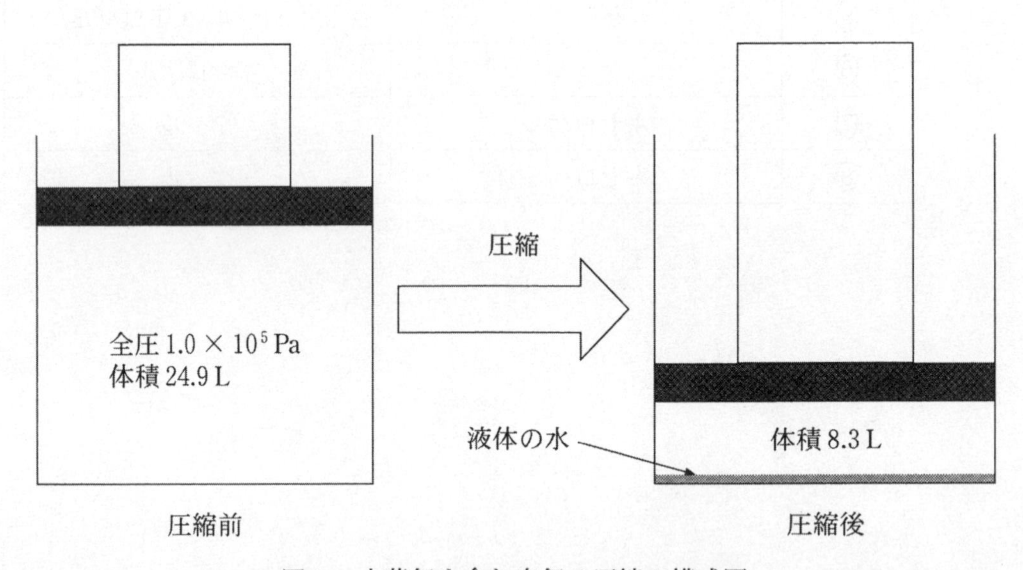

図 1　水蒸気を含む空気の圧縮の模式図

① 0.012	② 0.018	③ 0.030
④ 0.12	⑤ 0.18	⑥ 0.30

問 4　硫化カルシウム CaS（式量 72）の結晶構造に関する次の記述を読み，後の問い（**a** ～ **c**）に答えよ。

CaS の結晶中では，カルシウムイオン Ca^{2+} と硫化物イオン S^{2-} が図 2 に示すように規則正しく配列している。結晶中の Ca^{2+} と S^{2-} の配位数はいずれも［ア］で，単位格子は Ca^{2+} と S^{2-} がそれぞれ 4 個ずつ含まれる立方体である。隣り合う Ca^{2+} と S^{2-} は接しているが，(a)電荷が等しい Ca^{2+} どうし，および S^{2-} どうしは，結晶中で互いに接していない。Ca^{2+} のイオン半径を r_{Ca}，S^{2-} のイオン半径を R_S とすると $r_{Ca} < R_S$ であり，CaS の結晶の単位格子の体積 V は［イ］で表される。

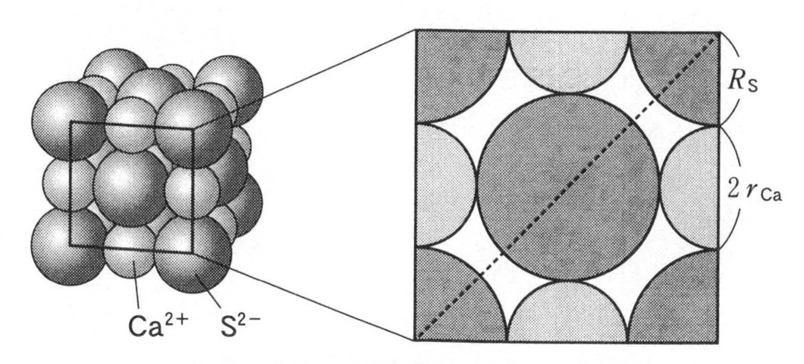

図 2　CaS の結晶構造と単位格子の断面

a　空欄［ア］・［イ］に当てはまる数字または式として最も適当なものを，それぞれの解答群の①～⑤のうちから一つずつ選べ。

アの解答群［4］

① 4　② 6　③ 8　④ 10　⑤ 12

イの解答群［5］

① $V = 8(R_S + r_{Ca})^3$

② $V = 32(R_S{}^3 + r_{Ca}{}^3)$

③ $V = (R_S + r_{Ca})^3$

④ $V = \frac{16}{3}\pi(R_S{}^3 + r_{Ca}{}^3)$

⑤ $V = \frac{4}{3}\pi(R_S{}^3 + r_{Ca}{}^3)$

b　エタノール 40 mL を入れたメスシリンダーを用意し，CaS の結晶 40 g をこのエタノール中に加えたところ，結晶はもとの形のまま溶けずに沈み，図 3 に示すように，40 の目盛りの位置にあった液面が 55 の目盛りの位置に移動した。この結晶の単位格子の体積 V は何 cm^3 か。最も適当な数値を，後の①～⑤のうちから一つ選べ。ただし，アボガドロ定数を 6.0×10^{23}/mol とする。［ 6 ］cm^3

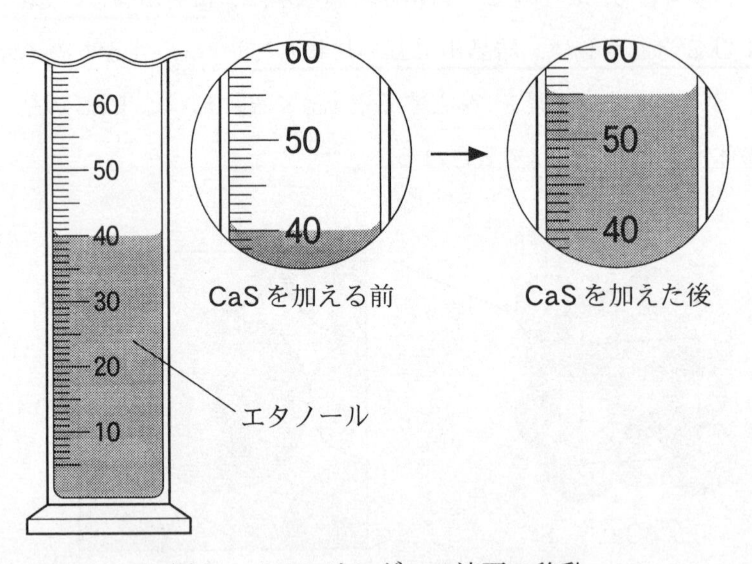

図 3　メスシリンダーの液面の移動

① 4.5×10^{-23}　② 1.8×10^{-22}　③ 3.6×10^{-22}

④ 6.6×10^{-22}　⑤ 1.3×10^{-21}

c　図2に示すような配列の結晶構造をとる物質はCaS以外にも存在する。そのような物質では，下線部(a)に示すのと同様に，結晶中で陽イオンどうし，および陰イオンどうしが互いに接していないものが多い。結晶を構成する2種類のイオンのうち，イオンの大きさが大きい方のイオン半径をR，小さい方のイオン半径をrとして結晶の安定性を考える。このとき，Rが$\left(\sqrt{\boxed{ウ}}+\boxed{エ}\right)r$以上になると，図2に示す単位格子の断面の対角線（破線）上で大きい方のイオンどうしが接するようになる。その結果，この結晶構造が不安定になり，異なる結晶構造をとりやすくなることが知られている。

空欄 ウ ・ エ に当てはまる数字として最も適当なものを，後の①～⓪のうちから一つずつ選べ。ただし，同じものを繰り返し選んでもよい。

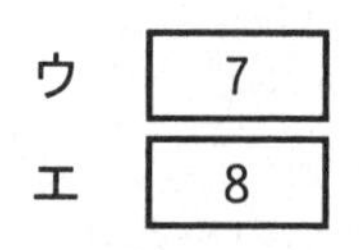

① 1	② 2	③ 3	④ 4	⑤ 5
⑥ 6	⑦ 7	⑧ 8	⑨ 9	⓪ 0

第2問　次の問い(問1～4)に答えよ。(配点　20)

問1　二酸化炭素CO_2とアンモニアNH_3を高温・高圧で反応させると，尿素$(NH_2)_2CO$が生成する。このときの熱化学方程式(1)の反応熱Qは何kJか。最も適当な数値を，後の①～⑧のうちから一つ選べ。ただし，CO_2(気)，NH_3(気)，$(NH_2)_2CO$(固)，水H_2O(液)の生成熱は，それぞれ394 kJ/mol，46 kJ/mol，333 kJ/mol，286 kJ/molとする。[9] kJ

$$CO_2(気) + 2\,NH_3(気) = (NH_2)_2CO(固) + H_2O(液) + Q\,\mathrm{kJ} \qquad (1)$$

① －179　② －153　③ －133　④ －107
⑤ 107　⑥ 133　⑦ 153　⑧ 179

(**編集注**：旧課程の問題。現課程用に改題したものを解答・解説に掲載した。)

問2　硝酸銀$AgNO_3$水溶液の入った電解槽Vに浸した2枚の白金電極(電極A，B)と，塩化ナトリウム$NaCl$水溶液の入った電解槽Wに浸した2本の炭素電極(電極C，D)を，図1に示すように電源に接続した装置を組み立てた。この装置で電気分解を行った結果に関する記述として**誤りを含むもの**を，次の①～⑤のうちから二つ選べ。ただし，解答の順序は問わない。

[10]
[11]

① 電解槽Vの水素イオン濃度が増加した。
② 電極Aに銀Agが析出した。
③ 電極Bで水素H_2が発生した。
④ 電極CにナトリウムNaが析出した。
⑤ 電極Dで塩素Cl_2が発生した。

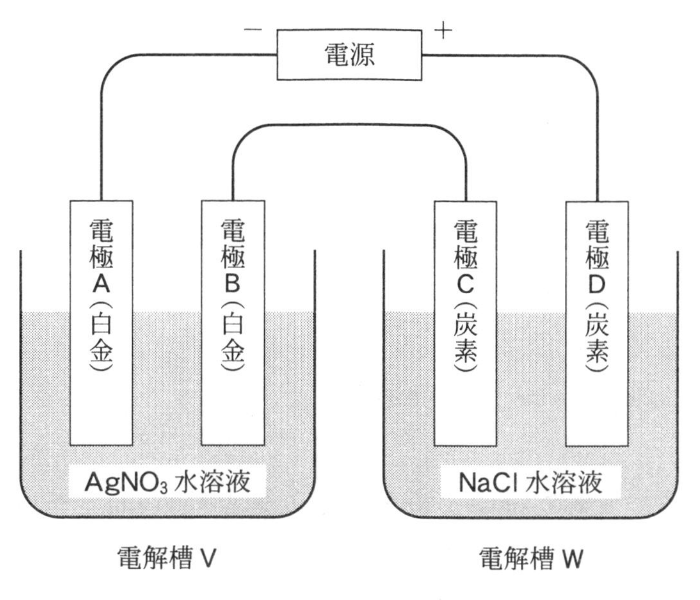

図１　電気分解の装置

問３　容積一定の密閉容器 X に水素 H_2 とヨウ素 I_2 を入れて，一定温度 T に保ったところ，次の式(2)の反応が平衡状態に達した。

$$H_2(気) + I_2(気) \rightleftarrows 2\,HI(気) \qquad (2)$$

平衡状態の H_2，I_2，ヨウ化水素 HI の物質量は，それぞれ 0.40 mol，0.40 mol，3.2 mol であった。

次に，X の半分の一定容積をもつ密閉容器 Y に 1.0 mol の HI のみを入れて，同じ一定温度 T に保つと，平衡状態に達した。このときの HI の物質量は何 mol か。最も適当な数値を，次の①～⑥のうちから一つ選べ。ただし，H_2，I_2，HI はすべて気体として存在するものとする。［ 12 ］mol

① 0.060　② 0.11　③ 0.20　④ 0.80　⑤ 0.89　⑥ 0.94

問 4 過酸化水素 H_2O_2 の水 H_2O と酸素 O_2 への分解反応に関する次の文章を読み，後の問い（**a** ～ **c**）に答えよ。

H_2O_2 の分解反応は次の式(3)で表され，水溶液中での分解反応速度は H_2O_2 の濃度に比例する。H_2O_2 の分解反応は非常に遅いが，酸化マンガン(Ⅳ) MnO_2 を加えると反応が促進される。

$$2\,H_2O_2 \longrightarrow 2\,H_2O + O_2 \qquad (3)$$

試験管に少量の MnO_2 の粉末とモル濃度 0.400 mol/L の過酸化水素水 10.0 mL を入れ，一定温度 20 ℃ で反応させた。反応開始から 1 分ごとに，それまでに発生した O_2 の体積を測定し，その物質量を計算した。10 分までの結果を表 1 と図 2 に示す。ただし，反応による水溶液の体積変化と，発生した O_2 の水溶液への溶解は無視できるものとする。

表 1　反応温度 20 ℃ で各時間までに発生した O_2 の物質量

反応開始からの時間(min)	発生した O_2 の物質量($\times 10^{-3}$ mol)
0	0
1.0	0.417
2.0	0.747
3.0	1.01
4.0	1.22
5.0	1.38
6.0	1.51
7.0	1.61
8.0	1.69
9.0	1.76
10.0	1.81

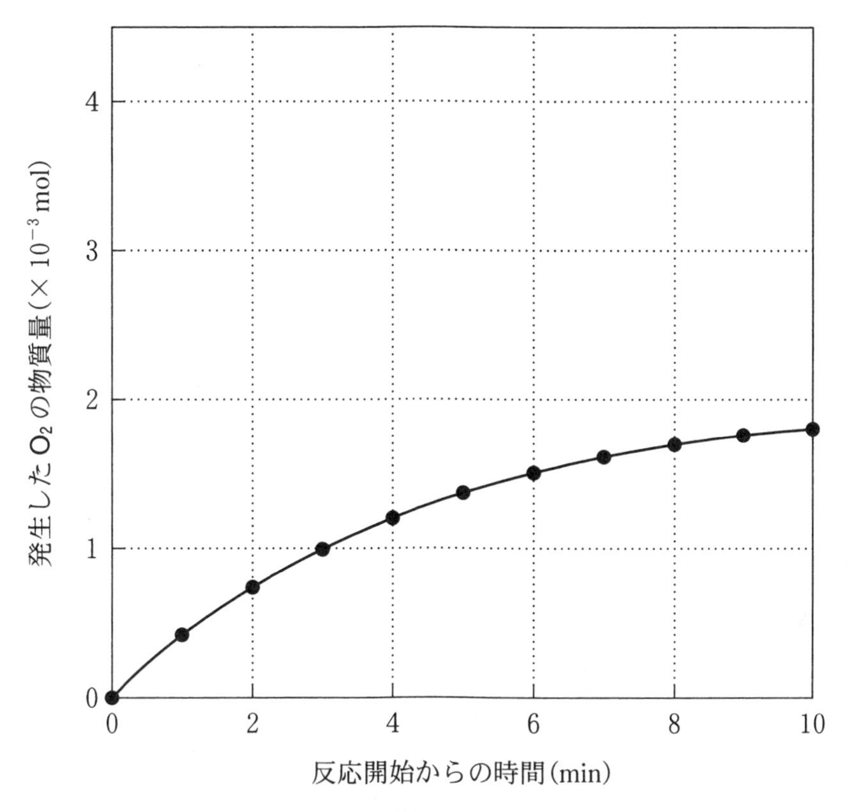

図2 反応温度20℃で各時間までに発生したO_2の物質量

a H_2O_2の水溶液中での分解反応に関する記述として**誤りを含むもの**はどれか。最も適当なものを，次の①～④のうちから一つ選べ。 13

① 少量の塩化鉄(Ⅲ)$FeCl_3$水溶液を加えると，反応速度が大きくなる。

② 肝臓などに含まれるカタラーゼを適切な条件で加えると，反応速度が大きくなる。

③ MnO_2の有無にかかわらず，温度を上げると反応速度が大きくなる。

④ MnO_2を加えた場合，反応の前後でマンガン原子の酸化数が変化する。

b　反応開始後 1.0 分から 2.0 分までの間における H_2O_2 の分解反応の平均反応速度は何 mol/(L・min)か。最も適当な数値を，次の①～⑧のうちから一つ選べ。 14 mol/(L・min)

① 3.3×10^{-4}　② 6.6×10^{-4}　③ 8.3×10^{-4}　④ 1.5×10^{-3}
⑤ 3.3×10^{-2}　⑥ 6.6×10^{-2}　⑦ 8.3×10^{-2}　⑧ 0.15

c　図 2 の結果を得た実験と同じ濃度と体積の過酸化水素水を，別の反応条件で反応させると，反応速度定数が 2.0 倍になることがわかった。このとき発生した O_2 の物質量の時間変化として最も適当なものを，次の①～⑥のうちから一つ選べ。 15

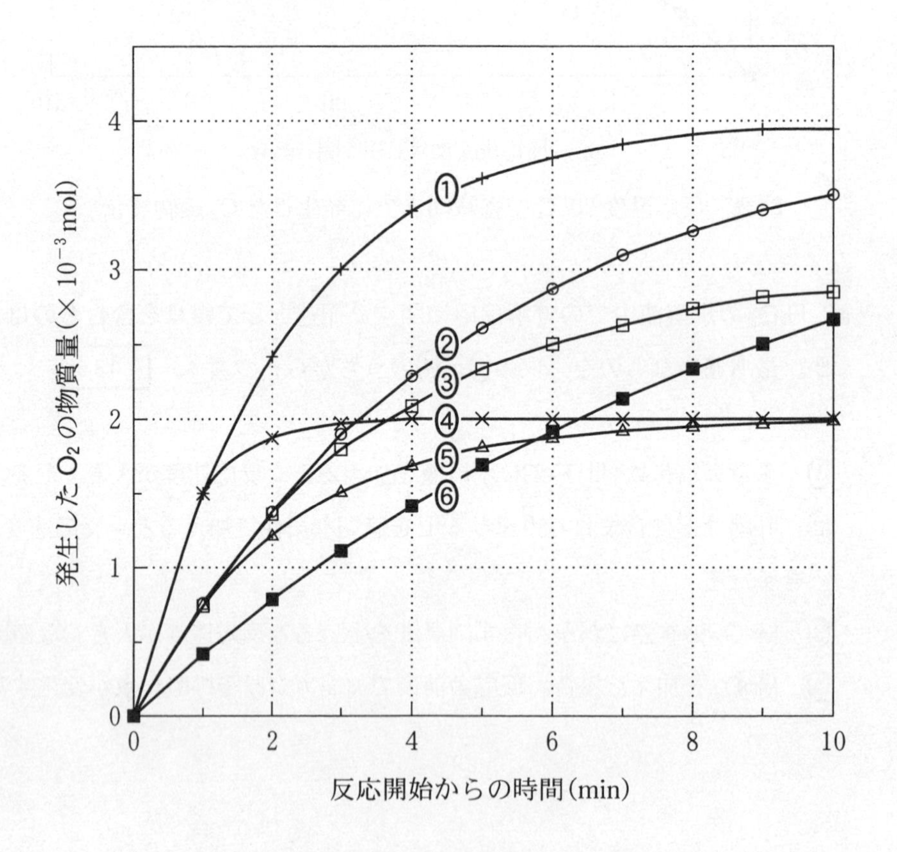

（下 書 き 用 紙）

化学の試験問題は次に続く。

第3問　次の問い(問1～3)に答えよ。(配点　20)

問1　フッ化水素 HF に関する記述として**誤りを含むもの**はどれか。最も適当なものを，次の①～④のうちから一つ選べ。 16

① 水溶液は弱い酸性を示す。

② 水溶液に銀イオン Ag^+ が加わっても沈殿は生じない。

③ 他のハロゲン化水素よりも沸点が高い。

④ ヨウ素 I_2 と反応してフッ素 F_2 を生じる。

問 2 金属イオン Ag^+，Al^{3+}，Cu^{2+}，Fe^{3+}，Zn^{2+} の硝酸塩のうち二つを含む水溶液Aがある。Aに対して次の図1に示す**操作Ⅰ～Ⅳ**を行ったところ，それぞれ図1に示すような**結果**が得られた。Aに含まれる二つの金属イオンとして最も適当なものを，後の①～⑤のうちから二つ選べ。ただし，解答の順序は問わない。

17

18

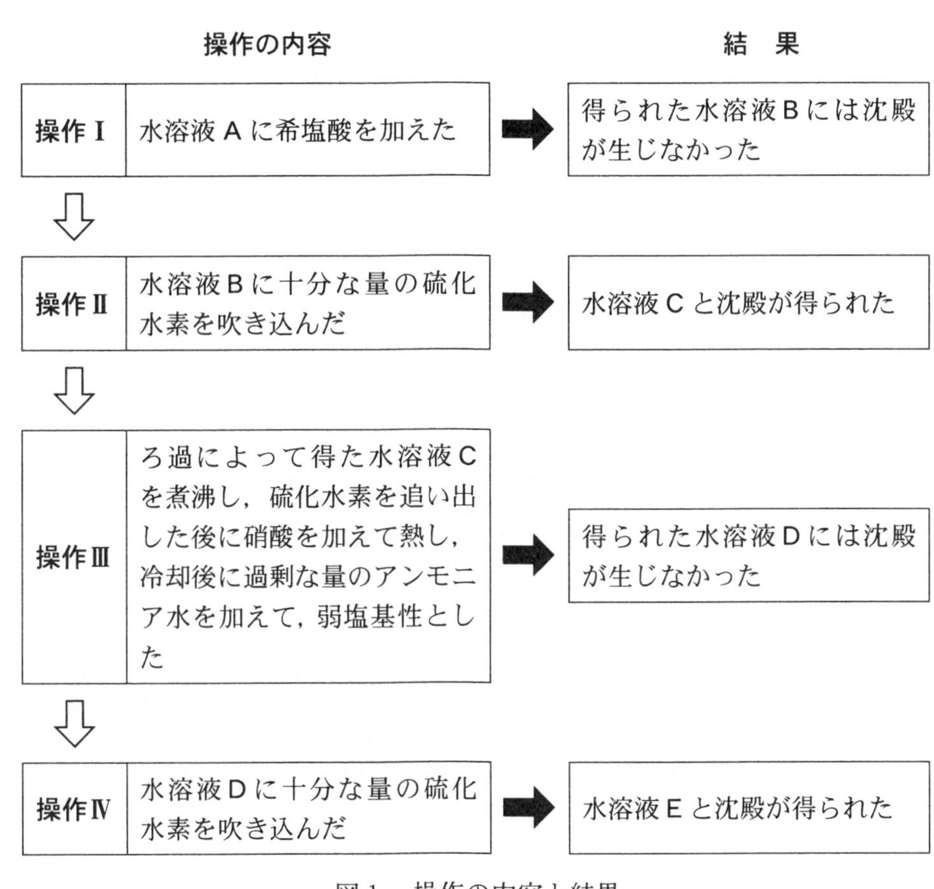

図1 操作の内容と結果

① Ag^+　② Al^{3+}　③ Cu^{2+}　④ Fe^{3+}　⑤ Zn^{2+}

問 3　1族，2族の金属元素に関する次の問い(**a**～**c**)に答えよ。

a　金属X，Yは，1族元素のリチウムLi，ナトリウムNa，カリウムK，2族元素のベリリウムBe，マグネシウムMg，カルシウムCaのいずれかの単体である。Xは希塩酸と反応して水素H_2を発生し，Yは室温の水と反応してH_2を発生する。そこで，さまざまな質量のX，Yを用意し，Xは希塩酸と，Yは室温の水とすべて反応させ，発生したH_2の体積を測定した。反応させたX，Yの質量と，発生したH_2の体積(0℃，1.013×10^5 Paにおける体積に換算した値)との関係を図2に示す。

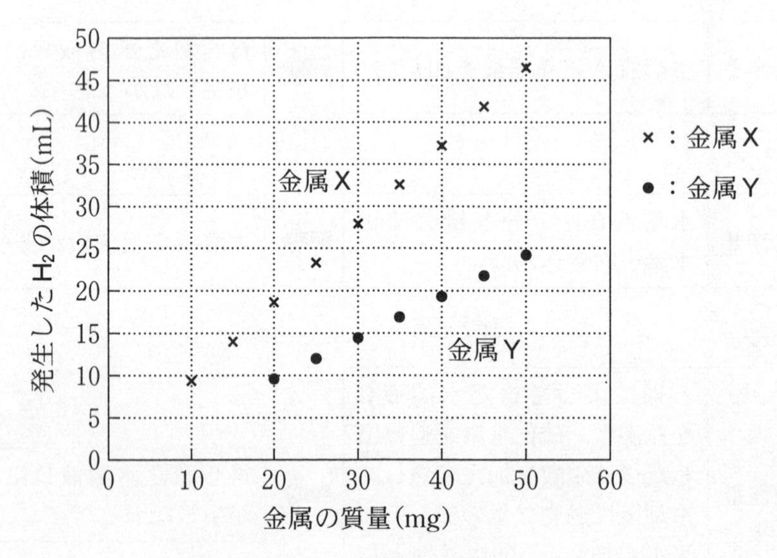

図2　反応させた金属X，Yの質量と発生したH_2の体積(0℃，1.013×10^5 Paにおける体積に換算した値)の関係

このとき，X，Yとして最も適当なものを，後の①～⑥のうちからそれぞれ一つずつ選べ。ただし，気体定数は$R = 8.31 \times 10^3$ Pa・L/(K・mol)とする。

X　[19]

Y　[20]

① Li　　② Na　　③ K

④ Be　　⑤ Mg　　⑥ Ca

b マグネシウムの酸化物 MgO，水酸化物 $Mg(OH)_2$，炭酸塩 $MgCO_3$ の混合物 A を乾燥した酸素中で加熱すると，水 H_2O と二酸化炭素 CO_2 が発生し，後に MgO のみが残る。図 3 の装置を用いて混合物 A を反応管中で加熱し，発生した気体をすべて吸収管 B と吸収管 C で捕集する実験を行った。

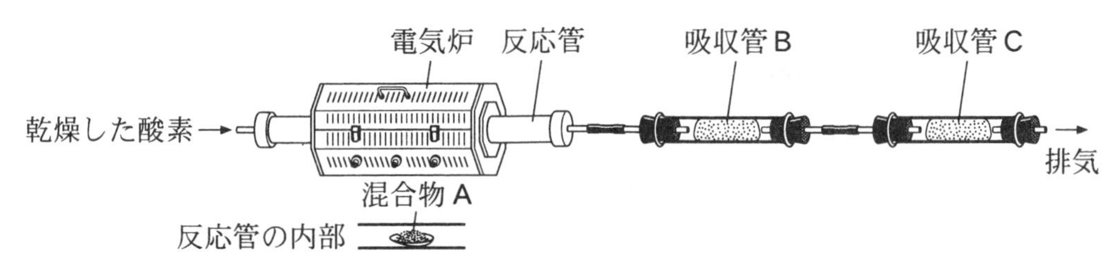

図 3 混合物 A を加熱し発生する気体を捕集する装置

このとき，B と C にそれぞれ 1 種類の気体のみを捕集したい。B，C に入れる物質の組合せとして最も適当なものを，次の①～⑥のうちから一つ選べ。 21

	吸収管 B に入れる物質	吸収管 C に入れる物質
①	ソーダ石灰	酸化銅(Ⅱ)
②	ソーダ石灰	塩化カルシウム
③	塩化カルシウム	ソーダ石灰
④	塩化カルシウム	酸化銅(Ⅱ)
⑤	酸化銅(Ⅱ)	塩化カルシウム
⑥	酸化銅(Ⅱ)	ソーダ石灰

c **b** の実験で，ある量の混合物 A を加熱すると MgO のみが 2.00 g 残った。また捕集された H_2O と CO_2 の質量はそれぞれ 0.18 g，0.22 g であった。加熱前の混合物 A に含まれていたマグネシウムのうち，MgO として存在していたマグネシウムの物質量の割合は何 % か。最も適当な数値を，次の①～⑤のうちから一つ選べ。 22 %

① 30　② 40　③ 60　④ 70　⑤ 80

第4問　次の問い(問1～4)に答えよ。(配点　20)

問1　次の条件(**ア**・**イ**)をともに満たすアルコールとして最も適当なものを，後の①～④のうちから一つ選べ。 23

ア　ヨードホルム反応を示さない。

イ　分子内脱水反応により生成したアルケンに臭素を付加させると，不斉炭素原子をもつ化合物が生成する。

①
$$\begin{array}{c} \quad\;\; CH_3 \\ \quad\;\; | \\ CH_3-CH-OH \end{array}$$

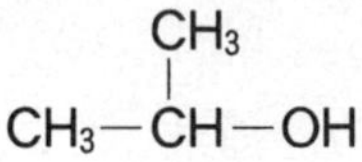

②
$$CH_3-CH_2-CH_2-OH$$

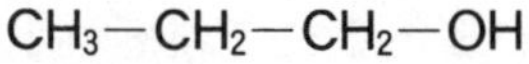

③
$$\begin{array}{c} \quad CH_3 \\ \quad | \\ CH_3-C-OH \\ \quad | \\ \quad CH_3 \end{array}$$

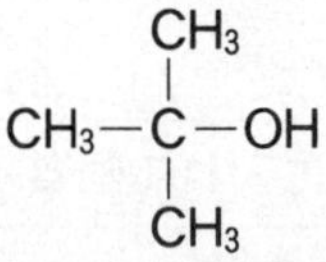

④
$$\begin{array}{c} \quad\;\; CH_3 \\ \quad\;\; | \\ CH_3-CH-CH_2-OH \end{array}$$

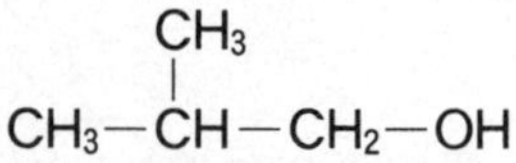

問2　芳香族化合物に関する記述として**誤りを含むもの**はどれか。最も適当なものを，次の①～④のうちから一つ選べ。 24

① フタル酸を加熱すると，分子内で脱水し，酸無水物が生成する。

② アニリンは，水酸化ナトリウム水溶液と塩酸のいずれにもよく溶ける。

③ ジクロロベンゼンには，ベンゼン環に結合する塩素原子の位置によって3種類の異性体が存在する。

④ アセチルサリチル酸に塩化鉄(Ⅲ)水溶液を加えても呈色しない。

問 3 高分子化合物の構造に関する記述として**誤りを含むもの**はどれか。最も適当なものを，次の①～④のうちから一つ選べ。 25

① セルロースでは，分子内や分子間に水素結合が形成されている。

② DNA 分子の二重らせん構造中では，水素結合によって塩基対が形成されている。

③ タンパク質のポリペプチド鎖は，分子内で形成される水素結合により二次構造をつくる。

④ ポリプロピレンでは，分子間に水素結合が形成されている。

問 4 グリセリンの三つのヒドロキシ基がすべて脂肪酸によりエステル化された化合物をトリグリセリドと呼び，その構造は図1のように表される。

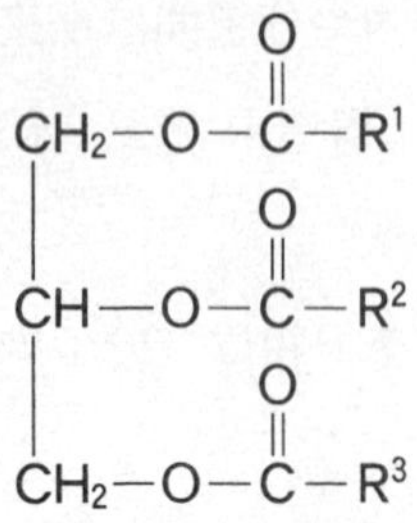

$$
\begin{array}{l}
CH_2-O-\overset{\overset{\displaystyle O}{\|}}{C}-R^1 \\
| \\
CH-O-\overset{\overset{\displaystyle O}{\|}}{C}-R^2 \\
| \\
CH_2-O-\overset{\overset{\displaystyle O}{\|}}{C}-R^3
\end{array}
$$

図1　トリグリセリドの構造(R^1，R^2，R^3 は鎖式炭化水素基)

あるトリグリセリドX(分子量 882)の構造を調べることにした。(a)X を触媒とともに水素と完全に反応させると，消費された水素の量から，1分子のXには4個の C=C 結合があることがわかった。また，X を完全に加水分解したところ，グリセリンと，脂肪酸A(炭素数 18)と脂肪酸B(炭素数 18)のみが得られ，AとBの物質量比は1：2であった。トリグリセリドXに関する次の問い(**a**～**c**)に答えよ。

a 下線部(a)に関して，44.1 g のXを用いると，消費される水素は何 mol か。その数値を小数第2位まで次の形式で表すとき，[26]～[28]に当てはまる数字を，後の①～⓪のうちから一つずつ選べ。ただし，同じものを繰り返し選んでもよい。また，X の C=C 結合のみが水素と反応するものとする。

[26].[27][28] mol

① 1	② 2	③ 3	④ 4	⑤ 5
⑥ 6	⑦ 7	⑧ 8	⑨ 9	⓪ 0

b トリグリセリドXを完全に加水分解して得られた脂肪酸Aと脂肪酸Bを，硫酸酸性の希薄な過マンガン酸カリウム水溶液にそれぞれ加えると，いずれも過マンガン酸イオンの赤紫色が消えた。脂肪酸A(炭素数 18)の示性式として最も適当なものを，次の①～⑤のうちから一つ選べ。 29

① $CH_3(CH_2)_{16}COOH$

② $CH_3(CH_2)_7CH=CH(CH_2)_7COOH$

③ $CH_3(CH_2)_4CH=CHCH_2CH=CH(CH_2)_7COOH$

④ $CH_3CH_2CH=CHCH_2CH=CHCH_2CH=CH(CH_2)_7COOH$

⑤ $CH_3CH_2CH=CHCH_2CH=CHCH_2CH=CHCH_2CH=CH(CH_2)_4COOH$

c　トリグリセリドXをある酵素で部分的に加水分解すると，図2のように脂肪酸A，脂肪酸B，化合物Yのみが物質量比1：1：1で生成した。また，Xには鏡像異性体(光学異性体)が存在し，Yには鏡像異性体が存在しなかった。Aを$R^{A}-COOH$，Bを$R^{B}-COOH$と表すとき，図2に示す化合物Yの構造式において，［ア］・［イ］に当てはまる原子と原子団の組合せとして最も適当なものを，後の①～④のうちから一つ選べ。［30］

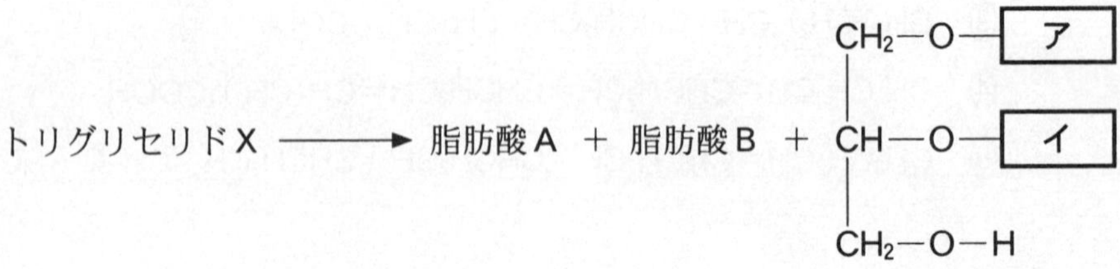

$$\text{トリグリセリドX} \longrightarrow \text{脂肪酸A} + \text{脂肪酸B} + \begin{array}{l} CH_2-O-\boxed{ア} \\ | \\ CH-O-\boxed{イ} \\ | \\ CH_2-O-H \end{array}$$

化合物Y

図2　ある酵素によるトリグリセリドXの加水分解

	ア	イ
①	$\overset{\displaystyle O}{\overset{\|\|}{C}}-R^{A}$	H
②	$\overset{\displaystyle O}{\overset{\|\|}{C}}-R^{B}$	H
③	H	$\overset{\displaystyle O}{\overset{\|\|}{C}}-R^{A}$
④	H	$\overset{\displaystyle O}{\overset{\|\|}{C}}-R^{B}$

（下 書 き 用 紙）

化学の試験問題は次に続く。

第5問　硫黄Sの化合物である硫化水素H_2Sや二酸化硫黄SO_2を，さまざまな物質と反応させることにより，人間生活に有用な物質が得られる。一方，H_2SとSO_2はともに火山ガスに含まれる有毒な気体であり，健康被害を及ぼす量のガスを吸い込むことがないように，大気中の濃度を求める必要がある。次の問い(**問**1～3)に答えよ。(配点　20)

問1　H_2SとSO_2が関わる反応について，次の問い(**a**・**b**)に答えよ。

a　H_2SとSO_2の発生や反応に関する記述として**誤りを含むもの**はどれか。最も適当なものを，次の①～④のうちから一つ選べ。 31

①　硫化鉄(Ⅱ)FeSに希硫酸を加えると，H_2Sが発生する。

②　硫酸ナトリウムNa_2SO_4に希硫酸を加えると，SO_2が発生する。

③　H_2Sの水溶液にSO_2を通じて反応させると，単体のSが生じる。

④　水酸化ナトリウムNaOHの水溶液にSO_2を通じて反応させると，亜硫酸ナトリウムNa_2SO_3が生じる。

b　酸化バナジウム(Ⅴ)V_2O_5を触媒としてSO_2とO_2の混合気体を反応させると，正反応が発熱反応である，次の式(1)の反応が起こる。SO_2とO_2の混合気体と触媒をピストン付きの密閉容器に入れて反応させるとき，式(1)の反応に関する記述として下線部に**誤りを含むもの**はどれか。最も適当なものを，後の①～④のうちから一つ選べ。 32

$$2\,SO_2 + O_2 \rightleftarrows 2\,SO_3 \qquad (1)$$

① 反応が平衡状態に達した後，温度一定で密閉容器内の圧力を減少させると，<u>平衡は右に移動する</u>。

② 反応が平衡状態に達した後，圧力一定で密閉容器内の温度を上昇させると，<u>平衡は左に移動する</u>。

③ SO_2 の濃度を 2 倍にしたとき，正反応の反応速度が何倍になるかは，<u>反応式中の係数から単純に導き出すことはできない</u>。

④ 平衡状態では，<u>正反応と逆反応の反応速度が等しくなっている</u>。

問 2 窒素と H_2S からなる気体試料 A がある。気体試料 A に含まれる H_2S の量を次の式(2)～(4)で表される反応を利用した酸化還元滴定によって求めたいと考え，後の**実験**を行った。

$$H_2S \longrightarrow 2H^+ + S + 2e^- \quad (2)$$

$$I_2 + 2e^- \longrightarrow 2I^- \quad (3)$$

$$2S_2O_3^{2-} \longrightarrow S_4O_6^{2-} + 2e^- \quad (4)$$

実験 ある体積の気体試料 A に含まれていた H_2S を水に完全に溶かした水溶液に，0.127 g のヨウ素 I_2(分子量 254) を含むヨウ化カリウム KI 水溶液を加えた。そこで生じた沈殿を取り除き，ろ液に 5.00×10^{-2} mol/L チオ硫酸ナトリウム $Na_2S_2O_3$ 水溶液を 4.80 mL 滴下したところで少量のデンプンの水溶液を加えた。そして，$Na_2S_2O_3$ 水溶液を全量で 5.00 mL 滴下したときに，水溶液の青色が消えて無色となった。

この**実験**で用いた気体試料 A に含まれていた H_2S は，0 ℃，1.013×10^5 Pa において何 mL か。最も適当な数値を，次の①～⑤のうちから一つ選べ。ただし，気体定数は $R = 8.31 \times 10^3$ Pa·L/(K·mol) とする。 [33] mL

① 2.80　② 5.60　③ 8.40　④ 10.0　⑤ 11.2

問 3　火口周辺での SO_2 の濃度は，SO_2 が光を吸収する性質を利用して測定できる。光の吸収を利用して物質の濃度を求める方法の原理を調べたところ，次の記述が見つかった。

多くの物質は紫外線を吸収する。紫外線が透過する方向の長さが L の透明な密閉容器に，モル濃度 c の気体試料が封入されている。ある波長の紫外線(光の量，I_0)を密閉容器に入射すると，その一部が気体試料に吸収され，透過した光の量は少なくなり I となる。このことを模式的に表したものが図 1 である。

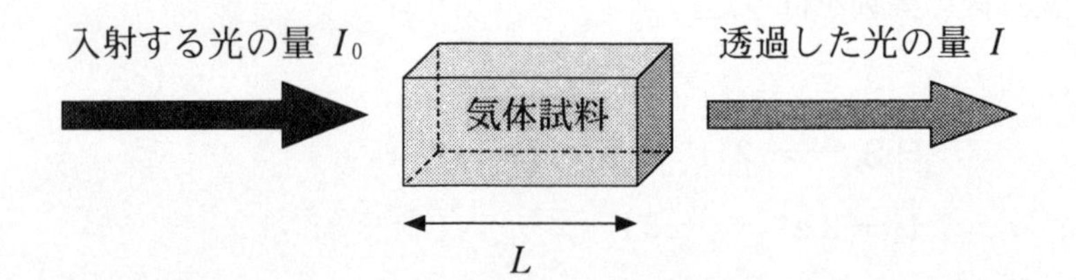

図 1　密閉容器内の気体試料に紫外線を入射したときの模式図

入射する光の量 I_0 に対する透過した光の量 I の比を表す透過率 $T = \dfrac{I}{I_0}$ を用いると，$\log_{10} T$ は c および L と比例関係となる。

次の問い(**a**・**b**)に答えよ。

a 圧力一定の条件で，窒素で満たされた長さ L の密閉容器内に物質量の異なる SO_2 を添加し，ある波長の紫外線に対する透過率 T をそれぞれ測定した。SO_2 のモル濃度 c と得られた $\log_{10} T$ を次ページの表1に示す。次に，窒素中に含まれる SO_2 のモル濃度が不明な気体試料Bに対して，同じ条件で透過率 T を測定したところ 0.80 であった。気体試料Bに含まれる SO_2 のモル濃度を次の形式で表すとき，[34] に当てはまる数値として最も適当なものを，後の①～⑤のうちから一つ選べ。必要があれば，次ページの方眼紙や $\log_{10} 2 = 0.30$ の値を使うこと。ただし，窒素および密閉容器による紫外線の吸収，反射，散乱は無視できるものとする。

気体試料Bに含まれる SO_2 のモル濃度 [34] $\times 10^{-8}$ mol/L

① 2.2　② 2.6　③ 3.0　④ 3.4　⑤ 3.8

表1　密閉容器内の気体に含まれるSO_2のモル濃度cと$\log_{10} T$の関係

SO_2のモル濃度c ($\times 10^{-8}$ mol/L)	$\log_{10} T$
0.0	0.000
2.0	− 0.067
4.0	− 0.133
6.0	− 0.200
8.0	− 0.267
10.0	− 0.333

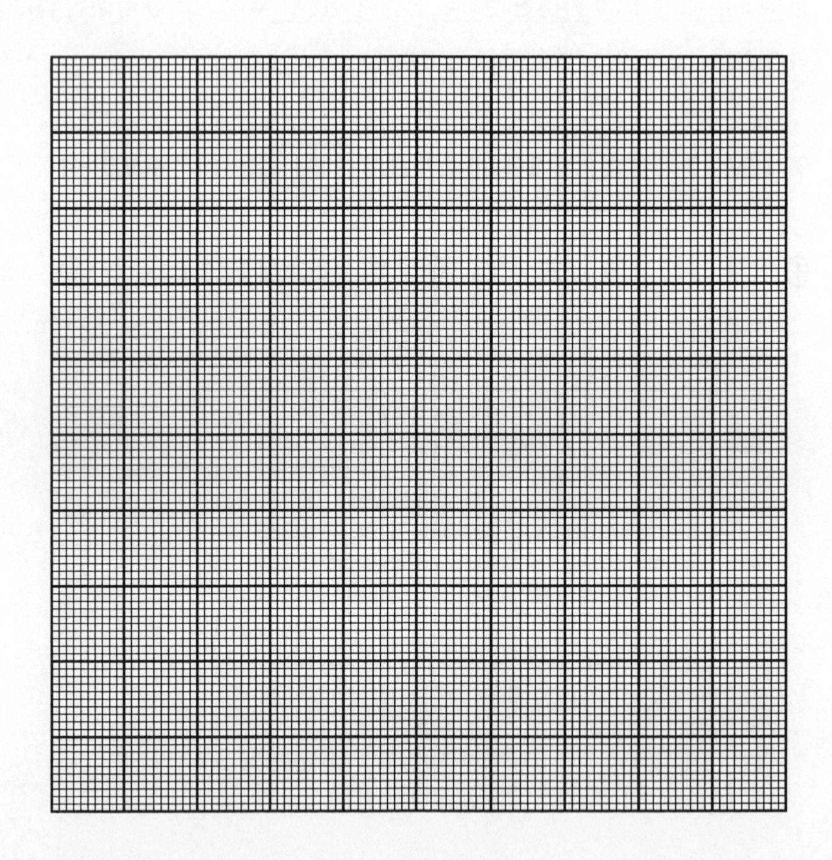

b　図2に示すように，**a**で用いたものと同じ密閉容器を二つ直列に並べて長さ $2L$ とした密閉容器を用意した。それぞれに**a**と同じ条件で気体試料Bを封入して，**a**で用いた波長の紫外線を入射させた。このときの透過率 T の値として最も適当な数値を，後の①～⑤のうちから一つ選べ。ただし，窒素および密閉容器による紫外線の吸収，反射，散乱は無視できるものとする。

35

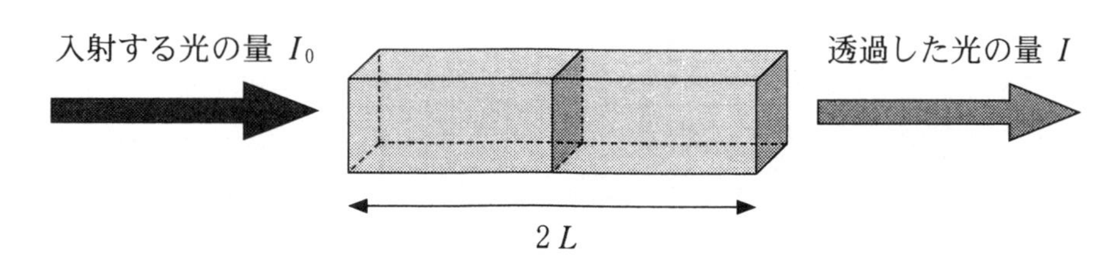

図2　密閉容器を直列に並べた場合の模式図

①　0.32　　②　0.40　　③　0.60　　④　0.64　　⑤　0.80

2022年度
大学入学共通テスト
本試験

難易度・標準所要時間・出題内容一覧

問題番号	難易度	標準所要時間	出題内容
第1問	＊	10分	物質の状態
第2問	＊	12分	物質の変化
第3問	＊	12分	無機物質
第4問	＊＊	13分	有機化合物，高分子化合物
第5問	＊＊	13分	物質の変化，有機化合物

（注）　1° 難易度記号は次の意味で用いている。

＊　　　：教科書とほぼ同じレベル

＊＊　　：教科書に比べて少し難しい

＊＊＊　：教科書に比べて難しい

化　　学

（解答番号 [1] ～ [33]）

必要があれば，原子量は次の値を使うこと。

H　1.0	C　12	N　14	O　16
Na　23	S　32	Cl　35.5	Ca　40

気体は，実在気体とことわりがない限り，理想気体として扱うものとする。

また，必要があれば，次の値を使うこと。

$\sqrt{2} = 1.41$　　$\sqrt{3} = 1.73$　　$\sqrt{5} = 2.24$

第1問　次の問い（問1～5）に答えよ。（配点　20）

問1　原子がL殻に電子を3個もつ元素を，次の①～⑤のうちから一つ選べ。 [1]

① Al　② B　③ Li　④ Mg　⑤ N

問 2 表1に示した窒素化合物は肥料として用いられている。これらの化合物のうち，窒素の含有率(質量パーセント)が最も高いものを，後の①～④のうちから一つ選べ。 **2**

表1 肥料として用いられる窒素化合物とそのモル質量

窒素化合物	モル質量(g/mol)
NH_4Cl	53.5
$(NH_2)_2CO$	60
NH_4NO_3	80
$(NH_4)_2SO_4$	132

① NH_4Cl　② $(NH_2)_2CO$　③ NH_4NO_3　④ $(NH_4)_2SO_4$

問 3　2種類の貴ガス(希ガス)AとBをさまざまな割合で混合し，温度一定のもとで体積を変化させて，全圧が一定値 p_0 になるようにする。元素Aの原子量が元素Bの原子量より小さいとき，貴ガスAの分圧と混合気体の密度の関係を表すグラフはどれか。最も適当なものを，次の①～⑤のうちから一つ選べ。 3

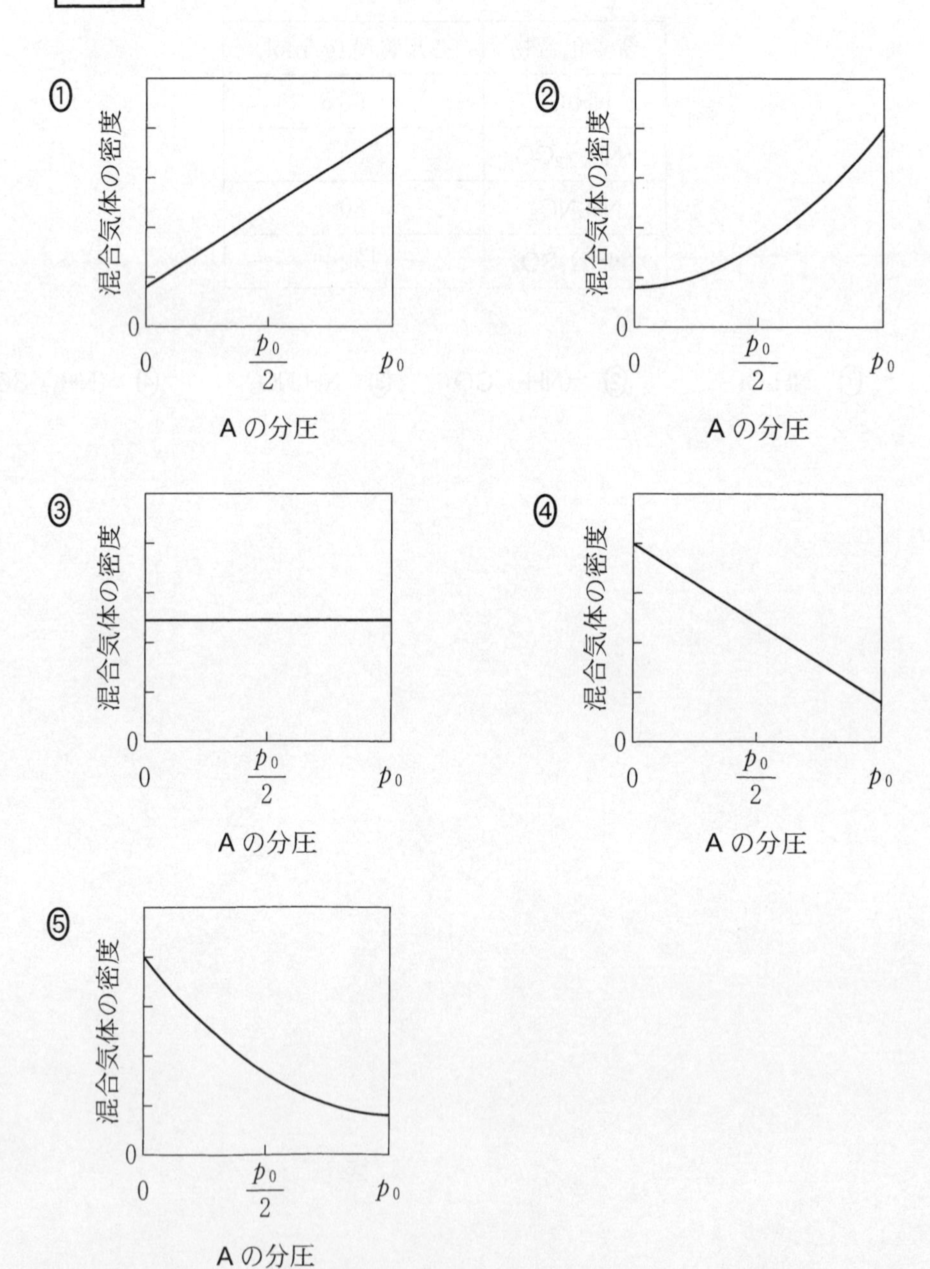

問 4 非晶質に関する記述として**誤りを含むもの**はどれか。最も適当なものを，次の①～④のうちから一つ選べ。 4

① ガラスは一定の融点を示さない。

② アモルファス金属やアモルファス合金は，高温で融解させた金属を急速に冷却してつくられる。

③ 非晶質の二酸化ケイ素は，光ファイバーに利用される。

④ ポリエチレンは，非晶質の部分（非結晶部分・無定形部分）の割合が増えるほどかたくなる。

問 5　空気の水への溶解は，水中生物の呼吸(酸素の溶解)やダイバーの減圧症(溶解した窒素の遊離)などを理解するうえで重要である。1.0×10^5 Pa の N_2 と O_2 の溶解度(水 1 L に溶ける気体の物質量)の温度変化をそれぞれ図 1 に示す。N_2 と O_2 の水への溶解に関する後の問い(**a**・**b**)に答えよ。ただし，N_2 と O_2 の水への溶解は，ヘンリーの法則に従うものとする。

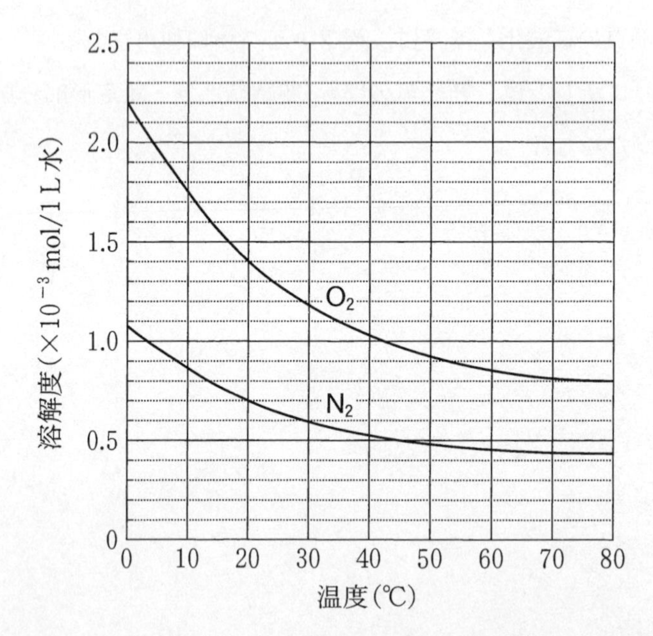

図 1　1.0×10^5 Pa の N_2 と O_2 の溶解度の温度変化

a　1.0×10^5 Pa で O_2 が水 20 L に接している。同じ圧力で温度を 10 ℃ から 20 ℃ にすると，水に溶解している O_2 の物質量はどのように変化するか。最も適当な記述を，次の①～⑤のうちから一つ選べ。 5

① 3.5×10^{-4} mol 減少する。
② 7.0×10^{-3} mol 減少する。
③ 変化しない。
④ 3.5×10^{-4} mol 増加する。
⑤ 7.0×10^{-3} mol 増加する。

b　図2に示すように，ピストンの付いた密閉容器に水と空気(物質量比 $N_2 : O_2 = 4 : 1$)を入れ，ピストンに 5.0×10^5 Pa の圧力を加えると，20 ℃ で水および空気の体積はそれぞれ 1.0 L，5.0 L になった。次に，温度を一定に保ったままピストンを引き上げ，圧力を 1.0×10^5 Pa にすると，水に溶解していた気体の一部が遊離した。このとき，遊離した N_2 の体積は 0 ℃，1.013×10^5 Pa のもとで何 mL か。最も近い数値を，後の①～⑤のうちから一つ選べ。ただし，気体定数は $R = 8.31 \times 10^3$ Pa·L/(K·mol) とする。また，密閉容器内の空気の N_2 と O_2 の物質量比の変化と水の蒸気圧は，いずれも無視できるものとする。 6 mL

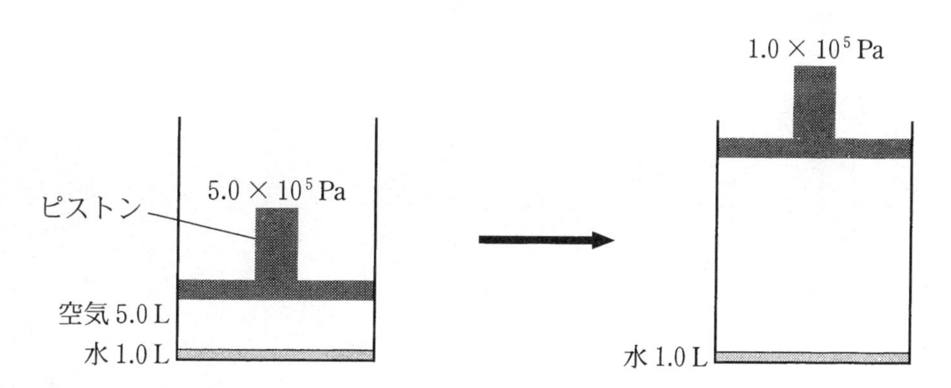

図2　水と空気を入れた密閉容器内の圧力を変化させたときの模式図

① 13　② 16　③ 50　④ 63　⑤ 78

第2問 次の問い(問1～4)に答えよ。(配点 20)

問1 化学反応や物質の状態の変化において，発熱の場合も吸熱の場合もあるものはどれか。最も適当なものを，次の①～④のうちから一つ選べ。 7

① 炭化水素が酸素の中で完全燃焼するとき。
② 強酸の希薄水溶液に強塩基の希薄水溶液を加えて中和するとき。
③ 電解質が多量の水に溶解するとき。
④ 常圧で純物質の液体が凝固して固体になるとき。

問2 0.060 mol/L の酢酸ナトリウム水溶液 50 mL と 0.060 mol/L の塩酸 50 mL を混合して 100 mL の水溶液を得た。この水溶液中の水素イオン濃度は何 mol/L か。最も適当な数値を，次の①～⑥のうちから一つ選べ。ただし，酢酸の電離定数は 2.7×10^{-5} mol/L とする。 8 mol/L

① 8.1×10^{-7}　② 2.8×10^{-4}　③ 9.0×10^{-4}
④ 1.3×10^{-3}　⑤ 2.8×10^{-3}　⑥ 8.1×10^{-3}

問 3 溶液中での，次の式(1)で表される可逆反応

$$A \rightleftarrows B + C \qquad (1)$$

において，正反応の反応速度 v_1 と逆反応の反応速度 v_2 は，$v_1 = k_1[A]$，$v_2 = k_2[B][C]$ であった。ここで，k_1，k_2 はそれぞれ正反応，逆反応の反応速度定数であり，[A]，[B]，[C]はそれぞれA，B，Cのモル濃度である。反応開始時において，[A] = 1 mol/L，[B] = [C] = 0 mol/L であり，反応中に温度が変わることはないとする。$k_1 = 1 \times 10^{-6}$ /s，$k_2 = 6 \times 10^{-6}$ L/(mol·s)であるとき，平衡状態での[B]は何 mol/L か。最も適当な数値を，次の①～④のうちから一つ選べ。 [9] mol/L

① $\frac{1}{3}$　② $\frac{1}{\sqrt{6}}$　③ $\frac{1}{2}$　④ $\frac{2}{3}$

問 4 化石燃料に代わる新しいエネルギー源の一つとして水素 H_2 がある。H_2 の貯蔵と利用に関する次の問い（**a** ～ **c**）に答えよ。

a 水素吸蔵合金を利用すると，H_2 を安全に貯蔵することができる。ある水素吸蔵合金 X は，0 ℃，1.013×10^5 Pa で，X の体積の 1200 倍の H_2 を貯蔵することができる。この温度，圧力で 248 g の X に貯蔵できる H_2 は何 mol か。最も適当な数値を，次の①～⑤のうちから一つ選べ。ただし，X の密度は 6.2 g/cm³ であり，気体定数は $R = 8.3 \times 10^3$ Pa・L/(K・mol) とする。

[10] mol

① 0.28　　② 0.47　　③ 1.1　　④ 2.1　　⑤ 11

b リン酸型燃料電池を用いると，H_2 を燃料として発電することができる。図 1 に外部回路に接続したリン酸型燃料電池の模式図を示す。この燃料電池を動作させるにあたり，供給する物質（**ア**，**イ**）と排出される物質（**ウ**，**エ**）の組合せとして最も適当なものを，後の①～⑥のうちから一つ選べ。ただし，排出される物質には未反応の物質も含まれるものとする。 [11]

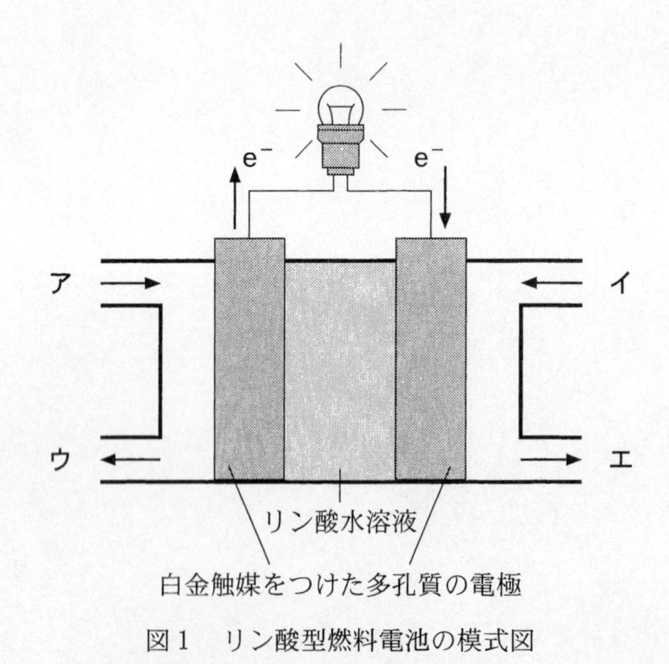

図 1　リン酸型燃料電池の模式図

	ア	イ	ウ	エ
①	O_2	H_2	O_2	H_2，H_2O
②	O_2	H_2	O_2，H_2O	H_2
③	O_2	H_2	O_2，H_2O	H_2，H_2O
④	H_2	O_2	H_2	O_2，H_2O
⑤	H_2	O_2	H_2，H_2O	O_2
⑥	H_2	O_2	H_2，H_2O	O_2，H_2O

c　図1の燃料電池で H_2 2.00 mol，O_2 1.00 mol が反応したとき，外部回路に流れた電気量は何Cか。最も適当な数値を，次の①～⑤のうちから一つ選べ。ただし，ファラデー定数は 9.65×10^4 C/mol とし，電極で生じた電子はすべて外部回路を流れたものとする。 [12] C

① 1.93×10^4　② 9.65×10^4　③ 1.93×10^5
④ 3.86×10^5　⑤ 7.72×10^5

第3問 次の問い(**問1～3**)に答えよ。(配点　20)

問1　$AlK(SO_4)_2 \cdot 12H_2O$ と NaCl はどちらも無色の試薬である。それぞれの水溶液に対して次の**操作ア～エ**を行うとき，この二つの試薬を**区別することができない操作**はどれか。最も適当なものを，後の①～④のうちから一つ選べ。 13

操作

ア　アンモニア水を加える。

イ　臭化カルシウム水溶液を加える。

ウ　フェノールフタレイン溶液を加える。

エ　陽極と陰極に白金板を用いて電気分解を行う。

①　ア　　②　イ　　③　ウ　　④　エ

問 2 ある金属元素Mが，その酸化物中でとる酸化数は一つである。この金属元素の単体Mと酸素O_2から生成する金属酸化物M_xO_yの組成式を求めるために，次の**実験**を考えた。

実験 Mの物質量とO_2の物質量の和を3.00×10^{-2} molに保ちながら，Mの物質量を0から3.00×10^{-2} molまで変化させ，それぞれにおいてMとO_2を十分に反応させたのち，生成したM_xO_yの質量を測定する。

実験で生成するM_xO_yの質量は，用いるMの物質量によって変化する。図1は，生成するM_xO_yの質量について，その最大の測定値を1と表し，他の測定値を最大値に対する割合(相対値)として示している。図1の結果が得られるM_xO_yの組成式として最も適当なものを，後の①～⑤のうちから一つ選べ。

14

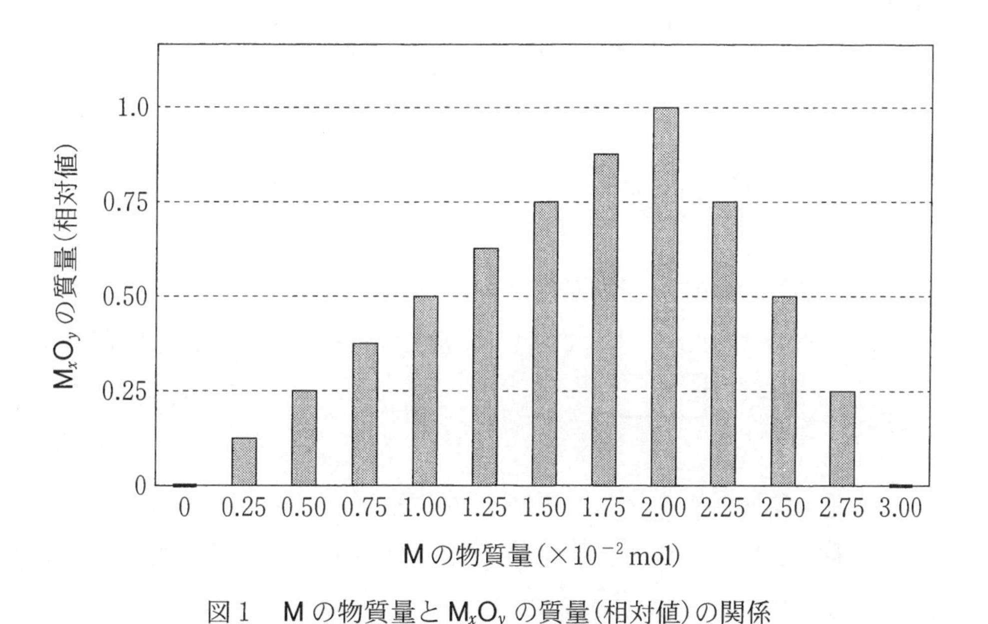

図1 Mの物質量とM_xO_yの質量(相対値)の関係

① MO　② MO_2　③ M_2O　④ M_2O_3　⑤ M_2O_5

問 3　次の文章を読み，後の問い(**a** ～ **c**)に答えよ。

アンモニアソーダ法は，Na_2CO_3 の代表的な製造法である。その製造過程を図 2 に示す。この方法には，$NaHCO_3$ の熱分解で生じる CO_2，および NH_4Cl と $Ca(OH)_2$ の反応で生じる NH_3 をいずれも回収して，無駄なく再利用するという特徴がある。

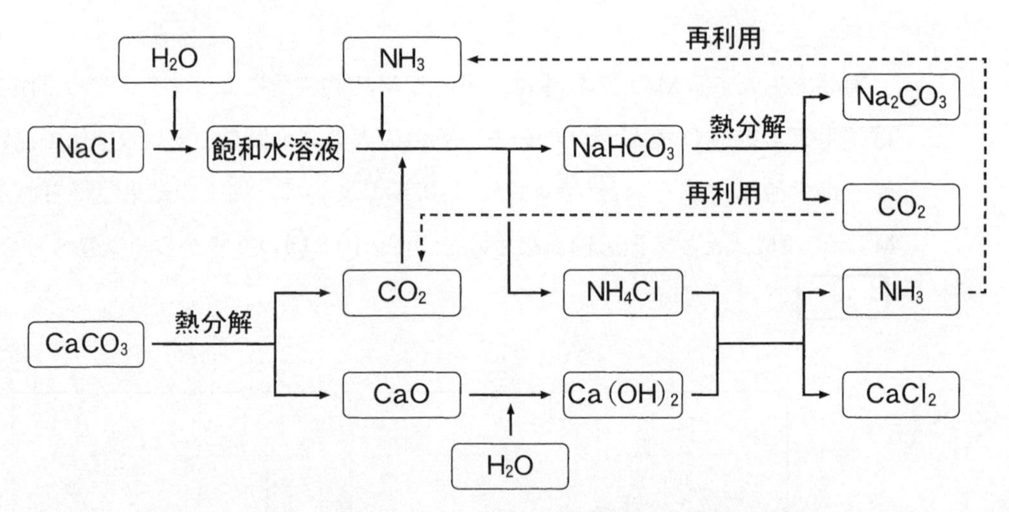

図 2　アンモニアソーダ法による Na_2CO_3 の製造過程

a　CO_2，Na_2CO_3，NH_4Cl をそれぞれ水に溶かしたとき，水溶液が酸性を示すものはどれか。すべてを正しく選んでいるものを，次の①～⑦のうちから一つ選べ。 15

① CO_2　② Na_2CO_3　③ NH_4Cl
④ CO_2，Na_2CO_3　⑤ CO_2，NH_4Cl　⑥ Na_2CO_3，NH_4Cl
⑦ CO_2，Na_2CO_3，NH_4Cl

b アンモニアソーダ法に関する記述として**誤りを含むもの**はどれか。最も適当なものを，次の①～④のうちから一つ選べ。 16

① $NaHCO_3$ の水への溶解度は，NH_4Cl より大きい。

② $NaCl$ 飽和水溶液に NH_3 を吸収させたあとに CO_2 を通じるのは，CO_2 を溶かしやすくするためである。

③ 図 2 のそれぞれの反応は，触媒を必要としない。

④ $NaHCO_3$ の熱分解により Na_2CO_3 が生成する過程では，CO_2 のほかに水も生成する。

c $NaCl$ 58.5 kg がすべて反応して Na_2CO_3 と $CaCl_2$ を生成するときに，最小限必要とされる $CaCO_3$ は何 kg か。最も適当な数値を，次の①～④のうちから一つ選べ。ただし，この製造過程で生じる NH_3 および CO_2 は，すべて再利用されるものとする。 17 kg

① 25.0　　② 50.0　　③ 100　　④ 200

第4問 次の問い(問1～4)に答えよ。(配点 20)

問1 ハロゲン原子を含む有機化合物に関する記述として**誤りを含むもの**を，次の①～④のうちから一つ選べ。 18

① メタンに十分な量の塩素を混ぜて光(紫外線)をあてると，クロロメタン，ジクロロメタン，トリクロロメタン(クロロホルム)，テトラクロロメタン(四塩化炭素)が順次生成する。

② ブロモベンゼンの沸点は，ベンゼンの沸点より高い。

③ クロロプレン $CH_2=CCl-CH=CH_2$ の重合体は，合成ゴムになる。

④ プロピン1分子に臭素2分子を付加して得られる生成物は，1,1,3,3-テトラブロモプロパン $CHBr_2CH_2CHBr_2$ である。

問2 フェノールを混酸(濃硝酸と濃硫酸の混合物)と反応させたところ，段階的にニトロ化が起こり，ニトロフェノールとジニトロフェノールを経由して2,4,6-トリニトロフェノールのみが得られた。この途中で経由したと考えられるニトロフェノールの異性体とジニトロフェノールの異性体はそれぞれ何種類か。最も適当な数を，次の①～⑥のうちから一つずつ選べ。ただし，同じものを繰り返し選んでもよい。

ニトロフェノールの異性体 19 種類
ジニトロフェノールの異性体 20 種類

① 1　② 2　③ 3　④ 4　⑤ 5　⑥ 6

問 3 天然高分子化合物および合成高分子化合物に関する記述として下線部に**誤りを含むもの**を，次の①～⑤のうちから一つ選べ。 21

① タンパク質はα-アミノ酸 $R-CH(NH_2)-COOH$ から構成され，その置換基Rどうしが相互にジスルフィド結合やイオン結合などを形成することで，各タンパク質に特有の三次構造に折りたたまれる。

② タンパク質が強酸や加熱によって変性するのは，高次構造が変化するためである。

③ アセテート繊維は，トリアセチルセルロースを部分的に加水分解した後，紡糸して得られる。

④ 天然ゴムを空気中に放置しておくと，分子中の二重結合が酸化されて弾性を失う。

⑤ ポリエチレンテレフタラートとポリ乳酸は，それぞれ完全に加水分解されると，いずれも1種類の化合物になる。

問 4 カルボン酸を適当な試薬を用いて還元すると，第一級アルコールが生成することが知られている。カルボキシ基を2個もつジカルボン酸（2価カルボン酸）の還元反応に関する次の問い（**a** ～ **c**）に答えよ。

a 示性式 $HOOC(CH_2)_4COOH$ のジカルボン酸を，ある試薬 X で還元した。反応を途中で止めると，生成物として図1に示すヒドロキシ酸と2価アルコールが得られた。ジカルボン酸，ヒドロキシ酸，2価アルコールの物質量の割合の時間変化を図2に示す。グラフ中の A～C は，それぞれどの化合物に対応するか。組合せとして最も適当なものを，後の①～⑥のうちから一つ選べ。 22

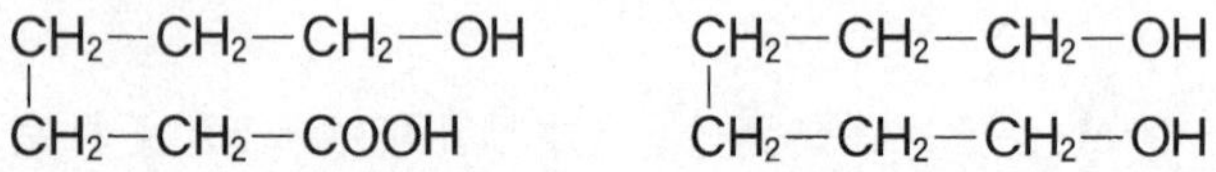

$CH_2-CH_2-CH_2-OH$
|
CH_2-CH_2-COOH

ヒドロキシ酸

$CH_2-CH_2-CH_2-OH$
|
$CH_2-CH_2-CH_2-OH$

2価アルコール

図1　ヒドロキシ酸と2価アルコールの構造式

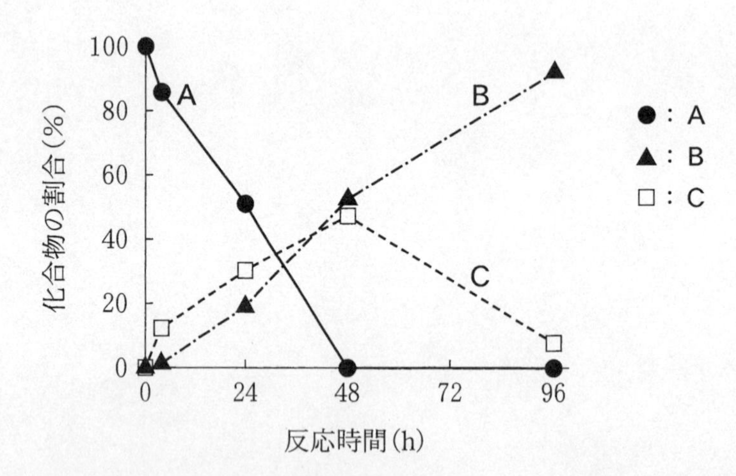

図2　$HOOC(CH_2)_4COOH$ の還元反応における反応時間と化合物の割合

	ジカルボン酸	ヒドロキシ酸	2 価アルコール
①	A	B	C
②	A	C	B
③	B	A	C
④	B	C	A
⑤	C	A	B
⑥	C	B	A

b 示性式 $HOOC(CH_2)_2COOH$ のジカルボン酸を試薬 X で還元すると，炭素原子を 4 個もつ化合物 Y が反応の途中に生成した。Y は銀鏡反応を示さず，$NaHCO_3$ 水溶液を加えても CO_2 を生じなかった。また，86 mg の Y を完全燃焼させると，CO_2 176 mg と H_2O 54 mg が生成した。Y の構造式として最も適当なものを，次の①～⑥のうちから一つ選べ。 23

① $OHC-(CH_2)_2-CHO$

② $HO-(CH_2)_3-COOH$

③ $CH_2=CH-CH_2-COOH$

④
```
H2C—C(=O)
 |      \
 |       O
 |      /
H2C—C(=O)
```

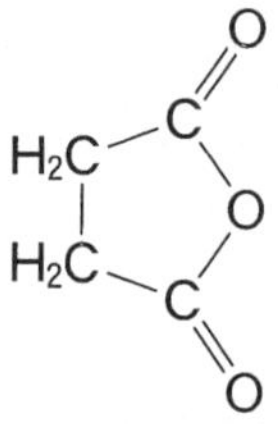

⑤
```
H2C—O
 |    \
 |     C=O
 |    /
H2C—C
    H2
```

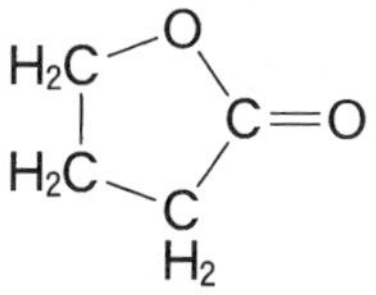

⑥
```
H2C—O
 |    \
 |     CH—OH
 |    /
H2C—C
    H2
```

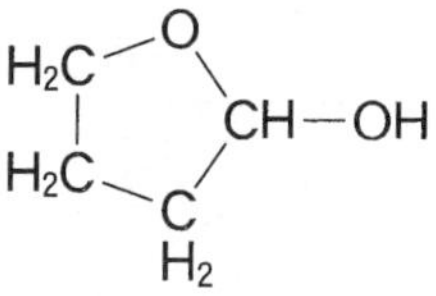

c　分子式 $C_5H_8O_4$ をもつジカルボン酸は，図3に示すように，立体異性体を区別しないで数えると4種類存在する。これら4種類のジカルボン酸を還元して生成するヒドロキシ酸 $C_5H_{10}O_3$ は，立体異性体を区別しないで数えると［ア］種類あり，そのうち不斉炭素原子をもつものは［イ］種類存在する。空欄［ア］・［イ］に当てはまる数の組合せとして最も適当なものを，後の①～⑧のうちから一つ選べ。［24］

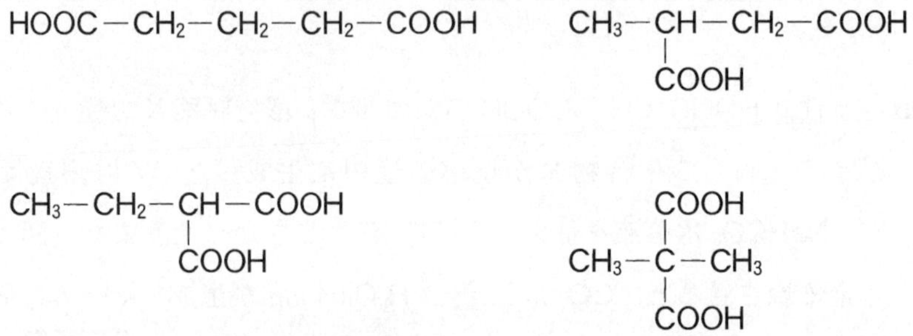

HOOC－CH_2－CH_2－CH_2－COOH

CH_3－CH(COOH)－CH_2－COOH

CH_3－CH_2－CH(COOH)－COOH

CH_3－C(COOH)(COOH)－CH_3

図3　4種類のジカルボン酸 $C_5H_8O_4$ の構造式

	ア	イ
①	4	0
②	4	1
③	5	2
④	5	3
⑤	6	4
⑥	6	5
⑦	8	6
⑧	8	7

（下 書 き 用 紙）

化学の試験問題は次に続く。

第5問

大気中には，自動車の排ガスや植物などから放出されるアルケンが含まれている。大気中のアルケンは，地表近くのオゾンによる酸化反応で分解されて，健康に影響を及ぼすアルデヒドを生じる。アルケンを含む脂肪族不飽和炭化水素の構造と性質，およびオゾンとの反応に関する次の問い(**問1・2**)に答えよ。

(配点　20)

問1 脂肪族不飽和炭化水素とそれに関連する化合物の構造に関する記述として**誤りを含むもの**を，次の①～④のうちから一つ選べ。 25

① エチレン(エテン)の炭素―炭素原子間の結合において，一方の炭素原子を固定したとき，他方の炭素原子は自由に回転できない。

② シクロアルケンの一般式は，炭素数を n とすると C_nH_{2n-2} で表される。

③ 1-ブチン $CH \equiv C-CH_2-CH_3$ の四つの炭素原子は，同一直線上にある。

④ ポリアセチレンは，分子中に二重結合をもつ。

問 2 次の構造をもつアルケンA(分子式 C_6H_{12})のオゾン O_3 による酸化反応について調べた。

$$\underset{\text{アルケンA}}{\begin{matrix} R^1 & & & & R^2 \\ & \diagdown & & \diagup & \\ & & C=C & & \\ & \diagup & & \diagdown & \\ H & & & & R^3 \end{matrix}}$$

R^1 = H, CH_3, CH_3CH_2 のいずれか
R^2 = CH_3, CH_3CH_2 のいずれか
R^3 = CH_3, CH_3CH_2 のいずれか

気体のアルケンAと O_3 を二酸化硫黄 SO_2 の存在下で反応させると，式(1)に示すように，最初に化合物X(分子式 $C_6H_{12}O_3$)が生成し，続いてアルデヒドBとケトンCが生成した。式(1)の反応に関する後の問い(**a** ～ **d**)に答えよ。

$$\underset{\substack{\text{アルケンA}\\(C_6H_{12})}}{(R^1)(H)C{=}C(R^2)(R^3)} \xrightarrow{O_3} \underset{\text{化合物X}}{C_6H_{12}O_3} \xrightarrow{SO_2} \underset{\text{アルデヒドB}}{(R^1)(H)C{=}O} + \underset{\text{ケトンC}}{O{=}C(R^2)(R^3)} + SO_3 \qquad (1)$$

a 式(1)の反応で生成したアルデヒドBはヨードホルム反応を示さず，ケトンCはヨードホルム反応を示した。R^1, R^2, R^3 の組合せとして正しいものを，次の①～④のうちから一つ選べ。 26

	R^1	R^2	R^3
①	H	CH_3CH_2	CH_3CH_2
②	CH_3	CH_3	CH_3CH_2
③	CH_3	CH_3CH_2	CH_3
④	CH_3CH_2	CH_3	CH_3

b　式(1)の反応における反応熱を求めたい。式(1)の反応，SO_2 から SO_3 への酸化反応，および O_2 から O_3 が生成する反応の熱化学方程式は，それぞれ式(2)，(3)，(4)で表される。

$$\mathrm{R^1(H)C{=}CR^2R^3}\,(気) + O_3\,(気) + SO_2\,(気) =$$

$$\mathrm{R^1(H)C{=}O}\,(気) + \mathrm{O{=}CR^2R^3}\,(気) + SO_3\,(気) + Q\,\mathrm{kJ} \qquad (2)$$

$$SO_2\,(気) + \frac{1}{2}O_2\,(気) = SO_3\,(気) + 99\,\mathrm{kJ} \qquad (3)$$

$$\frac{3}{2}O_2\,(気) = O_3\,(気) - 143\,\mathrm{kJ} \qquad (4)$$

各化合物の気体の生成熱が表1の値であるとき，式(2)の反応熱 Q は何 kJ か。最も適当な数値を，後の①～⑥のうちから一つ選べ。 [27] kJ

表1　各化合物の気体の生成熱

化合物	生成熱(kJ/mol)
$\mathrm{R^1(H)C{=}CR^2R^3}$	67
$\mathrm{R^1(H)C{=}O}$	186
$\mathrm{O{=}CR^2R^3}$	217

① 221　　② 229　　③ 578
④ 799　　⑤ 1020　　⑥ 1306

（**編集注**：旧課程の問題。現課程用に改題したものを解答・解説に掲載した。）

c　式(1)のアルケンAとO_3から化合物Xが生成する反応の反応速度を考える。図1は，体積一定の容器に入っている5.0×10^{-7} mol/Lの気体のアルケンAと5.0×10^{-7} mol/LのO_3を，温度一定で反応させたときのアルケンAのモル濃度の時間変化である。反応開始後1.0秒から6.0秒の間に，アルケンAが減少する平均の反応速度は何mol/(L・s)か。その数値を有効数字2桁の次の形式で表すとき，［28］～［30］に当てはまる数字を，後の①～⓪のうちから一つずつ選べ。ただし，同じものを繰り返し選んでもよい。

アルケンAが減少する平均の反応速度

［28］.［29］$\times 10^{-[30]}$ mol/(L・s)

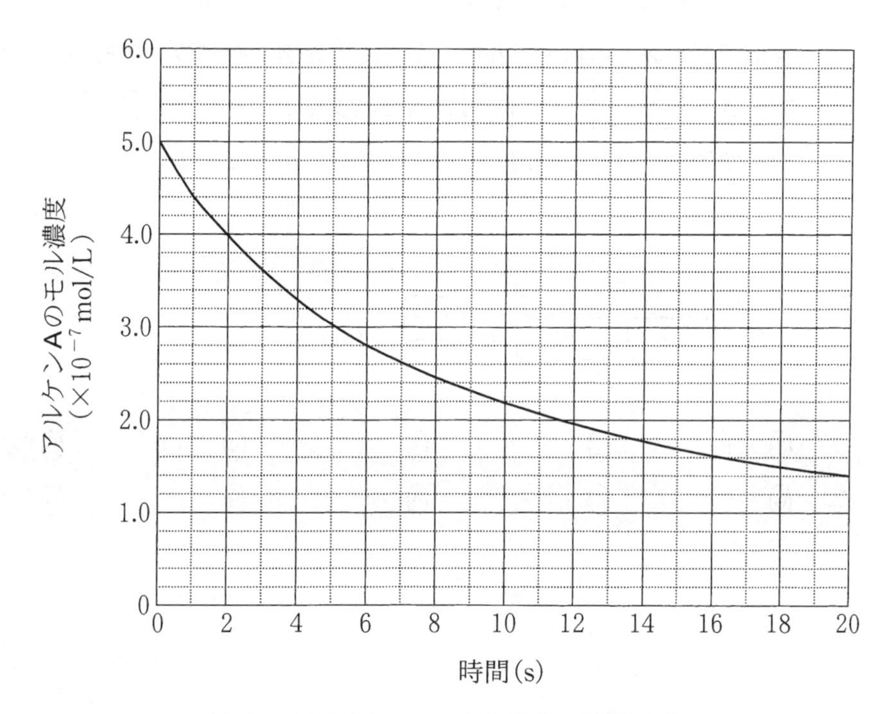

図1　アルケンAのモル濃度の時間変化

①　1	②　2	③　3	④　4	⑤　5
⑥　6	⑦　7	⑧　8	⑨　9	⓪　0

d　アルケンAとO_3から化合物Xが生成する式(1)の反応を，同じ温度でアルケンAのモル濃度[A]とO_3のモル濃度$[O_3]$を変えて行った。反応開始直後の反応速度vを測定した結果を表2に示す。

表2　アルケンAとO_3のモル濃度と反応速度の関係

実　験	[A] (mol/L)	$[O_3]$ (mol/L)	反応速度v (mol/(L・s))
1	1.0×10^{-7}	2.0×10^{-7}	5.0×10^{-9}
2	4.0×10^{-7}	1.0×10^{-7}	1.0×10^{-8}
3	1.0×10^{-7}	6.0×10^{-7}	1.5×10^{-8}

この反応の反応速度式を$v = k[A]^a[O_3]^b$（a，bは定数）の形で表すとき，反応速度定数kは何L/(mol・s)か。その数値を有効数字2桁の次の形式で表すとき，[31]～[33]に当てはまる数字を，後の①～⓪のうちから一つずつ選べ。ただし，同じものを繰り返し選んでもよい。

アルケンAとO_3の反応の反応速度定数

$k =$ [31] . [32] $\times 10^{[33]}$ L/(mol・s)

① 1	② 2	③ 3	④ 4	⑤ 5
⑥ 6	⑦ 7	⑧ 8	⑨ 9	⓪ 0

（下 書 き 用 紙）

2025－駿台　大学入試完全対策シリーズ
大学入学共通テスト実戦問題集　化学

2024年7月11日　2025年版発行

編　　者　　駿　台　文　庫
発 行 者　　山　﨑　良　子
印刷・製本　三美印刷株式会社

発 行 所　　駿台文庫株式会社
〒101-0062　東京都千代田区神田駿河台1-7-4
小畑ビル内
TEL.　編集 03（5259）3302
販売 03（5259）3301
《共通テスト実戦・化学 356pp.》

ISBN978-4-7961-6473-3　Printed in Japan

駿台文庫 Web サイト
https://www.sundaibunko.jp

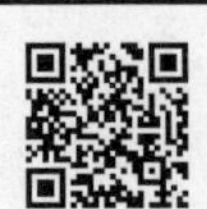

理　科　解答用紙

マーク例

良い例	悪い例
●	⊙⊗◐○

注意事項

1　訂正は，消しゴムできれいに消し，消しくずを残してはいけません。
2　所定欄以外にはマークしたり，記入したりしてはいけません。
3　汚したり，折りまげたりしてはいけません。

受験番号を記入し，その下のマーク欄にマークしなさい。

受験番号欄

千位	百位	十位	一位	英字	
―	⓪	⓪	⓪	Ⓐ	A
①	①	①	①	Ⓑ	B
②	②	②	②	Ⓒ	C
③	③	③	③	Ⓗ	H
④	④	④	④	Ⓚ	K
⑤	⑤	⑤	⑤	Ⓜ	M
⑥	⑥	⑥	⑥	Ⓡ	R
⑦	⑦	⑦	⑦	Ⓤ	U
⑧	⑧	⑧	⑧	Ⓧ	X
⑨	⑨	⑨	⑨	Ⓨ	Y
―	―	―	―	Ⓩ	Z

・右の解答欄で解答する科目を，1科目だけマークしなさい。
・解答科目欄が無マーク又は複数マークの場合は，0点となります。

解答科目欄

物　理	◯
化　学	◯
生　物	◯
地　学	◯

氏名・フリガナ，試験場コードを記入しなさい。

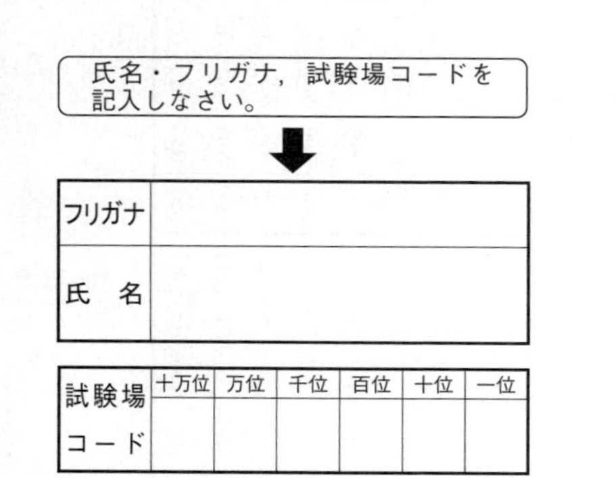

フリガナ	
氏　名	

試験場コード	十万位	万位	千位	百位	十位	一位

駿　台　文　庫

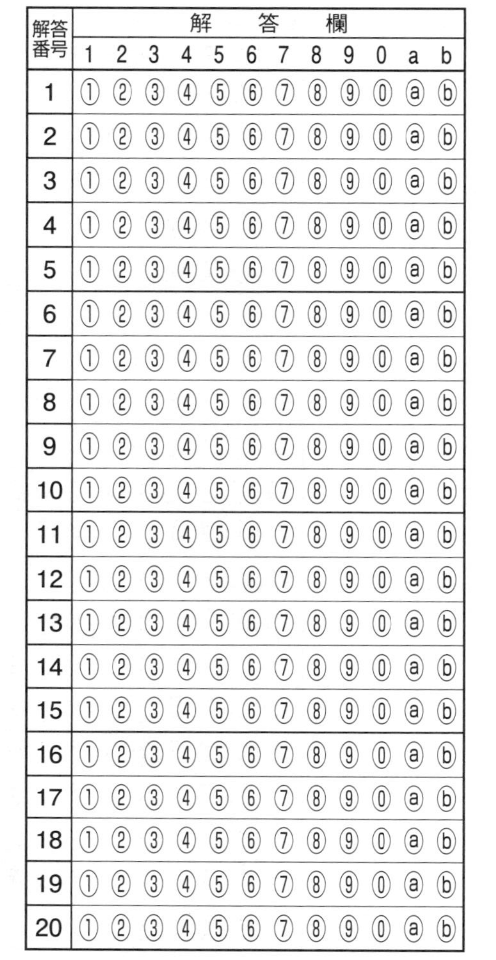

解答番号	1	2	3	4	5	6	7	8	9	0	a	b
1	①	②	③	④	⑤	⑥	⑦	⑧	⑨	⓪	ⓐ	ⓑ
2	①	②	③	④	⑤	⑥	⑦	⑧	⑨	⓪	ⓐ	ⓑ
3	①	②	③	④	⑤	⑥	⑦	⑧	⑨	⓪	ⓐ	ⓑ
4	①	②	③	④	⑤	⑥	⑦	⑧	⑨	⓪	ⓐ	ⓑ
5	①	②	③	④	⑤	⑥	⑦	⑧	⑨	⓪	ⓐ	ⓑ
6	①	②	③	④	⑤	⑥	⑦	⑧	⑨	⓪	ⓐ	ⓑ
7	①	②	③	④	⑤	⑥	⑦	⑧	⑨	⓪	ⓐ	ⓑ
8	①	②	③	④	⑤	⑥	⑦	⑧	⑨	⓪	ⓐ	ⓑ
9	①	②	③	④	⑤	⑥	⑦	⑧	⑨	⓪	ⓐ	ⓑ
10	①	②	③	④	⑤	⑥	⑦	⑧	⑨	⓪	ⓐ	ⓑ
11	①	②	③	④	⑤	⑥	⑦	⑧	⑨	⓪	ⓐ	ⓑ
12	①	②	③	④	⑤	⑥	⑦	⑧	⑨	⓪	ⓐ	ⓑ
13	①	②	③	④	⑤	⑥	⑦	⑧	⑨	⓪	ⓐ	ⓑ
14	①	②	③	④	⑤	⑥	⑦	⑧	⑨	⓪	ⓐ	ⓑ
15	①	②	③	④	⑤	⑥	⑦	⑧	⑨	⓪	ⓐ	ⓑ
16	①	②	③	④	⑤	⑥	⑦	⑧	⑨	⓪	ⓐ	ⓑ
17	①	②	③	④	⑤	⑥	⑦	⑧	⑨	⓪	ⓐ	ⓑ
18	①	②	③	④	⑤	⑥	⑦	⑧	⑨	⓪	ⓐ	ⓑ
19	①	②	③	④	⑤	⑥	⑦	⑧	⑨	⓪	ⓐ	ⓑ
20	①	②	③	④	⑤	⑥	⑦	⑧	⑨	⓪	ⓐ	ⓑ

解答番号	1	2	3	4	5	6	7	8	9	0	a	b
21	①	②	③	④	⑤	⑥	⑦	⑧	⑨	⓪	ⓐ	ⓑ
22	①	②	③	④	⑤	⑥	⑦	⑧	⑨	⓪	ⓐ	ⓑ
23	①	②	③	④	⑤	⑥	⑦	⑧	⑨	⓪	ⓐ	ⓑ
24	①	②	③	④	⑤	⑥	⑦	⑧	⑨	⓪	ⓐ	ⓑ
25	①	②	③	④	⑤	⑥	⑦	⑧	⑨	⓪	ⓐ	ⓑ
26	①	②	③	④	⑤	⑥	⑦	⑧	⑨	⓪	ⓐ	ⓑ
27	①	②	③	④	⑤	⑥	⑦	⑧	⑨	⓪	ⓐ	ⓑ
28	①	②	③	④	⑤	⑥	⑦	⑧	⑨	⓪	ⓐ	ⓑ
29	①	②	③	④	⑤	⑥	⑦	⑧	⑨	⓪	ⓐ	ⓑ
30	①	②	③	④	⑤	⑥	⑦	⑧	⑨	⓪	ⓐ	ⓑ
31	①	②	③	④	⑤	⑥	⑦	⑧	⑨	⓪	ⓐ	ⓑ
32	①	②	③	④	⑤	⑥	⑦	⑧	⑨	⓪	ⓐ	ⓑ
33	①	②	③	④	⑤	⑥	⑦	⑧	⑨	⓪	ⓐ	ⓑ
34	①	②	③	④	⑤	⑥	⑦	⑧	⑨	⓪	ⓐ	ⓑ
35	①	②	③	④	⑤	⑥	⑦	⑧	⑨	⓪	ⓐ	ⓑ
36	①	②	③	④	⑤	⑥	⑦	⑧	⑨	⓪	ⓐ	ⓑ
37	①	②	③	④	⑤	⑥	⑦	⑧	⑨	⓪	ⓐ	ⓑ
38	①	②	③	④	⑤	⑥	⑦	⑧	⑨	⓪	ⓐ	ⓑ
39	①	②	③	④	⑤	⑥	⑦	⑧	⑨	⓪	ⓐ	ⓑ
40	①	②	③	④	⑤	⑥	⑦	⑧	⑨	⓪	ⓐ	ⓑ

理　科　解答用紙

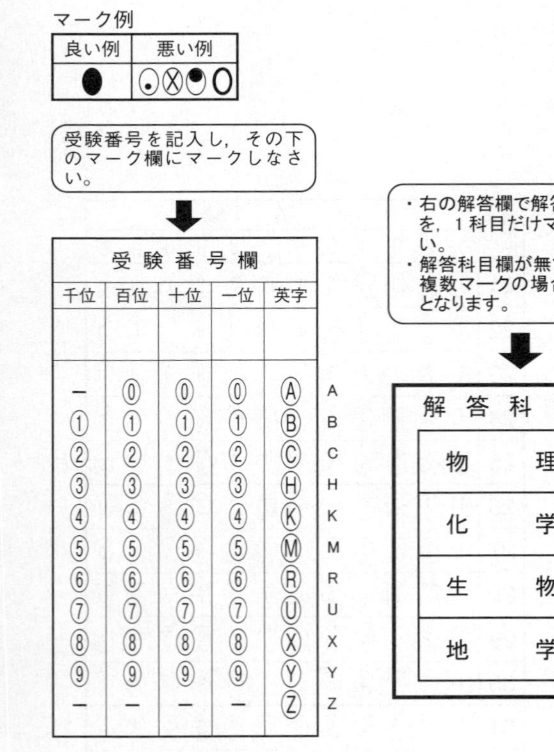

・右の解答欄で解答する科目を，１科目だけマークしなさい。
・解答科目欄が無マーク又は複数マークの場合は，０点となります。

解答科目欄	
物　理	◯
化　学	◯
生　物	◯
地　学	◯

氏名・フリガナ，試験場コードを記入しなさい。

フリガナ	
氏　名	

試験場コード	十万位	万位	千位	百位	十位	一位

駿　台　文　庫

注意事項
1　訂正は，消しゴムできれいに消し，消しくずを残してはいけません。
2　所定欄以外にはマークしたり，記入したりしてはいけません。
3　汚したり，折りまげたりしてはいけません。

解答番号	解答欄											
	1	2	3	4	5	6	7	8	9	0	a	b
1	①	②	③	④	⑤	⑥	⑦	⑧	⑨	⓪	ⓐ	ⓑ
2	①	②	③	④	⑤	⑥	⑦	⑧	⑨	⓪	ⓐ	ⓑ
3	①	②	③	④	⑤	⑥	⑦	⑧	⑨	⓪	ⓐ	ⓑ
4	①	②	③	④	⑤	⑥	⑦	⑧	⑨	⓪	ⓐ	ⓑ
5	①	②	③	④	⑤	⑥	⑦	⑧	⑨	⓪	ⓐ	ⓑ
6	①	②	③	④	⑤	⑥	⑦	⑧	⑨	⓪	ⓐ	ⓑ
7	①	②	③	④	⑤	⑥	⑦	⑧	⑨	⓪	ⓐ	ⓑ
8	①	②	③	④	⑤	⑥	⑦	⑧	⑨	⓪	ⓐ	ⓑ
9	①	②	③	④	⑤	⑥	⑦	⑧	⑨	⓪	ⓐ	ⓑ
10	①	②	③	④	⑤	⑥	⑦	⑧	⑨	⓪	ⓐ	ⓑ
11	①	②	③	④	⑤	⑥	⑦	⑧	⑨	⓪	ⓐ	ⓑ
12	①	②	③	④	⑤	⑥	⑦	⑧	⑨	⓪	ⓐ	ⓑ
13	①	②	③	④	⑤	⑥	⑦	⑧	⑨	⓪	ⓐ	ⓑ
14	①	②	③	④	⑤	⑥	⑦	⑧	⑨	⓪	ⓐ	ⓑ
15	①	②	③	④	⑤	⑥	⑦	⑧	⑨	⓪	ⓐ	ⓑ
16	①	②	③	④	⑤	⑥	⑦	⑧	⑨	⓪	ⓐ	ⓑ
17	①	②	③	④	⑤	⑥	⑦	⑧	⑨	⓪	ⓐ	ⓑ
18	①	②	③	④	⑤	⑥	⑦	⑧	⑨	⓪	ⓐ	ⓑ
19	①	②	③	④	⑤	⑥	⑦	⑧	⑨	⓪	ⓐ	ⓑ
20	①	②	③	④	⑤	⑥	⑦	⑧	⑨	⓪	ⓐ	ⓑ

解答番号	解答欄											
	1	2	3	4	5	6	7	8	9	0	a	b
21	①	②	③	④	⑤	⑥	⑦	⑧	⑨	⓪	ⓐ	ⓑ
22	①	②	③	④	⑤	⑥	⑦	⑧	⑨	⓪	ⓐ	ⓑ
23	①	②	③	④	⑤	⑥	⑦	⑧	⑨	⓪	ⓐ	ⓑ
24	①	②	③	④	⑤	⑥	⑦	⑧	⑨	⓪	ⓐ	ⓑ
25	①	②	③	④	⑤	⑥	⑦	⑧	⑨	⓪	ⓐ	ⓑ
26	①	②	③	④	⑤	⑥	⑦	⑧	⑨	⓪	ⓐ	ⓑ
27	①	②	③	④	⑤	⑥	⑦	⑧	⑨	⓪	ⓐ	ⓑ
28	①	②	③	④	⑤	⑥	⑦	⑧	⑨	⓪	ⓐ	ⓑ
29	①	②	③	④	⑤	⑥	⑦	⑧	⑨	⓪	ⓐ	ⓑ
30	①	②	③	④	⑤	⑥	⑦	⑧	⑨	⓪	ⓐ	ⓑ
31	①	②	③	④	⑤	⑥	⑦	⑧	⑨	⓪	ⓐ	ⓑ
32	①	②	③	④	⑤	⑥	⑦	⑧	⑨	⓪	ⓐ	ⓑ
33	①	②	③	④	⑤	⑥	⑦	⑧	⑨	⓪	ⓐ	ⓑ
34	①	②	③	④	⑤	⑥	⑦	⑧	⑨	⓪	ⓐ	ⓑ
35	①	②	③	④	⑤	⑥	⑦	⑧	⑨	⓪	ⓐ	ⓑ
36	①	②	③	④	⑤	⑥	⑦	⑧	⑨	⓪	ⓐ	ⓑ
37	①	②	③	④	⑤	⑥	⑦	⑧	⑨	⓪	ⓐ	ⓑ
38	①	②	③	④	⑤	⑥	⑦	⑧	⑨	⓪	ⓐ	ⓑ
39	①	②	③	④	⑤	⑥	⑦	⑧	⑨	⓪	ⓐ	ⓑ
40	①	②	③	④	⑤	⑥	⑦	⑧	⑨	⓪	ⓐ	ⓑ

理　科　解答用紙

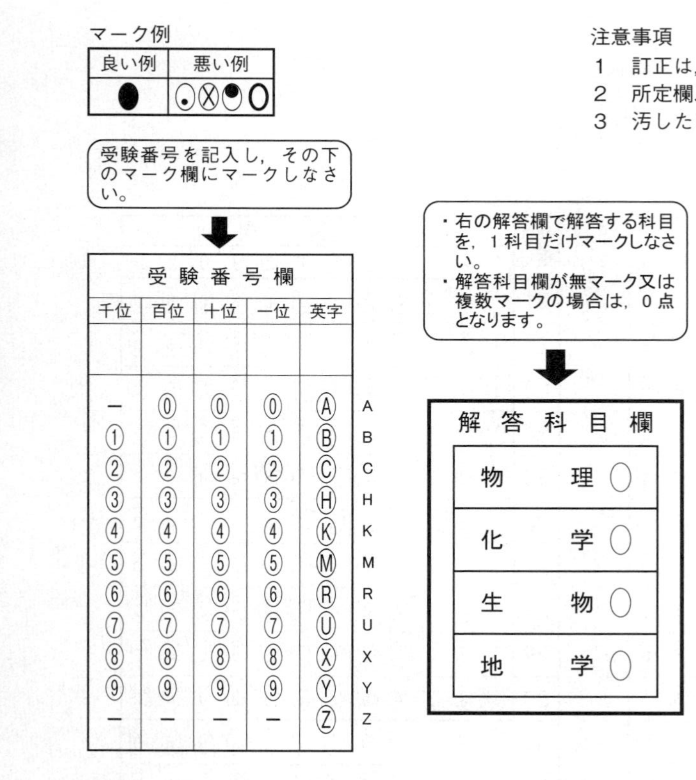

注意事項
1　訂正は，消しゴムできれいに消し，消しくずを残してはいけません。
2　所定欄以外にはマークしたり，記入したりしてはいけません。
3　汚したり，折りまげたりしてはいけません。

・右の解答欄で解答する科目を，1科目だけマークしなさい。
・解答科目欄が無マーク又は複数マークの場合は，0点となります。

解答科目欄	
物　理	◯
化　学	◯
生　物	◯
地　学	◯

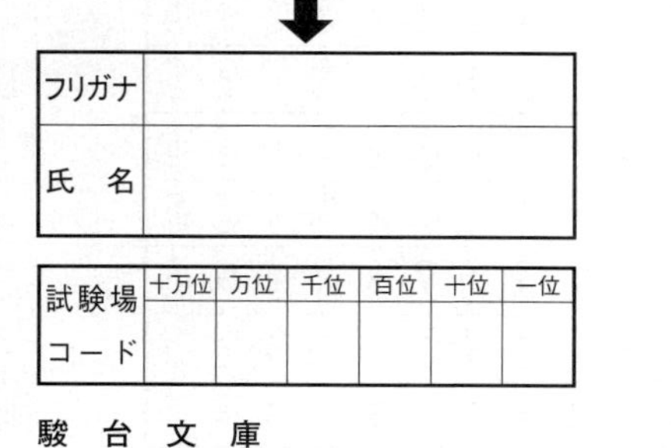

解答番号	解答欄											
	1	2	3	4	5	6	7	8	9	0	a	b
1	①	②	③	④	⑤	⑥	⑦	⑧	⑨	⓪	ⓐ	ⓑ
2	①	②	③	④	⑤	⑥	⑦	⑧	⑨	⓪	ⓐ	ⓑ
3	①	②	③	④	⑤	⑥	⑦	⑧	⑨	⓪	ⓐ	ⓑ
4	①	②	③	④	⑤	⑥	⑦	⑧	⑨	⓪	ⓐ	ⓑ
5	①	②	③	④	⑤	⑥	⑦	⑧	⑨	⓪	ⓐ	ⓑ
6	①	②	③	④	⑤	⑥	⑦	⑧	⑨	⓪	ⓐ	ⓑ
7	①	②	③	④	⑤	⑥	⑦	⑧	⑨	⓪	ⓐ	ⓑ
8	①	②	③	④	⑤	⑥	⑦	⑧	⑨	⓪	ⓐ	ⓑ
9	①	②	③	④	⑤	⑥	⑦	⑧	⑨	⓪	ⓐ	ⓑ
10	①	②	③	④	⑤	⑥	⑦	⑧	⑨	⓪	ⓐ	ⓑ
11	①	②	③	④	⑤	⑥	⑦	⑧	⑨	⓪	ⓐ	ⓑ
12	①	②	③	④	⑤	⑥	⑦	⑧	⑨	⓪	ⓐ	ⓑ
13	①	②	③	④	⑤	⑥	⑦	⑧	⑨	⓪	ⓐ	ⓑ
14	①	②	③	④	⑤	⑥	⑦	⑧	⑨	⓪	ⓐ	ⓑ
15	①	②	③	④	⑤	⑥	⑦	⑧	⑨	⓪	ⓐ	ⓑ
16	①	②	③	④	⑤	⑥	⑦	⑧	⑨	⓪	ⓐ	ⓑ
17	①	②	③	④	⑤	⑥	⑦	⑧	⑨	⓪	ⓐ	ⓑ
18	①	②	③	④	⑤	⑥	⑦	⑧	⑨	⓪	ⓐ	ⓑ
19	①	②	③	④	⑤	⑥	⑦	⑧	⑨	⓪	ⓐ	ⓑ
20	①	②	③	④	⑤	⑥	⑦	⑧	⑨	⓪	ⓐ	ⓑ

解答番号	解答欄											
	1	2	3	4	5	6	7	8	9	0	a	b
21	①	②	③	④	⑤	⑥	⑦	⑧	⑨	⓪	ⓐ	ⓑ
22	①	②	③	④	⑤	⑥	⑦	⑧	⑨	⓪	ⓐ	ⓑ
23	①	②	③	④	⑤	⑥	⑦	⑧	⑨	⓪	ⓐ	ⓑ
24	①	②	③	④	⑤	⑥	⑦	⑧	⑨	⓪	ⓐ	ⓑ
25	①	②	③	④	⑤	⑥	⑦	⑧	⑨	⓪	ⓐ	ⓑ
26	①	②	③	④	⑤	⑥	⑦	⑧	⑨	⓪	ⓐ	ⓑ
27	①	②	③	④	⑤	⑥	⑦	⑧	⑨	⓪	ⓐ	ⓑ
28	①	②	③	④	⑤	⑥	⑦	⑧	⑨	⓪	ⓐ	ⓑ
29	①	②	③	④	⑤	⑥	⑦	⑧	⑨	⓪	ⓐ	ⓑ
30	①	②	③	④	⑤	⑥	⑦	⑧	⑨	⓪	ⓐ	ⓑ
31	①	②	③	④	⑤	⑥	⑦	⑧	⑨	⓪	ⓐ	ⓑ
32	①	②	③	④	⑤	⑥	⑦	⑧	⑨	⓪	ⓐ	ⓑ
33	①	②	③	④	⑤	⑥	⑦	⑧	⑨	⓪	ⓐ	ⓑ
34	①	②	③	④	⑤	⑥	⑦	⑧	⑨	⓪	ⓐ	ⓑ
35	①	②	③	④	⑤	⑥	⑦	⑧	⑨	⓪	ⓐ	ⓑ
36	①	②	③	④	⑤	⑥	⑦	⑧	⑨	⓪	ⓐ	ⓑ
37	①	②	③	④	⑤	⑥	⑦	⑧	⑨	⓪	ⓐ	ⓑ
38	①	②	③	④	⑤	⑥	⑦	⑧	⑨	⓪	ⓐ	ⓑ
39	①	②	③	④	⑤	⑥	⑦	⑧	⑨	⓪	ⓐ	ⓑ
40	①	②	③	④	⑤	⑥	⑦	⑧	⑨	⓪	ⓐ	ⓑ

理　科　解答用紙

マーク例

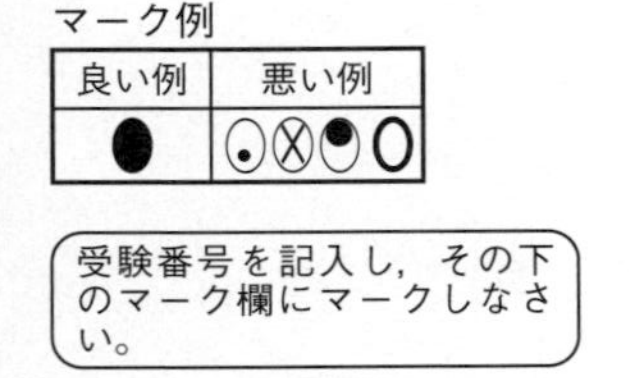

注意事項

1　訂正は，消しゴムできれいに消し，消しくずを残してはいけません。
2　所定欄以外にはマークしたり，記入したりしてはいけません。
3　汚したり，折りまげたりしてはいけません。

受験番号を記入し，その下のマーク欄にマークしなさい。

受験番号欄				
千位	百位	十位	一位	英字
—	⓪	⓪	⓪	Ⓐ A
①	①	①	①	Ⓑ B
②	②	②	②	Ⓒ C
③	③	③	③	Ⓗ H
④	④	④	④	Ⓚ K
⑤	⑤	⑤	⑤	Ⓜ M
⑥	⑥	⑥	⑥	Ⓡ R
⑦	⑦	⑦	⑦	Ⓤ U
⑧	⑧	⑧	⑧	Ⓧ X
⑨	⑨	⑨	⑨	Ⓨ Y
—	—	—	—	Ⓩ Z

・右の解答欄で解答する科目を，１科目だけマークしなさい。
・解答科目欄が無マーク又は複数マークの場合は，０点となります。

解答科目欄	
物　理	◯
化　学	◯
生　物	◯
地　学	◯

氏名・フリガナ，試験場コードを記入しなさい。

フリガナ	
氏　名	

試験場コード	十万位	万位	千位	百位	十位	一位

解答番号	解答欄											
	1	2	3	4	5	6	7	8	9	0	a	b
1	①	②	③	④	⑤	⑥	⑦	⑧	⑨	⓪	ⓐ	ⓑ
2	①	②	③	④	⑤	⑥	⑦	⑧	⑨	⓪	ⓐ	ⓑ
3	①	②	③	④	⑤	⑥	⑦	⑧	⑨	⓪	ⓐ	ⓑ
4	①	②	③	④	⑤	⑥	⑦	⑧	⑨	⓪	ⓐ	ⓑ
5	①	②	③	④	⑤	⑥	⑦	⑧	⑨	⓪	ⓐ	ⓑ
6	①	②	③	④	⑤	⑥	⑦	⑧	⑨	⓪	ⓐ	ⓑ
7	①	②	③	④	⑤	⑥	⑦	⑧	⑨	⓪	ⓐ	ⓑ
8	①	②	③	④	⑤	⑥	⑦	⑧	⑨	⓪	ⓐ	ⓑ
9	①	②	③	④	⑤	⑥	⑦	⑧	⑨	⓪	ⓐ	ⓑ
10	①	②	③	④	⑤	⑥	⑦	⑧	⑨	⓪	ⓐ	ⓑ
11	①	②	③	④	⑤	⑥	⑦	⑧	⑨	⓪	ⓐ	ⓑ
12	①	②	③	④	⑤	⑥	⑦	⑧	⑨	⓪	ⓐ	ⓑ
13	①	②	③	④	⑤	⑥	⑦	⑧	⑨	⓪	ⓐ	ⓑ
14	①	②	③	④	⑤	⑥	⑦	⑧	⑨	⓪	ⓐ	ⓑ
15	①	②	③	④	⑤	⑥	⑦	⑧	⑨	⓪	ⓐ	ⓑ
16	①	②	③	④	⑤	⑥	⑦	⑧	⑨	⓪	ⓐ	ⓑ
17	①	②	③	④	⑤	⑥	⑦	⑧	⑨	⓪	ⓐ	ⓑ
18	①	②	③	④	⑤	⑥	⑦	⑧	⑨	⓪	ⓐ	ⓑ
19	①	②	③	④	⑤	⑥	⑦	⑧	⑨	⓪	ⓐ	ⓑ
20	①	②	③	④	⑤	⑥	⑦	⑧	⑨	⓪	ⓐ	ⓑ

解答番号	解答欄											
	1	2	3	4	5	6	7	8	9	0	a	b
21	①	②	③	④	⑤	⑥	⑦	⑧	⑨	⓪	ⓐ	ⓑ
22	①	②	③	④	⑤	⑥	⑦	⑧	⑨	⓪	ⓐ	ⓑ
23	①	②	③	④	⑤	⑥	⑦	⑧	⑨	⓪	ⓐ	ⓑ
24	①	②	③	④	⑤	⑥	⑦	⑧	⑨	⓪	ⓐ	ⓑ
25	①	②	③	④	⑤	⑥	⑦	⑧	⑨	⓪	ⓐ	ⓑ
26	①	②	③	④	⑤	⑥	⑦	⑧	⑨	⓪	ⓐ	ⓑ
27	①	②	③	④	⑤	⑥	⑦	⑧	⑨	⓪	ⓐ	ⓑ
28	①	②	③	④	⑤	⑥	⑦	⑧	⑨	⓪	ⓐ	ⓑ
29	①	②	③	④	⑤	⑥	⑦	⑧	⑨	⓪	ⓐ	ⓑ
30	①	②	③	④	⑤	⑥	⑦	⑧	⑨	⓪	ⓐ	ⓑ
31	①	②	③	④	⑤	⑥	⑦	⑧	⑨	⓪	ⓐ	ⓑ
32	①	②	③	④	⑤	⑥	⑦	⑧	⑨	⓪	ⓐ	ⓑ
33	①	②	③	④	⑤	⑥	⑦	⑧	⑨	⓪	ⓐ	ⓑ
34	①	②	③	④	⑤	⑥	⑦	⑧	⑨	⓪	ⓐ	ⓑ
35	①	②	③	④	⑤	⑥	⑦	⑧	⑨	⓪	ⓐ	ⓑ
36	①	②	③	④	⑤	⑥	⑦	⑧	⑨	⓪	ⓐ	ⓑ
37	①	②	③	④	⑤	⑥	⑦	⑧	⑨	⓪	ⓐ	ⓑ
38	①	②	③	④	⑤	⑥	⑦	⑧	⑨	⓪	ⓐ	ⓑ
39	①	②	③	④	⑤	⑥	⑦	⑧	⑨	⓪	ⓐ	ⓑ
40	①	②	③	④	⑤	⑥	⑦	⑧	⑨	⓪	ⓐ	ⓑ

理　科　解答用紙

マーク例

良い例	悪い例
●	⊙ ⊗ ◓ ○

注意事項

1　訂正は，消しゴムできれいに消し，消しくずを残してはいけません。
2　所定欄以外にはマークしたり，記入したりしてはいけません。
3　汚したり，折りまげたりしてはいけません。

受験番号を記入し，その下のマーク欄にマークしなさい。

受験番号欄

千位	百位	十位	一位	英字	
—	⓪	⓪	⓪	Ⓐ	A
①	①	①	①	Ⓑ	B
②	②	②	②	Ⓒ	C
③	③	③	③	Ⓗ	H
④	④	④	④	Ⓚ	K
⑤	⑤	⑤	⑤	Ⓜ	M
⑥	⑥	⑥	⑥	Ⓡ	R
⑦	⑦	⑦	⑦	Ⓤ	U
⑧	⑧	⑧	⑧	Ⓧ	X
⑨	⑨	⑨	⑨	Ⓨ	Y
—	—	—	—	Ⓩ	Z

・右の解答欄で解答する科目を，１科目だけマークしなさい。
・解答科目欄が無マーク又は複数マークの場合は，０点となります。

解答科目欄

物　理	○
化　学	○
生　物	○
地　学	○

氏名・フリガナ，試験場コードを記入しなさい。

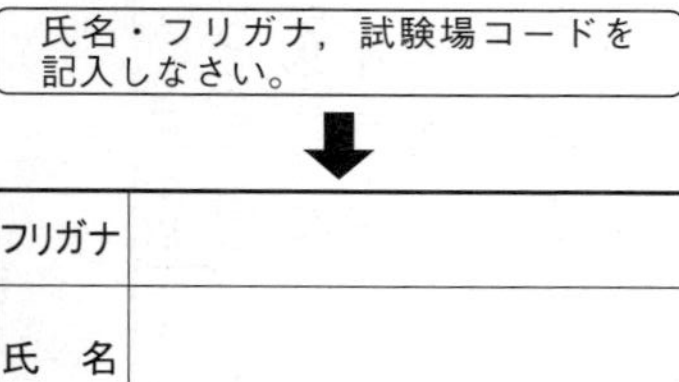

フリガナ	
氏　名	

試験場コード	十万位	万位	千位	百位	十位	一位

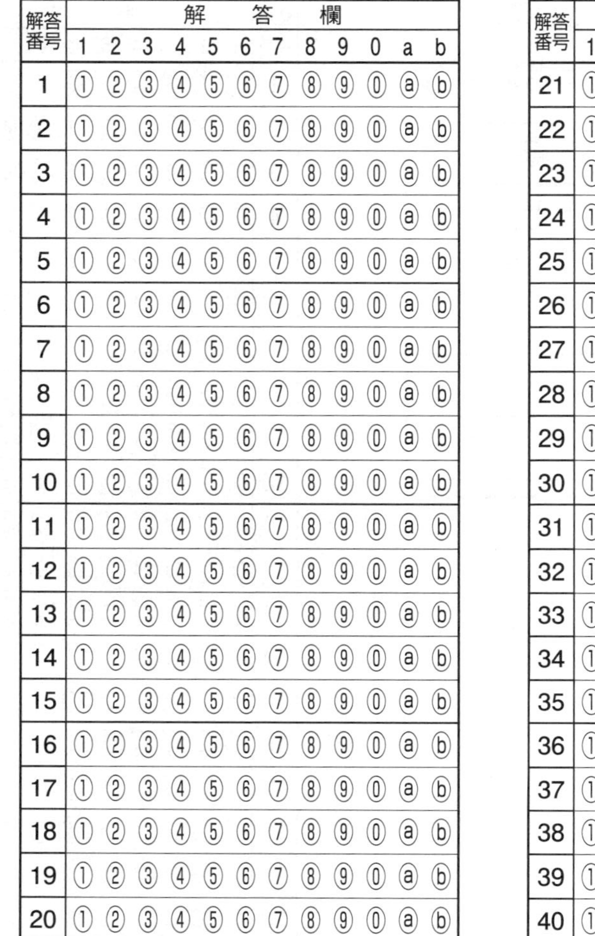

解答番号	1	2	3	4	5	6	7	8	9	0	a	b
1	①	②	③	④	⑤	⑥	⑦	⑧	⑨	⓪	ⓐ	ⓑ
2	①	②	③	④	⑤	⑥	⑦	⑧	⑨	⓪	ⓐ	ⓑ
3	①	②	③	④	⑤	⑥	⑦	⑧	⑨	⓪	ⓐ	ⓑ
4	①	②	③	④	⑤	⑥	⑦	⑧	⑨	⓪	ⓐ	ⓑ
5	①	②	③	④	⑤	⑥	⑦	⑧	⑨	⓪	ⓐ	ⓑ
6	①	②	③	④	⑤	⑥	⑦	⑧	⑨	⓪	ⓐ	ⓑ
7	①	②	③	④	⑤	⑥	⑦	⑧	⑨	⓪	ⓐ	ⓑ
8	①	②	③	④	⑤	⑥	⑦	⑧	⑨	⓪	ⓐ	ⓑ
9	①	②	③	④	⑤	⑥	⑦	⑧	⑨	⓪	ⓐ	ⓑ
10	①	②	③	④	⑤	⑥	⑦	⑧	⑨	⓪	ⓐ	ⓑ
11	①	②	③	④	⑤	⑥	⑦	⑧	⑨	⓪	ⓐ	ⓑ
12	①	②	③	④	⑤	⑥	⑦	⑧	⑨	⓪	ⓐ	ⓑ
13	①	②	③	④	⑤	⑥	⑦	⑧	⑨	⓪	ⓐ	ⓑ
14	①	②	③	④	⑤	⑥	⑦	⑧	⑨	⓪	ⓐ	ⓑ
15	①	②	③	④	⑤	⑥	⑦	⑧	⑨	⓪	ⓐ	ⓑ
16	①	②	③	④	⑤	⑥	⑦	⑧	⑨	⓪	ⓐ	ⓑ
17	①	②	③	④	⑤	⑥	⑦	⑧	⑨	⓪	ⓐ	ⓑ
18	①	②	③	④	⑤	⑥	⑦	⑧	⑨	⓪	ⓐ	ⓑ
19	①	②	③	④	⑤	⑥	⑦	⑧	⑨	⓪	ⓐ	ⓑ
20	①	②	③	④	⑤	⑥	⑦	⑧	⑨	⓪	ⓐ	ⓑ

解答番号	1	2	3	4	5	6	7	8	9	0	a	b
21	①	②	③	④	⑤	⑥	⑦	⑧	⑨	⓪	ⓐ	ⓑ
22	①	②	③	④	⑤	⑥	⑦	⑧	⑨	⓪	ⓐ	ⓑ
23	①	②	③	④	⑤	⑥	⑦	⑧	⑨	⓪	ⓐ	ⓑ
24	①	②	③	④	⑤	⑥	⑦	⑧	⑨	⓪	ⓐ	ⓑ
25	①	②	③	④	⑤	⑥	⑦	⑧	⑨	⓪	ⓐ	ⓑ
26	①	②	③	④	⑤	⑥	⑦	⑧	⑨	⓪	ⓐ	ⓑ
27	①	②	③	④	⑤	⑥	⑦	⑧	⑨	⓪	ⓐ	ⓑ
28	①	②	③	④	⑤	⑥	⑦	⑧	⑨	⓪	ⓐ	ⓑ
29	①	②	③	④	⑤	⑥	⑦	⑧	⑨	⓪	ⓐ	ⓑ
30	①	②	③	④	⑤	⑥	⑦	⑧	⑨	⓪	ⓐ	ⓑ
31	①	②	③	④	⑤	⑥	⑦	⑧	⑨	⓪	ⓐ	ⓑ
32	①	②	③	④	⑤	⑥	⑦	⑧	⑨	⓪	ⓐ	ⓑ
33	①	②	③	④	⑤	⑥	⑦	⑧	⑨	⓪	ⓐ	ⓑ
34	①	②	③	④	⑤	⑥	⑦	⑧	⑨	⓪	ⓐ	ⓑ
35	①	②	③	④	⑤	⑥	⑦	⑧	⑨	⓪	ⓐ	ⓑ
36	①	②	③	④	⑤	⑥	⑦	⑧	⑨	⓪	ⓐ	ⓑ
37	①	②	③	④	⑤	⑥	⑦	⑧	⑨	⓪	ⓐ	ⓑ
38	①	②	③	④	⑤	⑥	⑦	⑧	⑨	⓪	ⓐ	ⓑ
39	①	②	③	④	⑤	⑥	⑦	⑧	⑨	⓪	ⓐ	ⓑ
40	①	②	③	④	⑤	⑥	⑦	⑧	⑨	⓪	ⓐ	ⓑ

駿　台　文　庫

理 科　解答用紙

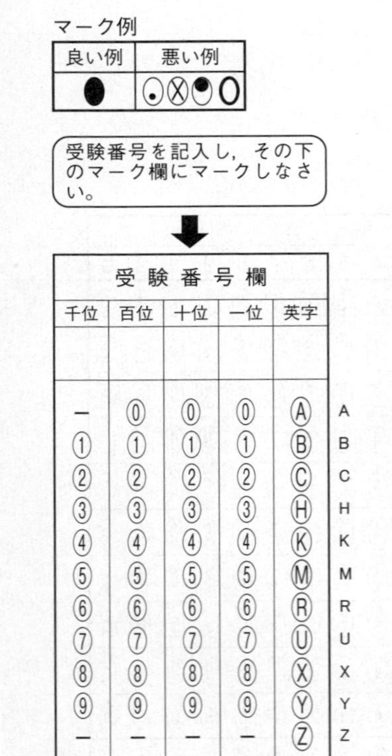

マーク例

良い例	悪い例
●	⊙ ⊗ ◕ ○

注意事項

1　訂正は，消しゴムできれいに消し，消しくずを残してはいけません。
2　所定欄以外にはマークしたり，記入したりしてはいけません。
3　汚したり，折りまげたりしてはいけません。

受験番号を記入し，その下のマーク欄にマークしなさい。

受験番号欄

千位	百位	十位	一位	英字	
—	⓪	⓪	⓪	Ⓐ	A
①	①	①	①	Ⓑ	B
②	②	②	②	Ⓒ	C
③	③	③	③	Ⓗ	H
④	④	④	④	Ⓚ	K
⑤	⑤	⑤	⑤	Ⓜ	M
⑥	⑥	⑥	⑥	Ⓡ	R
⑦	⑦	⑦	⑦	Ⓤ	U
⑧	⑧	⑧	⑧	Ⓧ	X
⑨	⑨	⑨	⑨	Ⓨ	Y
—	—	—	—	Ⓩ	Z

・右の解答欄で解答する科目を，１科目だけマークしなさい。
・解答科目欄が無マーク又は複数マークの場合は，０点となります。

解答科目欄	
物　理	○
化　学	○
生　物	○
地　学	○

氏名・フリガナ，試験場コードを記入しなさい。

フリガナ	
氏　名	

試験場コード	十万位	万位	千位	百位	十位	一位

駿　台　文　庫

解答番号	1	2	3	4	5	6	7	8	9	0	a	b
1	①	②	③	④	⑤	⑥	⑦	⑧	⑨	⓪	ⓐ	ⓑ
2	①	②	③	④	⑤	⑥	⑦	⑧	⑨	⓪	ⓐ	ⓑ
3	①	②	③	④	⑤	⑥	⑦	⑧	⑨	⓪	ⓐ	ⓑ
4	①	②	③	④	⑤	⑥	⑦	⑧	⑨	⓪	ⓐ	ⓑ
5	①	②	③	④	⑤	⑥	⑦	⑧	⑨	⓪	ⓐ	ⓑ
6	①	②	③	④	⑤	⑥	⑦	⑧	⑨	⓪	ⓐ	ⓑ
7	①	②	③	④	⑤	⑥	⑦	⑧	⑨	⓪	ⓐ	ⓑ
8	①	②	③	④	⑤	⑥	⑦	⑧	⑨	⓪	ⓐ	ⓑ
9	①	②	③	④	⑤	⑥	⑦	⑧	⑨	⓪	ⓐ	ⓑ
10	①	②	③	④	⑤	⑥	⑦	⑧	⑨	⓪	ⓐ	ⓑ
11	①	②	③	④	⑤	⑥	⑦	⑧	⑨	⓪	ⓐ	ⓑ
12	①	②	③	④	⑤	⑥	⑦	⑧	⑨	⓪	ⓐ	ⓑ
13	①	②	③	④	⑤	⑥	⑦	⑧	⑨	⓪	ⓐ	ⓑ
14	①	②	③	④	⑤	⑥	⑦	⑧	⑨	⓪	ⓐ	ⓑ
15	①	②	③	④	⑤	⑥	⑦	⑧	⑨	⓪	ⓐ	ⓑ
16	①	②	③	④	⑤	⑥	⑦	⑧	⑨	⓪	ⓐ	ⓑ
17	①	②	③	④	⑤	⑥	⑦	⑧	⑨	⓪	ⓐ	ⓑ
18	①	②	③	④	⑤	⑥	⑦	⑧	⑨	⓪	ⓐ	ⓑ
19	①	②	③	④	⑤	⑥	⑦	⑧	⑨	⓪	ⓐ	ⓑ
20	①	②	③	④	⑤	⑥	⑦	⑧	⑨	⓪	ⓐ	ⓑ

解答番号	1	2	3	4	5	6	7	8	9	0	a	b
21	①	②	③	④	⑤	⑥	⑦	⑧	⑨	⓪	ⓐ	ⓑ
22	①	②	③	④	⑤	⑥	⑦	⑧	⑨	⓪	ⓐ	ⓑ
23	①	②	③	④	⑤	⑥	⑦	⑧	⑨	⓪	ⓐ	ⓑ
24	①	②	③	④	⑤	⑥	⑦	⑧	⑨	⓪	ⓐ	ⓑ
25	①	②	③	④	⑤	⑥	⑦	⑧	⑨	⓪	ⓐ	ⓑ
26	①	②	③	④	⑤	⑥	⑦	⑧	⑨	⓪	ⓐ	ⓑ
27	①	②	③	④	⑤	⑥	⑦	⑧	⑨	⓪	ⓐ	ⓑ
28	①	②	③	④	⑤	⑥	⑦	⑧	⑨	⓪	ⓐ	ⓑ
29	①	②	③	④	⑤	⑥	⑦	⑧	⑨	⓪	ⓐ	ⓑ
30	①	②	③	④	⑤	⑥	⑦	⑧	⑨	⓪	ⓐ	ⓑ
31	①	②	③	④	⑤	⑥	⑦	⑧	⑨	⓪	ⓐ	ⓑ
32	①	②	③	④	⑤	⑥	⑦	⑧	⑨	⓪	ⓐ	ⓑ
33	①	②	③	④	⑤	⑥	⑦	⑧	⑨	⓪	ⓐ	ⓑ
34	①	②	③	④	⑤	⑥	⑦	⑧	⑨	⓪	ⓐ	ⓑ
35	①	②	③	④	⑤	⑥	⑦	⑧	⑨	⓪	ⓐ	ⓑ
36	①	②	③	④	⑤	⑥	⑦	⑧	⑨	⓪	ⓐ	ⓑ
37	①	②	③	④	⑤	⑥	⑦	⑧	⑨	⓪	ⓐ	ⓑ
38	①	②	③	④	⑤	⑥	⑦	⑧	⑨	⓪	ⓐ	ⓑ
39	①	②	③	④	⑤	⑥	⑦	⑧	⑨	⓪	ⓐ	ⓑ
40	①	②	③	④	⑤	⑥	⑦	⑧	⑨	⓪	ⓐ	ⓑ

理　科　解答用紙

マーク例

良い例	悪い例
●	⊙ ⊗ ◕ ○

注意事項

1　訂正は，消しゴムできれいに消し，消しくずを残してはいけません。
2　所定欄以外にはマークしたり，記入したりしてはいけません。
3　汚したり，折りまげたりしてはいけません。

受験番号を記入し，その下のマーク欄にマークしなさい。

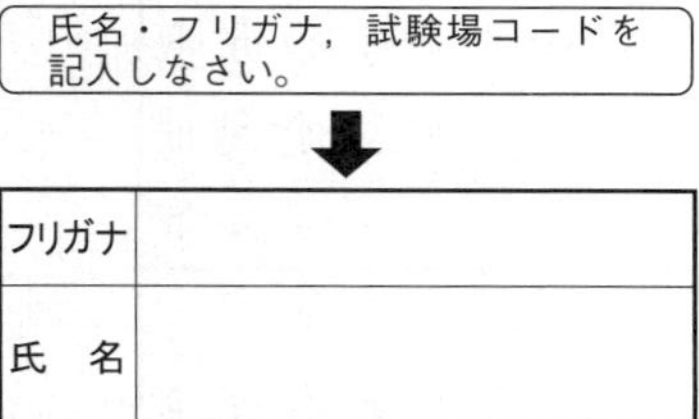

受験番号欄					
千位	百位	十位	一位	英字	
—	⓪	⓪	⓪	Ⓐ	A
①	①	①	①	Ⓑ	B
②	②	②	②	Ⓒ	C
③	③	③	③	Ⓗ	H
④	④	④	④	Ⓚ	K
⑤	⑤	⑤	⑤	Ⓜ	M
⑥	⑥	⑥	⑥	Ⓡ	R
⑦	⑦	⑦	⑦	Ⓤ	U
⑧	⑧	⑧	⑧	Ⓧ	X
⑨	⑨	⑨	⑨	Ⓨ	Y
—	—	—	—	Ⓩ	Z

・右の解答欄で解答する科目を，1科目だけマークしなさい。
・解答科目欄が無マーク又は複数マークの場合は，0点となります。

解答科目欄	
物　理	○
化　学	○
生　物	○
地　学	○

氏名・フリガナ，試験場コードを記入しなさい。

フリガナ	
氏　名	

試験場コード	十万位	万位	千位	百位	十位	一位

解答番号	解答欄 1	2	3	4	5	6	7	8	9	0	a	b
1	①	②	③	④	⑤	⑥	⑦	⑧	⑨	⓪	ⓐ	ⓑ
2	①	②	③	④	⑤	⑥	⑦	⑧	⑨	⓪	ⓐ	ⓑ
3	①	②	③	④	⑤	⑥	⑦	⑧	⑨	⓪	ⓐ	ⓑ
4	①	②	③	④	⑤	⑥	⑦	⑧	⑨	⓪	ⓐ	ⓑ
5	①	②	③	④	⑤	⑥	⑦	⑧	⑨	⓪	ⓐ	ⓑ
6	①	②	③	④	⑤	⑥	⑦	⑧	⑨	⓪	ⓐ	ⓑ
7	①	②	③	④	⑤	⑥	⑦	⑧	⑨	⓪	ⓐ	ⓑ
8	①	②	③	④	⑤	⑥	⑦	⑧	⑨	⓪	ⓐ	ⓑ
9	①	②	③	④	⑤	⑥	⑦	⑧	⑨	⓪	ⓐ	ⓑ
10	①	②	③	④	⑤	⑥	⑦	⑧	⑨	⓪	ⓐ	ⓑ
11	①	②	③	④	⑤	⑥	⑦	⑧	⑨	⓪	ⓐ	ⓑ
12	①	②	③	④	⑤	⑥	⑦	⑧	⑨	⓪	ⓐ	ⓑ
13	①	②	③	④	⑤	⑥	⑦	⑧	⑨	⓪	ⓐ	ⓑ
14	①	②	③	④	⑤	⑥	⑦	⑧	⑨	⓪	ⓐ	ⓑ
15	①	②	③	④	⑤	⑥	⑦	⑧	⑨	⓪	ⓐ	ⓑ
16	①	②	③	④	⑤	⑥	⑦	⑧	⑨	⓪	ⓐ	ⓑ
17	①	②	③	④	⑤	⑥	⑦	⑧	⑨	⓪	ⓐ	ⓑ
18	①	②	③	④	⑤	⑥	⑦	⑧	⑨	⓪	ⓐ	ⓑ
19	①	②	③	④	⑤	⑥	⑦	⑧	⑨	⓪	ⓐ	ⓑ
20	①	②	③	④	⑤	⑥	⑦	⑧	⑨	⓪	ⓐ	ⓑ

解答番号	解答欄 1	2	3	4	5	6	7	8	9	0	a	b
21	①	②	③	④	⑤	⑥	⑦	⑧	⑨	⓪	ⓐ	ⓑ
22	①	②	③	④	⑤	⑥	⑦	⑧	⑨	⓪	ⓐ	ⓑ
23	①	②	③	④	⑤	⑥	⑦	⑧	⑨	⓪	ⓐ	ⓑ
24	①	②	③	④	⑤	⑥	⑦	⑧	⑨	⓪	ⓐ	ⓑ
25	①	②	③	④	⑤	⑥	⑦	⑧	⑨	⓪	ⓐ	ⓑ
26	①	②	③	④	⑤	⑥	⑦	⑧	⑨	⓪	ⓐ	ⓑ
27	①	②	③	④	⑤	⑥	⑦	⑧	⑨	⓪	ⓐ	ⓑ
28	①	②	③	④	⑤	⑥	⑦	⑧	⑨	⓪	ⓐ	ⓑ
29	①	②	③	④	⑤	⑥	⑦	⑧	⑨	⓪	ⓐ	ⓑ
30	①	②	③	④	⑤	⑥	⑦	⑧	⑨	⓪	ⓐ	ⓑ
31	①	②	③	④	⑤	⑥	⑦	⑧	⑨	⓪	ⓐ	ⓑ
32	①	②	③	④	⑤	⑥	⑦	⑧	⑨	⓪	ⓐ	ⓑ
33	①	②	③	④	⑤	⑥	⑦	⑧	⑨	⓪	ⓐ	ⓑ
34	①	②	③	④	⑤	⑥	⑦	⑧	⑨	⓪	ⓐ	ⓑ
35	①	②	③	④	⑤	⑥	⑦	⑧	⑨	⓪	ⓐ	ⓑ
36	①	②	③	④	⑤	⑥	⑦	⑧	⑨	⓪	ⓐ	ⓑ
37	①	②	③	④	⑤	⑥	⑦	⑧	⑨	⓪	ⓐ	ⓑ
38	①	②	③	④	⑤	⑥	⑦	⑧	⑨	⓪	ⓐ	ⓑ
39	①	②	③	④	⑤	⑥	⑦	⑧	⑨	⓪	ⓐ	ⓑ
40	①	②	③	④	⑤	⑥	⑦	⑧	⑨	⓪	ⓐ	ⓑ

駿　台　文　庫

理　科　解答用紙

マーク例

良い例	悪い例
●	⊙ ⊗ ◐ ○

注意事項

1　訂正は，消しゴムできれいに消し，消しくずを残してはいけません。
2　所定欄以外にはマークしたり，記入したりしてはいけません。
3　汚したり，折りまげたりしてはいけません。

受験番号を記入し，その下のマーク欄にマークしなさい。

受験番号欄					
千位	百位	十位	一位	英字	
—	⓪	⓪	⓪	Ⓐ	A
①	①	①	①	Ⓑ	B
②	②	②	②	Ⓒ	C
③	③	③	③	Ⓗ	H
④	④	④	④	Ⓚ	K
⑤	⑤	⑤	⑤	Ⓜ	M
⑥	⑥	⑥	⑥	Ⓡ	R
⑦	⑦	⑦	⑦	Ⓤ	U
⑧	⑧	⑧	⑧	Ⓧ	X
⑨	⑨	⑨	⑨	Ⓨ	Y
—	—	—	—	Ⓩ	Z

・右の解答欄で解答する科目を，1科目だけマークしなさい。
・解答科目欄が無マーク又は複数マークの場合は，0点となります。

解答科目欄	
物理	○
化学	○
生物	○
地学	○

氏名・フリガナ，試験場コードを記入しなさい。

フリガナ	
氏名	

試験場コード	十万位	万位	千位	百位	十位	一位

駿　台　文　庫

解答番号	1	2	3	4	5	6	7	8	9	0	a	b
1	①	②	③	④	⑤	⑥	⑦	⑧	⑨	⓪	ⓐ	ⓑ
2	①	②	③	④	⑤	⑥	⑦	⑧	⑨	⓪	ⓐ	ⓑ
3	①	②	③	④	⑤	⑥	⑦	⑧	⑨	⓪	ⓐ	ⓑ
4	①	②	③	④	⑤	⑥	⑦	⑧	⑨	⓪	ⓐ	ⓑ
5	①	②	③	④	⑤	⑥	⑦	⑧	⑨	⓪	ⓐ	ⓑ
6	①	②	③	④	⑤	⑥	⑦	⑧	⑨	⓪	ⓐ	ⓑ
7	①	②	③	④	⑤	⑥	⑦	⑧	⑨	⓪	ⓐ	ⓑ
8	①	②	③	④	⑤	⑥	⑦	⑧	⑨	⓪	ⓐ	ⓑ
9	①	②	③	④	⑤	⑥	⑦	⑧	⑨	⓪	ⓐ	ⓑ
10	①	②	③	④	⑤	⑥	⑦	⑧	⑨	⓪	ⓐ	ⓑ
11	①	②	③	④	⑤	⑥	⑦	⑧	⑨	⓪	ⓐ	ⓑ
12	①	②	③	④	⑤	⑥	⑦	⑧	⑨	⓪	ⓐ	ⓑ
13	①	②	③	④	⑤	⑥	⑦	⑧	⑨	⓪	ⓐ	ⓑ
14	①	②	③	④	⑤	⑥	⑦	⑧	⑨	⓪	ⓐ	ⓑ
15	①	②	③	④	⑤	⑥	⑦	⑧	⑨	⓪	ⓐ	ⓑ
16	①	②	③	④	⑤	⑥	⑦	⑧	⑨	⓪	ⓐ	ⓑ
17	①	②	③	④	⑤	⑥	⑦	⑧	⑨	⓪	ⓐ	ⓑ
18	①	②	③	④	⑤	⑥	⑦	⑧	⑨	⓪	ⓐ	ⓑ
19	①	②	③	④	⑤	⑥	⑦	⑧	⑨	⓪	ⓐ	ⓑ
20	①	②	③	④	⑤	⑥	⑦	⑧	⑨	⓪	ⓐ	ⓑ

解答番号	1	2	3	4	5	6	7	8	9	0	a	b
21	①	②	③	④	⑤	⑥	⑦	⑧	⑨	⓪	ⓐ	ⓑ
22	①	②	③	④	⑤	⑥	⑦	⑧	⑨	⓪	ⓐ	ⓑ
23	①	②	③	④	⑤	⑥	⑦	⑧	⑨	⓪	ⓐ	ⓑ
24	①	②	③	④	⑤	⑥	⑦	⑧	⑨	⓪	ⓐ	ⓑ
25	①	②	③	④	⑤	⑥	⑦	⑧	⑨	⓪	ⓐ	ⓑ
26	①	②	③	④	⑤	⑥	⑦	⑧	⑨	⓪	ⓐ	ⓑ
27	①	②	③	④	⑤	⑥	⑦	⑧	⑨	⓪	ⓐ	ⓑ
28	①	②	③	④	⑤	⑥	⑦	⑧	⑨	⓪	ⓐ	ⓑ
29	①	②	③	④	⑤	⑥	⑦	⑧	⑨	⓪	ⓐ	ⓑ
30	①	②	③	④	⑤	⑥	⑦	⑧	⑨	⓪	ⓐ	ⓑ
31	①	②	③	④	⑤	⑥	⑦	⑧	⑨	⓪	ⓐ	ⓑ
32	①	②	③	④	⑤	⑥	⑦	⑧	⑨	⓪	ⓐ	ⓑ
33	①	②	③	④	⑤	⑥	⑦	⑧	⑨	⓪	ⓐ	ⓑ
34	①	②	③	④	⑤	⑥	⑦	⑧	⑨	⓪	ⓐ	ⓑ
35	①	②	③	④	⑤	⑥	⑦	⑧	⑨	⓪	ⓐ	ⓑ
36	①	②	③	④	⑤	⑥	⑦	⑧	⑨	⓪	ⓐ	ⓑ
37	①	②	③	④	⑤	⑥	⑦	⑧	⑨	⓪	ⓐ	ⓑ
38	①	②	③	④	⑤	⑥	⑦	⑧	⑨	⓪	ⓐ	ⓑ
39	①	②	③	④	⑤	⑥	⑦	⑧	⑨	⓪	ⓐ	ⓑ
40	①	②	③	④	⑤	⑥	⑦	⑧	⑨	⓪	ⓐ	ⓑ

理　科　解答用紙

マーク例

良い例	悪い例
●	⊙⊗◓○

注意事項

1　訂正は，消しゴムできれいに消し，消しくずを残してはいけません。
2　所定欄以外にはマークしたり，記入したりしてはいけません。
3　汚したり，折りまげたりしてはいけません。

受験番号を記入し，その下のマーク欄にマークしなさい。

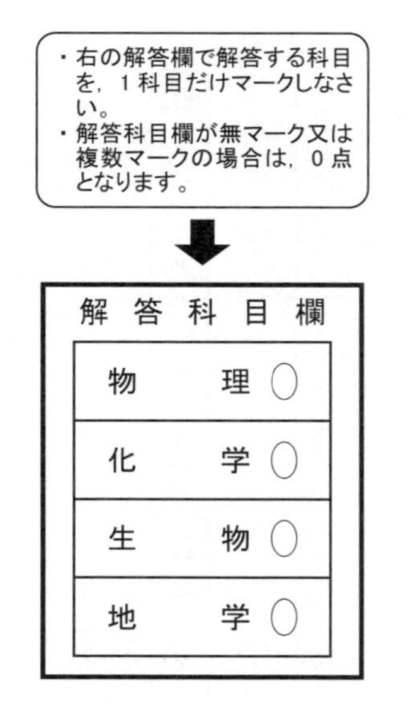

受験番号欄

千位	百位	十位	一位	英字	
―	⓪	⓪	⓪	Ⓐ	A
①	①	①	①	Ⓑ	B
②	②	②	②	Ⓒ	C
③	③	③	③	Ⓗ	H
④	④	④	④	Ⓚ	K
⑤	⑤	⑤	⑤	Ⓜ	M
⑥	⑥	⑥	⑥	Ⓡ	R
⑦	⑦	⑦	⑦	Ⓤ	U
⑧	⑧	⑧	⑧	Ⓧ	X
⑨	⑨	⑨	⑨	Ⓨ	Y
―	―	―	―	Ⓩ	Z

・右の解答欄で解答する科目を，1科目だけマークしなさい。
・解答科目欄が無マーク又は複数マークの場合は，0点となります。

解答科目欄	
物　理	○
化　学	○
生　物	○
地　学	○

氏名・フリガナ，試験場コードを記入しなさい。

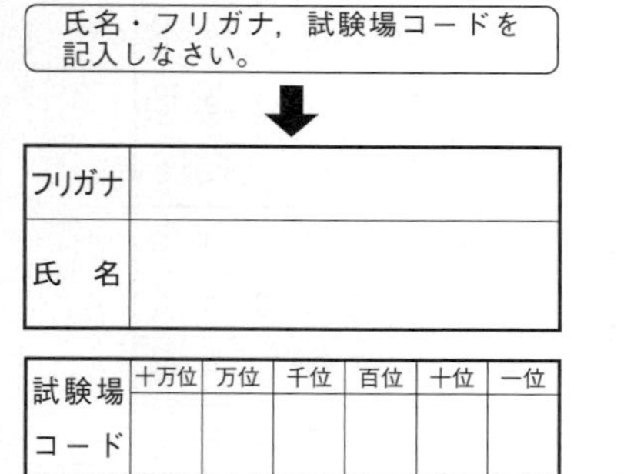

フリガナ	
氏　名	

試験場コード	十万位	万位	千位	百位	十位	一位

駿　台　文　庫

解答番号	1	2	3	4	5	6	7	8	9	0	a	b
1	①	②	③	④	⑤	⑥	⑦	⑧	⑨	⓪	ⓐ	ⓑ
2	①	②	③	④	⑤	⑥	⑦	⑧	⑨	⓪	ⓐ	ⓑ
3	①	②	③	④	⑤	⑥	⑦	⑧	⑨	⓪	ⓐ	ⓑ
4	①	②	③	④	⑤	⑥	⑦	⑧	⑨	⓪	ⓐ	ⓑ
5	①	②	③	④	⑤	⑥	⑦	⑧	⑨	⓪	ⓐ	ⓑ
6	①	②	③	④	⑤	⑥	⑦	⑧	⑨	⓪	ⓐ	ⓑ
7	①	②	③	④	⑤	⑥	⑦	⑧	⑨	⓪	ⓐ	ⓑ
8	①	②	③	④	⑤	⑥	⑦	⑧	⑨	⓪	ⓐ	ⓑ
9	①	②	③	④	⑤	⑥	⑦	⑧	⑨	⓪	ⓐ	ⓑ
10	①	②	③	④	⑤	⑥	⑦	⑧	⑨	⓪	ⓐ	ⓑ
11	①	②	③	④	⑤	⑥	⑦	⑧	⑨	⓪	ⓐ	ⓑ
12	①	②	③	④	⑤	⑥	⑦	⑧	⑨	⓪	ⓐ	ⓑ
13	①	②	③	④	⑤	⑥	⑦	⑧	⑨	⓪	ⓐ	ⓑ
14	①	②	③	④	⑤	⑥	⑦	⑧	⑨	⓪	ⓐ	ⓑ
15	①	②	③	④	⑤	⑥	⑦	⑧	⑨	⓪	ⓐ	ⓑ
16	①	②	③	④	⑤	⑥	⑦	⑧	⑨	⓪	ⓐ	ⓑ
17	①	②	③	④	⑤	⑥	⑦	⑧	⑨	⓪	ⓐ	ⓑ
18	①	②	③	④	⑤	⑥	⑦	⑧	⑨	⓪	ⓐ	ⓑ
19	①	②	③	④	⑤	⑥	⑦	⑧	⑨	⓪	ⓐ	ⓑ
20	①	②	③	④	⑤	⑥	⑦	⑧	⑨	⓪	ⓐ	ⓑ

解答番号	1	2	3	4	5	6	7	8	9	0	a	b
21	①	②	③	④	⑤	⑥	⑦	⑧	⑨	⓪	ⓐ	ⓑ
22	①	②	③	④	⑤	⑥	⑦	⑧	⑨	⓪	ⓐ	ⓑ
23	①	②	③	④	⑤	⑥	⑦	⑧	⑨	⓪	ⓐ	ⓑ
24	①	②	③	④	⑤	⑥	⑦	⑧	⑨	⓪	ⓐ	ⓑ
25	①	②	③	④	⑤	⑥	⑦	⑧	⑨	⓪	ⓐ	ⓑ
26	①	②	③	④	⑤	⑥	⑦	⑧	⑨	⓪	ⓐ	ⓑ
27	①	②	③	④	⑤	⑥	⑦	⑧	⑨	⓪	ⓐ	ⓑ
28	①	②	③	④	⑤	⑥	⑦	⑧	⑨	⓪	ⓐ	ⓑ
29	①	②	③	④	⑤	⑥	⑦	⑧	⑨	⓪	ⓐ	ⓑ
30	①	②	③	④	⑤	⑥	⑦	⑧	⑨	⓪	ⓐ	ⓑ
31	①	②	③	④	⑤	⑥	⑦	⑧	⑨	⓪	ⓐ	ⓑ
32	①	②	③	④	⑤	⑥	⑦	⑧	⑨	⓪	ⓐ	ⓑ
33	①	②	③	④	⑤	⑥	⑦	⑧	⑨	⓪	ⓐ	ⓑ
34	①	②	③	④	⑤	⑥	⑦	⑧	⑨	⓪	ⓐ	ⓑ
35	①	②	③	④	⑤	⑥	⑦	⑧	⑨	⓪	ⓐ	ⓑ
36	①	②	③	④	⑤	⑥	⑦	⑧	⑨	⓪	ⓐ	ⓑ
37	①	②	③	④	⑤	⑥	⑦	⑧	⑨	⓪	ⓐ	ⓑ
38	①	②	③	④	⑤	⑥	⑦	⑧	⑨	⓪	ⓐ	ⓑ
39	①	②	③	④	⑤	⑥	⑦	⑧	⑨	⓪	ⓐ	ⓑ
40	①	②	③	④	⑤	⑥	⑦	⑧	⑨	⓪	ⓐ	ⓑ

理　科　解答用紙

マーク例

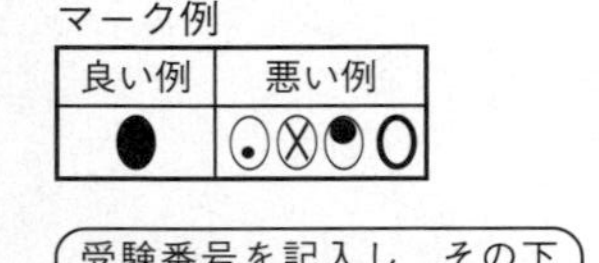

注意事項

1　訂正は，消しゴムできれいに消し，消しくずを残してはいけません。
2　所定欄以外にはマークしたり，記入したりしてはいけません。
3　汚したり，折りまげたりしてはいけません。

受験番号を記入し，その下のマーク欄にマークしなさい。

受験番号欄

千位	百位	十位	一位	英字	
—	⓪	⓪	⓪	Ⓐ	A
①	①	①	①	Ⓑ	B
②	②	②	②	Ⓒ	C
③	③	③	③	Ⓗ	H
④	④	④	④	Ⓚ	K
⑤	⑤	⑤	⑤	Ⓜ	M
⑥	⑥	⑥	⑥	Ⓡ	R
⑦	⑦	⑦	⑦	Ⓤ	U
⑧	⑧	⑧	⑧	Ⓧ	X
⑨	⑨	⑨	⑨	Ⓨ	Y
—	—	—	—	Ⓩ	Z

・右の解答欄で解答する科目を，1科目だけマークしなさい。
・解答科目欄が無マーク又は複数マークの場合は，0点となります。

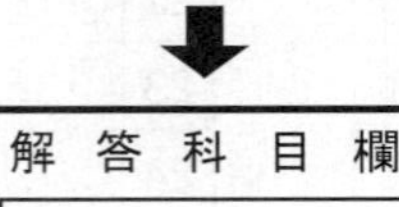

解答科目欄	
物　理	○
化　学	○
生　物	○
地　学	○

氏名・フリガナ，試験場コードを記入しなさい。

フリガナ	
氏　名	

試験場コード	十万位	万位	千位	百位	十位	一位

駿　台　文　庫

解答番号	1	2	3	4	5	6	7	8	9	0	a	b
1	①	②	③	④	⑤	⑥	⑦	⑧	⑨	⓪	ⓐ	ⓑ
2	①	②	③	④	⑤	⑥	⑦	⑧	⑨	⓪	ⓐ	ⓑ
3	①	②	③	④	⑤	⑥	⑦	⑧	⑨	⓪	ⓐ	ⓑ
4	①	②	③	④	⑤	⑥	⑦	⑧	⑨	⓪	ⓐ	ⓑ
5	①	②	③	④	⑤	⑥	⑦	⑧	⑨	⓪	ⓐ	ⓑ
6	①	②	③	④	⑤	⑥	⑦	⑧	⑨	⓪	ⓐ	ⓑ
7	①	②	③	④	⑤	⑥	⑦	⑧	⑨	⓪	ⓐ	ⓑ
8	①	②	③	④	⑤	⑥	⑦	⑧	⑨	⓪	ⓐ	ⓑ
9	①	②	③	④	⑤	⑥	⑦	⑧	⑨	⓪	ⓐ	ⓑ
10	①	②	③	④	⑤	⑥	⑦	⑧	⑨	⓪	ⓐ	ⓑ
11	①	②	③	④	⑤	⑥	⑦	⑧	⑨	⓪	ⓐ	ⓑ
12	①	②	③	④	⑤	⑥	⑦	⑧	⑨	⓪	ⓐ	ⓑ
13	①	②	③	④	⑤	⑥	⑦	⑧	⑨	⓪	ⓐ	ⓑ
14	①	②	③	④	⑤	⑥	⑦	⑧	⑨	⓪	ⓐ	ⓑ
15	①	②	③	④	⑤	⑥	⑦	⑧	⑨	⓪	ⓐ	ⓑ
16	①	②	③	④	⑤	⑥	⑦	⑧	⑨	⓪	ⓐ	ⓑ
17	①	②	③	④	⑤	⑥	⑦	⑧	⑨	⓪	ⓐ	ⓑ
18	①	②	③	④	⑤	⑥	⑦	⑧	⑨	⓪	ⓐ	ⓑ
19	①	②	③	④	⑤	⑥	⑦	⑧	⑨	⓪	ⓐ	ⓑ
20	①	②	③	④	⑤	⑥	⑦	⑧	⑨	⓪	ⓐ	ⓑ

解答番号	1	2	3	4	5	6	7	8	9	0	a	b
21	①	②	③	④	⑤	⑥	⑦	⑧	⑨	⓪	ⓐ	ⓑ
22	①	②	③	④	⑤	⑥	⑦	⑧	⑨	⓪	ⓐ	ⓑ
23	①	②	③	④	⑤	⑥	⑦	⑧	⑨	⓪	ⓐ	ⓑ
24	①	②	③	④	⑤	⑥	⑦	⑧	⑨	⓪	ⓐ	ⓑ
25	①	②	③	④	⑤	⑥	⑦	⑧	⑨	⓪	ⓐ	ⓑ
26	①	②	③	④	⑤	⑥	⑦	⑧	⑨	⓪	ⓐ	ⓑ
27	①	②	③	④	⑤	⑥	⑦	⑧	⑨	⓪	ⓐ	ⓑ
28	①	②	③	④	⑤	⑥	⑦	⑧	⑨	⓪	ⓐ	ⓑ
29	①	②	③	④	⑤	⑥	⑦	⑧	⑨	⓪	ⓐ	ⓑ
30	①	②	③	④	⑤	⑥	⑦	⑧	⑨	⓪	ⓐ	ⓑ
31	①	②	③	④	⑤	⑥	⑦	⑧	⑨	⓪	ⓐ	ⓑ
32	①	②	③	④	⑤	⑥	⑦	⑧	⑨	⓪	ⓐ	ⓑ
33	①	②	③	④	⑤	⑥	⑦	⑧	⑨	⓪	ⓐ	ⓑ
34	①	②	③	④	⑤	⑥	⑦	⑧	⑨	⓪	ⓐ	ⓑ
35	①	②	③	④	⑤	⑥	⑦	⑧	⑨	⓪	ⓐ	ⓑ
36	①	②	③	④	⑤	⑥	⑦	⑧	⑨	⓪	ⓐ	ⓑ
37	①	②	③	④	⑤	⑥	⑦	⑧	⑨	⓪	ⓐ	ⓑ
38	①	②	③	④	⑤	⑥	⑦	⑧	⑨	⓪	ⓐ	ⓑ
39	①	②	③	④	⑤	⑥	⑦	⑧	⑨	⓪	ⓐ	ⓑ
40	①	②	③	④	⑤	⑥	⑦	⑧	⑨	⓪	ⓐ	ⓑ

理　科　解答用紙

注意事項

1　訂正は，消しゴムできれいに消し，消しくずを残してはいけません。
2　所定欄以外にはマークしたり，記入したりしてはいけません。
3　汚したり，折りまげたりしてはいけません。

マーク例

良い例	悪い例
●	⊙ⓧ◓○

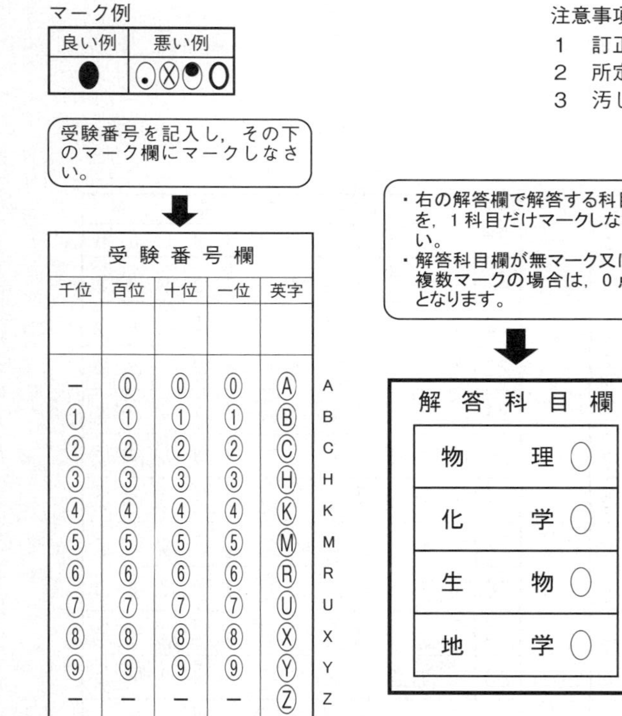

受験番号を記入し，その下のマーク欄にマークしなさい。

受験番号欄				
千位	百位	十位	一位	英字
ー	⓪	⓪	⓪	Ⓐ
①	①	①	①	Ⓑ
②	②	②	②	Ⓒ
③	③	③	③	Ⓗ
④	④	④	④	Ⓚ
⑤	⑤	⑤	⑤	Ⓜ
⑥	⑥	⑥	⑥	Ⓡ
⑦	⑦	⑦	⑦	Ⓤ
⑧	⑧	⑧	⑧	Ⓧ
⑨	⑨	⑨	⑨	Ⓨ
ー	ー	ー	ー	Ⓩ

A B C H K M R U X Y Z

・右の解答欄で解答する科目を，１科目だけマークしなさい。
・解答科目欄が無マーク又は複数マークの場合は，０点となります。

解答科目欄	
物　　理	○
化　　学	○
生　　物	○
地　　学	○

氏名・フリガナ，試験場コードを記入しなさい。

フリガナ	
氏　名	

試験場コード	十万位	万位	千位	百位	十位	一位

駿　台　文　庫

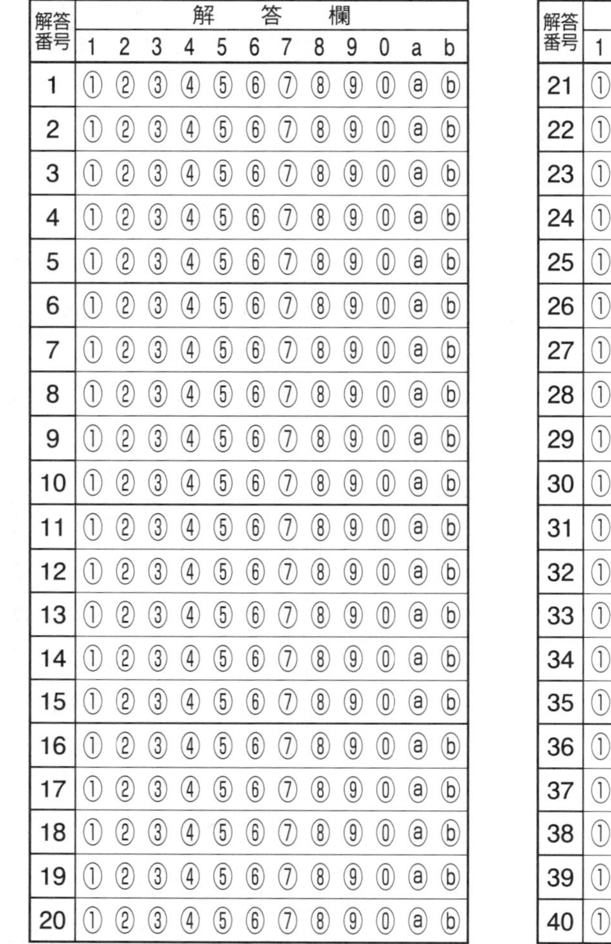

解答番号	解答欄											
	1	2	3	4	5	6	7	8	9	0	a	b
1	①	②	③	④	⑤	⑥	⑦	⑧	⑨	⓪	ⓐ	ⓑ
2	①	②	③	④	⑤	⑥	⑦	⑧	⑨	⓪	ⓐ	ⓑ
3	①	②	③	④	⑤	⑥	⑦	⑧	⑨	⓪	ⓐ	ⓑ
4	①	②	③	④	⑤	⑥	⑦	⑧	⑨	⓪	ⓐ	ⓑ
5	①	②	③	④	⑤	⑥	⑦	⑧	⑨	⓪	ⓐ	ⓑ
6	①	②	③	④	⑤	⑥	⑦	⑧	⑨	⓪	ⓐ	ⓑ
7	①	②	③	④	⑤	⑥	⑦	⑧	⑨	⓪	ⓐ	ⓑ
8	①	②	③	④	⑤	⑥	⑦	⑧	⑨	⓪	ⓐ	ⓑ
9	①	②	③	④	⑤	⑥	⑦	⑧	⑨	⓪	ⓐ	ⓑ
10	①	②	③	④	⑤	⑥	⑦	⑧	⑨	⓪	ⓐ	ⓑ
11	①	②	③	④	⑤	⑥	⑦	⑧	⑨	⓪	ⓐ	ⓑ
12	①	②	③	④	⑤	⑥	⑦	⑧	⑨	⓪	ⓐ	ⓑ
13	①	②	③	④	⑤	⑥	⑦	⑧	⑨	⓪	ⓐ	ⓑ
14	①	②	③	④	⑤	⑥	⑦	⑧	⑨	⓪	ⓐ	ⓑ
15	①	②	③	④	⑤	⑥	⑦	⑧	⑨	⓪	ⓐ	ⓑ
16	①	②	③	④	⑤	⑥	⑦	⑧	⑨	⓪	ⓐ	ⓑ
17	①	②	③	④	⑤	⑥	⑦	⑧	⑨	⓪	ⓐ	ⓑ
18	①	②	③	④	⑤	⑥	⑦	⑧	⑨	⓪	ⓐ	ⓑ
19	①	②	③	④	⑤	⑥	⑦	⑧	⑨	⓪	ⓐ	ⓑ
20	①	②	③	④	⑤	⑥	⑦	⑧	⑨	⓪	ⓐ	ⓑ

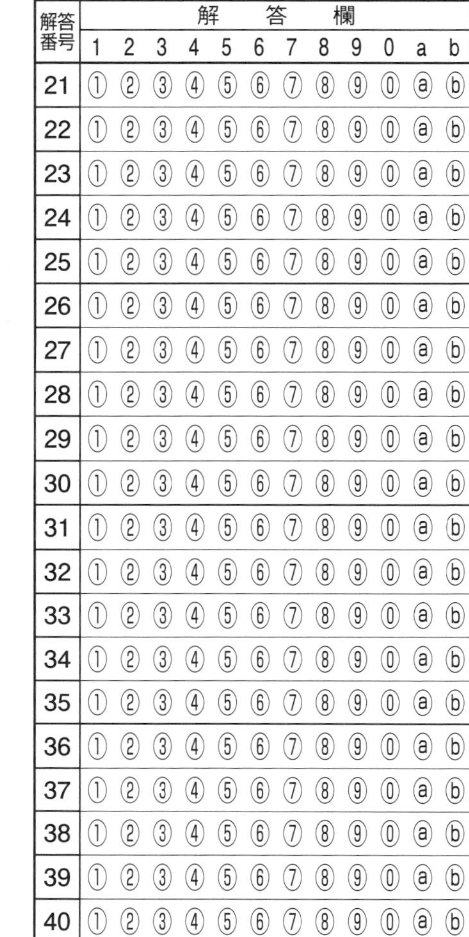

解答番号	解答欄											
	1	2	3	4	5	6	7	8	9	0	a	b
21	①	②	③	④	⑤	⑥	⑦	⑧	⑨	⓪	ⓐ	ⓑ
22	①	②	③	④	⑤	⑥	⑦	⑧	⑨	⓪	ⓐ	ⓑ
23	①	②	③	④	⑤	⑥	⑦	⑧	⑨	⓪	ⓐ	ⓑ
24	①	②	③	④	⑤	⑥	⑦	⑧	⑨	⓪	ⓐ	ⓑ
25	①	②	③	④	⑤	⑥	⑦	⑧	⑨	⓪	ⓐ	ⓑ
26	①	②	③	④	⑤	⑥	⑦	⑧	⑨	⓪	ⓐ	ⓑ
27	①	②	③	④	⑤	⑥	⑦	⑧	⑨	⓪	ⓐ	ⓑ
28	①	②	③	④	⑤	⑥	⑦	⑧	⑨	⓪	ⓐ	ⓑ
29	①	②	③	④	⑤	⑥	⑦	⑧	⑨	⓪	ⓐ	ⓑ
30	①	②	③	④	⑤	⑥	⑦	⑧	⑨	⓪	ⓐ	ⓑ
31	①	②	③	④	⑤	⑥	⑦	⑧	⑨	⓪	ⓐ	ⓑ
32	①	②	③	④	⑤	⑥	⑦	⑧	⑨	⓪	ⓐ	ⓑ
33	①	②	③	④	⑤	⑥	⑦	⑧	⑨	⓪	ⓐ	ⓑ
34	①	②	③	④	⑤	⑥	⑦	⑧	⑨	⓪	ⓐ	ⓑ
35	①	②	③	④	⑤	⑥	⑦	⑧	⑨	⓪	ⓐ	ⓑ
36	①	②	③	④	⑤	⑥	⑦	⑧	⑨	⓪	ⓐ	ⓑ
37	①	②	③	④	⑤	⑥	⑦	⑧	⑨	⓪	ⓐ	ⓑ
38	①	②	③	④	⑤	⑥	⑦	⑧	⑨	⓪	ⓐ	ⓑ
39	①	②	③	④	⑤	⑥	⑦	⑧	⑨	⓪	ⓐ	ⓑ
40	①	②	③	④	⑤	⑥	⑦	⑧	⑨	⓪	ⓐ	ⓑ

理　科　解答用紙

マーク例

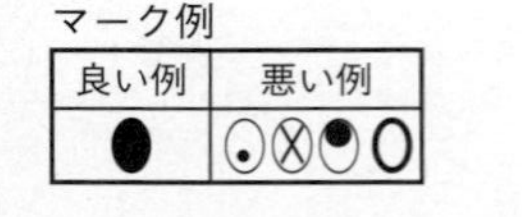

良い例	悪い例
●	⊙ ⊗ ◓ ○

注意事項

1　訂正は，消しゴムできれいに消し，消しくずを残してはいけません。
2　所定欄以外にはマークしたり，記入したりしてはいけません。
3　汚したり，折りまげたりしてはいけません。

受験番号を記入し，その下のマーク欄にマークしなさい。

受験番号欄

千位	百位	十位	一位	英字	
—	⓪	⓪	⓪	Ⓐ	A
①	①	①	①	Ⓑ	B
②	②	②	②	Ⓒ	C
③	③	③	③	Ⓗ	H
④	④	④	④	Ⓚ	K
⑤	⑤	⑤	⑤	Ⓜ	M
⑥	⑥	⑥	⑥	Ⓡ	R
⑦	⑦	⑦	⑦	Ⓤ	U
⑧	⑧	⑧	⑧	Ⓧ	X
⑨	⑨	⑨	⑨	Ⓨ	Y
—	—	—	—	Ⓩ	Z

・右の解答欄で解答する科目を，1科目だけマークしなさい。
・解答科目欄が無マーク又は複数マークの場合は，0点となります。

解答科目欄

物　理	○
化　学	○
生　物	○
地　学	○

氏名・フリガナ，試験場コードを記入しなさい。

フリガナ	
氏　名	

試験場コード	十万位	万位	千位	百位	十位	一位

解答番号	1	2	3	4	5	6	7	8	9	0	a	b
1	①	②	③	④	⑤	⑥	⑦	⑧	⑨	⓪	ⓐ	ⓑ
2	①	②	③	④	⑤	⑥	⑦	⑧	⑨	⓪	ⓐ	ⓑ
3	①	②	③	④	⑤	⑥	⑦	⑧	⑨	⓪	ⓐ	ⓑ
4	①	②	③	④	⑤	⑥	⑦	⑧	⑨	⓪	ⓐ	ⓑ
5	①	②	③	④	⑤	⑥	⑦	⑧	⑨	⓪	ⓐ	ⓑ
6	①	②	③	④	⑤	⑥	⑦	⑧	⑨	⓪	ⓐ	ⓑ
7	①	②	③	④	⑤	⑥	⑦	⑧	⑨	⓪	ⓐ	ⓑ
8	①	②	③	④	⑤	⑥	⑦	⑧	⑨	⓪	ⓐ	ⓑ
9	①	②	③	④	⑤	⑥	⑦	⑧	⑨	⓪	ⓐ	ⓑ
10	①	②	③	④	⑤	⑥	⑦	⑧	⑨	⓪	ⓐ	ⓑ
11	①	②	③	④	⑤	⑥	⑦	⑧	⑨	⓪	ⓐ	ⓑ
12	①	②	③	④	⑤	⑥	⑦	⑧	⑨	⓪	ⓐ	ⓑ
13	①	②	③	④	⑤	⑥	⑦	⑧	⑨	⓪	ⓐ	ⓑ
14	①	②	③	④	⑤	⑥	⑦	⑧	⑨	⓪	ⓐ	ⓑ
15	①	②	③	④	⑤	⑥	⑦	⑧	⑨	⓪	ⓐ	ⓑ
16	①	②	③	④	⑤	⑥	⑦	⑧	⑨	⓪	ⓐ	ⓑ
17	①	②	③	④	⑤	⑥	⑦	⑧	⑨	⓪	ⓐ	ⓑ
18	①	②	③	④	⑤	⑥	⑦	⑧	⑨	⓪	ⓐ	ⓑ
19	①	②	③	④	⑤	⑥	⑦	⑧	⑨	⓪	ⓐ	ⓑ
20	①	②	③	④	⑤	⑥	⑦	⑧	⑨	⓪	ⓐ	ⓑ

解答番号	1	2	3	4	5	6	7	8	9	0	a	b
21	①	②	③	④	⑤	⑥	⑦	⑧	⑨	⓪	ⓐ	ⓑ
22	①	②	③	④	⑤	⑥	⑦	⑧	⑨	⓪	ⓐ	ⓑ
23	①	②	③	④	⑤	⑥	⑦	⑧	⑨	⓪	ⓐ	ⓑ
24	①	②	③	④	⑤	⑥	⑦	⑧	⑨	⓪	ⓐ	ⓑ
25	①	②	③	④	⑤	⑥	⑦	⑧	⑨	⓪	ⓐ	ⓑ
26	①	②	③	④	⑤	⑥	⑦	⑧	⑨	⓪	ⓐ	ⓑ
27	①	②	③	④	⑤	⑥	⑦	⑧	⑨	⓪	ⓐ	ⓑ
28	①	②	③	④	⑤	⑥	⑦	⑧	⑨	⓪	ⓐ	ⓑ
29	①	②	③	④	⑤	⑥	⑦	⑧	⑨	⓪	ⓐ	ⓑ
30	①	②	③	④	⑤	⑥	⑦	⑧	⑨	⓪	ⓐ	ⓑ
31	①	②	③	④	⑤	⑥	⑦	⑧	⑨	⓪	ⓐ	ⓑ
32	①	②	③	④	⑤	⑥	⑦	⑧	⑨	⓪	ⓐ	ⓑ
33	①	②	③	④	⑤	⑥	⑦	⑧	⑨	⓪	ⓐ	ⓑ
34	①	②	③	④	⑤	⑥	⑦	⑧	⑨	⓪	ⓐ	ⓑ
35	①	②	③	④	⑤	⑥	⑦	⑧	⑨	⓪	ⓐ	ⓑ
36	①	②	③	④	⑤	⑥	⑦	⑧	⑨	⓪	ⓐ	ⓑ
37	①	②	③	④	⑤	⑥	⑦	⑧	⑨	⓪	ⓐ	ⓑ
38	①	②	③	④	⑤	⑥	⑦	⑧	⑨	⓪	ⓐ	ⓑ
39	①	②	③	④	⑤	⑥	⑦	⑧	⑨	⓪	ⓐ	ⓑ
40	①	②	③	④	⑤	⑥	⑦	⑧	⑨	⓪	ⓐ	ⓑ

理　科　解答用紙

マーク例

良い例	悪い例
●	⊙ⓧ◓〇

注意事項

1　訂正は，消しゴムできれいに消し，消しくずを残してはいけません。
2　所定欄以外にはマークしたり，記入したりしてはいけません。
3　汚したり，折りまげたりしてはいけません。

受験番号を記入し，その下のマーク欄にマークしなさい。

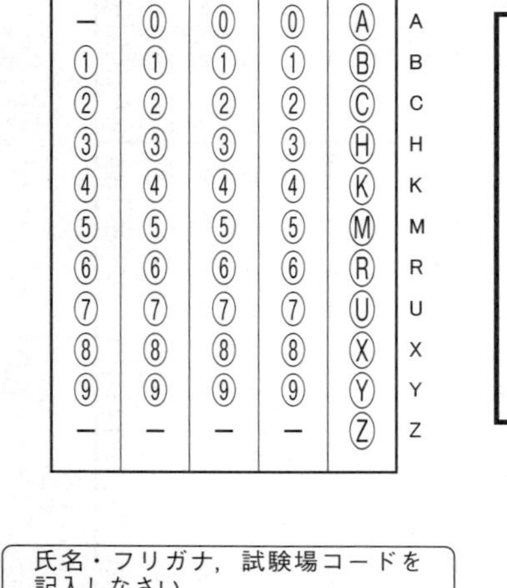

受験番号欄

千位	百位	十位	一位	英字	
−	⓪	⓪	⓪	Ⓐ	A
①	①	①	①	Ⓑ	B
②	②	②	②	Ⓒ	C
③	③	③	③	Ⓗ	H
④	④	④	④	Ⓚ	K
⑤	⑤	⑤	⑤	Ⓜ	M
⑥	⑥	⑥	⑥	Ⓡ	R
⑦	⑦	⑦	⑦	Ⓤ	U
⑧	⑧	⑧	⑧	Ⓧ	X
⑨	⑨	⑨	⑨	Ⓨ	Y
−	−	−	−	Ⓩ	Z

・右の解答欄で解答する科目を，1科目だけマークしなさい。
・解答科目欄が無マーク又は複数マークの場合は，0点となります。

解答科目欄

解答科目欄	
物理	〇
化学	〇
生物	〇
地学	〇

氏名・フリガナ，試験場コードを記入しなさい。

フリガナ	
氏名	

試験場コード	十万位	万位	千位	百位	十位	一位

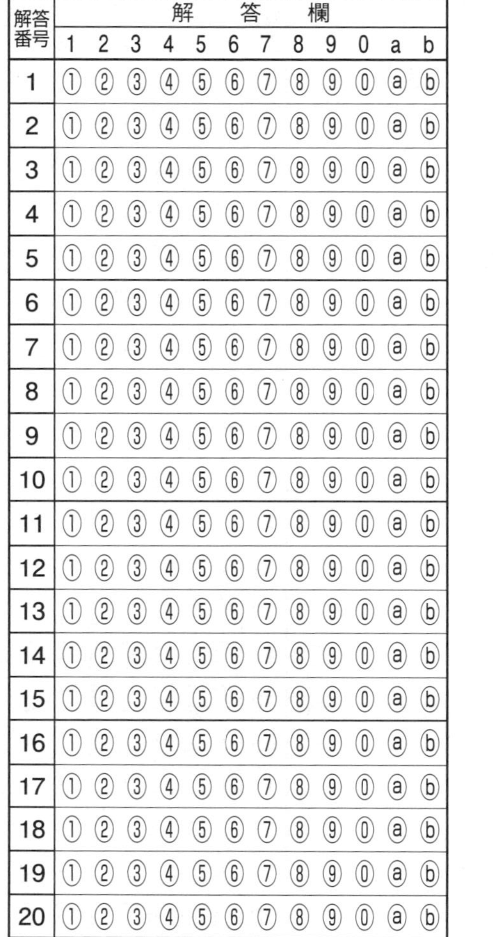

解答番号	1	2	3	4	5	6	7	8	9	0	a	b
1	①	②	③	④	⑤	⑥	⑦	⑧	⑨	⓪	ⓐ	ⓑ
2	①	②	③	④	⑤	⑥	⑦	⑧	⑨	⓪	ⓐ	ⓑ
3	①	②	③	④	⑤	⑥	⑦	⑧	⑨	⓪	ⓐ	ⓑ
4	①	②	③	④	⑤	⑥	⑦	⑧	⑨	⓪	ⓐ	ⓑ
5	①	②	③	④	⑤	⑥	⑦	⑧	⑨	⓪	ⓐ	ⓑ
6	①	②	③	④	⑤	⑥	⑦	⑧	⑨	⓪	ⓐ	ⓑ
7	①	②	③	④	⑤	⑥	⑦	⑧	⑨	⓪	ⓐ	ⓑ
8	①	②	③	④	⑤	⑥	⑦	⑧	⑨	⓪	ⓐ	ⓑ
9	①	②	③	④	⑤	⑥	⑦	⑧	⑨	⓪	ⓐ	ⓑ
10	①	②	③	④	⑤	⑥	⑦	⑧	⑨	⓪	ⓐ	ⓑ
11	①	②	③	④	⑤	⑥	⑦	⑧	⑨	⓪	ⓐ	ⓑ
12	①	②	③	④	⑤	⑥	⑦	⑧	⑨	⓪	ⓐ	ⓑ
13	①	②	③	④	⑤	⑥	⑦	⑧	⑨	⓪	ⓐ	ⓑ
14	①	②	③	④	⑤	⑥	⑦	⑧	⑨	⓪	ⓐ	ⓑ
15	①	②	③	④	⑤	⑥	⑦	⑧	⑨	⓪	ⓐ	ⓑ
16	①	②	③	④	⑤	⑥	⑦	⑧	⑨	⓪	ⓐ	ⓑ
17	①	②	③	④	⑤	⑥	⑦	⑧	⑨	⓪	ⓐ	ⓑ
18	①	②	③	④	⑤	⑥	⑦	⑧	⑨	⓪	ⓐ	ⓑ
19	①	②	③	④	⑤	⑥	⑦	⑧	⑨	⓪	ⓐ	ⓑ
20	①	②	③	④	⑤	⑥	⑦	⑧	⑨	⓪	ⓐ	ⓑ

解答番号	1	2	3	4	5	6	7	8	9	0	a	b
21	①	②	③	④	⑤	⑥	⑦	⑧	⑨	⓪	ⓐ	ⓑ
22	①	②	③	④	⑤	⑥	⑦	⑧	⑨	⓪	ⓐ	ⓑ
23	①	②	③	④	⑤	⑥	⑦	⑧	⑨	⓪	ⓐ	ⓑ
24	①	②	③	④	⑤	⑥	⑦	⑧	⑨	⓪	ⓐ	ⓑ
25	①	②	③	④	⑤	⑥	⑦	⑧	⑨	⓪	ⓐ	ⓑ
26	①	②	③	④	⑤	⑥	⑦	⑧	⑨	⓪	ⓐ	ⓑ
27	①	②	③	④	⑤	⑥	⑦	⑧	⑨	⓪	ⓐ	ⓑ
28	①	②	③	④	⑤	⑥	⑦	⑧	⑨	⓪	ⓐ	ⓑ
29	①	②	③	④	⑤	⑥	⑦	⑧	⑨	⓪	ⓐ	ⓑ
30	①	②	③	④	⑤	⑥	⑦	⑧	⑨	⓪	ⓐ	ⓑ
31	①	②	③	④	⑤	⑥	⑦	⑧	⑨	⓪	ⓐ	ⓑ
32	①	②	③	④	⑤	⑥	⑦	⑧	⑨	⓪	ⓐ	ⓑ
33	①	②	③	④	⑤	⑥	⑦	⑧	⑨	⓪	ⓐ	ⓑ
34	①	②	③	④	⑤	⑥	⑦	⑧	⑨	⓪	ⓐ	ⓑ
35	①	②	③	④	⑤	⑥	⑦	⑧	⑨	⓪	ⓐ	ⓑ
36	①	②	③	④	⑤	⑥	⑦	⑧	⑨	⓪	ⓐ	ⓑ
37	①	②	③	④	⑤	⑥	⑦	⑧	⑨	⓪	ⓐ	ⓑ
38	①	②	③	④	⑤	⑥	⑦	⑧	⑨	⓪	ⓐ	ⓑ
39	①	②	③	④	⑤	⑥	⑦	⑧	⑨	⓪	ⓐ	ⓑ
40	①	②	③	④	⑤	⑥	⑦	⑧	⑨	⓪	ⓐ	ⓑ

理　科　解答用紙

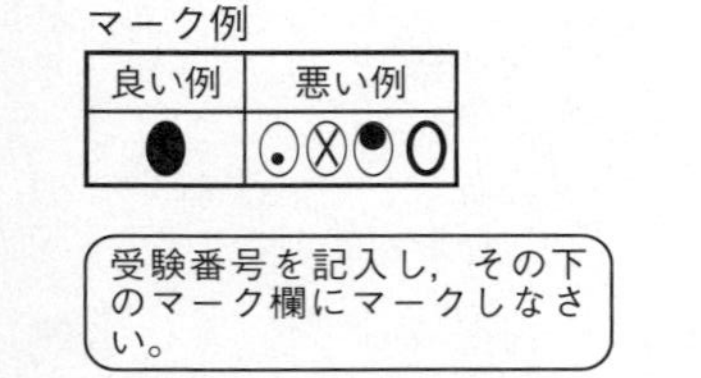

マーク例

良い例	悪い例
●	⊙ ⊗ ◕ ○

受験番号を記入し，その下のマーク欄にマークしなさい。

受験番号欄				
千位	百位	十位	一位	英字
–	⓪	⓪	⓪	Ⓐ
①	①	①	①	Ⓑ
②	②	②	②	Ⓒ
③	③	③	③	Ⓗ
④	④	④	④	Ⓚ
⑤	⑤	⑤	⑤	Ⓜ
⑥	⑥	⑥	⑥	Ⓡ
⑦	⑦	⑦	⑦	Ⓤ
⑧	⑧	⑧	⑧	Ⓧ
⑨	⑨	⑨	⑨	Ⓨ
–	–	–	–	Ⓩ

・右の解答欄で解答する科目を，1科目だけマークしなさい。
・解答科目欄が無マーク又は複数マークの場合は，0点となります。

解答科目欄	
物　理	○
化　学	○
生　物	○
地　学	○

氏名・フリガナ，試験場コードを記入しなさい。

フリガナ	
氏　名	

試験場コード	十万位	万位	千位	百位	十位	一位

注意事項

1　訂正は，消しゴムできれいに消し，消しくずを残してはいけません。
2　所定欄以外にはマークしたり，記入したりしてはいけません。
3　汚したり，折りまげたりしてはいけません。

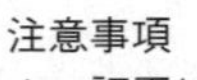

解答番号	解答欄											
	1	2	3	4	5	6	7	8	9	0	a	b
1	①	②	③	④	⑤	⑥	⑦	⑧	⑨	⓪	ⓐ	ⓑ
2	①	②	③	④	⑤	⑥	⑦	⑧	⑨	⓪	ⓐ	ⓑ
3	①	②	③	④	⑤	⑥	⑦	⑧	⑨	⓪	ⓐ	ⓑ
4	①	②	③	④	⑤	⑥	⑦	⑧	⑨	⓪	ⓐ	ⓑ
5	①	②	③	④	⑤	⑥	⑦	⑧	⑨	⓪	ⓐ	ⓑ
6	①	②	③	④	⑤	⑥	⑦	⑧	⑨	⓪	ⓐ	ⓑ
7	①	②	③	④	⑤	⑥	⑦	⑧	⑨	⓪	ⓐ	ⓑ
8	①	②	③	④	⑤	⑥	⑦	⑧	⑨	⓪	ⓐ	ⓑ
9	①	②	③	④	⑤	⑥	⑦	⑧	⑨	⓪	ⓐ	ⓑ
10	①	②	③	④	⑤	⑥	⑦	⑧	⑨	⓪	ⓐ	ⓑ
11	①	②	③	④	⑤	⑥	⑦	⑧	⑨	⓪	ⓐ	ⓑ
12	①	②	③	④	⑤	⑥	⑦	⑧	⑨	⓪	ⓐ	ⓑ
13	①	②	③	④	⑤	⑥	⑦	⑧	⑨	⓪	ⓐ	ⓑ
14	①	②	③	④	⑤	⑥	⑦	⑧	⑨	⓪	ⓐ	ⓑ
15	①	②	③	④	⑤	⑥	⑦	⑧	⑨	⓪	ⓐ	ⓑ
16	①	②	③	④	⑤	⑥	⑦	⑧	⑨	⓪	ⓐ	ⓑ
17	①	②	③	④	⑤	⑥	⑦	⑧	⑨	⓪	ⓐ	ⓑ
18	①	②	③	④	⑤	⑥	⑦	⑧	⑨	⓪	ⓐ	ⓑ
19	①	②	③	④	⑤	⑥	⑦	⑧	⑨	⓪	ⓐ	ⓑ
20	①	②	③	④	⑤	⑥	⑦	⑧	⑨	⓪	ⓐ	ⓑ

解答番号	解答欄											
	1	2	3	4	5	6	7	8	9	0	a	b
21	①	②	③	④	⑤	⑥	⑦	⑧	⑨	⓪	ⓐ	ⓑ
22	①	②	③	④	⑤	⑥	⑦	⑧	⑨	⓪	ⓐ	ⓑ
23	①	②	③	④	⑤	⑥	⑦	⑧	⑨	⓪	ⓐ	ⓑ
24	①	②	③	④	⑤	⑥	⑦	⑧	⑨	⓪	ⓐ	ⓑ
25	①	②	③	④	⑤	⑥	⑦	⑧	⑨	⓪	ⓐ	ⓑ
26	①	②	③	④	⑤	⑥	⑦	⑧	⑨	⓪	ⓐ	ⓑ
27	①	②	③	④	⑤	⑥	⑦	⑧	⑨	⓪	ⓐ	ⓑ
28	①	②	③	④	⑤	⑥	⑦	⑧	⑨	⓪	ⓐ	ⓑ
29	①	②	③	④	⑤	⑥	⑦	⑧	⑨	⓪	ⓐ	ⓑ
30	①	②	③	④	⑤	⑥	⑦	⑧	⑨	⓪	ⓐ	ⓑ
31	①	②	③	④	⑤	⑥	⑦	⑧	⑨	⓪	ⓐ	ⓑ
32	①	②	③	④	⑤	⑥	⑦	⑧	⑨	⓪	ⓐ	ⓑ
33	①	②	③	④	⑤	⑥	⑦	⑧	⑨	⓪	ⓐ	ⓑ
34	①	②	③	④	⑤	⑥	⑦	⑧	⑨	⓪	ⓐ	ⓑ
35	①	②	③	④	⑤	⑥	⑦	⑧	⑨	⓪	ⓐ	ⓑ
36	①	②	③	④	⑤	⑥	⑦	⑧	⑨	⓪	ⓐ	ⓑ
37	①	②	③	④	⑤	⑥	⑦	⑧	⑨	⓪	ⓐ	ⓑ
38	①	②	③	④	⑤	⑥	⑦	⑧	⑨	⓪	ⓐ	ⓑ
39	①	②	③	④	⑤	⑥	⑦	⑧	⑨	⓪	ⓐ	ⓑ
40	①	②	③	④	⑤	⑥	⑦	⑧	⑨	⓪	ⓐ	ⓑ

理　科　解答用紙

注意事項

1　訂正は，消しゴムできれいに消し，消しくずを残してはいけません。
2　所定欄以外にはマークしたり，記入したりしてはいけません。
3　汚したり，折りまげたりしてはいけません。

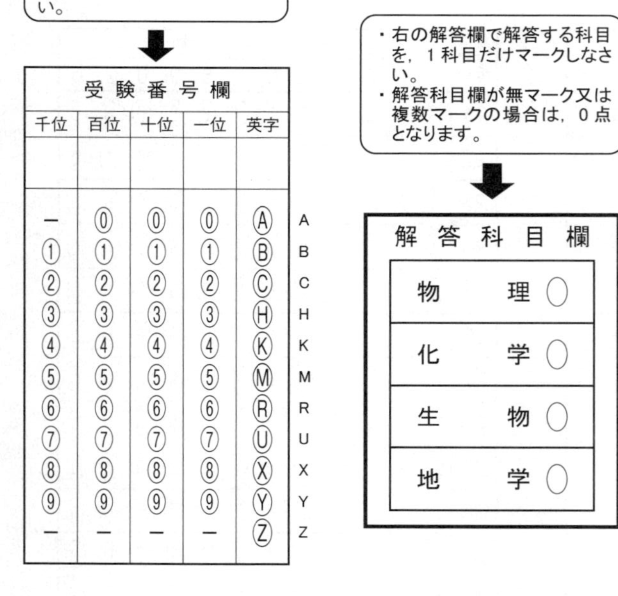

マーク例

良い例	悪い例
●	⊙ ⊗ ◉ ○

受験番号を記入し，その下のマーク欄にマークしなさい。

受験番号欄				
千位	百位	十位	一位	英字
–	⓪	⓪	⓪	Ⓐ
①	①	①	①	Ⓑ
②	②	②	②	Ⓒ
③	③	③	③	Ⓗ
④	④	④	④	Ⓚ
⑤	⑤	⑤	⑤	Ⓜ
⑥	⑥	⑥	⑥	Ⓡ
⑦	⑦	⑦	⑦	Ⓤ
⑧	⑧	⑧	⑧	Ⓧ
⑨	⑨	⑨	⑨	Ⓨ
–	–	–	–	Ⓩ

・右の解答欄で解答する科目を，1科目だけマークしなさい。
・解答科目欄が無マーク又は複数マークの場合は，0点となります。

解答科目欄	
物　　理	○
化　　学	○
生　　物	○
地　　学	○

氏名・フリガナ，試験場コードを記入しなさい。

フリガナ	
氏　名	

試験場コード	十万位	万位	千位	百位	十位	一位

駿　台　文　庫

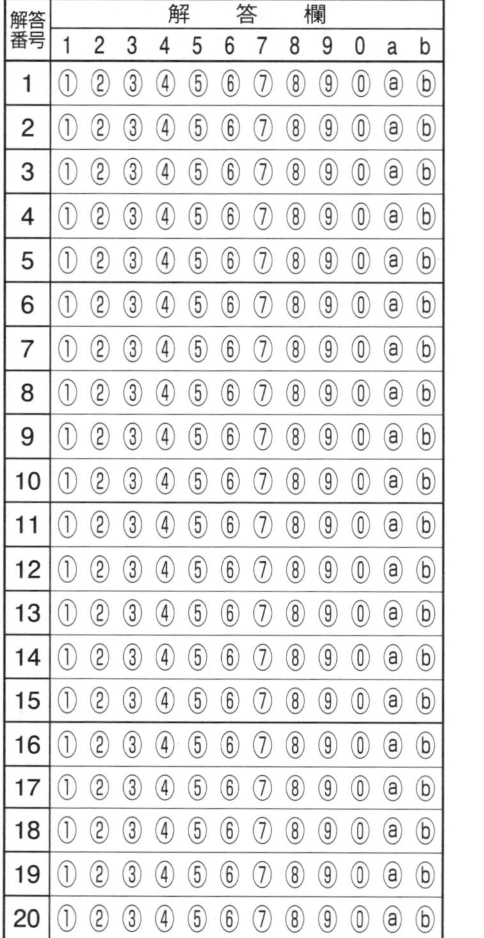

解答番号	解	答	欄									
	1	2	3	4	5	6	7	8	9	0	a	b
1	①	②	③	④	⑤	⑥	⑦	⑧	⑨	⓪	ⓐ	ⓑ
2	①	②	③	④	⑤	⑥	⑦	⑧	⑨	⓪	ⓐ	ⓑ
3	①	②	③	④	⑤	⑥	⑦	⑧	⑨	⓪	ⓐ	ⓑ
4	①	②	③	④	⑤	⑥	⑦	⑧	⑨	⓪	ⓐ	ⓑ
5	①	②	③	④	⑤	⑥	⑦	⑧	⑨	⓪	ⓐ	ⓑ
6	①	②	③	④	⑤	⑥	⑦	⑧	⑨	⓪	ⓐ	ⓑ
7	①	②	③	④	⑤	⑥	⑦	⑧	⑨	⓪	ⓐ	ⓑ
8	①	②	③	④	⑤	⑥	⑦	⑧	⑨	⓪	ⓐ	ⓑ
9	①	②	③	④	⑤	⑥	⑦	⑧	⑨	⓪	ⓐ	ⓑ
10	①	②	③	④	⑤	⑥	⑦	⑧	⑨	⓪	ⓐ	ⓑ
11	①	②	③	④	⑤	⑥	⑦	⑧	⑨	⓪	ⓐ	ⓑ
12	①	②	③	④	⑤	⑥	⑦	⑧	⑨	⓪	ⓐ	ⓑ
13	①	②	③	④	⑤	⑥	⑦	⑧	⑨	⓪	ⓐ	ⓑ
14	①	②	③	④	⑤	⑥	⑦	⑧	⑨	⓪	ⓐ	ⓑ
15	①	②	③	④	⑤	⑥	⑦	⑧	⑨	⓪	ⓐ	ⓑ
16	①	②	③	④	⑤	⑥	⑦	⑧	⑨	⓪	ⓐ	ⓑ
17	①	②	③	④	⑤	⑥	⑦	⑧	⑨	⓪	ⓐ	ⓑ
18	①	②	③	④	⑤	⑥	⑦	⑧	⑨	⓪	ⓐ	ⓑ
19	①	②	③	④	⑤	⑥	⑦	⑧	⑨	⓪	ⓐ	ⓑ
20	①	②	③	④	⑤	⑥	⑦	⑧	⑨	⓪	ⓐ	ⓑ

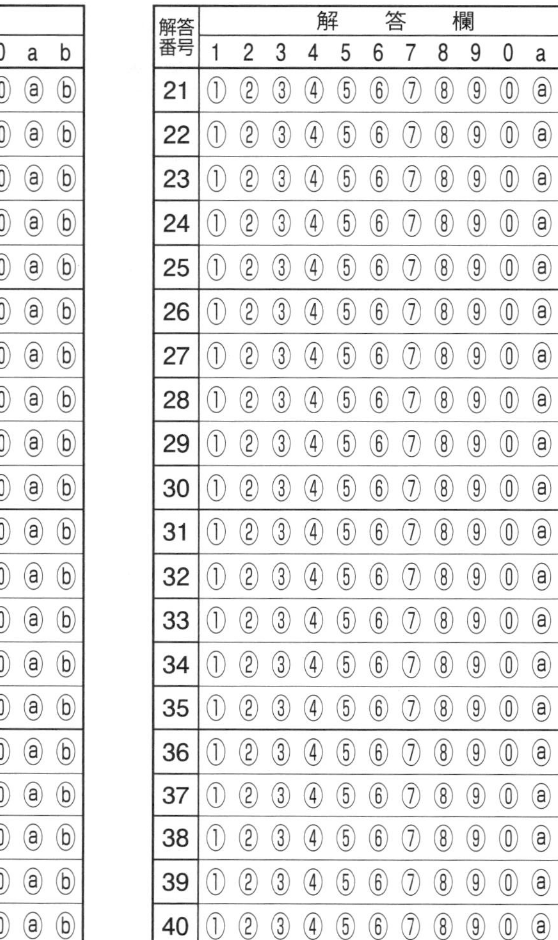

解答番号	解	答	欄									
	1	2	3	4	5	6	7	8	9	0	a	b
21	①	②	③	④	⑤	⑥	⑦	⑧	⑨	⓪	ⓐ	ⓑ
22	①	②	③	④	⑤	⑥	⑦	⑧	⑨	⓪	ⓐ	ⓑ
23	①	②	③	④	⑤	⑥	⑦	⑧	⑨	⓪	ⓐ	ⓑ
24	①	②	③	④	⑤	⑥	⑦	⑧	⑨	⓪	ⓐ	ⓑ
25	①	②	③	④	⑤	⑥	⑦	⑧	⑨	⓪	ⓐ	ⓑ
26	①	②	③	④	⑤	⑥	⑦	⑧	⑨	⓪	ⓐ	ⓑ
27	①	②	③	④	⑤	⑥	⑦	⑧	⑨	⓪	ⓐ	ⓑ
28	①	②	③	④	⑤	⑥	⑦	⑧	⑨	⓪	ⓐ	ⓑ
29	①	②	③	④	⑤	⑥	⑦	⑧	⑨	⓪	ⓐ	ⓑ
30	①	②	③	④	⑤	⑥	⑦	⑧	⑨	⓪	ⓐ	ⓑ
31	①	②	③	④	⑤	⑥	⑦	⑧	⑨	⓪	ⓐ	ⓑ
32	①	②	③	④	⑤	⑥	⑦	⑧	⑨	⓪	ⓐ	ⓑ
33	①	②	③	④	⑤	⑥	⑦	⑧	⑨	⓪	ⓐ	ⓑ
34	①	②	③	④	⑤	⑥	⑦	⑧	⑨	⓪	ⓐ	ⓑ
35	①	②	③	④	⑤	⑥	⑦	⑧	⑨	⓪	ⓐ	ⓑ
36	①	②	③	④	⑤	⑥	⑦	⑧	⑨	⓪	ⓐ	ⓑ
37	①	②	③	④	⑤	⑥	⑦	⑧	⑨	⓪	ⓐ	ⓑ
38	①	②	③	④	⑤	⑥	⑦	⑧	⑨	⓪	ⓐ	ⓑ
39	①	②	③	④	⑤	⑥	⑦	⑧	⑨	⓪	ⓐ	ⓑ
40	①	②	③	④	⑤	⑥	⑦	⑧	⑨	⓪	ⓐ	ⓑ

理　科　解答用紙

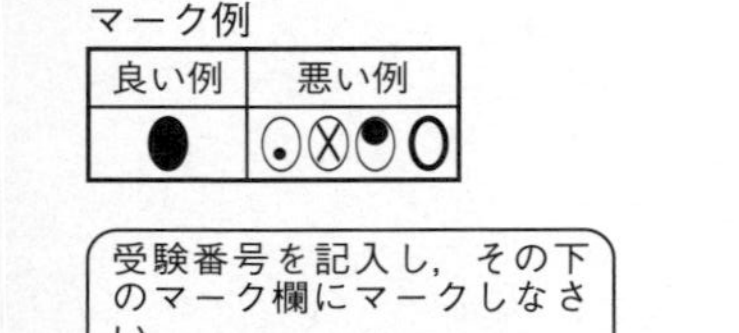

注意事項

1　訂正は，消しゴムできれいに消し，消しくずを残してはいけません。
2　所定欄以外にはマークしたり，記入したりしてはいけません。
3　汚したり，折りまげたりしてはいけません。

受験番号欄

千位	百位	十位	一位	英字
―	0	0	0	A
1	1	1	1	B
2	2	2	2	C
3	3	3	3	H
4	4	4	4	K
5	5	5	5	M
6	6	6	6	R
7	7	7	7	U
8	8	8	8	X
9	9	9	9	Y
―	―	―	―	Z

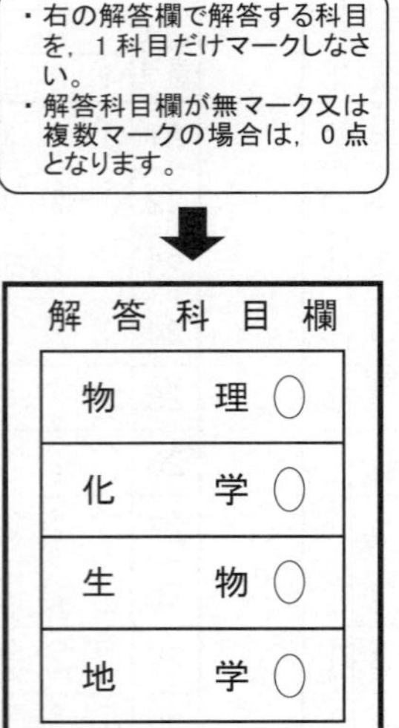

氏名・フリガナ，試験場コードを記入しなさい。

フリガナ	
氏　名	

試験場コード	十万位	万位	千位	百位	十位	一位

解答番号	1	2	3	4	5	6	7	8	9	0	a	b
1	1	2	3	4	5	6	7	8	9	0	a	b
2	1	2	3	4	5	6	7	8	9	0	a	b
3	1	2	3	4	5	6	7	8	9	0	a	b
4	1	2	3	4	5	6	7	8	9	0	a	b
5	1	2	3	4	5	6	7	8	9	0	a	b
6	1	2	3	4	5	6	7	8	9	0	a	b
7	1	2	3	4	5	6	7	8	9	0	a	b
8	1	2	3	4	5	6	7	8	9	0	a	b
9	1	2	3	4	5	6	7	8	9	0	a	b
10	1	2	3	4	5	6	7	8	9	0	a	b
11	1	2	3	4	5	6	7	8	9	0	a	b
12	1	2	3	4	5	6	7	8	9	0	a	b
13	1	2	3	4	5	6	7	8	9	0	a	b
14	1	2	3	4	5	6	7	8	9	0	a	b
15	1	2	3	4	5	6	7	8	9	0	a	b
16	1	2	3	4	5	6	7	8	9	0	a	b
17	1	2	3	4	5	6	7	8	9	0	a	b
18	1	2	3	4	5	6	7	8	9	0	a	b
19	1	2	3	4	5	6	7	8	9	0	a	b
20	1	2	3	4	5	6	7	8	9	0	a	b

解答番号	1	2	3	4	5	6	7	8	9	0	a	b
21	1	2	3	4	5	6	7	8	9	0	a	b
22	1	2	3	4	5	6	7	8	9	0	a	b
23	1	2	3	4	5	6	7	8	9	0	a	b
24	1	2	3	4	5	6	7	8	9	0	a	b
25	1	2	3	4	5	6	7	8	9	0	a	b
26	1	2	3	4	5	6	7	8	9	0	a	b
27	1	2	3	4	5	6	7	8	9	0	a	b
28	1	2	3	4	5	6	7	8	9	0	a	b
29	1	2	3	4	5	6	7	8	9	0	a	b
30	1	2	3	4	5	6	7	8	9	0	a	b
31	1	2	3	4	5	6	7	8	9	0	a	b
32	1	2	3	4	5	6	7	8	9	0	a	b
33	1	2	3	4	5	6	7	8	9	0	a	b
34	1	2	3	4	5	6	7	8	9	0	a	b
35	1	2	3	4	5	6	7	8	9	0	a	b
36	1	2	3	4	5	6	7	8	9	0	a	b
37	1	2	3	4	5	6	7	8	9	0	a	b
38	1	2	3	4	5	6	7	8	9	0	a	b
39	1	2	3	4	5	6	7	8	9	0	a	b
40	1	2	3	4	5	6	7	8	9	0	a	b

駿台

2025
大学入学共通テスト
実戦問題集

化学

【解答・解説編】

駿台文庫編

直前チェック総整理

1　物質の構成

[1] 原子構造

① **原子**

(1) 原子は直径が10^{-10}m（＝0.1nm）ぐらい，質量が10^{-24}〜10^{-22}gの小さい粒子で，さらに小さい粒子からなる（原子核の直径は，10^{-15}〜10^{-14}m）。

原子
- 原子核
  - 陽　子⇒正電荷を帯びた粒子
  - 中性子⇒電気的に中性の粒子
- 電　子⇒負電荷を帯びた粒子

(2) 陽子の質量≒中性子の質量≒電子の質量×1840

原子番号＝陽子の数＝電子の数

質量数＝陽子の数＋中性子の数

② **同位体**

(1) 原子番号（＝陽子の数）が同じで，質量数が異なる（中性子の数が異なる）原子を互いに同位体という。

(2) ほとんどの天然の元素には何種類かの同位体がある。

③ **電子配置**

(1) 原子内の電子は原則として原子核に近い内側の電子殻から順に埋まる。電子殻に収容しうる電子数は決まっている。

殻	K	L	M	N	………	n番目
電子数	2	8	18	32	………	$2n^2$

(2) **価電子**

原子の化学的性質を決める電子で，典型元素の原子の場合，最も外側の電子殻にある電子（最外殻電子）と等しい。ただし，最外殻電子が8個（Heは2個）である18族（貴ガス）の原子は，化学的に安定なので価電子をもたないものとする。

(3) 電子殻が収容しうる電子で満たされた状態を閉殻といい，化学的に安定である。

④ **イオン**

(1) 原子が安定な電子配置になるために，最外殻において電子を授受し，電気を帯びた粒子になる。

- 電子を受け入れる⇒陰イオン
- 電子を放出する⇒陽イオン

(2) **イオン化エネルギー**　気体状の原子1個から電子1個を取り除くのに必要な最小のエネルギー。

一般に
- 同じ族の典型元素では，周期表の下にあるほど小さい。
- 同じ周期の典型元素では，周期表の右にあるほど大きい。

イオン化エネルギーが小さいほど陽イオンになりやすい。

(3) **電子親和力**　気体状の原子1個が電子1個を取り入れたとき放出するエネルギー。17族のハロゲンが特に大きい。電子親和力が大きいほど陰イオンになりやすい。

[2] 化学式

① 元素記号を用いて，物質の分子や元素組成等を表す式の総称で，組成式（実験式），分子式，示性式，構造式，イオン式などがある。

② **組成式**　物質を構成する元素の原子数比を，最も簡単な整数比で表した式。

NaCl，$CuCl_2$，CaOなど。

[3] 化学量

① **原子量**

(1) 質量数12の炭素原子^{12}C 1個の質量を12とし，これに対する各原子の質量を相対質量という。

(2) 同位体を含む元素の原子量は，各同位体の相対質量に存在率を乗じた値の総和に等しい。

元素Aの同位体A_1，A_2，A_3の各相対質量をm_1，m_2，m_3，存在率をa_1%，a_2%，a_3%とすると

$$原子量 = m_1 \times \frac{a_1}{100} + m_2 \times \frac{a_2}{100} + m_3 \times \frac{a_3}{100}$$

② **分子量**

(1) ^{12}C 1個の質量を12としたときの各分子の相対質量をいう。

(2) 1つの分子を構成する原子の原子量の総和に等しい。

③ **式量**　組成式，イオン式に含まれる各原子の原子量の総和に等しい。NaCl＝23＋35.5＝58.5

④ **アボガドロ定数と物質量**（mol）

(1) 6.02×10^{23}個の粒子（原子，分子，イオン，電子など）の集団を1モル（mol）として，1モルあたりの粒子数をアボガドロ定数（記号N_A，単位/mol）という。$N_A = 6.02 \times 10^{23}$/mol

(2) すべての気体(理想気体)1モルは0℃，1.013×10^5 Pa(標準状態)で22.4Lを占める。

(3) 原子量，分子量にg単位をつけた質量中に含まれる原子数，分子数は1モル。

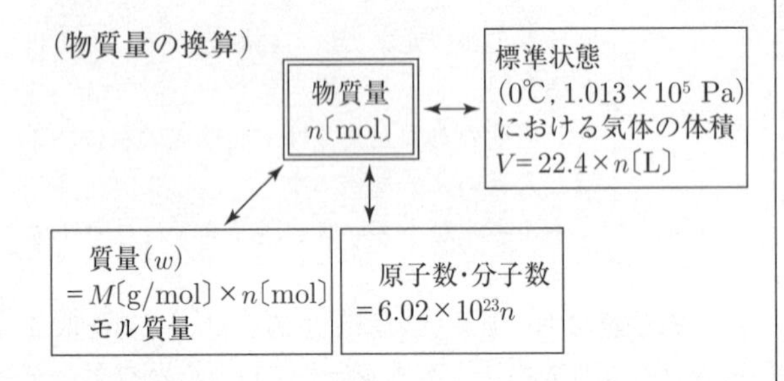

4 化学結合

① イオン結合

(1) 陽イオンと陰イオンの結合。

(2) 原子が安定な電子配置になるために原子間で価電子の一部または全部を授受して陽イオンと陰イオンになり，両者が静電気的な引力(クーロン力)で結合する。

② 共有結合

(1) 非金属元素どうしの結合。

(2) 結合する2つの原子が互いに不対電子を出し合って電子対をつくり，これを共有することで結合する。

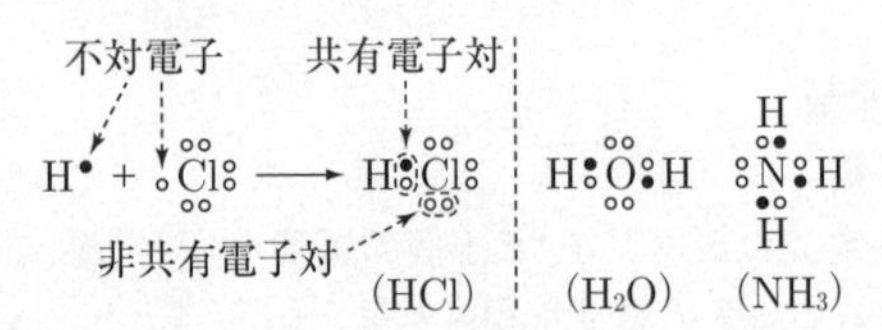

③ 配位結合

(1) 一方がもつ非共有電子対を他方と共有して結合する。

(2) 結合してしまうと共有結合と判別できない。

④ 金属結合

(1) 金属単体中の金属原子間の結合。

(2) 単体中の各金属原子が価電子を放出して陽イオンとなり，放出した電子を周囲の陽イオン全体で共有し，結合する。放出された電子は陽イオン間を自由に移動することができる(自由電子)。

5 分子の形

(直線) H−F　O＝C＝O　H−C≡C−H

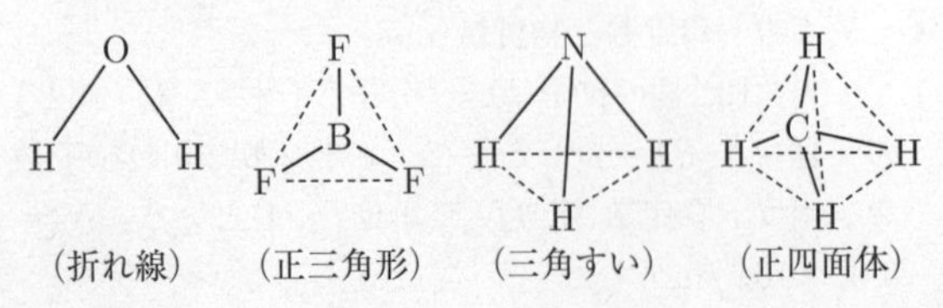

6 分子の極性

① 電気陰性度

(1) 2つの原子が共有結合するとき，それぞれの原子が共有電子対を引きつける力の強さの程度を表した値。(ただし，18族の貴ガスは除く。)

(2) 同じ周期の原子では，周期表の右にあるほど大きい。

(3) 同じ族では，族の上にあるほど大きい。

電気陰性度の大きさ：

非金属元素＞H(2.2)＞金属元素

② 結合の極性

結合する2つの原子に電気陰性度の差があるとき，共有電子対は電気陰性度の大きい原子の方に偏り，電気陰性度の大きい原子が負($\delta-$)に帯電し，電気陰性度の小さい原子が正($\delta+$)に帯電する。

$\overset{\delta+}{H}$: $\overset{\delta-}{O}$: $\overset{\delta+}{H}$
(2.2)⇨(3.4)⇦(2.2)(偏り)

③ 極性分子

(1) 分子中の結合の極性による正電荷の重心と負電荷の重心が一致しないとき，分子に正電荷を帯びた部分と負電荷を帯びた部分を生じる。

(2) 非対称構造の分子は分子中の結合の極性が打ち消されず，分子全体として極性をもつ。

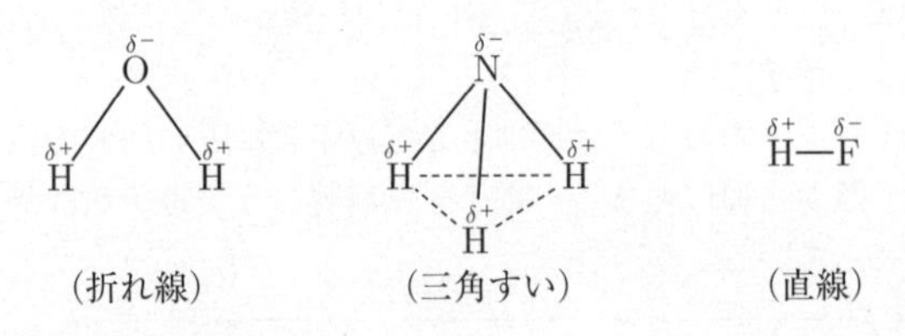

④ 無極性分子

(1) 分子中の結合の極性による正電荷の重心と，負電荷の重心が一致するとき，結合の極性が打ち消されて分子全体としての極性はなくなる。

(2) 対称構造の分子は無極性である。

7 結晶の種類と性質

① 結晶の種類

(1) **イオン結晶**：陽イオンと陰イオンが静電気的な引力(クーロン力)で結合する。NaCl，$CaSO_4$，$CuCl_2$，NH_4Clなど。

(2) **分子結晶**：分子が分子間力で結合する。I_2，S_8など。

(3) **共有結合の結晶**：すべての原子が共有結合で連続的に結合し，巨大分子を構成する。ダイヤモンド，SiO_2など。

② 粒子の結合力と性質

(1) **静電気な引力**：イオンのもつ電荷が大きいほど強く，

イオンの半径が小さいほど強い。

(2) **分子間力**：分子の形が類似しているとき，分子量が大きいほど強く，分子間距離が小さいほど強い。

(3) **水素結合**：極性の大きい分子間で，水素原子と，他の分子中の電気陰性度の大きい原子(F，O，N)の負電荷との間に働く力。一般に分子間力より強い。

③ **結晶の性質**

(1) 粒子間の結合力が強いほど融点が高い。結合力の強弱は次のようである。

(共有結合)＞(静電気的な引力)＞(金属結合)＞(水素結合)＞(分子間力)

強⟵　　　　⟶弱

(2) 構成粒子がイオンである結晶(イオン結晶)は融解，溶解すると電気をよく導く。

金属と黒鉛は電気を導く。

④ **結晶格子**

(1) 種類と格子定数(単位格子の1辺の長さ)と原子半径，原子数の関係。

	体心立方格子	面心立方格子	六方最密構造
			単位格子
1個の原子が接する原子の数	8	12	12
単位格子中の原子の数	$\frac{1}{8}\times8+1$ $=2$(個)	$\frac{1}{8}\times8+\frac{1}{2}\times6$ $=4$(個)	$\left(\frac{1}{6}\times12+\frac{1}{2}\times2+3\right)\times\frac{1}{3}=2$(個)
格子定数(l)と原子半径(r)の関係	$r=\frac{\sqrt{3}}{4}l$	$r=\frac{\sqrt{2}}{4}l$	—

(2) 密度 d (g/cm^3)と粒子のモル質量M(g/mol)との関係。

(a＝格子定数(cm)，b＝単位格子中の粒子数，N_A＝アボガドロ定数(/mol))

$$1\,\text{mol}の体積V(\text{cm}^3)=a^3\times\frac{N_A}{b}(\text{cm}^3)$$

$$密度d=\frac{質量(\text{g})}{体積(\text{cm}^3)}=\frac{M}{V}=\frac{Mb}{a^3\times N_A}(\text{g/cm}^3)$$

8 溶液の濃度と溶解度

① **溶液の濃度**

(1) **質量パーセント濃度**(%)：溶液100g中に溶けている溶質(無水物)のグラム数で表す。

$$\frac{溶質(\text{g})}{溶液(\text{g})}\times100=\frac{溶質(\text{g})}{(溶媒+溶質)(\text{g})}\times100(\%)$$

(2) **モル濃度**(mol/L)：溶液1L中に含まれる溶質の物質量(mol)で表す。

C(mol/L)の溶液V(mL)中に含まれる溶質の量(mol)は $\frac{CV}{1000}$(mol)

(3) **質量モル濃度**(mol/kg)：溶媒1000g(1Lではない)中に含まれる溶質の物質量(mol)で表す。

溶媒W(g)にモル質量がM(g/mol)の物質がw(g)溶けている溶液の質量モル濃度

$$m=\frac{w}{M}\times\frac{1000}{W}(\text{mol/kg})$$

② **溶解度**

(1) 一定温度で溶媒100gに溶けうる溶質(無水物)のグラフ数で表す。固体溶質の溶解度は，温度が高くなると大きくなる場合が多い。

(2) ある温度で溶解度がSである溶質の飽和溶液W(g)中に溶けている量をx(g)とすると，

溶液：溶質より　$(100+S):S=W:x$

(3) **溶質の析出**：t_1(℃)(溶解度S_1)の飽和溶液W(g)をt_2(℃)(溶解度S_2)まで冷却したときの析出量(無水物の場合)をx(g)とすると，**溶液：析出量**より，

$$(100+S_1):(S_1-S_2)=W:x$$

9 化学と人間生活

① **化学の成果**

(1)化石燃料の利用　(2)金属の製錬　(3)プラスチック，合成繊維の開発　(4)(ファイン)セラミックス　(5)化学肥料　(6)洗剤　(7)医薬品　など。

② **環境問題**

(1) **自然環境の破壊**

地球の温暖化，オゾン層の破壊，酸性雨，森林の破壊，海洋汚染など。

(2) **資源の枯渇**

2 物質の状態

1 気体の法則

① **アボガドロの法則**

(1) 同温，同圧，同体積の気体は同数の分子を含む。

(2) 同温，同圧では，体積比＝分子数比＝物質量(モル)比

(3)　0℃，1.013×10^5 Pa（標準状態）で22.4Lの気体は6.02×10^{23}個（1mol）の分子を含む。

②　ボイル・シャルルの法則

(1)　気体の体積Vは圧力Pに反比例し，絶対温度Tに比例する。

$$V=k\frac{T}{P}\qquad \frac{P_1V_1}{T_1}=\frac{P_2V_2}{T_2}$$

(2)　**絶対温度**　$T(\mathrm{K})=t(℃)+273$

絶対零度 ｛○気体の体積が0になる温度／○気体分子の熱運動が0になる温度｝

③　気体の状態方程式

(1)　$PV=nRT$

各単位を，PはPa，VはL，TはKを用いるとき，

$$R=\frac{PV}{nT}=\frac{1.013\times10^5\times22.4}{1\times273}$$

$$\fallingdotseq 8.31\times10^3\,\mathrm{Pa\cdot L/(K\cdot mol)}$$⇒気体定数

(2)　気体物質のモル質量をM(g/mol)，質量をw(g)とすると，

$$PV=\frac{w}{M}RT$$

④　理想気体と実在気体

(1)　気体の状態方程式$PV=nRT$が完全に成り立つ気体（仮想上の気体）を理想気体という。

(2)　実在気体は高温，低圧ほど理想気体に近づく。

（実在気体）｛高温⇒熱運動が大きく，分子間力を無視しうる／低圧⇒分子間距離が大きく，分子自体の体積や分子間力を無視しうる｝

⑤　分圧の法則

(1)　混合気体の全圧は，成分気体の分圧の和に等しい。

$P=p_A+p_B+p_C+\cdots\cdots$（ドルトンの分圧法則）

(2)　混合気体中の成分気体の分圧は，その物質量に比例。

$p_A:p_B:p_C:\cdots\cdots=n_A:n_B:n_C:\cdots\cdots$

(3)　分圧はモル分率に比例する。

$$p_A=P\times\frac{n_A}{n_A+n_B+n_C+\cdots\cdots}$$

2　希薄溶液の性質

①　沸点上昇，凝固点降下

(1)　溶液の沸点上昇度，凝固点降下度Δtは，不揮発性の溶質粒子（分子やイオン）の質量モル濃度mに比例する。

$$\Delta t=Km$$

(2)　**モル沸点上昇**(K_b)，**モル凝固点降下**(K_f)：溶媒1kgに不揮発性の非電解質が1mol溶けている溶液（＝1mol/kg）の沸点上昇度，凝固点降下度をいう。上の式の比例定数Kに相当するもので，溶質粒子の種類に関係なく，溶媒固有の数値である。

(3)　**モル質量との関係**：モル質量M(g/mol)の溶質w(g)が溶媒W(g)に溶けているとき，

$$\Delta t=K\times\frac{w}{M}\times\frac{1000}{W}$$

(4)　**電離度との関係**　m(mol/kg)の$Al_2(SO_4)_3$の電離度をαとすると，

$$\left.\begin{array}{lll} Al_2(SO_4)_3 & \longrightarrow & 2Al^{3+}+3SO_4{}^{2-} \\ m(1-\alpha) & & 2m\alpha \quad 3m\alpha \end{array}\right\}\ m'=m(1+4\alpha)$$

$$\Delta t=Km'=Km(1+4\alpha)$$

②　浸透圧

(1)　浸透圧π(Pa)は，溶質粒子（分子やイオン）のモル濃度C(mol/L)，絶対温度をT(K)とすると

$\pi=CRT$　または　$\pi V=nRT$　（∵　$C=n/V$）

(2)　**液柱の高さと圧力**　溶液の密度をd(g/cm^3)，液柱の高さをh(cm)とすると，（Hgの密度＝13.6g/cm^3）

$h\times d=$水銀柱h'(cm)$\times13.6$

$$圧力(\mathrm{Pa})=\frac{水銀柱h'(\mathrm{cm})}{76\,\mathrm{cm/atm}}\times1.013\times10^5\,\mathrm{Pa/atm}$$

$$=\frac{hd}{13.6\times76}\times1.013\times10^5\,\mathrm{Pa}$$

d(g/cm^3)　h(cm)

3　コロイド溶液

①　**コロイド粒子**　直径が10^{-9}m(1nm)〜10^{-7}m(10^2nm)ぐらいの粒子で，原子（＝10^{-10}m）10^3〜10^9個からなる粒子。

②　コロイドの種類

(1)　**分子コロイド**：1個の分子が1個のコロイド粒子を形成している。タンパク質などの高分子化合物。

(2)　**会合コロイド**：小さい分子が数多く集まって1個のコロイド粒子を形成している。セッケン，染料など。

(3)　**分散コロイド**：巨大分子や金属などが細かくなって1個のコロイド粒子を形成している。粘土コロイド，金属コロイド，硫黄コロイド。

(4)　**親水コロイド**：水分子を吸着しやすい粒子で，安定である。有機化合物のコロイドに多い。

(5)　**疎水コロイド**：水分子を吸着しにくい粒子で，不安定で凝析しやすい。無機物質のコロイドに多い。

(6)　**保護コロイド**：疎水コロイドを安定化（親水性に）させる目的で用いる親水コロイドをいう。

③　コロイド溶液の性質

(1)　**チンダル現象**：光の通路が光って見える⇒粒子が大

きく，光を乱反射するために起こる。

(2) **ブラウン運動**：限外顕微鏡で見えるコロイド粒子の不規則な運動⇒熱運動している分散媒粒子がコロイド粒子に衝突するために起こる。

(3) **電気泳動**：コロイド溶液に直流電圧を加えると，コロイド粒子が一方の極のほうに引かれる。⇔コロイド粒子が正または負の電気を帯びているために起こる。

(4) **凝析**：疎水コロイドに少量の電解質を加えると，コロイド粒子が凝集し沈殿する。⇒コロイド粒子の電荷が，反対符号の電荷をもつイオンにより電気的に中和されるために起こる。

(5) **塩析**：親水コロイドに多量の電解質を加えると，コロイド粒子が凝集し沈殿する。

(6) **透析**：コロイドと普通の溶質との混合溶液を半透膜(セロハン,細胞膜など)の袋に入れて水の中に浸すと，普通の溶質は半透膜を通って外へ出る。⇒コロイド粒子は大きく半透膜を通過できない。

3　物質の変化

1 酸・塩基

① **酸と塩基**

(1) **酸**　H^+となりうるHをもつ物質。そのHの数により，1価，2価，……の酸に分類する。

(2) **塩基**　OH^-をもつ物質。そのOH^-の数により1価，2価，……の塩基に分類する。

(3) **酸・塩基の強弱**　電離度の大きい酸や塩基を，強酸，強塩基という。

強酸：HCl(HBr，HI)，HNO_3，H_2SO_4
弱酸：主に上記の強酸以外の酸

強塩基：{アルカリ金属(Li，Na，K，…)，アルカリ土類金属の一部(Ca, Sr, Ba, …)}の水酸化物
弱塩基：主に上記の強塩基以外の塩基

② **中和反応**

(1) 酸と塩基が反応して塩と水を生じる反応

$$H^+(\text{酸}) + OH^-(\text{塩基}) \longrightarrow H_2O$$
$$HCl + NaOH \longrightarrow NaCl + H_2O$$
$$H_2SO_4 + 2NaOH \longrightarrow Na_2SO_4 + 2H_2O$$

(2) 酸性酸化物＋塩基

$$CO_2 + 2NaOH \longrightarrow Na_2CO_3 + H_2O$$

塩基性酸化物＋酸

$$CaO + 2HCl \longrightarrow CaCl_2 + H_2O$$

（以上，中和反応の一種）

(3) **中和滴定**　酸と塩基がちょうど中和するとき，

(酸から生じるH^+の物質量)
＝(塩基から生じるOH^-の物質量)

C_1(mol/L)の酸(価数a)のV_1(mL)と，C_2(mol/L)の塩基(価数b)のV_2(mL)がちょうど中和したとき，

$$\frac{C_1V_1}{1000}\times a=\frac{C_2V_2}{1000}\times b$$

③ **塩**

(1) 正塩，酸性塩(H^+となりうるHを含む塩)，塩基性塩(OH^-を含む塩)がある。

(2) **塩の液性**　塩の水溶液は必ずしも中性ではなく，成分の酸・塩基の強弱によって決まる。

成分の酸・塩基		液　性	加水分解
酸	塩基		
強	強	正塩なら中性	なし
強	弱	酸性	あり
弱	強	塩基性	あり

(注)　大 ←― pH ―→ 小
塩基性　塩基性　中性　酸性
$Na_2CO_3 > NaHCO_3 > NaNO_3 > NaHSO_4$
(正塩)　(酸性塩)　(正塩)　(酸性塩)

④ **1価の酸・塩基の**$[H^+]$，$[OH^-]$**とpH**

(1) 強酸：$[H^+]$＝酸(1価)の濃度(mol/L)
弱酸：$[H^+]$＝酸(1価)の濃度(mol/L)×電離度

(2) 強塩基：$[OH^-]$＝塩基(1価)の濃度(mol/L)
弱塩基：$[OH^-]$＝塩基(1価)の濃度(mol/L)×電離度

(3) **pH**：酸性・塩基性の強弱を表す値。

$$pH = -\log_{10}[H^+]$$

$$[H^+] = 10^{-n}\ \text{mol/L} \Leftrightarrow pH = n$$

常温(25℃)では，
酸性⇒pH＜7，中性⇒pH＝7，塩基性⇒pH＞7

(4) 水のイオン積K_W

$$H_2O \rightleftarrows H^+ + OH^-$$

$$K_W = [H^+][OH^-] = 1.0\times10^{-14}(\text{mol/L})^2 (25℃)$$

2 熱化学

① **エンタルピー変化を付した化学反応式**

$$H_2(\text{気}) + \frac{1}{2}O_2(\text{気}) \longrightarrow H_2O(\text{液})\quad \Delta H = -286\,\text{kJ}$$

1mol　$\frac{1}{2}$mol　1mol
エンタルピー　H_1(kJ)　H_2(kJ)

エンタルピー変化(反応エンタルピー) $\Delta H = H_2 - H_1$
$\Delta H < 0\ (H_2 < H_1)$⇒発熱
$\Delta H > 0\ (H_2 > H_1)$⇒吸熱

② **ヘスの法則**　物質の最初の状態と最後の状態が決まれば，その間に出入りする熱量(エンタルピー変化)の

総和は，反応経路に関係なく常に一定である。

（例）　CH_4(気)＋$2O_2$(気) ⟶ CO_2(気)＋$2H_2O$(液)
$\Delta H=-891\,kJ$ ……(i)

CH_4(気)⟶C(固)＋$2H_2$(気)　$\Delta H=75\,kJ$ ……(ii)

C(固)＋O_2(気)⟶CO_2(気)　$\Delta H=-394\,kJ$……(iii)

H_2(気)＋$\frac{1}{2}O_2$(気) ⟶ H_2O(液)　$\Delta H=-286\,kJ$
……(iv)

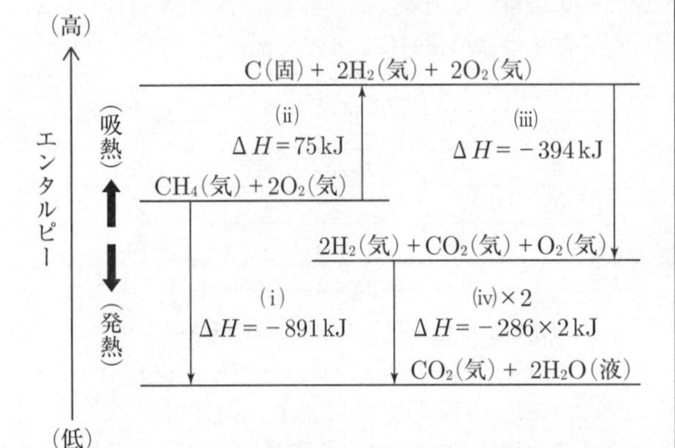

③　**結合エネルギー(結合エンタルピー)**　共有結合を切断して，ばらばらの原子にするのに必要なエネルギー。結合1mol当たりの熱量で表す。

3　酸化と還元

①　酸化と還元

○次の変化を酸化または還元と定義する。

	酸素	水素	電子	酸化数
酸化	と反応	を失う	を失う	が増加する
還元	を失う	と反応	を得る	が減少する

○酸化と還元は必ず同時に起こる。

②　酸化数の決め方

(1)　単体の原子の酸化数＝0
　単原子イオンの酸化数＝±(イオンの価数)

(2)　化合物ではOとHの酸化数を，O＝－2，H＝＋1とし，これを基準として，(化合物を構成する各原子の酸化数の総和)＝0から決める。

（注）　H_2O_2で，Oの酸化数は－1。NaHで，Hの酸化数は－1。

　O，H以外に，次の各原子の酸化数を基準としてよい。

化合物中の
- アルカリ金属(Li，Na，K，…)＝＋1
- アルカリ土類金属(Ca，Sr，Ba，…)＝＋2

ただし，多原子イオンでは(イオンを構成する各原子の酸化数の総和)＝±(イオンの価数)から決める。

③　酸化剤と還元剤

(1)　酸化剤
- ○他の物質を酸化する物質⇒e^-を奪う。
- ○自分自身は還元されやすい。

(2)　還元剤
- ○他の物質を還元する物質⇒e^-を与える。
- ○自分自身は酸化されやすい。

(3)　H_2O_2，SO_2は酸化剤にも還元剤にもなりうる。

0　　　－1　　　－2
$\underline{O}_2$ ⟵ $H_2\underline{O}_2$ ⟶ $H_2\underline{O}$

－2　　0　　＋4　　＋6
$H_2\underline{S}$　$\underline{S}$ ⟵ $\underline{S}O_2$ ⟶ $H_2\underline{S}O_4$

(4)　**酸化還元反応**　酸化剤と還元剤の各反応式で，e^-が互いに消去されるようにイオン反応式をつくる。

$MnO_4^-+8H^++5e^- \longrightarrow Mn^{2+}+4H_2O$ (×2)
＋)　$H_2O_2 \longrightarrow O_2+2H^++2e^-$ (×5)
} e^-10個を授受

$2MnO_4^- + 5H_2O_2 + 6H^+ \longrightarrow 2Mn^{2+} + 5O_2 + 8H_2O$

(5)　**電子e^-を含んだ式**

酸化剤	$X_2 + 2e^- \longrightarrow 2X^-$　(X＝F，Cl，Br，I) $MnO_4^- + 8H^+ + 5e^- \longrightarrow Mn^{2+} + 4H_2O$ $Cr_2O_7^{2-} + 14H^+ + 6e^- \longrightarrow 2Cr^{3+} + 7H_2O$ (濃) $HNO_3 + H^+ + e^- \longrightarrow NO_2 + H_2O$ (希) $HNO_3 + 3H^+ + 3e^- \longrightarrow NO + 2H_2O$ (熱濃) $H_2SO_4 + 2H^+ + 2e^- \longrightarrow SO_2 + 2H_2O$ $H_2O_2 + 2H^+ + 2e^- \longrightarrow 2H_2O$ ($SO_2 + 4H^+ + 4e^- \longrightarrow S + 2H_2O$)
還元剤	$M \longrightarrow M^+ + e^-$　(M＝Li，Na，K) $H_2S \longrightarrow S + 2H^+ + 2e^-$ $Sn^{2+} \longrightarrow Sn^{4+} + 2e^-$ $Fe^{2+} \longrightarrow Fe^{3+} + e^-$ $C_2O_4^{2-} \longrightarrow 2CO_2 + 2e^-$ $SO_2 + 2H_2O \longrightarrow SO_4^{2-} + 4H^+ + 2e^-$ ($H_2O_2 \longrightarrow O_2 + 2H^+ + 2e^-$)

4　電池・電気分解

①　金属のイオン化傾向

(1)　金属は陽イオンになろうとする性質がある。イオン化傾向が大きいほど，化学的に活性で，酸化されやすく，還元力が強い。

(2)　**金属単体と金属イオンの反応**　イオン化傾向の小さい金属のイオンM_1^{n+}の水溶液に，イオン化傾向の大きい金属M_2の単体を入れると，M_2がイオンとなって溶出し，M_1が金属となって析出する。

$$2Ag^+aq + Cu \longrightarrow Cu^{2+}aq + 2Ag\text{(銀樹)}$$

② **電池**

(1) **ダニエル電池**　$(-)Zn | ZnSO_4aq | CuSO_4aq | Cu(+)$

⊖$Zn \longrightarrow Zn^{2+} + 2e^-$，⊕$Cu^{2+} + 2e^- \longrightarrow Cu$

(2) **マンガン乾電池**　$(-)Zn|ZnCl_2aq,NH_4Claq|MnO_2 \cdot C(+)$

(3) **鉛蓄電池**　$(-)Pb | H_2SO_4aq | PbO_2(+)$

$(-)Pb + SO_4^{2-} \longrightarrow PbSO_4 + 2e^-$

$(+)PbO_2 + 4H^+ + SO_4^{2-} + 2e^- \longrightarrow PbSO_4 + 2H_2O$

○放電するとH_2SO_4が消費され，H_2Oを生じるため硫酸の濃度(密度)が減少する。これを充電すると逆反応が進み，もとに戻る。

③ **電気分解**

(1) **電気分解**　電解質(MX)の水溶液に2枚の電極を浸し，直流電流を流すと，イオンが電極に引かれ，物質が分解される。

$$MX \longrightarrow M^{n+} + X^{n-}$$

(2) **陽イオンの還元されやすさ**(陰極)

大←イオン化傾向→小

a：K，Ca，Na，Mg，Al，（H_2を発生）　b：Zn，Fe，…Cu，Hg，Ag（金属を析出）

イオン化傾向が
- aの金属イオンのとき
  ⇒ $2H^+ + 2e^- \longrightarrow H_2$(酸性下)
  $2H_2O + 2e^- \longrightarrow H_2 + 2OH^-$(中性～塩基性下)
- b金属イオンのとき⇒$M^{n+} + ne^- \longrightarrow M$

(3) **陰イオンの酸化されやすさ**(陽極)

Cl^-, Br^-, I^-(単原子イオン) ＞ OH^- ＞ SO_4^{2-}, NO_3^-(多原子イオン)

- 単原子イオン：$2X^- \longrightarrow X_2 + 2e^-$
- OH^-・多原子イオン：
  $4OH^- \longrightarrow 2H_2O + O_2 + 4e^-$(塩基性下)
  $2H_2O \longrightarrow O_2 + 4H^+ + 4e^-$(中性～酸性下)

陽極に黒鉛, Au，Pt以外の金属を用いるとき

C，Au，Ptはイオンになりにくいので陰イオンが酸化されるが，C，Au，Pt以外の金属を用いると，これらの金属が酸化されて陽イオンとなる(一般に溶け出す)。

④ **ファラデーの法則**

(1) 1molのe^-がもつ電気量の絶対値

＝96500(C，クーロン)

ファラデー定数F＝96500(C/mol)

1(C)＝1(A，アンペア)×1(s，秒)

i(A)の電流をt(s)間通じたときに流れる電子の物質量 $= \dfrac{it}{96500}$(mol)

(2) 電極反応で，e^- 1molは96500Cの電気量をもつ。

$Cu^{2+} + 2e^- \longrightarrow Cu$　2mol：1mol

$4OH^- \longrightarrow O_2 + 2H_2O + 4e^-$　1mol：4mol

5 反応速度と化学平衡

① **反応速度**

(1) 単位時間に反応または生成する物質の濃度変化で表す(正の値で表す)。

(2) **活性化エネルギー**：物質が反応を起こすのに必要なエネルギーをいう。

活性化エネルギーが大きいほど，反応が起こりにくい(＝反応速度小)。

(3) **反応速度を変える因子**

○濃度⇒反応物質の濃度が大きいほど，粒子の衝突回数が多くなり，反応速度が大きくなる。

○温度⇒温度が高いほど，活性化エネルギー以上のエネルギーをもつ分子が多くなり，反応速度が大きくなる。

○触媒⇒活性エネルギーを減少＝反応速度大

○固体物質では表面積が大きいほど反応速度は大きく，光で大きくなる反応(光化学反応)もある。

② **化学平衡**

(1) **可逆反応**：反応条件(濃度・温度・圧力)によって，正逆いずれにも進みうる反応。

(2) **化学平衡**：可逆反応で，正逆両方向の反応速度が等しくなり，反応が停止したように見える状態をいう。

(3) **平衡定数K**

$$aA + bB \rightleftarrows xX + yY$$

$$K = \frac{[X]^x[Y]^y}{[A]^a[B]^b}$$（温度で決まる値）

③ **ルシャトリエの原理**：可逆反応が平衡状態にあるとき，反応条件(濃度・温度・圧力)を変えると，条件の変化を和らげる(妨げる)方向に反応が進み，新しい平衡状態になる。

(1) **濃度**：平衡状態にある1つの物質について，

濃度を
- 大きくする⇒その物質の濃度が減少する方向に移動
- 小さくする⇒その物質の濃度が増加する方向に移動

(2) **温度** { 高くする⇒吸熱の方向に移動 / 低くする⇒発熱の方向に移動

(3) **圧力** { 高くする⇒気体分子数が減る方向に移動 / 低くする⇒気体分子数が増す方向に移動

(4) **触媒**：左右両方向の速度を同じだけ速くするので，平衡は移動しない。

④ **エンタルピー(H)とエントロピー(S)**

物質の変化は，エンタルピーが減少($\Delta H < 0$)する方向と，乱雑さ(エントロピーS)が増大($\Delta S > 0$)する方向に進もうとする。

$\Delta H < 0$かつ$\Delta S > 0$⇒自発的に進む

$\Delta H > 0$かつ$\Delta S < 0$⇒進まない

4 無機物質

1 ハロゲン元素とその化合物

① **ハロゲン元素(17族)**

(1) 最外殻に7(族番号の末尾数)個の電子があり，いずれも1価の陰イオンになりやすい。

(2) **製法** ハロゲン化水素を酸化剤で酸化する(F_2は除く)。

$$4HCl + MnO_2 \longrightarrow MnCl_2 + 2H_2O + Cl_2$$

(3) **性質**

	F_2	Cl_2	Br_2	I_2
色	淡黄色	黄緑色	赤褐色	黒紫色
状 態	気 体	気 体	液 体	固 体
反応性(酸化力) 大				小

② **ハロゲン化水素**

(1) **製法** ハロゲン化物に濃硫酸を加えて加熱する。

(例) $NaCl + H_2SO_4 \longrightarrow NaHSO_4 + HCl$

(2) **性質** いずれも無色，刺激臭をもつ物質で，水溶液は酸性を示す。

	HF	HCl	HBr	HI
状 態	気体	気体	気体	気体
酸 性	弱酸性	強酸性	強酸性	強酸性

③ **塩化水素HCl**

(1) **製法** $H_2 + Cl_2 \longrightarrow 2HCl$

(2) NH_3と反応して白煙を生じる。

$$HCl(気) + NH_3(気) \longrightarrow NH_4Cl(白色・粉末)$$

④ **フッ化水素HF**

(1) **製法** ホタル石(CaF_2)に濃硫酸を加えて加熱する。

$$CaF_2 + H_2SO_4 \longrightarrow CaSO_4 + 2HF$$

(2) **性質** 水溶液は弱酸性を示す。気体および水溶液はガラスを侵す。

$$SiO_2 + \underset{(水溶液)}{6HF} \longrightarrow H_2SiF_6 + 2H_2O$$

2 硫黄とその化合物

① **硫黄**

(1) 斜方硫黄，単斜硫黄，ゴム状硫黄の3種の同素体がある。

(2) 常温で黄色の固体(斜方硫黄)で，水に不溶，空気中で燃焼する。 $S + O_2 \longrightarrow SO_2$

② **二酸化硫黄SO_2**

(1) 銅に濃硫酸を加えて加熱する。

$$Cu + 2H_2SO_4 \longrightarrow CuSO_4 + 2H_2O + SO_2$$

(2) 無色・刺激臭の気体で，弱酸性，還元性を示す。

③ **硫酸H_2SO_4**

(1) 接触法で製造される。

○硫黄を燃焼させる。 $S + O_2 \longrightarrow SO_2$

○SO_2を酸化する。(V_2O_5触媒) $2SO_2 + O_2 \longrightarrow 2SO_3$

○SO_3を水と反応させる。 $SO_3 + H_2O \longrightarrow H_2SO_4$

(2) 濃硫酸は無色の重い液体で，酸化力(加熱時)，脱水性，吸湿性が強い。希硫酸は強い酸性を示す。

$NaCl + H_2SO_4 \longrightarrow NaHSO_4 + HCl$

(硫酸の不揮発性を利用した反応)

$C_2H_5OH \longrightarrow C_2H_4 + H_2O$

(濃硫酸の脱水作用を利用した反応)

$Zn + H_2SO_4 \longrightarrow ZnSO_4 + H_2$

(希硫酸の酸性を利用した反応)

④ **硫化水素H_2S**

(1) 硫化鉄(Ⅱ)に強酸を加えてつくる。

$$FeS + H_2SO_4 \longrightarrow FeSO_4 + H_2S$$

(2) 無色・腐卵臭の気体で有毒。還元性が強く，水溶液は弱酸性を示す。

(3) 多くの金属イオンと反応して有色の硫化物を沈殿させる。

3 窒素とその化合物

① **窒素N_2**

(1) 無色・無臭の気体で，空気の体積の約4/5を占める。化学的には比較的安定である。

(2) 高温では，水素，酸素，マグネシウムなどと反応する。

② **酸化物** N_2O，NO，NO_2，N_2O_4，N_2O_5など。

NOとNO_2の製法

$3Cu + 8HNO_3$(希) $\longrightarrow$ $3Cu(NO_3)_2 + 2NO + 4H_2O$

$Cu + 4HNO_3$(濃) $\longrightarrow$ $Cu(NO_3)_2 + 2NO_2 + 2H_2O$

③ **アンモニア**NH_3

(1) ハーバー・ボッシュ法で合成。

$$3H_2 + N_2 \longrightarrow 2NH_3$$ (高圧，約500℃，鉄触媒)

(2) 無色・刺激臭の気体。水によく溶ける。水溶液は弱塩基性を示す。

$$NH_3 + H_2O \rightleftarrows NH_4^+ + OH^-$$

④ **硝酸**HNO_3

(1) オストワルト法によって製造する。

○$4NH_3 + 5O_2 \longrightarrow 4NO + 6H_2O$ (触媒：Pt)

○$2NO + O_2 \longrightarrow 2NO_2$

○$3NO_2 + H_2O \longrightarrow 2HNO_3 + NO$

(2) 無色・揮発性の液体。濃硝酸・希硝酸ともに強い酸化力を示し，銅，銀等と反応する(→②)。硝酸は強酸。

4 アルカリ金属(1族)とその化合物

① **アルカリ金属** Li，Na，K，Rb，Cs

(1) 最外殻に1(族番号の末尾数)個の電子があり，1価の陽イオンになりやすい。

(2) イオン化傾向が大きくて還元性が強く，常温の水と激しく反応する。石油中に保存する。

$$2Na + 2H_2O \longrightarrow 2NaOH + H_2$$

(3) 特有の炎色反応を示す。Li：赤，Na：黄，K：紫。

② **水酸化物**

(1) 塩化物の水溶液の電気分解で製造する。

$$2NaCl + 2H_2O \longrightarrow 2NaOH + \overset{\oplus極}{Cl_2} + \overset{\ominus極}{H_2}$$

(2) 白色の固体で水に溶けやすく，強い塩基性を示す。

③ **炭酸ナトリウム**Na_2CO_3

(1) ソルベー(アンモニアソーダ)法によって製造する。

○$NaCl + NH_3 + CO_2 + H_2O \longrightarrow NaHCO_3 + NH_4Cl$

○$2NaHCO_3 \longrightarrow Na_2CO_3 + H_2O + CO_2$ (熱分解)

(2) 結晶($Na_2CO_3 \cdot 10H_2O$)は風解性がある。

$$Na_2CO_3 \cdot 10H_2O \longrightarrow Na_2CO_3 \cdot H_2O(白色・粉末) + 9H_2O$$

(3) 水溶液は塩基性を示す。

(4) 強酸と反応してCO_2を発生する。

$$Na_2CO_3 + 2HCl \longrightarrow 2NaCl + H_2O + CO_2$$

④ **炭酸水素ナトリウム**$NaHCO_3$

(1) ソルベー法の中間生成物として得られる。

(2) ベーキングパウダーや胃腸薬などに利用。

(3) 熱分解するとNa_2CO_3となりCO_2を発生する。

$$2NaHCO_3 \longrightarrow Na_2CO_3 + H_2O + CO_2$$

(4) 酸と反応してCO_2を発生する。

$$NaHCO_3 + HCl \longrightarrow NaCl + H_2O + CO_2$$

5 アルカリ土類金属(2族)とその化合物

① **アルカリ土類金属**

(1) 2族のうち，Be，Mg以外の元素とBe，Mgとは，かなり異なる性質を示すことが多い。

	Mg	Ca	Sr	Ba
炎色反応	なし	赤橙	赤	黄緑
冷水との反応	反応せず		反応する	
水酸化物	弱塩基		強塩基	
硫酸塩	水に可溶		水に不溶	

(2) いずれも酸化されやすく，水と反応するため，石油中に保存する。

$$Ca + 2H_2O \longrightarrow Ca(OH)_2 + H_2$$

② **水酸化カルシウム**$Ca(OH)_2$

(1) 生石灰(CaO)を水と反応させてつくる。

$$CaO + H_2O \longrightarrow Ca(OH)_2$$ 消石灰

(2) 白色の粉末で，水に少し溶け，水溶液は塩基性を示す。これを石灰水という。

(3) 石灰水にCO_2を通すと白濁する(CO_2の検出)。

$$Ca(OH)_2 + CO_2 \longrightarrow CaCO_3\downarrow + H_2O$$

③ **炭酸カルシウム**$CaCO_3$

(1) 無色の結晶で，方解石，大理石，石灰石の主成分。

(2) 熱すると分解して生石灰になる。

$$CaCO_3 \longrightarrow CaO + CO_2$$

(3) CO_2を含む水に溶ける。⇒鍾乳洞の成因

$$CaCO_3 + CO_2 + H_2O \rightleftarrows Ca(HCO_3)_2$$

この反応は加熱すると逆向きに進む。

(4) 酸と反応してCO_2を生じる(CO_2の製法)。

$$CaCO_3 + 2HCl \longrightarrow CaCl_2 + H_2O + CO_2$$

6 アルミニウムとその化合物

① **アルミニウムAl**

(1) アルミナ(Al_2O_3)の溶融塩電解によって製造する。

(2) 銀白色の金属で，イオン化傾向が大きく酸化されやすいが，表面にAl_2O_3の膜を生じ内部を保護する。

(3) 両性を示し，酸にも強塩基にも溶ける。

$$2Al + 3H_2SO_4 \longrightarrow Al_2(SO_4)_3 + 3H_2$$
$$2Al + 2NaOH + 6H_2O \longrightarrow 2Na[Al(OH)_4] + 3H_2$$

(4) 酸化力のある酸(熱濃H_2SO_4，HNO_3)には表面にAl_2O_3の膜を生じ不動態となるため溶けない。

② **酸化物，水酸化物** いずれも両性を示し，酸にも強塩基にも溶ける。

$$Al_2O_3 + 6HCl \longrightarrow 2AlCl_3 + 3H_2O$$
$$Al_2O_3 + 2NaOH + 3H_2O \longrightarrow 2Na[Al(OH)_4]$$
$$Al(OH)_3 + 3HCl \longrightarrow AlCl_3 + 3H_2O$$
$$Al(OH)_3 + NaOH \longrightarrow Na[Al(OH)_4]$$

③ **ミョウバン$AlK(SO_4)_2 \cdot 12H_2O$**

(1) $Al_2(SO_4)_3$とK_2SO_4の混合溶液から再結晶すると得られる代表的な複塩(水に溶けると各成分イオンに電離する)。

$$AlK(SO_4)_2 \longrightarrow Al^{3+} + K^+ + 2SO_4^{2-}$$

(2) 無色，透明，正八面体の結晶，水に溶け，水溶液は弱酸性を示す。

7 遷移元素とその化合物

① **遷移元素**

(1) 周期表の3～12族の元素で，すべて金属元素。周期表で左右の位置の元素が似た性質を示す。

第4周期：Sc, Ti, V, Cr, Mn, Fe, Co, Ni, Cu, Zn

(2) 一般にイオン化傾向が小さく，融点が高い。

(3) 一般に2価の陽イオンになる他，いくつかの酸化数をもつ。

(例) Cu^+，Cu^{2+}，Fe^{2+}，Fe^{3+}

(4) イオンに有色のものが多い。

(例) 水溶液中のCu^{2+}(青)，Fe^{2+}(淡緑)，Fe^{3+}(黄褐)など。

(5) 錯イオンをつくりやすい。

(例) $[Ag(NH_3)_2]^+$，$[Cu(NH_3)_4]^{2+}$

(6) 化合物に酸化剤になるものが多い。

(例) $KMnO_4$，$K_2Cr_2O_7$など。

(7) 単体や化合物に触媒作用をもつものが多い。

(例) Pt(オストワルト法)，Ni(水素付加)，V_2O_5(接触法)，MnO_2など。

② **錯イオン**

(1) **錯イオン** 非共有電子対をもった極性分子や陰イオンが，金属イオンなどに配位結合してできた複雑な組成のイオン。

錯イオンの構成
- 中心金属イオン⇒主に遷移金属のイオン
- 配位子⇒中心金属イオンに配位結合する極性分子または陰イオン
- 配位数⇒結合する配位子の数
- イオン価⇒構成イオンのイオン価の和

$[M^{a+}(Y)_b]^c$
- M^{a+}＝金属イオン　$a+$＝イオン価
- Y＝配位子　b＝配位数
- ($b=2a$となるものが多い)

(2) **主な配位子** 必ず非共有電子対(○○)をもつ。

H_2O	NH_3	OH^-	CN^-	Cl^-
H:Ö: (H)	H:N̈:H (H)	[:Ö:H]⁻	[:C⋮⋮N:]⁻	[:C̈l:]⁻
(アクア)	(アンミン)	(ヒドロキシド)	(シアニド)	(クロリド)

8 イオンの性質と分離

① **陰イオン**

(1) ハロゲン化物イオン：$X^- + Ag^+ \longrightarrow AgX$

	AgF	AgCl	AgBr	AgI
色	沈殿せず(無色)	白	淡黄	黄
NH_3水に	――	可溶	可溶	不溶
$Na_2S_2O_3$に	――	可溶	可溶	可溶
感光性	あり	あり	あり	あり

(2) SO_4^{2-}：アルカリ土類金属イオンと反応し，白色沈殿を生じる。$M^{2+}=Ca^{2+}$，Sr^{2+}，Ba^{2+}とすると

$$M^{2+} + SO_4^{2-} \longrightarrow MSO_4\downarrow(白)$$

(3) CO_3^{2-}：アルカリ金属イオン以外の金属イオンと反応し沈殿する。一般にCa^{2+}，Sr^{2+}，Ba^{2+}を使用。

$$M^{2+} + CO_3^{2-} \longrightarrow MCO_3\downarrow(白)\ (塩酸に可溶)$$

② **陽イオン**

(1) 典型金属のイオンの色⇒無色

陽イオン(水溶液)	Fe^{2+}	Fe^{3+}	Mn^{2+}	Cu^{2+}	Cr^{3+}
	淡緑	黄褐	淡桃	青	暗緑

陰イオン(水溶液)	MnO_4^-	$Cr_2O_7^{2-}$	CrO_4^{2-}
	赤紫	赤橙	黄

(2) 炎色反応：アルカリ金属イオンは，沈殿反応がないので，炎色反応で検出する。

Li^+	Na^+	K^+	Ca^{2+}	Sr^{2+}	Ba^{2+}	Cu^{2+}
赤	黄	紫	橙	赤	黄緑	青

(3) **塩基(OH^-)との反応**

○アルカリ金属(Li, Na, K, …)やアルカリ土類金属以外の金属イオンは，水酸化物または酸化物が沈殿する。

$$M^{n+} + nOH^- \longrightarrow M(OH)_n\downarrow$$

○水酸化物の色

無色の金属イオン⇒白色沈殿

$$Zn^{2+} + 2OH^- \longrightarrow Zn(OH)_2\downarrow \text{(白)}$$
$$Pb^{2+} + 2OH^- \longrightarrow Pb(OH)_2\downarrow \text{(白)}$$

有色の金属イオン⇒金属イオンに近い色の沈殿

$$Cu^{2+}\text{(青)} + 2OH^- \longrightarrow Cu(OH)_2\downarrow \text{(青白)}$$
$$Fe^{3+}\text{(黄褐)} + 3OH^- \Rightarrow \text{水酸化鉄(Ⅲ)}\downarrow \text{(赤褐)}$$

○過剰のNaOH水溶液に沈殿が溶けるもの(両性元素のイオン)

$$Al^{3+} \longrightarrow Al(OH)_3 \longrightarrow [Al(OH)_4]^-$$
$$Zn^{2+} \longrightarrow Zn(OH)_2 \longrightarrow [Zn(OH)_4]^{2-}$$

○アンモニア水に沈殿が溶けるもの(Zn^{2+}, Cu^{2+}, Ag^+)

$$Cu^{2+} \longrightarrow Cu(OH)_2 \longrightarrow [Cu(NH_3)_4]^{2+}$$
$$Zn^{2+} \longrightarrow Zn(OH)_2 \longrightarrow [Zn(NH_3)_4]^{2+}$$
$$Ag^+ \longrightarrow Ag_2O \longrightarrow [Ag(NH_3)_2]^+$$

(4) **H_2Sとの反応**

○沈殿しないもの(イオン化傾向の大きい金属のイオン)

○塩基性溶液から硫化物が沈殿(Zn^{2+}, Fe^{2+}, Ni^{2+})

$$Zn^{2+} + S^{2-} \longrightarrow ZnS\downarrow \text{(白)}$$

○(液性に関係なく)酸性溶液からでも沈殿(イオン化傾向の小さい金属のイオン)

$$Pb^{2+} + S^{2-} \longrightarrow PbS\downarrow \text{(黒)}$$
$$Cu^{2+} + S^{2-} \longrightarrow CuS\downarrow \text{(黒)}$$
$$2Ag^+ + S^{2-} \longrightarrow Ag_2S\downarrow \text{(黒)}$$

○硫化物の色　ZnS(白), CdS(黄)。一般的には黒色が多い。

(5) Fe^{2+}, Fe^{3+} の反応

イオン＼試薬	$K_4[Fe(CN)_6]$	$K_3[Fe(CN)_6]$	KSCN
Fe^{2+}	(青白色沈殿)	濃青色沈殿	——
Fe^{3+}	濃青色沈殿	(暗褐色溶液)	血赤色溶液

[参考]

塩類の溶解性

(+)＼(−)		ClO_3^-	NO_3^-	$COOH^-$※1	Cl^-	Br^-	I^-	SO_4^{2-}	CrO_4^{2-}	CN^-	OH^-	S^{2-}	O^{2-}	SiO_3^{2-}	CO_3^{2-}	PO_4^{3-}
K^+		W	W	W	W	W	W	W	W	W	W	W	W	W	W	W
Na^+		W	W	W	W	W	W	W	W	W	W	W	W	W	W	W
NH_4^+		W	W	W	W	W	W	W	W	W	W	W	—	—	W	W
H^+		W	W	W	W	W	W	W	W	W	W	W	—	白(ゲル)	W	W
Ba^{2+}		W	W	W	W	W	W	白	黄	W	W	W	W	白	白	白
Ca^{2+}		W	W	W	W	W	W	白	黄	W	W	W	W	白	白	白
Al^{3+}		W	W	W	W	W	W	W	—	—	白(ゲル)	白※2	白	白	—	白
Fe^{3+}	黄褐	W	W	W	W	W	W	W	赤褐	—	赤褐	黒※3	赤褐	—	—	—
Fe^{2+}	淡緑	W	W	W	W	W	W	W	—	—	緑白	黒	黒	—	白	—
Mg^{2+}		W	W	W	W	W	W	W	W	W	白(ゲル)	W	白	白	白	白
Mn^{2+}	淡桃	W	W	W	W	W	W	W	W	W	淡桃	淡桃	緑	淡赤	淡赤	—
Ni^{2+}	緑	W	W	W	W	W	W	W	W	W	緑白	黒	—	—	—	—
Cu^{2+}	青	W	W	W	W	W	W	W	赤褐	淡緑	青白	黒	黒	—	青白	青緑
Zn^{2+}		W	W	W	W	W	W	W	黄	W	白(ゲル)	白	白	—	白	—
Sn^{2+}		W	—	W	W	W	W	W	黄	—	白	灰黒	黒	—	—	白
Pb^{2+}		W	W	W	白	白	黄	白	黄	白	白	黒	黄	白	白	白
Ag^+		W	W	W	白	淡黄	黄	w	暗赤	白	褐※4	黒	暗褐	—	淡黄	黄
Hg^{2+}		W	W	W	W	W	黄赤	W	暗赤	W	黄※4	黒	黄	—	白	淡黄
Hg_2^{2+}		W	w	w	白	—	黄	白	暗赤	—	黒※4	黒	黒	—	黄	白

（注） W：水に溶ける。w：少し水に溶ける。色：沈殿の色。（ゲル）：ゲル状沈殿　**太文字**：沈殿反応として重要。

※1：原文ママ。低級カルボン酸イオンの総称と思われる。

※2：Al_2S_3 は水に溶け，加水分解して $Al(OH)_3$ を沈殿。

※3：Fe^{3+} は $H_2S(S^{2-})$ に還元されて Fe^{2+} となり FeS(黒)を沈殿。

※4：水酸化物は不安定で分解して酸化物を沈殿。　　　　（聖文社「化学根底300題」より）

表の使い方

この表は陽イオンと陰イオンとからなる塩の溶解性を表すものである。この表では，陽イオンの上から下に行くほど溶解性が小さくなり，陰イオンでは左から右に行くほど溶解性が小さくなるように配列してある。

5　有機化合物

1　有機化合物

①有機化合物の特徴

(1)　成分元素の種類は少ない(主にC, H, O, N, Sなど)が，化合物の種類は非常に多い。

(2)　一般に融点が低く(300℃以下)，強熱すると分解する。

(3)　分子からなる物質で非電解質が多い。

(4)　水に溶けないものが多く，有機溶媒に溶けやすい。

(5)　異性体が多く，構造が複雑である。

②　組成式・分子式の決定

(1)　組成式(実験式)の決定

C，H，Oからなる試料 m(g)を完全燃焼させる。

$$\begin{cases} CO_2 \cdots a(\text{g}) \\ H_2O \cdots b(\text{g}) \end{cases}$$

試料 m(g)中の

$$\begin{cases} \text{Cの量} = a \times \dfrac{C}{CO_2} = a \times \dfrac{12}{44} = a'(\text{g}) \Rightarrow a''(\%) \\ \text{Hの量} = b \times \dfrac{2H}{H_2O} = b \times \dfrac{2}{18} = b'(\text{g}) \Rightarrow b''(\%) \\ \text{Oの量} = m - (a' + b') = c'(\text{g}) \Rightarrow c''(\%) \end{cases}$$

原子数比＝モル比　より

$$\begin{aligned} \text{C:H:O} &= \frac{a'}{12} : \frac{b'}{1} : \frac{c'}{16} \\ &= \frac{a''(\%)}{12} : \frac{b''(\%)}{1} : \frac{c''(\%)}{16} \\ &\fallingdotseq A : B : C \ (\text{最も簡単な整数比}) \end{aligned}$$

組成式：$C_AH_BO_C$

(2)　分子式の決定

分子式＝組成式×n
分子量＝組成式量×n　} $n(\text{整数}) = \dfrac{\text{分子量}}{\text{組成式量}}$

分子式：$C_{nA}H_{nB}O_{nC}$

③　異性体

分子式が同じで，性質が異なる物質。構造異性体と立体異性体に大別できる。

(1)　**構造異性体**
- a：炭素原子の結合状態が異なるもの
- b：官能基の異なるもの
- c：官能基や二重結合などの位置が異なるもの

aの例

$$-\overset{|}{\underset{|}{C}}-\overset{|}{\underset{|}{C}}-\overset{|}{\underset{|}{C}}-\overset{|}{\underset{|}{C}}-\overset{|}{\underset{|}{C}}-$$

（-C-C-C-C- の2番目の炭素に -C- が結合した構造，および中心炭素の上下左右に -C- が結合した構造）

(2)　**立体異性体**
- d：鏡像異性体：不斉炭素原子をもつ。
- e：シス-トランス異性体：＞C＝C＜をもつ。

eの例

H　　　H ＞C＝C＜ H_3C　　CH_3	H　　　CH_3 ＞C＝C＜ H_3C　　H
（シス-2-ブテン）	（トランス-2-ブテン）

2　鎖状炭化水素

①　分類

(1)　鎖状炭化水素
- 飽和炭化水素→アルカン C_nH_{2n+2}
- 不飽和炭化水素
  - アルケン C_nH_{2n}
  - アルキン C_nH_{2n-2}

(2)　シクロアルカン C_nH_{2n} → 環状飽和炭化水素であり，性質はアルカンに類似。

②　アルカン C_nH_{2n+2}　炭素－炭素間結合は単結合。

(1)　直鎖のものは炭素数(n)が大きくなるに従って，融点・沸点が高くなり，気体→液体→固体と変化する。

(2)　化学的に安定で酸・塩基と反応しないが，空気中で燃焼する。

$$C_mH_n + \left(m + \frac{n}{4}\right)O_2 \longrightarrow mCO_2 + \frac{n}{2}H_2O$$

(3) **光を当てる**と，ハロゲン単体と**置換反応**を起こす。

$$CH_4 + Cl_2 \longrightarrow CH_3Cl + HCl$$
↓さらに
$$CH_2Cl_2 \longrightarrow CHCl_3 \longrightarrow CCl_4$$

③ **アルケン**C_nH_{2n}　炭素－炭素間に二重結合が1個ある(シクロアルカンの構造異性体)。

(1) 種々の物質と付加反応を起こしやすい。

(例) $CH_2=CH_2$ の付加反応

付加物	H_2	Cl_2	HCl	H_2O
生成物	CH_3-CH_3	CH_2Cl-CH_2Cl	CH_3-CH_2Cl	CH_3CH_2OH

(2) **エチレン**　$CH_2=CH_2$　無色・甘い芳香臭をもつ気体。エタノールに濃硫酸を加えて約170℃に加熱してつくる。

$$C_2H_5OH \longrightarrow CH_2=CH_2 + H_2O \text{（脱水）}$$

④ **アルキン**C_nH_{2n-2}　炭素－炭素間に三重結合が1個ある。

(1) **アセチレン**　$CH\equiv CH$，炭化カルシウムに水を加える。

$$CaC_2 + 2H_2O \longrightarrow Ca(OH)_2 + CH\equiv CH$$

(2) 種々の物質と付加反応を起こしやすい。

(例) $CH\equiv CH + HX \longrightarrow CH_2=CH-X$（CHにXが結合）

HX	H_2	HCl	CH_3COOH	H_2O
生成物	$CH_2=CH_2$	$CH_2=CH$（−Cl）	$CH_2=CH$（−$OCOCH_3$）	CH_3CHO

⑤ **ビニル化合物**　$CH_2=CHX$($CH_2=CH-$：ビニル基)　付加重合して高分子化合物をつくる。

$$n\,CHH=CHX \longrightarrow \left[-CH_2-CHX-\right]_n$$

X	H	CH_3	Cl	$OCOCH_3$	(ベンゼン環)	CN
名称	エチレン	プロペン	塩化ビニル	酢酸ビニル	スチレン	アクリロニトリル

3 鎖状化合物

① **アルコール**ROH

(1) **分類**　a:OHの数により1価，2価，…に分類する。

b：OHの位置により，第一級，第二級，第三級に分類する。

$R-CH_2-OH$（第一級アルコール）　R_1R_2CH-OH（第二級アルコール）　$R_1R_2R_3C-OH$（第三級アルコール）

(2) Naと反応してH_2を発生(**OHの検出**)

(例) $2C_2H_5OH + 2Na \longrightarrow 2C_2H_5ONa + H_2$

(3) 酸化すると，アルデヒド，ケトンを生じる。

a：第一級アルコール⇒アルデヒド(還元性あり)

$$C_2H_5OH + (O) \longrightarrow CH_3CHO + H_2O$$

b：第二級アルコール⇒ケトン(還元性なし)

$$CH_3CH(OH)CH_3 + (O) \longrightarrow CH_3COCH_3 + H_2O$$

c：第三級アルコールは酸化されにくい。

(4) カルボン酸と濃硫酸(触媒)を作用させると，エステルを生じる(**エステル化**)。

$$CH_3-CO-OH + H-O-C_2H_5 \longrightarrow CH_3-CO-O-C_2H_5 + H_2O$$
（$-CO-O-$：エステル結合）

(5) 濃硫酸を加えて加熱すると，脱水されてエーテルやアルケンを生じる。

$$C_2H_5O\,H + HO\,C_2H_5 \xrightarrow[H_2SO_4]{(約130℃)} C_2H_5OC_2H_5 + H_2O$$

$$C_2H_5OH \xrightarrow[H_2SO_4]{(約170℃)} CH_2=CH_2 + H_2O$$

② **アルデヒド**RCHO（－CHO：ホルミル基）

(1) 第一級アルコールを酸化して得られる。

(2) 酸化されやすく，酸化されてカルボン酸になる。

$$R-CHO + (O) \longrightarrow R-COOH$$

(3) 還元されて第一級アルコールになる。

(例) C_2H_5OH（エタノール）$\underset{(H)}{\overset{(O)}{\rightleftarrows}}$ CH_3CHO（アセトアルデヒド）$\xrightarrow{(O)}$ CH_3COOH（酢酸）

(4) －CHOは還元性を示し，フェーリング液による反応，銀鏡反応を示す。

フェーリング液による反応 ⇒ {試料(－CHO)にフェーリング液を加えて加熱}
⇒(Cu_2Oの赤色沈殿)

銀鏡反応 ⇒ {試料(－CHO)にアンモニア性硝酸銀溶液を加えて温める}
⇒(Ag析出・銀鏡)

③　**カルボン酸**RCOOH（－COOH：カルボキシ基）

(1)　－COOHの数により1価，2価，…に分類する。

(2)　低級のものは無色，刺激臭の液体で水に溶ける。
水溶液は弱酸性，$RCOOH \rightleftarrows RCOO^- + H^+$
高級のものは白色，ろう状の固体で水に不溶。

(3)　アルコールと反応してエステルを生じる。

(4)　**ギ酸**HCOOH
○ホルムアルデヒドが酸化されて生じる。

H－C(＝O)－O－H　（ギ酸）　（点線枠 H－C＝O：ホルミル基）

○－CHOをもち，還元性を示す。

(5)　**酢酸**CH_3COOH
○エタノールを酸化してつくる。

$$C_2H_5OH + 2(O) \longrightarrow CH_3COOH + H_2O$$

○無色，刺激臭の液体で，冬季には氷結する。(⇒氷酢酸)

④　**エステル**RCOOR′，R′OCOR

(1)　アルコールとカルボン酸からH_2Oがとれて（**エステル化**）生じた物質。
(注)　ポリエステル

$[-C(=O)-C_6H_4-C(=O)-O-CH_2-CH_2-O-]_n$　（点線枠 C(＝O)－O：エステル結合）

ポリエチレンテレフタラート(PET)

(2)　低級なものは，果実臭をもつ液体で水に不溶，酸・塩基によって加水分解される。

$$RCOOR' + NaOH \xrightarrow{\text{けん化}} RCOONa + R'OH$$

(例)　$CH_3COOC_2H_5 + NaOH \longrightarrow CH_3COONa + C_2H_5OH$

4　芳香族化合物

①　**芳香族炭化水素**

(1)　ベンゼン環(芳香環)をもつ炭化水素。

(2)　種々の物質と反応して置換体を生じる。

○**塩素化**　鉄を触媒として塩素を作用させる。

C_6H_5-H + Cl-Cl ⟶ C_6H_5-Cl + HCl
（クロロベンゼン）

○**スルホン化**　濃硫酸を作用させる。

C_6H_5-H + HO-SO_3H ⟶ C_6H_5-SO_3H + H_2O
(H_2SO_4)　（ベンゼンスルホン酸）

○**ニトロ化**　濃硝酸と濃硫酸の混酸を作用させる。

C_6H_5-H + HO-NO_2 ⟶ C_6H_5-NO_2 + H_2O
(HNO_3)　（ニトロベンゼン）

(3)　**付加反応**　紫外線(日光)を当てながら塩素を作用させると，付加反応を起こす。

$C_6H_6 + 3Cl_2 \longrightarrow C_6H_6Cl_6$
1, 2, 3, 4, 5, 6−ヘキサクロロシクロヘキサン（ベンゼンヘキサクロリド）

(4)　**ベンゼンの2置換体**　オルト(*o*-)，メタ(*m*-)，パラ(*p*-)の3種の異性体がある。

（*o*-キシレン）　（*m*-キシレン）　（*p*-キシレン）

(5)　ベンゼン環に結合したアルキル基(側鎖)は酸化されると，－COOHになる。

C_6H_5-CH_3 + 3(O) ⟶ C_6H_5-COOH + H_2O

C_6H_5-C_2H_5，C_6H_5-CH_2OH ―(O)→ C_6H_5-COOH

(6)　**主な芳香族炭化水素**

（ベンゼン）　（トルエン）　（*o*-キシレン）　（ナフタレン）

②　**ニトロ化合物**（$-NO_2$：**ニトロ基**）

(1)　芳香族化合物に濃硝酸と濃硫酸(触媒)を加えてニトロ化する。

(2)　**ニトロベンゼン**$C_6H_5NO_2$
○ベンゼンをニトロ化して得られる。
○無色～淡黄色，油状の液体で水より重く水に不溶。
アニリンの原料。

(3)　**トリニトロトルエン**（TNT）

CH_3，O_2N，NO_2，NO_2（2,4,6-トリニトロトルエン構造式）

○トルエンをニトロ化して得られる。
○爆薬として重要。

③　**フェノール類**

(1)　ベンゼン環に直接結合した－OHをもつ化合物の総称。

(2)　水溶液は弱い酸性を示す(炭酸水よりも弱い)。

$C_6H_5-OH \rightleftarrows C_6H_5-O^- + H^+$

水にあまり溶けないが，塩基の水溶液には中和されてよく溶ける($NaHCO_3$とは反応しない)。

$C_6H_5-OH + NaOH \longrightarrow C_6H_5-ONa + H_2O$

(3) カルボン酸無水物と反応してエステルをつくる。

(4) $FeCl_3$水溶液を加えると青～紫色を呈する(フェノール性OHの検出)。

(5) **フェノール**C_6H_5OH

○クメン法で製造される。

$C_6H_6 \xrightarrow[\text{(プロペン)}]{CH_3CH=CH_2} C_6H_5-CH(CH_3)_2$ (クメン) $\xrightarrow{O_2} C_6H_5-C(CH_3)_2-O-O-H \longrightarrow C_6H_5-OH + CH_3-CO-CH_3$

○ナトリウムフェノキシド水溶液にCO_2を通すと遊離する。

$C_6H_5-ONa + CO_2 + HO_2 \longrightarrow C_6H_5-OH + NaHCO_3$

(弱酸の塩)＋(強酸)　　(弱酸)＋(強酸の塩)

酸の強弱

塩酸，硫酸＞カルボン酸＞炭　酸　水＞C_6H_5-OH
(HCl，H_2SO_4) ($R-COOH$) (H_2O+CO_2)

(6) **サリチル酸**o-$C_6H_4(OH)COOH$

○ナトリウムフェノキシドに高温，高圧のCO_2を作用させてつくる。

○無色，針状の結晶，水に少しとける。

○フェノールとカルボン酸の両方の性質を示し，酸およびアルコールと反応してエステルをつくる。

$C_6H_4(COOH)-OH + (CH_3CO)_2O \longrightarrow C_6H_4(COOH)-OCOCH_3 + CH_3COOH$

(サリチル酸)　(無水酢酸)　(アセチルサリチル酸(固体))

$C_6H_4(OH)-COOH + H-OCH_3 \xrightarrow{(-H_2O)} C_6H_4(OH)-COOCH_3$

(メタノール)　(サリチル酸メチル(液体))

④ **アニリン**$C_6H_5NH_2$ ($-NH_2$：**アミノ基**)

(1) ニトロベンゼンをスズ(または鉄)と塩酸で還元する(ニトロ基の還元)。

$C_6H_5-NO_2 + 6(H) \longrightarrow C_6H_5-NH_2 + 2H_2O$

(2) 無色，油状の液体で水にあまり溶けないが，塩基性($-NH_2$の性質)を示し，酸と反応して塩を作る。

$C_6H_5-NH_2 + HCl \longrightarrow C_6H_5-NH_3Cl$ (アニリン塩酸塩)

(3) アニリンの薄い溶液にさらし粉溶液を加えると紫色になる(検出反応)。

(4) 無水酢酸と反応してアセトアニリド(アミドの一種)を生じる。

$C_6H_5-NH_2 + (CH_3CO)_2O \longrightarrow C_6H_5-NH-CO-CH_3 + CH_3COOH$

アミド結合

(注) ポリアミド

$\left[-NH-(CH_2)_6-NH-CO-(CH_2)_4-CO-\right]_n$

ナイロン66

(5) **ジアゾ化**　塩酸と亜硝酸ナトリウム水溶液を加えると，**塩化ベンゼンジアゾニウム**を生じる。

$C_6H_5-NH_2 + NaNO_2 + 2HCl \xrightarrow{\text{氷冷(5℃以下)}} C_6H_5-N^+\equiv NCl^- + NaCl + 2H_2O$

(塩化ベンゼンジアゾニウム)

(6) **カップリング**　塩化ベンゼンジアゾニウムの水溶液にフェノール類などの塩の水溶液を加えると，アゾ染料を生じる。

$C_6H_5-N^+\equiv NCl^- + C_6H_5-ONa \xrightarrow{\text{氷冷(5℃以下)}} C_6H_5-N=N-C_6H_4-OH + NaCl$

(p-ヒドロキシアゾベンゼン)

⑤ **芳香族カルボン酸**

ベンゼン環に直接結合したカルボキシ基をもつ化合物。

(1) **安息香酸**C_6H_5COOH

○トルエンを酸化して得られる。

$C_6H_5-CH_3 \xrightarrow[KMnO_4]{(O)} C_6H_5-COOH$

(トルエン)　(安息香酸)

○白色の固体で水に溶けにくいが，エーテルに可溶。

○塩基と反応して塩をつくり水に溶ける。

(2) **フタル酸**o-$C_6H_4(COOH)_2$

○o-キシレンを酸化して得られる。

○加熱すると容易に無水フタル酸(酸無水物)を生じる。

$$\text{フタル酸} \longrightarrow \text{無水フタル酸} + H_2O$$

（フタル酸）　（無水フタル酸）

○イソフタル酸，テレフタル酸の異性体がある。これらは加熱しても酸無水物をつくらない。

HOOC-C_6H_4-COOH（イソフタル酸）　HOOC-C_6H_4-COOH（テレフタル酸）

6　天然有機化合物と合成高分子化合物

1　天然有機化合物

①　油脂

(1)　グリセリン（3価のアルコール）と高級脂肪酸のエステル（トリグリセリド）。

CH_2-OCOR
CH-OCOR′
CH_2-OCOR″

(2)　油脂
- 脂肪油⇒液体
  - 低級脂肪酸を多く含む
  - 高級**不飽和**脂肪酸を多く含む
- 脂肪⇒固体　高級**飽和**脂肪酸を多く含む。

(3)　アルカリを加えて加熱するとけん化される。

$C_3H_5(OCOR)_3+3NaOH \longrightarrow C_3H_5(OH)_3+3RCOONa$
（油　脂）　（グリセリン）（セッケン）

(4)　**セッケン** RCOONa

○高級脂肪酸のアルカリ金属塩で，油脂のけん化によってつくられる。

○疎水性の基（R－）と親水性の基（－COONa）からなり，溶液の表面張力を小さくし，油の乳化作用，洗浄作用などを示す（界面活性剤の一種）。

②　糖類（炭水化物）　$C_m(H_2O)_n$

(1)　**単糖類** $C_6H_{12}O_6$

○グルコース（ブドウ糖），フルクトース（果糖），ガラクトースなどの異性体がある。

○水に溶けやすく，水溶液は甘味をもつ。還元性を示し，フェーリング液還元反応，銀鏡反応を示す。

（α-グルコース）

○酵素群チマーゼによって分解し，エタノールを生じる。

$$C_6H_{12}O_6 \xrightarrow{\text{チマーゼ}} 2C_2H_5OH + 2CO_2$$

（アルコール発酵）

(2)　**二糖類** $C_{12}H_{22}O_{11}$

○単糖類が2分子縮合した構造のもので，加水分解により成分単糖類になる。

○水に溶けやすく，水溶液は甘味をもつ。

○**二糖類の多くは還元性を示すが，スクロース（ショ糖）は還元性を示さない。**

マルトース（麦芽糖）⇒グルコース＋グルコース
スクロース（ショ糖）⇒グルコース＋フルクトース
ラクトース（乳　糖）⇒グルコース＋ガラクトース

(3)　**デンプン** $(C_6H_{10}O_5)_n$

○α－グルコースが多数縮合重合したもの。

○白色の粉末で，枝分かれをもつアミロペクチンは水に溶けにくいが，直鎖状のアミロースは熱湯に溶ける。

○酵素または酸によってグルコースになる。

デンプン→デキストリン→マルトース→グルコース
（アミラーゼ）（アミラーゼ）（マルターゼ）

(4)　**セルロース** $(C_6H_{10}O_5)_n$

○β－グルコースが多数縮合重合したもの。

○白色の固体で水に不溶。シュバイツァー試薬（$Cu(OH)_2$を濃アンモニア水に溶かしたもの）に溶ける。

○加水分解してグルコースになる。

③　α－**アミノ酸** $RCH(NH_2)COOH$

(1)　分子中に塩基性のアミノ基（$-NH_2$）と酸性のカルボキシ基をもつ。

(2)　無色の結晶で水に溶けやすい。

(3)　両性電解質であり，酸および塩基と反応する。

$$R-CH(NH_2)-COO^- + H_2O \xleftarrow{(+OH^-)} R-CH(NH_3^+)-COO^- \xrightarrow{(+H^+)} R-CH(NH_3^+)-COOH$$

（塩基性）⇦（中性付近）⇨（酸性）
〔陰イオン〕　〔双性イオン〕　〔陽イオン〕

(4)　最も簡単な（R＝Hの）α－アミノ酸 $CH_2(NH_2)COOH$（グリシン）以外は不斉炭素原子をもち，立体異性体がある。

(5)　ニンヒドリン溶液を加えて加熱すると，赤紫～青紫色を示す。

④　タンパク質

(1)　種々のα－アミノ酸が縮合重合したもの。アミノ酸どうしの結合を**ペプチド結合**という。

(2)　タンパク質
- **単純タンパク質**⇒アミノ酸のみが縮合したもの
- **複合タンパク質**⇒アミノ酸以外に核酸，糖，色素などを含むもの

(3) 水に溶けないものが多いが，水に溶けるものはコロイド溶液になる。pH変化や加熱などにより凝固する。これを**タンパク質の変性**という。

(4) 種々の呈色反応を示す。

a：**ビウレット反応**⇒タンパク質溶液＋($CuSO_4$溶液＋NaOH溶液) ⟶ 赤紫色

○ペプチド結合(－CO－NH－)が2個以上ある(トリペプチド以上の)とき呈色する。

b：**キサントプロテイン反応**⇒タンパク質溶液＋(濃硝酸＋熱) ⟶ 黄色沈殿

○タンパク質中のベンゼン環のニトロ化による呈色(黄色)。冷却後，塩基性にすると橙黄色になる。

c：**硫化鉛(Ⅱ)生成反応**⇒タンパク質溶液＋(酢酸鉛(Ⅱ)＋NaOH溶液＋熱) ⟶ 黒色沈殿

○タンパク質中のSによりPbS(黒)を生じる。

d：**ニンヒドリン反応**⇒ニンヒドリンで赤紫色を呈す。

⑤ **核酸**

(1) 生物の細胞中に存在し，生物の遺伝に中心的な役割をもつ高分子化合物(ポリヌクレオチド)。
DNAとRNAの2種がある。

(2) 単量体に相当するヌクレオチドは，リン酸，塩基，糖から構成される。

(3) DNAはペントース(五炭糖)のデオキシリボース$C_5H_{10}O_4$，RNAはリボース$C_5H_{10}O_5$をもち，DNAが遺伝情報を担っている。

2 合成高分子化合物

① **重合の形式と性質**

(1) **付加重合型** ビニル基($CH_2=CH-$)をもつ化合物やブタジエンの誘導体が，付加反応によって重合したもので，ビニル系樹脂，合成ゴムなどがある。

(2) **縮合重合型** 化合する物質が互いに縮合反応によって重合したもので，ポリエステル，ナイロンなどがある。

(3)
- **熱可塑性**(加熱するとやわらかくなり加工しやすい)⇒(直鎖状の構造をもつ分子)
- **熱硬化性**(加熱するとさらに硬くなる)⇒(三次元網目状の構造をもつ分子)

② **付加重合型樹脂** ビニル基($CH_2=CH-$)をもつ物質が付加重合した樹脂など。
一般式：$n CH_2=CHX \longrightarrow -\!\!(CH_2-CHX)\!\!-_n$

－X	$CH_2=CHX$	重合体 $-\!\!(CH_2-CHX)\!\!-_n$
－H	$CH_2=CH_2$	ポリエチレン
$-CH_3$	$CH_2=CHCH_3$	ポリプロピレン
－Cl	$CH_2=CHCl$	ポリ塩化ビニル
$-OCOCH_3$	$CH_2=CH(OCOCH_3)$	ポリ酢酸ビニル
－CN	$CH_2=CHCN$	ポリアクリロニトリル
$-C_6H_5$	$C_6H_5-CH=CH_2$	ポリスチレン

③ **付加縮合型樹脂** ホルムアルデヒドを用いる次の樹脂は，いずれも三次元網目状構造で，熱硬化性。

ホルムアルデヒド(HCHO) ＋
- フェノールC_6H_5OH→フェノール樹脂
- 尿素$(NH_2)_2CO$ →尿素樹脂
- メラミン →メラミン樹脂

④ **合成繊維** いずれも鎖状構造で熱可塑性。

(1) ビニロン(ポリビニル系繊維)

$$n CH_2=CH(OCOCH_3) \xrightarrow{\text{(付加重合)}} [CH_2-CH(OCOCH_3)]_n$$
(酢酸ビニル)　(ポリ酢酸ビニル)

$$\xrightarrow[\text{(+H}_2\text{O)}]{\text{(加水分解)}} [CH_2-CH(OH)]_n \xrightarrow[\text{(+HCHO)}]{\text{(アセタール化)}}$$
(ポリビニルアルコール)

$$\cdots-CH_2-CH-CH_2-CH-CH_2-CH(OH)-\cdots \quad (\text{2つのCHが }O-CH_2-O\text{ で結合})$$
(ビニロンの部分構造)

(2) **ナイロン66**(ポリアミド系繊維)

$$n HO-\overset{O}{\overset{\|}{C}}-(CH_2)_4-\overset{O}{\overset{\|}{C}}-OH + n H_2N-(CH_2)_6-NH_2$$
(アジピン酸)　(ヘキサメチレンジアミン)

$$\xrightarrow{\text{(縮合重合)}} \left[\overset{O}{\overset{\|}{C}}-(CH_2)_4-\overset{O}{\overset{\|}{C}}-\underset{H}{\underset{|}{N}}-(CH_2)_6-\underset{H}{\underset{|}{N}}\right]_n + 2n H_2O$$
(ナイロン66)

(3)　ポリエチレンテレフタラート（ポリエステル系繊維，PET）

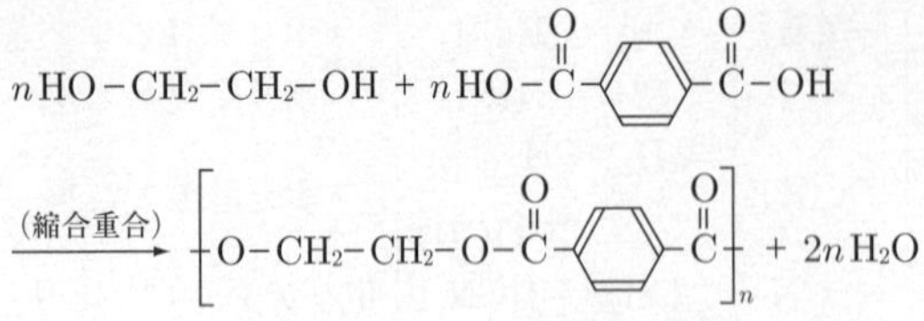

$$n\,HO-CH_2-CH_2-OH + n\,HO-\overset{\overset{\large O}{\|}}{C}-C_6H_4-\overset{\overset{\large O}{\|}}{C}-OH$$

$$\xrightarrow{\text{(縮合重合)}} \left[O-CH_2-CH_2-O-\overset{\overset{\large O}{\|}}{C}-C_6H_4-\overset{\overset{\large O}{\|}}{C}\right]_n + 2n\,H_2O$$

ポリエチレンテレフタラート(PET)

⑤　**合成ゴム**

(1)　天然ゴムはイソプレンの付加重合体。

$$n\,CH_2=CH-\overset{\overset{\large CH_3}{|}}{C}=CH_2 \xrightarrow{\text{(付加重合)}} \left[CH_2-CH=\overset{\overset{\large CH_3}{|}}{C}-CH_2\right]_n$$

（イソプレン）　（シス形）（天然ゴム）

(2)　**合成ゴム**　ブタジエン，クロロプレンとスチレンやアクリロニトリルの共重合体。

$$CH_2=CH-\overset{\overset{\large X}{|}}{C}=CH_2$$

↓（付加重合）

$$\left[CH_2-CH=\overset{\overset{\large X}{|}}{C}-CH_2\right]_n \quad \begin{cases} X=H & \text{ブタジエンゴム} \\ X=Cl & \text{クロロプレンゴム} \end{cases}$$

シス形

ブタジエン＋スチレン $\xrightarrow{\text{共重合}}$ スチレンブタジエンゴム(SBR)

自動車タイヤなど

ブタジエン＋アクリロニトリル

$\xrightarrow{\text{共重合}}$ アクリロニトリルブタジエンゴム(NBR)

耐油ホースなど

第 1 回
実 戦 問 題

解答・解説

化学 第1回 (100点満点)

(解答・配点)

問題番号(配点)	設問	(配点)	解答番号	正解	自己採点欄
第1問 (20)	1	a (4)	1	③	
		b (4)	2	②	
	2	a (4)	3	②	
		b (4)	4	②	
		c (4)	5	④	
小計					
第2問 (20)	1	(4)	6	①	
	2	(4)*1	7	②	
	3	a (3)	8	④	
		b (3)	9	②	
		c (3)	10	①	
		d (3)	11	③	
小計					
第3問 (20)	1	(3)	12	②	
	2	(3)	13	③	
	3	a (3)	14	②	
		b (4)	15	①	
	4	a (3)	16	②	
		b (4)*2	17	②	
			18	③	
小計					

問題番号(配点)	設問	(配点)	解答番号	正解	自己採点欄
第4問 (20)	1	a (4)	19	③	
		b (4)	20	②	
		c (4)	21	②	
	2	a (4)	22	①	
		b (4)	23	④	
小計					
第5問 (20)	1	(3)	24	③	
	2	a (3)	25	④	
		b (3)	26	②	
		c (4)	27	②	
			28	⑤	
	3	a (3)	29	④	
		b (4)	30	①	
小計					
合計					

(注)

1　＊1は，①を解答した場合は2点を与える。

2　＊2は，両方正解の場合のみ点を与える。

解　説

第１問

問１　a　[1]　正解③

Ⅰ（誤）　酸の電離度を α としたとき，c(mol/L)の酸の水溶液の水素イオン濃度$[H^+]$は，以下のように表すことができる。

$$[H^+] = c\alpha$$

強酸は濃度によらず，ほぼ完全に電離しているので $\alpha = 1$ としてよいが，弱酸は α は濃度に依存する。$[H^+] = 1.0 \times 10^{-x}$ mol/L のとき，pH = x なので，強酸では，10 倍に希釈をすると$[H^+]$が $\frac{1}{10}$ 倍になるため pH が 1 大きくなる。しかし，弱酸は希釈によって電離度が変化するので，$[H^+]$の値は $\frac{1}{10}$ 倍にはならない。よって，強酸 HA では pH は 1 大きくなるが，弱酸 HB では pH の変化は 1 にならないため，各水溶液の pH は同じ値にはならない。

Ⅱ（正）　水溶液中のイオンの濃度が大きいほど電気が流れやすい。同濃度の弱酸と強酸では，強酸の方が電離度が大きく水溶液中のイオンの濃度が大きい。したがって，豆電球がより明るく点灯するのは強酸 HA の水溶液の方である。

ポイント

〔電離度〕

溶けている酸(塩基)の物質量に対する，電離している酸(塩基)の物質量(モル濃度)の割合 α を電離度という。電離度は，同じ物質でも濃度と温度によって異なる。

$$電離度(\alpha) = \frac{電離している酸(塩基)の物質量〔mol〕}{溶けている酸(塩基)の物質量〔mol〕}$$

$(0 < \alpha \leqq 1)$

b　[2]　正解②

酸と塩基が過不足なく中和するとき，次の式が成立する。

［酸から生じる H^+ の物質量
　　＝塩基から生じる OH^- の物質量］

酸の物質量を n(mol)，価数を a，塩基の物質量を n'(mol)，価数を b とすると上記の式は，

$$[n \times a = n' \times b]$$

と表すことができる。

次図の a_1，a_2 は中和点を表す。強酸 HA と弱酸 HB の混合溶液では，HB の電離がほぼ起こらない。また，問題文中に HB は HA の中和反応が完了するまで反応しないものとする，とあるので，NaOH 水溶液を加えると，先に HA 由来の H^+ が中和される。したがって，a_1 までは HA が中和される。a_1 以降は HA が放出した H^+ がすべて中和されたので，HB が電離する。したがって，a_2 までは HB が中和される。

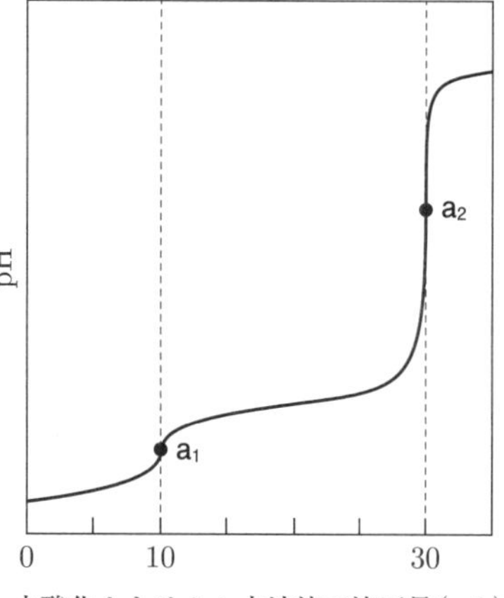

よって，HA の中和に必要な 0.10 mol/L の水酸化ナトリウム水溶液は 10 mL，HB の中和に必要な水酸化ナトリウム水溶液は 20 mL である。以上より，HA の物質量を n_A，HB の物質量を n_B とすると，次の式が成立する。

$$n_A \times 1 = 0.10 \times \frac{10}{1000} \times 1$$

$$n_B \times 1 = 0.10 \times \frac{20}{1000} \times 1$$

以上より，HA の物質量：HB の物質量 $= n_A : n_B = 1 : 2$ となる。

問２　a　[3]　正解②

塩は組成によって次の 3 つに分類される。

正　　塩：酸の H も塩基の OH も残っていない塩
酸 性 塩：酸の H が残っている塩
塩基性塩：塩基の OH が残っている塩

主な正塩と，その水溶液の性質の例は次の通りである。

酸＋塩基	化学式	もとの酸	もとの塩基	水溶液の性質
強酸＋強塩基	NaCl	HCl	NaOH	中性
	K_2SO_4	H_2SO_4	KOH	
強酸＋弱塩基	NH_4Cl	HCl	NH_3	酸性
	$Cu(NO_3)_2$	HNO_3	$Cu(OH)_2$	
弱酸＋強塩基	CH_3COONa	CH_3COOH	NaOH	塩基性
	Na_2CO_3	H_2CO_3	NaOH	

上記のように，正塩の場合はもとの酸と塩基の強弱によって液性を考えることができる(※)。

酸性塩の場合は上記の正塩の場合のように考えることができないため，次の2つは知識として覚えておきたい。

炭酸水素ナトリウム $NaHCO_3$ 水溶液：塩基性

硫酸水素ナトリウム $NaHSO_4$ 水溶液：酸　性

以上より，水溶液が塩基性を示すのは炭酸水素ナトリウム $NaHCO_3$ である。

※電離平衡の学習後であれば次のように説明できる。

「CH_3COONa 水溶液が塩基性の理由」

① CH_3COONa が完全電離する。

$$CH_3COONa \longrightarrow CH_3COO^- + Na^+$$

②電離によって生じた CH_3COO^- が H_2O と反応する（塩の加水分解）。

$$CH_3COO^- + H_2O \rightleftarrows CH_3COOH + OH^-$$

②の反応で OH^- が生じるので，CH_3COONa 水溶液は塩基性を示す。

b　4　正解②

弱酸の陰イオンを含んだ塩に，その弱酸よりも強い酸を加えると，弱酸が遊離する。酢酸ナトリウム CH_3COONa と塩化水素 HCl であれば，

$$\underset{\text{弱酸の塩}}{CH_3COONa} + \underset{\text{強酸}}{HCl} \longrightarrow \underset{\text{弱酸}}{CH_3COOH} + \underset{\text{強酸の塩}}{NaCl}$$

のように反応する。この場合は，酸の強さが HCl ＞ CH_3COOH であるので右方向に反応が進む。**ア**～**ウ**の反応について，同様に考えると，

ア　$HCl + NaClO \longrightarrow NaCl + HClO$

：（酸としての強さ）HCl ＞ HClO

イ　$HCl + NaCN \longrightarrow NaCl + HCN$

：（酸としての強さ）HCl ＞ HCN

ウ　$HClO + NaCN \longrightarrow NaClO + HCN$

：（酸としての強さ）HClO ＞ HCN

よって，酸としての性質の強い順に並べると，HCl ＞ HClO ＞ HCN となる。

c　5　正解④

弱酸の塩 NaB と強酸 HA を混合すると弱酸 HB が遊離する。

$$NaB + HA \longrightarrow NaA + HB$$

1.0×10^{-4} mol の NaB に 1.0×10^{-4} mol の HA を加えたので，1.0×10^{-4} mol の NaA と HB が生成する。NaA は強酸と強塩基からなる塩（正塩）なので，**問2**の**a**の解説の表にあるように中性である。したがって，$[H^+]$ は HB のみで決まる。

水溶液の体積は 100 mL なので，生成した HB のモル濃度は

$$\frac{1.0 \times 10^{-4}\ \text{mol}}{100 \times 10^{-3}\ \text{L}} = 1.0 \times 10^{-3}\ \text{mol/L}$$

である。図2より 1.0×10^{-3} mol/L の HB の電離度は 0.1 と読み取れる。したがって，

$$[H^+] = c\alpha = 1.0 \times 10^{-3} \times 0.1 = 1.0 \times 10^{-4}\ \text{mol/L}$$

$$pH = 4$$

第2問

問1　6　正解①

①（誤）　$H_2C_2O_4$ 水溶液と硫酸酸性の $KMnO_4$ 水溶液との反応は，次の化学反応式で表される。

$$2KMnO_4 + 3H_2SO_4 + 5H_2C_2O_4 \longrightarrow 2MnSO_4 + 8H_2O + 10CO_2 + K_2SO_4$$

$H_2C_2O_4$ がすべて反応すると，その後に滴下した MnO_4^- が還元されずに残る。よって，MnO_4^- の赤紫色が消えずに残ったときを滴定の終点とする。

②（正）　KI 水溶液と硫酸酸性の H_2O_2 水溶液との反応は，次の化学反応式で表される。

$$H_2O_2 + H_2SO_4 + 2KI \longrightarrow I_2 + 2H_2O + K_2SO_4$$

酸化剤としてはたらいたのは H_2O_2 である。

酸化剤：$H_2\underset{-1}{\underline{O_2}} + 2H^+ + 2e^- \longrightarrow 2H_2\underset{-2}{\underline{O}}$　…酸化数が減少

還元剤：$2\underset{-1}{\underline{I}}^- \longrightarrow \underset{0}{\underline{I}}_2 + 2e^-$　…酸化数が増加

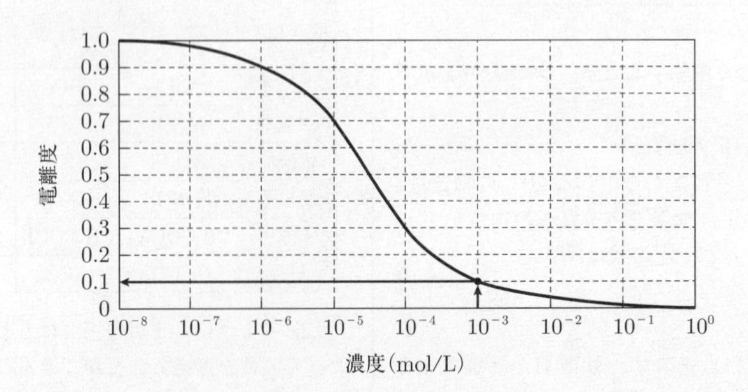

なお，生成したI_2と溶液中のI^-からI_3^-が生成するため，溶液が褐色となる。

$$I_2 + I^- \rightleftarrows I_3^-$$

③(正)　SO_2水溶液とH_2S水溶液との反応は，次の化学反応式で表される。

$$SO_2 + 2H_2S \longrightarrow 3S + 2H_2O$$

酸化剤としてはたらいたのはSO_2，還元剤としてはたらいたのはH_2Sである。

酸化剤：$\underset{+4}{\underline{S}}O_2 + 4H^+ + 4e^- \longrightarrow \underset{0}{\underline{S}} + 2H_2O$

…酸化数が減少

還元剤：$H_2\underset{-2}{\underline{S}} \longrightarrow \underset{0}{\underline{S}} + 2H^+ + 2e^-$…酸化数が増加

なお，生成した硫黄Sが溶液中に分散するので白濁する。

④(正)　I_2溶液と$Na_2S_2O_3$水溶液との反応は，次の化学反応式で表される。

$$I_2 + 2Na_2S_2O_3 \longrightarrow Na_2S_4O_6 + 2NaI$$

デンプン水溶液を指示薬として加えておくと，I_2が残っているときは，ヨウ素デンプン反応により，溶液の色は青紫色になるが，I_2がすべて反応すると溶液の色は無色になるので，これを滴定の終点とする。

ポイント

〔酸化剤と還元剤〕

酸化剤：相手を酸化する＝相手から電子を奪う

酸化剤自体は還元される⇒酸化数減少の原子を含む

還元剤：相手を還元する＝相手に電子を与える

還元剤自体は酸化される⇒酸化数増加の原子を含む

H_2O_2は主に酸化剤としてはたらくが，還元剤にもなり得る。また，SO_2は主に還元剤としてはたらくが，酸化剤にもなり得る。

例：$H_2O_2 \Leftrightarrow KMnO_4$　$H_2O_2 \Leftrightarrow SO_2$　$SO_2 \Leftrightarrow H_2S$

還元剤　酸化剤　酸化剤　還元剤　酸化剤　還元剤

問2　7　正解②

AlとCuを利用した電池の問題である。AlとCuを比較したとき，イオン化傾向が大きいのはAlなので，Alが酸化されて負極(負極活物質)となりe^-を放出する。

負極：$Al \longrightarrow Al^{3+} + 3e^-$

電解液である食塩水には空気中のO_2が溶けており，正極側ではO_2が活物質としてe^-を受け取って還元されるとある。食塩水が中性であることを考慮すると，正極における反応は次のようになる。

正極：$O_2 + 2H_2O + 4e^- \longrightarrow 4OH^-$

以上より，

$$4Al + 3O_2 + 6H_2O \longrightarrow 4Al(OH)_3$$

したがって，この電池の放電では，主に$Al(OH)_3$が生成すると考えられる。

なお，$Al(OH)_3$からAl_2O_3がわずかに生成する可能性があるが，本問では題意より$Al(OH)_3$を主生成物とする。

ポイント

〔電池〕

酸化還元反応に伴い発生するエネルギーを電気エネルギーに変換する装置

負極…酸化反応が起こり，外部回路に電子を放出する電極

正極…還元反応が起こり，外部回路から電子を受け取る電極

問3

酸化銅(Ⅱ) CuOを活性炭を用いて(Cや，反応中に生成するCOなどにより)還元して金属を得ようとする実験である。しかし，銅の融点は1083℃と高温であり，この実験操作ではそこまで温度を上昇させるのが困難である。そのため，**手順3**では還元された銅を完全に溶融させることができない。そこで，融点の低いスズ(融点:232℃)との合金(青銅)にすることで，より低い温度で溶融させている。

a　8　正解④

①～③の反応では，Cuの酸化数が+2から0へと変化しており，CuOが還元されている。④の反応ではCuの酸化数が変化しておらず，酸化還元反応ではない。なお，黒色のCuOを1000℃以上で加熱すると赤色の酸化銅(Ⅰ) Cu_2Oが得られるが，この実験では温度が1000℃以上にならないため，この反応は起こらない。

b　9　正解②

問題中の**手順1**の10 gのCuOと**手順2**の3.0 gのSnOが完全に還元されて得られるCuとSnがすべて合金に含まれるとして計算する。

得られるCuの質量は，CuOの式量80とCuの原子量64より，

$$10\,\text{g} \times \frac{64}{80} = 8.0\,\text{g}$$

同様に，得られるSnの質量は，SnOの式量135とSnの原子量119より，

$$3.0\text{g} \times \frac{119}{135} = 2.64\cdots\,\text{g}$$

したがって，最終的に得られるCuとSnの合金の質量は $8.0\,\text{g} + 2.64\,\text{g} = 10.64\,\text{g} \fallingdotseq 11\,\text{g}$ となる。

c 10 正解①

銅とスズの合金は青銅(ブロンズ)である。主な合金と，その成分を次の表に示す。

表　主な合金の成分

名　称	成　分
青銅（ブロンズ）	Cu，Sn
黄銅（真ちゅう）	Cu，Zn
ステンレス鋼	Fe，Cr，Ni，
ジュラルミン	Al，Cu，Mg，Mn
はんだ（無鉛はんだ）	Sn，Ag，Cu
ニクロム	Ni，Cr

d 11 正解③

b より，得られた合金の質量を 10.6 g としたとき，合金中の Sn の割合(質量%)は，

$$\frac{2.64\text{ g}}{10.6\text{ g}} \times 100 = 24.9\cdots\%$$

したがって，問題中の図 2 より，合金中の Sn の割合が約 25%の合金の融点は約 800℃とわかる。

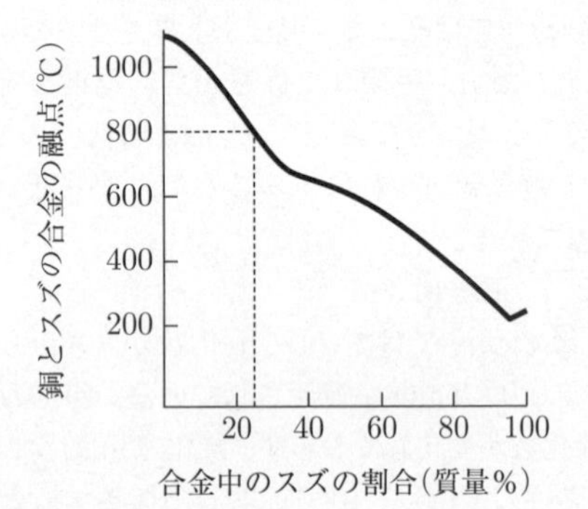

第3問

問1 12 正解②

ア　異種の原子間に形成される共有結合では，共有電子対は電気陰性度の大きい原子に引き寄せられ，結合に電荷の偏りが生じる。このとき，結合に極性があるという。また，分子全体で極性を示すものを極性分子，そうでないものを無極性分子という。

①　メタン CH_4

結合の極性の方向を → で表す
(矢印の方向に共有電子対が偏っている)

メタン分子の C－H 結合には極性があるが，分子の形が正四面体形であるので結合の極性が互いに打ち消されて，無極性分子となる。

②　水 H_2O

水分子は，O－H 結合に極性があり，分子の形が折れ線形であるため，2 つの O－H 結合の極性が互いに打ち消し合うことなく，分子全体として極性を示す極性分子である。

③　アンモニア NH_3

アンモニア分子は，N－H 結合に極性があり，分子の形が三角錐形であるため，3 つの N－H 結合の極性が互いに打ち消し合うことなく，分子全体として極性を示す。

④　窒素 N_2

窒素分子は単体であり，結合に極性がないため，分子全体として極性を示さない。よって無極性分子である。

したがって，極性分子は②，③となる。

イ　選択肢の分子の電子式を示す。

①　メタン CH_4　非共有電子対 0 組

②　水 H_2O　非共有電子対 2 組

③　アンモニア NH_3　非共有電子対 1 組

④　窒素 N_2　非共有電子対 2 組

したがって，非共有電子対を 2 組もつものは②，④となる。

以上より，**ア**と**イ**をともにみたすものは②と決定する。

ポイント

〔電気陰性度〕

原子が共有電子対を引きつけようとする強さの程度を表した値。一般に，18 族元素(貴ガス)を除く周期表の右上の元素ほど大きい。

〔極性分子と無極性分子〕

- 結合の極性…異なる元素の原子どうしの共有結合では，二原子間に電荷の偏りを生じる。これを結合の極性という。二原子間の電気陰性度の差が大きいほど結合の極性は大きい。
- 極性分子…分子全体として極性をもつ分子。
  例；HCl，H_2O など
- 無極性分子…分子全体として極性をもたない分子。結合に極性がある場合でも，分子全体でそれらが打ち消されているときは無極性分子となる。
  例；H_2，Cl_2，CO_2，CH_4 など

問2 13 **正解③**

①(正)　互いに最も近い陽イオンどうしの中心間の距離は，単位格子を8個に分割した一辺$\frac{a}{2}$の小立方体の面の対角線に相当する。

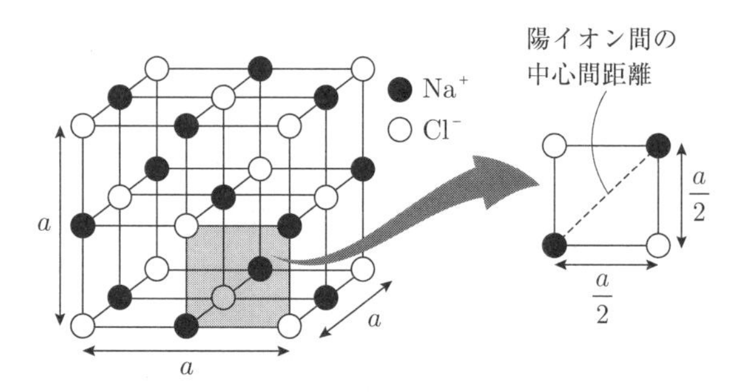

したがって，陽イオンと陽イオンの中心間の距離は，$\frac{\sqrt{2}}{2}a$である。

②(正)　単位格子に含まれる●と○の数をそれぞれ数える。

単位格子の各頂点に位置する原子は，周囲の単位格子にも属し，1個の単位格子には$\frac{1}{8}$個分含まれる。同様に面の中心に位置する原子は$\frac{1}{2}$個分含まれ，辺の中心に位置する原子は$\frac{1}{4}$個分含まれ，立方体の中心に位置する原子は1個分含まれる。よって，単位格子に含まれる●と○の数はそれぞれ次のようになる。

単位格子に含まれる●の数

$$\frac{1}{4}\times 12 + 1\times 1 = 4\text{(個)}$$

単位格子に含まれる○の数

$$\frac{1}{8}\times 8 + \frac{1}{2}\times 6 = 4\text{(個)}$$

よって単位格子にはNa^+とCl^-がそれぞれ4個分含まれる。

③(誤)　図の中心に存在するNa^+●に注目すると6個のCl^-○に囲まれていることがわかる。

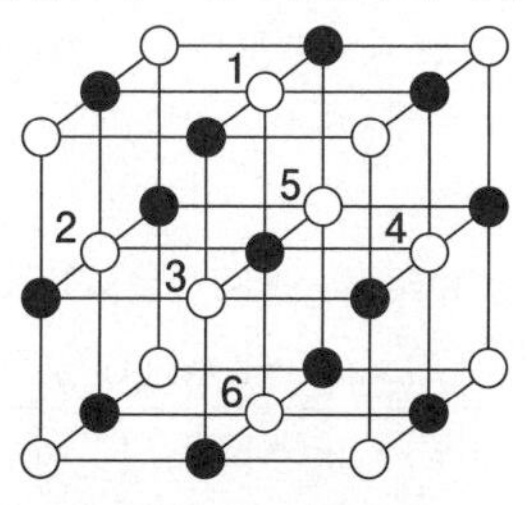

④(正)　NaClの結晶中ではNa^+とCl^-それぞれが面心立方格子を形成している。問題で与えられた単位格子の図(下左図)をCl^-○が中心にくるように書き換えると下右図となり，Na^+●も面心立方格子を形成していることがわかる。

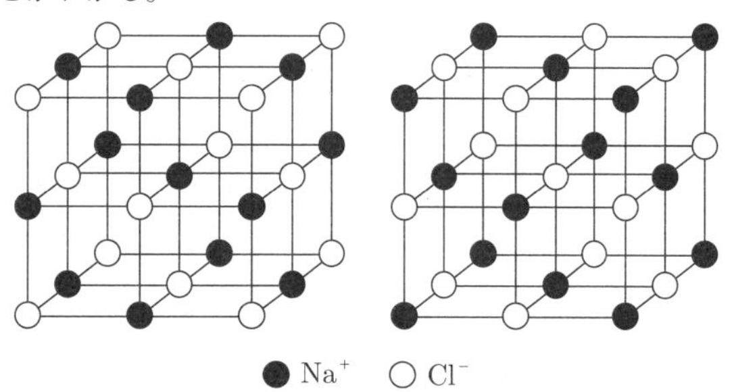

ポイント

〔イオン結晶の構造〕

	NaCl型構造	CsCl型構造
単位格子		
含まれるイオンの数	Cl^-(○) $\frac{1}{8}\times8+\frac{1}{2}\times6=4$ Na^+(●) $\frac{1}{4}\times12+1=4$	Cl^-(○) $\frac{1}{8}\times8=1$ Cs^+(●)　1
配位数(最近接粒子数)	6	8

問3　a 14 **正解②**

①(正)　表1より，NaClと$MgCl_2$の融点が常温25℃より高いことから，ともに固体である。

②(誤)　表1より，PCl_3とSCl_2の融点が常温25℃より低いことから，ともに固体ではないことがわかる。しかし，沸点のデータが与えられていないため，常温25℃で液体か気体かの判別はできない。よって，気体とはわからないので，誤り。なお，PCl_3とSCl_2は常温では液体である。

③(正)　表1より，NaClは融点が高く，融解液の電気伝導性が大きいことからイオン結晶の特徴を示している。一方，PCl_3は融点が低く，融解液の電気伝導性が小さいことより分子結晶の特徴を示している。

④(正)　表1より$MgCl_2$はイオン結晶の特徴を，SCl_2は分子結晶の特徴を示している。したがって，$MgCl_2$結晶はSCl_2結晶よりイオン結合性が大きい結合をもつと判断できる。

b 15 **正解①**

全元素中で3番目に大きな電気陰性度をもつClと金属元素の結晶は，イオン結晶であることが多い。問題中の表2より，$SnCl_2$ 結晶，$PbCl_2$ 結晶はともにイオン結晶の特徴を示していることから，イオン結合性が大きい結合をもつと判断できる。したがって，結晶を構成しているClとSnおよびPb（酸化数+2)の電気陰性度の差が大きいと考えられる。一方，$SnCl_4$ 結晶，$PbCl_4$ 結晶はともに分子結晶の特徴を示していることから，共有結合性が大きい結合をもつと判断できる。したがって，結晶を構成しているClとSnおよびPb（酸化数+4)の電気陰性度の差が小さいと考えられる。これらのことから，結晶を構成するSn，Pbの酸化数が+2から+4になることで，ともに電気陰性度が大きくなり，Clとの電気陰性度の差が小さくなり，結晶を構成する粒子間にはたらく結合の共有結合性が大きくなったと考えられる。

問4　a　16　正解②

300 K, 10.0×10^5 Paで1.00 molの理想気体の体積は，理想気体の状態方程式 $PV=nRT$ から算出できる。

$$10.0\times10^5\ \text{Pa}\times V$$
$$=1.00\ \text{mol}\times8.31\times10^3\ \text{Pa}\cdot\text{L}/(\text{K}\cdot\text{mol})\times300\ \text{K}$$
$$\Rightarrow\ V\fallingdotseq2.49\ \text{L}$$

b　17　正解②　18　正解③

図2より，300 K，50.0×10^5 Paにおいて，水素の $\dfrac{PV}{nRT}$ の値が1.04とわかる。

$$\frac{PV}{nRT}=1.04\ \Leftrightarrow\ V=1.04\times\frac{nRT}{P}$$

したがって，300 K，50.0×10^5 Paでの2.00 molの水素の体積 V_2 は，

$$V_2=1.04\times\frac{2.00\times R\times300}{50.0\times10^5}$$

同様にして，300 K, 50.0×10^5 Paにおいて，メタンの $\dfrac{PV}{nRT}$ の値が0.92より，1.00 molのメタンの体積 V_1 は，

$$V_1=0.92\times\frac{1.00\times R\times300}{50.0\times10^5}$$

したがって，水素の体積 V_2 とメタンの体積 V_1 の比は，

$$V_2=\frac{1.04\times2.00}{0.92\times1.00}V_1\qquad\therefore\ V_2\fallingdotseq2.26V_1$$

水素の体積 V_2 はメタンの体積 V_1 の2.3倍

ポイント

〔理想気体と実在気体〕
- 理想気体：気体の状態方程式を完全に満たす仮想の気体。分子自身の体積が0で，分子間に分子間力がはたらかない。
- 実在気体：実際に存在する気体で，気体の状態方程式に完全には従わない。分子自身に体積があり，分子間に分子間力がはたらく。高温・低圧ほど，理想気体に近づく。

第4問

問1　a　19　正解③

物質1 molを多量の溶媒に溶かしたときのエンタルピー変化を溶解エンタルピーという。溶解エンタルピーの値は，負の場合(発熱)も正の場合(吸熱)もある。例えば，25℃において，塩化リチウムLiCl（固）の溶解エンタルピーは−37 kJ/mol，塩化カリウムのKCl(固)の溶解エンタルピーは17 kJ/molである。

$$\text{LiCl(固)}+\text{aq}\longrightarrow\text{LiCl aq}\quad\Delta H=-37\ \text{kJ}\ \cdots①$$
$$\text{KCl(固)}+\text{aq}\longrightarrow\text{KCl aq}\quad\Delta H=17\ \text{kJ}\ \cdots②$$

水に塩化リチウムのようなイオン結晶を入れると，固体表面の Li^+ と Cl^- が極性のある水分子に静電気的な力で引きつけられ，それぞれのイオンは水分子に囲まれて水中に拡散する。このように，水分子が溶質粒子に結びつくことを水和，水和をしたイオンを水和イオンという。よって，溶質粒子が電解質の場合，水和を考慮して式①や式②を次のように書くこともある。

$$\text{LiCl(固)}+\text{aq}\longrightarrow\text{Li}^+\text{aq}+\text{Cl}^-\text{aq}$$
$$\Delta H=-37\ \text{kJ}\quad\cdots①'$$
$$\text{KCl(固)}+\text{aq}\longrightarrow\text{K}^+\text{aq}+\text{Cl}^-\text{aq}$$
$$\Delta H=17\ \text{kJ}\quad\cdots②'$$

ここで，問題文中の式(1)と式(2)を加えると，

$$\text{LiCl(固)}\longrightarrow\text{Li}^+\text{(気)}+\text{Cl}^-\text{(気)}\quad\Delta H=x_1\text{(kJ)}\quad(1)$$
$$+)\ \text{Li}^+\text{(気)}+\text{Cl}^-\text{(気)}+\text{aq}\longrightarrow\text{Li}^+\text{aq}+\text{Cl}^-\text{aq}\quad\Delta H=-x_2\text{(kJ)}\quad(2)$$
$$\text{LiCl(固)}+\text{aq}\longrightarrow\text{Li}^+\text{aq}+\text{Cl}^-\text{aq}\quad\Delta H=x_1-x_2\text{(kJ)}\ \cdots③$$

式③が得られる。$x_1>0$，$x_2>0$ と与えられており，塩化リチウムの溶解エンタルピー（−37 kJ/mol）は負の値であるので，$x_1-x_2<0$ より $x_1<x_2$ と決定できる。同様に，

$$\text{KCl(固)}\longrightarrow\text{K}^+\text{(気)}+\text{Cl}^-\text{(気)}\quad\Delta H=y_1\text{(kJ)}$$
$$+)\ \text{K}^+\text{(気)}+\text{Cl}^-\text{(気)}+\text{aq}\longrightarrow\text{K}^+\text{aq}+\text{Cl}^-\text{aq}\quad\Delta H=-y_2\text{(kJ)}$$
$$\text{KCl(固)}+\text{aq}\longrightarrow\text{K}^+\text{aq}+\text{Cl}^-\text{aq}\quad\Delta H=(y_1-y_2)\text{(kJ)}$$

塩化カリウムの溶解エンタルピー(17 kJ/mol)は正の値であるので，$y_1 - y_2 > 0$ より $\underline{y_1 > y_2}$ と決定できる。

b 20 正解②

反応エンタルピーを測定する際，外部との熱の出入りがないように断熱性の高い容器を用いる必要がある。よって，この実験では②の発泡ポリスチレンが適当である。発泡ポリスチレンはカップ麺の容器などに用いられている。③のステンレス鋼は鉄にクロム，ニッケルなどを加えて製造される合金，④の銀は金属であり，いずれも熱伝導率は高い。ちなみに，熱伝導率の大小は 銀＞ステンレス鋼＞ガラス＞発砲ポリスチレン である。

c 21 正解②

反応エンタルピーを測定する際，断熱性の高い容器を用いても完全に熱の出入りが防げるわけではない。そこで，水溶液の温度が上昇または降下している部分の直線を溶解開始時(0 秒)まで延長して，熱の出入りが完全になかったと仮定したときの温度に補正する必要がある。

(i) まず，グラフよりこの溶解は吸熱であることがわかる。硝酸アンモニウム NH_4NO_3(固)の溶解による吸熱量 と (ii) 温度変化にかかわった熱量 が等しいことを表す関係式を立てる。

硝酸アンモニウムの溶解エンタルピーを x (kJ/mol)とおくと($x > 0$)，それを付した化学反応式は

$$NH_4NO_3\text{(固)} + aq \longrightarrow NH_4NO_3\,aq \qquad \Delta H = x\ \text{(kJ)}$$

であり，硝酸アンモニウム(NH_4NO_3 式量：80) 2.00 g を加えたので，(i) 硝酸アンモニウムの溶解による吸熱量は，

$$x\ \text{(kJ/mol)} \times \frac{2.00\ \text{(g)}}{80\ \text{(g/mol)}} = \frac{x}{40}\text{(kJ)}$$

と表される。次に，(ii) 温度変化に使われた熱量 は，比熱を用いて求めることができる。

温度変化に使われた熱量(J)

＝比熱(J/(g･℃))×溶液の質量(g)×温度変化(℃)

すなわち，

$$4.2\,(\text{J/(g･℃)}) \times (50.0+2.00)\,(\text{g}) \times (20.0-17.1)\,(\text{℃}) \fallingdotseq 633\,(\text{J})$$

よって，(i)＝(ii) より

$$\frac{x}{40} \times 10^3\ (\text{J}) = 633\ (\text{J})$$

$$\therefore\quad x = 25.32 \fallingdotseq 25$$

以上より，硝酸アンモニウムの溶解エンタルピーは 25 kJ/mol となる。

※溶解エンタルピーや生成エンタルピーは発熱と吸熱の両方の場合があるので，発熱である場合は負の値で，吸熱である場合は正の値で答える。多くの場合，物質が結合したり凝集したりする際は発熱し，物質の結合が切れて物質がバラバラになる際は吸熱すると考えるとよい。

ポイント

〔主な反応エンタルピー〕

反応におけるエンタルピー変化を，一般に反応エンタルピーとよび，対象となる物質 1 mol あたりのエンタルピー変化で表される(単位は kJ/mol)。

・生成エンタルピー…対象となる物質がその成分元素の単体から生成したときの反応エンタルピー。

例　$C\text{(黒鉛)} + O_2\text{(気)} \longrightarrow CO_2\text{(気)} \qquad \Delta H = -394\ \text{kJ}$

⇔ 二酸化炭素の生成エンタルピーは -394 kJ/mol

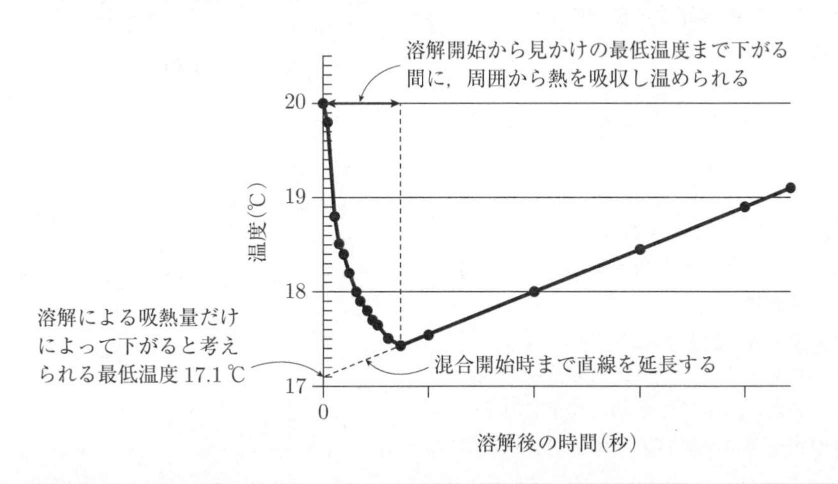

・燃焼エンタルピー…対象となる物質が完全燃焼したときの反応エンタルピー。

例　CO(気) + $\frac{1}{2}O_2$(気) ⟶ CO_2(気)　$\Delta H = -283$ kJ

⇔ 一酸化炭素の燃焼エンタルピーは -283 kJ/mol

・結合エネルギー(結合エンタルピー)…気体分子内の共有結合1 molを切断するのに必要なエネルギー。

例　H_2(気) ⟶ 2H(気)　$\Delta H = 436$ kJ

⇔ H－H結合の結合エネルギーは436 kJ/mol

・蒸発エンタルピー…対象となる物質が液体から気体に変化する際のエンタルピー変化。

例　H_2O(液) ⟶ H_2O(気)　$\Delta H = 44$ kJ

⇔ H_2O(液)の蒸発エンタルピーは44 kJ/mol

・中和エンタルピー…酸からのH^+と塩基からのOH^-が反応して水(H_2O) 1 molが生成するときのエンタルピー変化。

例　HCl aq + NaOH aq ⟶ NaCl aq + H_2O(液)　$\Delta H = -57$ kJ

⇔ 塩酸と水酸化ナトリウム水溶液の中和エンタルピーは-57 kJ/mol

問2　a　22　正解①

物質が光エネルギーを吸収してエネルギーの高い状態になり，化学反応が起こる場合がある。これを光化学反応という。また，化学反応の際に物質が熱エネルギーを放出(または吸収)するかわりに光を発する現象を化学発光という。

①　水素と塩素の混合気体は，暗所ではほとんど反応しない。しかし，この混合気体に紫外線を当てると，塩素分子が光エネルギーを吸収してエネルギーの高い塩素原子が生じ，これが次々に水素分子と爆発的に反応して塩化水素が生成する。

$Cl_2 \xrightarrow{光} 2Cl$

$Cl + H_2 \longrightarrow HCl + H$

$H + Cl_2 \longrightarrow HCl + Cl$

②　シュウ酸ジフェニルなどに蛍光物質を混合して過酸化水素を加えると，反応によって放出されるエネルギーを蛍光物質に与えることで光を発する。この反応はケミカルライトとして利用される。

③　塩基性溶液中でルミノールを過酸化水素などで酸化すると，青白い光を発する。この反応は血液中の成分が触媒として作用するため，血液の鑑識に利用される。

④　ホタルイカやオワンクラゲのように生物体内で合成された物質により化学発光が起こる場合を生物発光という。生物によって発光の仕組みは異なる。

下線部の「光エネルギーを吸収することによって起こる化学反応」とは光化学反応を指しているので，選択肢の①が該当する。②と③は化学発光である。なお，④も化学発光だが，生物由来の化学発光なので生物発光である。

b　23　正解④

光合成は光エネルギーを吸収して，二酸化炭素と水からグルコースを合成し酸素を放出する。

$6CO_2$(気) + $6H_2O$(液) + 光エネルギー ⟶ $C_6H_{12}O_6$(固) + $6O_2$(気)

この式をエンタルピー変化を付した化学反応式で表すと式(3)のようになる。

$6CO_2$(気) + $6H_2O$(液) ⟶ $C_6H_{12}O_6$(固) + $6O_2$(気)　$\Delta H = 2807$ kJ (3)

式(3)は吸収された光エネルギーが2807 kJの化学エネルギーに変換されると考えることができる。

酸素1 molを得るのに1407 kJの光エネルギーが必要なので，式(3)より酸素6 molを得るのに必要な光エネルギーは，

$1407\ \text{kJ} \times 6 = 8442\ (\text{kJ})$

このうち化学エネルギーに変換されるのは，式(3)より2807 kJなので，求めるエネルギー効率(%)は，

$$\frac{2807\ (\text{kJ})}{8442\ (\text{kJ})} \times 100 \fallingdotseq 33.3\ (\%)$$

なお，ここで求めたエネルギー効率は理論的に考えられる最大値に近い値であり，実際の植物の光合成ではこれよりもかなり低い値となる。

ポイント

〔光化学反応と化学発光〕

光化学反応：光エネルギーを吸収することで起こる反応。

例)　光合成　$6CO_2$(気) + $6H_2O$(液) ⟶ $C_6H_{12}O_6$(固) + $6O_2$(気)　$\Delta H = 2807$ kJ

化学発光：化学反応の際に，光エネルギーを放出する反応。エネルギーの出入りは光化学反応と逆。

例)　ルミノール反応

光触媒：光を当てることで触媒作用を示す物質。

例)　TiO_2

感光性：光が当たることによって他の物質へと変化する性質。

例)　AgBr，HNO_3

第5問

問1 24 正解③

①(正) コロイド粒子を分散させている物質を分散媒，コロイド粒子として分散している物質を分散質という。墨汁の分散媒は水(液体)，分散質は炭素(固体)であり，絵の具は様々なものがあるが，油絵の具の場合，分散媒は乾性油(液体)，分散質は顔料(固体)である。

②(正) コロイド溶液に横から光束を当てると，光の通路が明るく輝いて見える。この現象をチンダル現象といい，これはコロイド粒子が光をよく散乱するために起こる現象であり，真の溶液かコロイド溶液かの判断に用いられることが多い。

③(誤) コロイド溶液を限外顕微鏡で観察すると，コロイド粒子の不規則な運動を観察することができる。このような運動をブラウン運動という。この現象は分散媒分子の熱運動により，分散媒分子がコロイド粒子に不規則に衝突することで起こっている。

④(正) 流動性のあるコロイド溶液をゾルといい，そのゾルが流動性を失ったものをゲルという。なお，ゲルを乾燥させたものをキセロゲルといい，シリカゲルなどがその一例である。

ポイント

〔コロイド〕

コロイド溶液中のコロイド粒子は，直径 10^{-9}～10^{-7} m 程度の大きさである。

・疎水コロイド…コロイド粒子の水に対する親和力が弱く，少量の電解質を加えると沈殿する。
例；水酸化鉄(Ⅲ)や粘土のコロイド

・親水コロイド…コロイド粒子の水に対する親和力が強く，少量の電解質を加えただけでは沈殿しにくい。
例；デンプンやタンパク質のコロイド

〔コロイド溶液の性質〕

・チンダル現象…コロイド溶液に強い光線を照射すると，光の進路が輝いて見える現象。

・ブラウン運動…コロイド溶液中でコロイド粒子が不規則に動く現象。

・電気泳動…コロイド溶液に電極を浸して直流電圧をかけると，コロイド粒子がどちらかの電極に移動する現象。

・凝析…疎水コロイドに少量の電解質を加えることにより疎水コロイドが沈殿する現象。

・塩析…親水コロイドに多量の電解質を加えることにより親水コロイドが沈殿する現象。

問2 a 25 正解④

一般に，液体の蒸気圧が，液面にかかる圧力(外圧)に等しくなったときに沸騰が起こる。沸騰が起こる温度を，そのときの外圧における沸点といい，圧力が明記されていないときには，通常，大気圧である 1.013×10^5 Pa (760.0 mmHg)の圧力のもとで沸騰する温度を指す。よって，純粋な水の蒸気圧が 760.0 mmHg を示す温度が 100℃であるため，この温度が水の沸点となる。

この純粋な水(純水)に不揮発性の物質を溶かすと，その水溶液の蒸気圧は純水の蒸気圧よりも低くなり，この現象を蒸気圧降下という。よって，純水は 100℃で沸騰するが，水溶液は 100℃で沸騰が起こらない。水溶液の蒸気圧を 760.0 mmHg にするには，純水よりもより高い温度にしなければならず，その水溶液の沸点は純水のものよりも高くなる。これを沸点上昇といい，純水と水溶液の沸点の差 Δt (K)を沸点上昇度という。よって，図1中の純水と水溶液の沸点上昇度は，点 **d** と点 **f** (⇒ ④)の温度差に相当する。

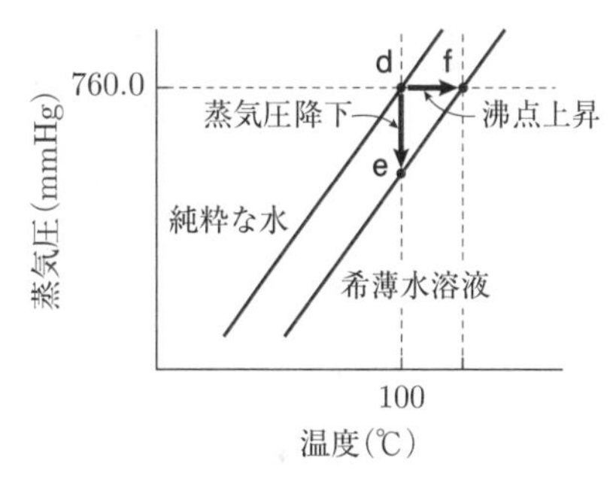

b 26 正解②

非電解質の希薄溶液の沸点上昇度 Δt_b (K)は，溶質の種類に無関係で，溶液の質量モル濃度 m (mol/kg)に比例する。

$$\Delta t_b = K_b \times m$$

K_b は，質量モル濃度 1 mol/kg あたりの沸点上昇度で，これをモル沸点上昇といい，溶媒の種類で決まる比例定数である。また，電解質溶液の場合には，溶質の一部またはすべてが水溶液中で電離するので，沸点上昇度は溶液中のすべての溶質粒子(電離で生じたイオンを含む)の質量モル濃度に比例することに注意する。

溶液**ア**はスクロース $C_{12}H_{22}O_{11}$ の水溶液であり，非電解質であるが，溶液**イ**は塩化ナトリウム NaCl の水溶液であり，本問では以下のように完全に電離するものと考える。

$$NaCl \longrightarrow Na^+ + Cl^-$$

よって溶液**イ**は，0.020 mol/kg × 2 = 0.040 mol/kg の溶質粒子を含む水溶液と考えることができ，溶液**ア**よりもその濃度が大きいとみなすことができる。

溶液の濃度が大きいと，蒸気圧降下がより大きくなり，蒸気圧そのものは低くなり，その結果，沸点は高くなる。よって，蒸気圧は溶液アの方が，沸点は溶液イの方が高くなることがわかる。(⇒②)

c 27 正解② 28 正解⑤

本問は，希薄水溶液の沸点上昇度 Δt（点 d と点 f の温度差）を求めればよい。解答のカギとなるのは図 1 中の 2 本の蒸気圧曲線が，平行な直線とみなすことができることにある。すなわち，2 本の直線の傾き（右の図中の実線の傾き）が等しいことに着目して，純水な水（点 a と点 d）と希薄水溶液（点 e と点 f）の蒸気圧を示す直線の傾きについて以下の式が得られる。

$$\frac{760.0 - 733.2}{100 - 99} = \frac{760.0 - 753.3}{\Delta t}$$

$$\therefore \quad \Delta t = 0.25$$

したがって，希薄水溶液の沸点は，100.25℃である。

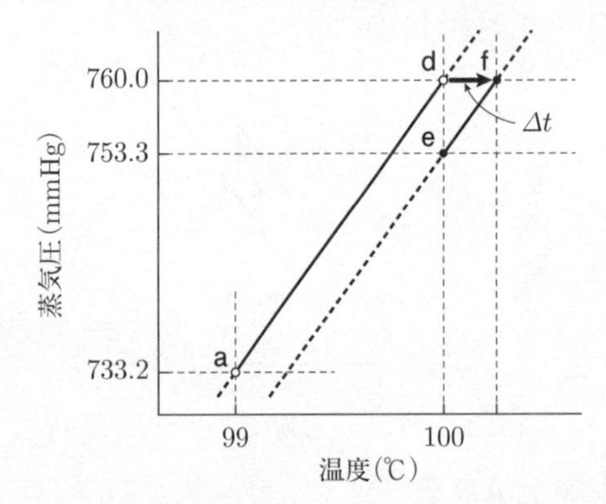

問３ a 29 正解④

一定量の水に溶解する気体の物質量は，液体に接している気体の圧力に比例する。これをヘンリーの法則という。ヘンリーの法則より，(i) CO_2 の圧力を横軸に，水に溶解した CO_2 の物質量を縦軸にとると，(B)のような比例関係を示すグラフとなる。

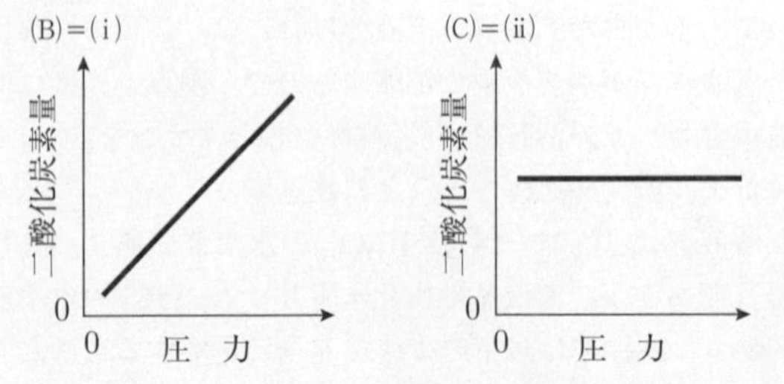

一方，(ii) CO_2 の圧力を横軸に，溶解した CO_2 の体積を溶解させたときの圧力における体積を縦軸にとると，(C)のような CO_2 量が圧力によらず一定の値を示すグラフとなる。これは次のように考えることができる。

水 1 L に圧力 P_1(Pa)下で CO_2 が n_1(mol)溶解するとする。このとき圧力を a 倍にした aP_1(Pa)下では，an_1(mol)溶解する（ヘンリーの法則より）。

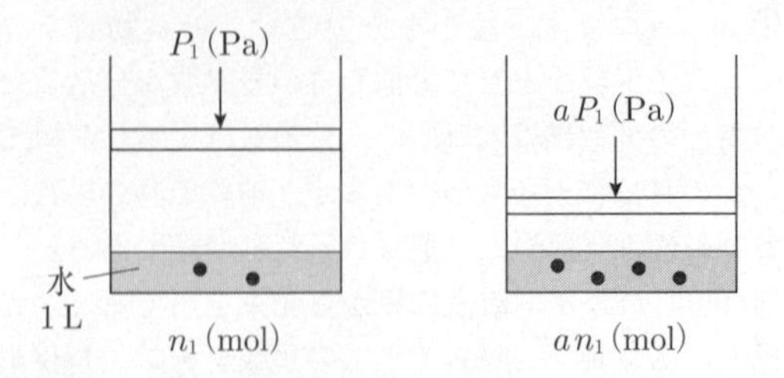

溶解した CO_2 の物質量を次のように，2 通りの気体の体積で表現することを考えよう。

(1) <u>同温，同圧下の体積で表す</u>（T_0(K)，P_0(Pa)下とする）

P_1(Pa)，aP_1(Pa)下で溶解した CO_2 の T_0(K)，P_0(Pa)での体積をそれぞれ V_1(L)，V_2(L)とする。それぞれについて，以下の状態方程式が成り立つ。

$$P_0 \times V_1 = n_1 \times R \times T_0$$
$$P_0 \times V_2 = an_1 \times R \times T_0$$

2 式より $V_2 = aV_1$ の関係があることがわかる。よって，溶解した CO_2 を同温，同圧下の体積で表した場合，(i)と同じように溶解させたときの気体の圧力と比例関係にある。

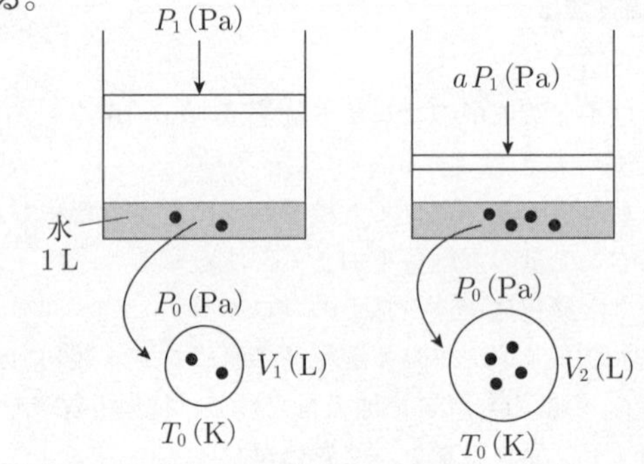

(2) <u>同温（T(K)下），溶解時の圧力下の体積で表す</u>

P_1(Pa)，aP_1(Pa)下で溶解した CO_2 の体積を V_1'(L)，V_2'(L)とする。それぞれについて，以下の状態方程式が成り立つ。

$$P_1 \times V_1' = n_1 \times R \times T$$
$$aP_1 \times V_2' = an_1 \times R \times T$$

2 式より $V_1' = V_2'$ の関係があることがわかる。よって，溶解した CO_2 を同温，溶解時の圧力下の体積で表した場合，(ii)のグラフのように圧力を変えても一定の値を示す。

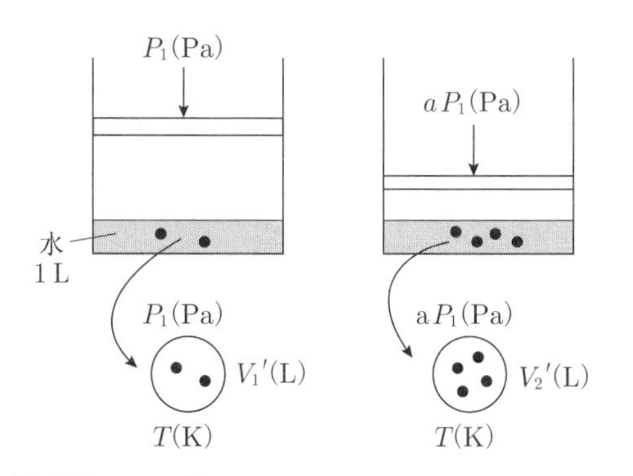

b 30 正解 ①

(1)と(2)の関係をそれぞれ考えたので，それぞれの考え方を用いて，求めてみる。なお，温度はT(K)とし，どちらの解法も，以下に示したCO_2の物質量に関して ❶＝❷＋❸ の考え方で立式している。

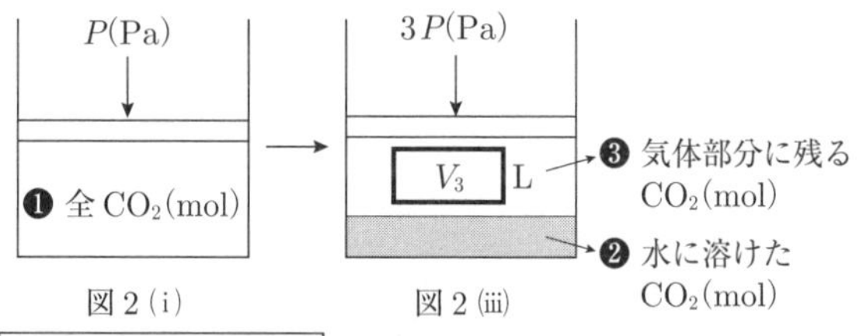

図2(i)　図2(iii)

(1)の考え方での解答

まず，図2(i)の状態で容器内に存在する全CO_2物質量をx_0(mol)とすると，以下の式が成り立つ。

$$P\times 5.7 = x_0\times R\times T \Rightarrow x_0=\frac{5.7P}{RT}\text{(mol)} \quad ❶$$

図2(ii)について，P(Pa)下，1.0 Lに溶解したCO_2物質量をx_1(mol)とする。図2の(i)と(ii)を比較すると，5.7 L − 4.8 L = 0.90 L分のCO_2が溶解したので，x_1について以下の式が成り立つ。

$$P\times 0.90 = x_1\times R\times T \Rightarrow x_1=\frac{0.90P}{RT}\text{(mol)}$$

図2(iii)において，$3P$(Pa)下，1.0 Lに溶解したCO_2物質量は，(1)の考え方より，圧力に比例するので$3x_1$(mol)(❷)と求められる。よって，水に溶解しなかったCO_2物質量は，❸＝❶−❷＝x_0-3x_1(mol)である。以上より，図2(iii)の気体部分の体積をV_3すると，以下の式が成り立つ。

$$3P\times V_3=(x_0-3x_1)\times R\times T$$
$$=\left(\frac{5.7P}{RT}-3\times\frac{0.90P}{RT}\right)\times R\times T$$
$$=\frac{3.0P}{RT}\times R\times T=3.0P$$
$$\therefore\ V_3=1.0\text{(L)}$$

(2)の考え方での解答

一定量の溶媒に溶けた気体の体積は，溶解させたときの圧力のもとでの体積で表すと，圧力に関係なく一定である。さて，ここで気体についての重要な特徴として，同温・同圧における体積と物質量は比例関係にある。

$$PV=nRT \Rightarrow V=\underbrace{\frac{RT}{P}}_{\text{一定}}\times n=k\times n$$

よって，同温・同圧下の体積値については，物質量と同様に ❶＝❷＋❸ の関係が成り立つ。

図2の(i)と(ii)を比較すると，P(Pa)下，水1.0 Lに0.90 LのCO_2が溶解している。(2)の考え方を用いると，図2(iii)の$3P$(Pa)下においても，水に0.90 LのCO_2が溶解する。体積について，❶＝❷＋❸ の関係式を立てるために，はじめの5.7 LのCO_2を，ボイルの法則により$3P$(Pa)下の体積に変換しておくと，$5.7\text{ L}\times\frac{P}{3P}$と表せる。

以上より，$3P$(Pa)下，T(K)での体積について，以下の式が成り立つ。

$$5.7\times\frac{P}{3P} = 0.90 + V_3$$

$5.7\times\frac{P}{3P}$	=	0.90	+	V_3
$3P$(Pa)下 ❶(CO_2全体積)		$3P$(Pa)下 ❷(水に溶けたCO_2体積)		$3P$(Pa)下 ❸(気体CO_2の体積)

$$\therefore\ V_3=1.0\text{(L)}$$

第 2 回
実 戦 問 題
解答・解説

化　学　第２回　（100点満点）

（解答・配点）

問題番号（配点）	設問（配点）		解答番号	正解	自己採点欄
第１問（20）	1	（4）	1	③	
	2	a（4）	2	③	
		b（4）*1	3	①	
			4	⑤	
	3	（4）	5	③	
	4	（4）	6	②	
小計					
第２問（20）	1	a（4）	7	⑥	
		b（4）*2	8	④	
		c（3）	9	②	
	2	a（2）	10	①	
		b（4）	11	②	
		c（3）	12	④	
小計					
第３問（20）	1	a（4）	13	①	
		b（4）	14	④	
	2	a（4）	15	④	
		b（4）	16	⑤	
		c（4）	17	②	
小計					

問題番号（配点）	設問（配点）		解答番号	正解	自己採点欄
第４問（20）	1	（3）	18	①	
		（3）	19	③	
	2	（4）	20	③	
	3	a（3）	21	②	
		b（4）	22	④	
		c（3）	23	④	
小計					
第５問（20）	1	（3）	24	③	
	2	（4）	25	③	
	3	a（3）	26	③	
		b（3）	27	④	
		c（3）	28	①	
		d（4）	29	④	
小計					
合計					

（注）

1　＊１は，両方正解の場合のみ点を与える。

2　＊２は，①を解答した場合は２点を与える。

解　説

第1問

問1　1　正解③

ア　CとNとNeは周期表の第2周期に属する元素，AlとClとMgは周期表の第3周期に属する元素である。したがって，①と③と④が当てはまる。

イ　AlとCとMgは単体が常温常圧で固体，ClとNとNeは単体(Cl_2とN_2とNe)が常温常圧で気体である。したがって，③と⑤と⑥が当てはまる。

以上より，**ア**と**イ**の両方に当てはまるものは③である。

問2　a　2　正解③

図1より，25℃で最も蒸気圧が大きいのがジエチルエーテル，次いでエタノール，水であることが読み取れる。蒸気圧が大きいほど，管内の気体の圧力が大きくなるため，水銀柱の液面が低くなる(下がる)。**エ**がジエチルエーテル，**イ**がエタノール，**ウ**が水である。

ポイント

〔飽和蒸気圧〕

気液平衡になっているときの蒸気の圧力。または，ある温度で蒸気が示すことのできる最大の圧力。同じ物質では，温度が高いほど飽和蒸気圧は大きい。また，同じ温度では，分子間力の小さい物質ほど飽和蒸気圧は大きい。

b　3　正解①　　4　正解⑤

求める水銀Hg(モル質量201 g/mol)の質量をx(g)とすると，気体の状態方程式($PV=\frac{w}{M}RT$)より，

$$0.22\times83\times10^3=\frac{x}{201}\times8.3\times10^3\times(273+27)$$

$$\therefore\ x \fallingdotseq 1.5\text{ g}$$

ポイント

〔気体の状態方程式〕

気体定数をR(Pa·L/(K·mol))としたとき，絶対温度T(K)において，物質量n(mol)，圧力P(Pa)，体積V(L)の気体について，次式が成り立つ。

$$PV=nRT$$

気体の分子量をM(モル質量(g/mol))，質量をw(g)とすると，次式が成り立つ。

$$PV=\frac{w}{M}RT$$

問3　5　正解③

KNO_3は水100 gに50℃で85 g，10℃で22 g溶けるので50℃の飽和溶液100 + 85 = 185 gを10℃に冷却すると，85 − 22 = 63 gが析出する。したがって，飽和溶液が370 gの場合の析出量をx(g)とすると次式が成り立つ。

$$\frac{\text{析出量}}{\text{飽和溶液の質量}}=\frac{63}{185}=\frac{x}{370}$$

$$\therefore\ x=126\text{ g}$$

【別解】　50℃の飽和溶液に含まれるKNO_3の質量をa(g)とすると，50℃の飽和溶液に関して，次の関係が成り立つ。

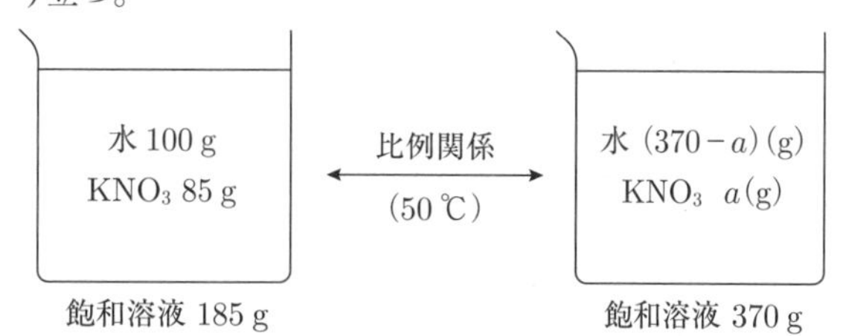

$$\frac{KNO_3\text{の質量}}{\text{飽和溶液の質量}}=\frac{85}{185}=\frac{a}{370}$$

$$\therefore\ a=170\text{ g}(\text{含まれる水は，}370-170=200\text{ g})$$

次に，10℃に冷却したときに析出するKNO_3の質量をb(g)とする。結晶が析出している溶液は，その温度での飽和溶液になっているので，10℃の飽和溶液に関して次の関係が成り立つ。

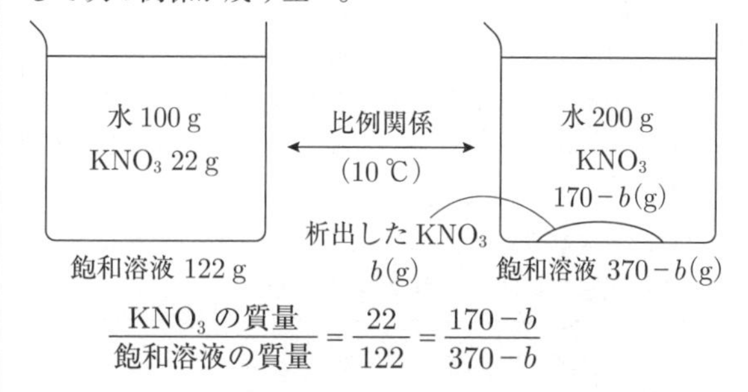

$$\frac{KNO_3\text{の質量}}{\text{飽和溶液の質量}}=\frac{22}{122}=\frac{170-b}{370-b}$$

$$\text{または，}\frac{KNO_3\text{の質量}}{\text{溶媒の質量}}=\frac{22}{100}=\frac{170-b}{200}$$

$$\therefore\ b=126\text{ g}$$

問4　6　正解②

①(正)　硫黄のコロイドのような疎水コロイドは，少量の電解質を加えると凝集して沈殿する。これを凝析という。この現象は加えた電解質によってコロイド粒子の表面の電荷が打ち消されるためである。

②(誤)　硫黄のコロイドは負に帯電している負コロイドであるため，硫黄のコロイドを含む水溶液に電極を入れ直流電圧をかけると，陽極に移動する。このような現象を電気泳動という。

③(正)　コロイド溶液に強い光を当てると光の進路が輝いて見える。これをチンダル現象という。この現象は，コロイド粒子によって光が散乱されるために起こる。

④(正)　硫黄や水酸化鉄(Ⅲ)などの不溶性の無機物質が，コロイド粒子程度の大きさとなって分散したコロイドのことを分散コロイドという。

ポイント

〔コロイドの分類〕
- 分子コロイド：分子量が大きい高分子化合物であり，その1個がコロイド粒子となるもの。
  例；デンプンやタンパク質
- 分散コロイド：水に溶けない固体がコロイド粒子となるもの。　例；硫黄や水酸化鉄(Ⅲ)
- 会合コロイド(ミセル)：親水基と疎水基の両方をもち，極性溶媒と無極性溶媒の両方になじむ物質の集合体がコロイド粒子となるもの。
  例；セッケン

〔コロイド溶液の性質〕
- チンダル現象…コロイド溶液に強い光線を照射すると，光の進路が輝いて見える現象。
- ブラウン運動…コロイド溶液中でコロイド粒子が不規則に動く現象。
- 電気泳動…コロイド溶液に電極を浸して直流電圧をかけると，コロイド粒子がどちらかの電極に移動する現象。
- 凝析…疎水コロイドに少量の電解質を加えることにより疎水コロイドが沈殿する現象。コロイド粒子の表面の電荷と反対符号の電荷をもちイオンの価数が大きいイオンほど，凝析の効果は大きい。
- 塩析…親水コロイドに多量の電解質を加えることにより親水コロイドが沈殿する現象。

第2問

問1　a　7　正解⑥

CH_4(気)，H_2O(気)，CO(気)のそれぞれの生成エンタルピーを付した化学反応式を示す。

$$C(黒鉛) + 2H_2(気) \longrightarrow CH_4(気) \quad \Delta H = -75\ \text{kJ} \quad \cdots①$$

$$H_2(気) + \frac{1}{2}O_2(気) \longrightarrow H_2O(気) \quad \Delta H = -242\ \text{kJ} \quad \cdots②$$

$$C(黒鉛) + \frac{1}{2}O_2(気) \longrightarrow CO(気) \quad \Delta H = -111\ \text{kJ} \quad \cdots③$$

ヘスの法則より，$\Delta H = x$(kJ)を求める。$-$①$-$②$+$③より，式(1)が得られるので，

$$x = -(-75) - (-242) + (-111)$$

$$\therefore\ x = 206\ \text{kJ}$$

【参考】　エンタルピーの関係を図で表すと下図のようになる。

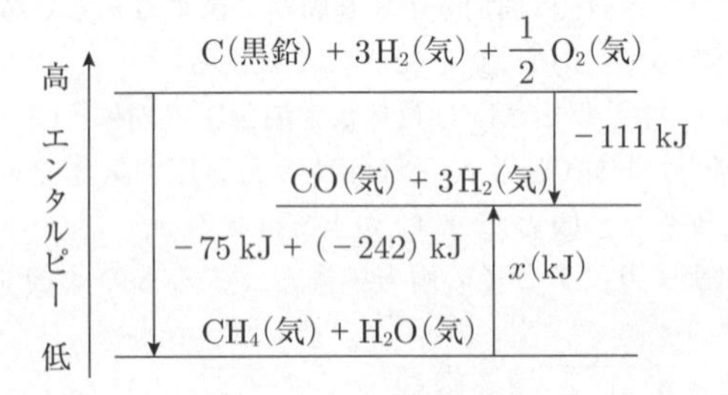

b　8　正解④

問題文より，反応物はCO(気)$+ H_2O$(気)，生成物はCO_2(気)$+ H_2$(気)となる。求める反応エンタルピーΔHをy(kJ)とする。反応物から生成物へエンタルピーが減少する方向に進む($y < 0$)と仮定してエンタルピーの図を描くと下図のようになる。

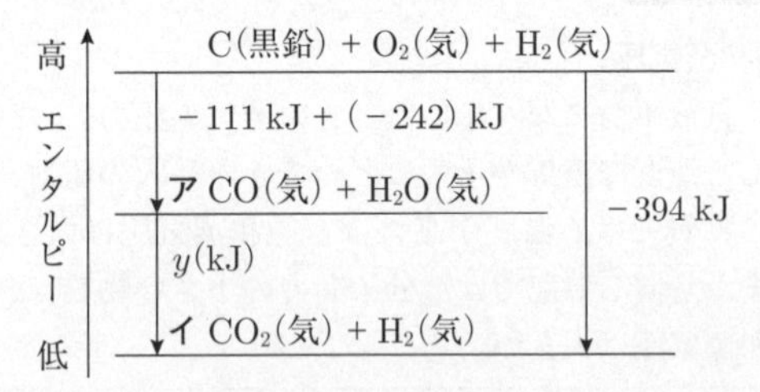

図より$y = -394 - (-111 - 242) = -41$ kJ

もし，このときyが正の値になった場合は，選択肢中の反応エンタルピーが負の値であるため，**ア**と**イ**を逆にすればよい。

ポイント

〔反応エンタルピー〕

- 燃焼エンタルピー：物質1 molが完全に燃焼するときのエンタルピー変化(発熱)
- 生成エンタルピー：物質1 molがその成分元素の単体から生成するときのエンタルピー変化(発熱または吸熱)
- 溶解エンタルピー：物質1 molを多量の溶媒に溶解したときのエンタルピー変化(発熱または吸熱)
- 中和エンタルピー：酸からのH^+と塩基からのOH^-が中和して水(H_2O) 1 molが生成するときのエンタルピー変化(発熱)

〔ヘスの法則（総熱量保存の法則）〕

物質が変化する際の反応エンタルピーの総和は，変化する前後の物質とその状態だけで決まり，変化の経路や方法には関係しない。

（例）

エンタルピー		
高	C(黒鉛) + O_2(気)	
	$\Delta H_1 = -111$ kJ	$\Delta H = -394$ kJ
	CO(気) + $\frac{1}{2}O_2$(気)	
	$\Delta H_2 = -283$ kJ	
低	CO_2(気)	

$\Delta H = \Delta H_1 + \Delta H_2$ が成立する

c 9 正解②

燃料と酸素を外部から供給し，燃焼による熱エネルギーを得るかわりに，電気エネルギーを取り出す装置を燃料電池という。リン酸型の燃料電池は，電解液にリン酸 H_3PO_4 水溶液，負極活物質に H_2，正極活物質に O_2 を用いた電池で，負極と正極での反応は次のようになる。

負極：　$H_2 \longrightarrow 2H^+ + 2e^-$

正極：　$O_2 + 4H^+ + 4e^- \longrightarrow 2H_2O$

①（正）　H_2 は負極活物質であり，負極に供給される。

②（誤）　反応式より，H_2O が生成するのは正極側である。

③（正）　リン酸型では，CO_2 は電解液（H_3PO_4）と反応しないので，微量の CO_2 が含まれていても特に影響はない。ただし，アルカリ型（KOH 型）は電解液に KOH 水溶液を使っているので，CO_2 と KOH が反応し，起電力の低下が起きてしまう。このため，CO_2 を含まない O_2 を用いる必要がある。

④（正）　反応速度を大きくするために白金触媒が用いられている。また，黒鉛は電気伝導性が大きいので，一般に電池や電気分解の装置の電極として用いられている。

ポイント

〔水素－酸素燃料電池〕

（－）$H_2|H_3PO_4\,aq|O_2$（＋）

負極：　$H_2 \longrightarrow 2H^+ + 2e^-$

正極：　$O_2 + 4H^+ + 4e^- \longrightarrow 2H_2O$

全体：　$2H_2 + O_2 \longrightarrow 2H_2O$　（燃焼反応）

アルカリ型（塩基性）のとき

負極：　$H_2 + 2OH^- \longrightarrow 2H_2O + 2e^-$

正極：　$O_2 + 2H_2O + 4e^- \longrightarrow 4OH^-$

問2 a 10 正解①

直流電源の正極につながっている電解槽の電極は陽極，直流電源の負極につながっている電解槽の電極は陰極となる。したがって，白金板**ア**が陽極，白金板**イ**が陰極になる。

陽極では電子を失う酸化反応が，陰極では電子を受け取る還元反応が起こっている。

b 11 正解②

流れた電気量は，

$$1.00\ \text{A} \times 3860\ \text{s} = 3860\ \text{C}$$

ファラデー定数 $F = 9.65 \times 10^4$ C/mol より，流れた電子 e^- の物質量は，

$$\frac{3860\ \text{C}}{9.65 \times 10^4\ \text{C/mol}} = 0.040\ \text{mol}$$

この電気分解においては，白金板**ア**では O_2 の発生，白金板**イ**では Ni の析出と H_2 の発生の両方の反応が起きているので，白金板**ア**と**イ**で起こる反応は次のようになる。

ア：陽極　$2H_2O \longrightarrow O_2 + 4H^+ + 4e^-$

イ：陰極　$Ni^{2+} + 2e^- \longrightarrow Ni$,

$2H_2O + 2e^- \longrightarrow H_2 + 2OH^-$

（または，$2H^+ + 2e^- \longrightarrow H_2$）

陽極で発生した O_2 の物質量は，

$$0.040\ \text{mol} \times \frac{1}{4} = 0.010\ \text{mol}$$

問題文より，陽極で発生した O_2 と，陰極で発生した H_2 の物質量は同じなので，陰極で発生した H_2 も 0.010 mol である。これに要した電子の物質量は，

$$0.010\ \text{mol} \times 2 = 0.020\ \text{mol}$$

陰極全体で流れた電子は 0.040 mol なので，Ni の析出に要した電子の物質量は，

$$0.040\ \text{mol} - 0.020\ \text{mol} = 0.020\ \text{mol}$$

よって，陰極で析出した Ni の物質量は，

$$0.020\ \text{mol} \times \frac{1}{2} = 0.010\ \text{mol}$$

ポイント

〔電気量〕

i (A) の電流を t 秒間流したときの電気量 Q (C)

$$Q = it$$

ファラデー定数 F　電子 1 mol がもつ電気量の絶対値

$$F = 9.65 \times 10^4\ \text{C/mol}$$

流れた電子 e^- の物質量 n_{e^-} (mol)

$$n_{e^-} = \frac{it}{F}$$

〔水溶液の電気分解における反応〕

陽極…酸化反応が起こる。

(反応性 Cu, Ag > I^- > Cl^- > OH^- > H_2O ≫ SO_4^{2-}, NO_3^-)

Cu, Ag 電極　　C, Pt 電極

陰極…還元反応が起こる。

(反応性 Ag^+ > Cu^{2+} > H^+ > H_2O >…Zn^{2+}…≫…K^+)

(例)　ヨウ化カリウム水溶液の電気分解(白金電極の場合)

陽極　$2I^- \longrightarrow I_2 + 2e^-$

陰極　$2H_2O + 2e^- \longrightarrow H_2 + 2OH^-$

c　12　正解④

①(誤)　湿ったヨウ化カリウムデンプン紙を青紫色(青色)にするのは，Cl_2 や O_3 などの酸化力をもつ気体である。

②(誤)　塩酸を近づけると白煙が生じるのは NH_3 である。

③(誤)　火のついた線香を近づけると線香が激しく燃えるのは O_2 である。

④(正)　試験管に入れた H_2 にマッチの火を近づけるとポンと音がする。また，H_2 と O_2(空気)の混合気体に点火すると，大きな音をあげて爆発的に反応する。

第3問

問1　a　13　正解①

ルシャトリエの原理により，温度を上げると吸熱方向に平衡が移動する。式(1)の正反応は吸熱反応($2HI \longrightarrow H_2 + I_2$　$\Delta H = Q$ kJ $(Q > 0)$)なので，高温にすると平衡は右に移動する。このため，温度を上げると，HI が減り，H_2 と I_2 が増える。よって，式(2)の平衡定数 K は大きくなる。

ポイント

〔ルシャトリエの原理〕

平衡状態に，他から温度，濃度，圧力などの変化を与えると，その変化を緩和する方向に平衡が移動し，新たな平衡状態となる。

※触媒を加えた場合は平衡に達するまでの時間が短くなるが平衡は移動しない。

例1　N_2(気) + $3H_2$(気) $\rightleftarrows$ $2NH_3$(気)の反応が平衡状態にあるとき，圧力を高くすると，平衡は気体粒子の総濃度が小さくなる右へ移動する。

例2　$2NO_2 \rightleftarrows N_2O_4$　$\Delta H = -57.2$ kJ　の反応が平衡状態にあるとき，温度を高くすると，平衡は吸熱が生じる左へ移動する。

b　14　正解④

$K = 4.0$ より，

$$\log_{10} K = \log_{10} 4 = 2\log_{10} 2 = 2 \times 0.30 = 0.60$$

図1より，縦軸($\log_{10} K$)の値が 0.60 のときの横軸 $\frac{1}{T}$ の値はおよそ 0.00143 と読み取れる。よって，温度を x(K)とすると，

$$\frac{1}{x} = 0.00143 \qquad \therefore \quad x \fallingdotseq 699$$

ポイント

〔平衡定数〕

$aA + bB \rightleftarrows cC + dD$ で表される可逆反応では，平衡状態において次の関係式が成り立つ。

$$K = \frac{[C]^c[D]^d}{[A]^a[B]^b}$$

(K…平衡定数；温度一定のとき一定)

例　$H_2 + I_2 \rightleftarrows 2HI$ における平衡定数を K とすると，

$$K = \frac{[HI]^2}{[H_2][I_2]}$$

(注)　$2HI \rightleftarrows H_2 + I_2$ の場合は，

$$K = \frac{[H_2][I_2]}{[HI]^2}$$

問2　a　15　正解④

表1にある塩の溶解度積 K_{sp} は飽和溶液中のイオンの濃度の積を表している。したがって，溶解度積が大きいほど，その塩が溶解しやすいことがわかる。よって，表1中の K_{sp} の値が最も小さい CuS が最も溶解しにくい塩である。

b　16　正解⑤

MgF_2 は水溶液中で次のように電離する。

$$MgF_2(\text{固}) \rightleftarrows Mg^{2+} + 2F^-$$

したがって，MgF_2 の溶解度積 K_{sp} は次のように表される。

$$K_{sp} = [Mg^{2+}][F^-]^2$$

$[Mg^{2+}]$ を x(mol/L)とすると，$K_{sp} = 1.0 \times 10^{-8}$ mol³/L³，$[F^-] = 2.0 \times 10^{-3}$ mol/L より，

$$1.0 \times 10^{-8} = x \times (2.0 \times 10^{-3})^2$$

$$\therefore \quad x = 2.5 \times 10^{-3} \text{ mol/L}$$

ポイント

〔難溶性塩の溶解平衡〕

塩の飽和溶液では溶解平衡が成立している。例えば，CuS の飽和溶液では次の溶解平衡が成立している。

$$CuS(固) \rightleftarrows Cu^{2+} + S^{2-}$$

このとき，水溶液中の Cu^{2+} と S^{2-} のモル濃度の積は温度が変わらなければ常に一定に保たれる。

$$[Cu^{2+}][S^{2-}] = K_{sp}$$

K_{sp} の値を溶解度積という。

c 17 正解②

弱酸の塩に，その弱酸より強い酸を加えると弱酸遊離反応が起こることにより，塩が溶解しやすくなる。これを溶解平衡で考える。フッ化マグネシウム MgF_2 の場合は次のように説明される。

$$MgF_2(固) \rightleftarrows Mg^{2+} + 2F^- \quad \cdots(1)$$

$$H^+ + F^- \longrightarrow HF \quad \cdots(2)$$

式(2)が起こることにより式(1)の F^- が減るため，ルシャトリエの原理より，式(1)の平衡が右に移動する。その結果，溶解する MgF_2 の量は大きくなる。つまり，MgF_2 や ZnS のような弱酸塩であれば，上記の通り酸を加えることで溶解する量は一般に大きくなる。一方，強酸の塩の場合は，式(2)のような酸が生じる変化がほとんど起こらないため，溶解する塩の量はほとんど変化しない。①～④の塩については，

① $CaCO_3$ ⇒ H_2CO_3 (CO_2)の塩
② $BaSO_4$ ⇒ H_2SO_4 の塩
③ FeS ⇒ H_2S の塩
④ PbC_2O_4 ⇒ $H_2C_2O_4$ (または$(COOH)_2$)の塩

H_2SO_4 は強酸，H_2CO_3 と H_2S と $H_2C_2O_4$ はいずれも弱酸であるから，強酸の塩は② $BaSO_4$ のみである。

なお，弱酸の塩であっても，CuS のように溶解度が極めて小さい場合は，右への平衡移動が起こらず，溶解する量はほとんど変化しない。

第４問

問１ **ア** 18 正解① **イ** 19 正解③

Ⅰより，同素体が存在する C と S が，**ア**と**イ**のいずれかである。

Ⅱより，元素**ア**～**エ**の水素化合物のうち，水溶液が酸性を示すのは H_2S なので**イ**は S，水溶液が塩基性を示すのは NH_3 なので**ウ**は N である。なお，CH_4 と SiH_4 は無極性分子なので水に溶けにくい。

Ⅲより，元素**ア**～**エ**の酸化物のうち，SiO_2 のみが共有結合の結晶(CO，CO_2，NO，NO_2，SO_2 はいずれも気体，また，SO_3 は分子結晶)なので，**エ**は Si と予想される。

以上より，**ア**は C，**イ**は S，**ウ**は N，**エ**は Si である。

問２ 20 正解③

アでは，希塩酸に $AgNO_3$ 水溶液を加えると AgCl の白色沈殿が生じるが，希硝酸に $AgNO_3$ 水溶液を加えたときは変化が起こらない。よって，区別することができる。

イでは，希塩酸に NaOH 水溶液を加えると中和して NaCl が生じる。希硝酸に NaOH 水溶液を加えても中和して $NaNO_3$ が生じる。NaCl，$NaNO_3$ は水溶液中でいずれも電離しており無色である。よって，区別することはできない。

ウでは，希塩酸に CH_3COONa を加えると弱酸の遊離によって CH_3COOH が遊離するが，希硝酸に CH_3COONa を加えても弱酸の遊離によって CH_3COOH が遊離する。よって，区別することはできない。

エでは，酸化力をもたない希塩酸に Cu を加えても反応は起こらないが，酸化力の強い希硝酸に Cu を加えると NO を発生しながら溶解する。よって，区別することができる。

問３ **a** 21 正解②

手順２で炎色反応によって Na^+ が含まれていることがわかったので，ア には Na(Na^+)の炎色反応の色である「黄」が当てはまる。さらに，黄色に少し赤色が混ざったとあるので，複数の金属イオンによる炎色反応が起こっていることが読み取れる。コバルトガラスを用いた炎色反応によって K^+ が含まれていることがわかったので，この赤色の原因は，K(K^+)の炎色反応の赤紫色であることがわかる。よって，イ には「赤紫」が当てはまる。なお，コバルトガラスが吸収したのは Na の炎色反応の黄色であり，その結果，K の炎色反応の赤紫色が観察されたことになる。青色のコバルトガラスは黄色の光を吸収する性質が強く，Na 以外の炎色反応を観察する際に用いられることがある。

ポイント

〔炎色反応〕

ある種の金属元素を含んだ物質を炎の中に入れると，その元素に特有な色が現れることがある。この反応を炎色反応という。その色から物質に含まれている特定の金属元素の種類を知ることができる。

主な金属元素の炎色反応

Li	Na	K	Ca	Sr	Ba	Cu
赤	黄	赤紫	橙赤	紅	黄緑	青緑

b 22 正解④

ろ液Bには，鉄のイオンが含まれていたことから，水酸化ナトリウム水溶液を加えることで生じた下線部(a)の赤褐色沈殿は水酸化鉄(Ⅲ)である。

$Fe^{3+} + 3OH^- \Rightarrow$ 水酸化鉄(Ⅲ)↓

ポイント

〔OH^-による沈殿とその溶解〕

〈OH^-を加えると沈殿を生じるもの〉

- アルカリ金属(Li^+，K^+，Na^+，…)，アルカリ土類金属(Ca^{2+}，Sr^{2+}，Ba^{2+}，…)の水酸化物は水に溶ける。
- 上記以外の水酸化物のほとんどは，水に溶けにくい。
- Ag^+は酸化物として沈殿。
- 沈殿の色は，典型元素では白色，遷移元素では有色(下表参照)。

金属イオン	沈殿（色）
Fe^{2+}	$Fe(OH)_2$（緑白色）
Fe^{3+}	水酸化鉄(Ⅲ)（赤褐色）
Cu^{2+}	$Cu(OH)_2$（青白色）
Ag^+	Ag_2O（褐色）

〈OH^-によって生じた沈殿のうち過剰のアンモニア水で溶解するもの〉

$Zn(OH)_2$，$Cu(OH)_2$，Ag_2O

〈OH^-によって生じた沈殿のうち過剰のNaOH水溶液で溶解するもの〉

$Al(OH)_3$，$Zn(OH)_2$，$Pb(OH)_2$などの両性水酸化物

〔鉄(Ⅱ)イオン，鉄(Ⅲ)イオンの反応〕

- Fe^{2+}を含む水溶液に，アンモニア水または水酸化ナトリウム水溶液を加えると，$Fe(OH)_2$の緑白色の沈殿が生じる。
- Fe^{2+}を含む水溶液に，ヘキサシアニド鉄(Ⅲ)酸カリウム$K_3[Fe(CN)_6]$水溶液を加えると，濃青色の沈殿が生じる。
- Fe^{3+}を含む水溶液に，アンモニア水または水酸化ナトリウム水溶液を加えると，水酸化鉄(Ⅲ)の赤褐色の沈殿が生じる。
- Fe^{3+}を含む水溶液に，ヘキサシアニド鉄(Ⅱ)酸カリウム$K_4[Fe(CN)_6]$水溶液を加えると，濃青色の沈殿が生じる。
- Fe^{3+}を含む水溶液に，チオシアン酸カリウムKSCN水溶液を加えると，血赤色の溶液になる。

c 23 正解④

ろ液Cは初めは強塩基性であり，塩酸を少しずつ滴下していくと次第にpHが中性に近づき，やがてAl^{3+}を含む白色沈殿が生じたことから，**ろ液C**には$[Al(OH)_4]^-$が含まれており，弱塩基性で生じた白色沈殿は$Al(OH)_3$であるとわかる。なお，塩酸を大量に加えると強酸性となるため$AlCl_3$が生じて沈殿は溶解する。

残った**ろ液D**に試薬を加えるとCa^{2+}を含む白色沈殿が生じたことから，選択肢より，生じた白色沈殿は$CaCO_3$，試薬は$(NH_4)_2CO_3$であると考えられる。

第5問

問1 24 正解③

①(正) ギ酸HCOOHは分子内にホルミル基(アルデヒド基)が存在するため還元性を示す。

```
H−C−OH
  ‖
  O
 ギ酸
```

よって，試験管中でアンモニア性硝酸銀水溶液(NH_3を十分に加えた$AgNO_3$水溶液)にHCOOHを加えて温めると，溶液中のAg^+が還元されて単体のAgが内壁に析出する。この反応を銀鏡反応という。なお，この反応でHCOOHは酸化されて，CO_2とH_2Oになる。

②(正) 酢酸CH_3COOHは無色の刺激臭をもつ液体である。CH_3COOHの融点は17℃であり，純度の高いもの(99％以上)は気温が下がると凝固しやすいため，氷酢酸と呼ばれる。

③(誤) 油脂を構成する脂肪酸の一つであるステアリン酸は，分子式$C_{18}H_{36}O_2$，示性式$C_{17}H_{35}COOH$で表され，

直鎖の飽和炭化水素基の端にカルボキシ基を1個もつ。

$$CH_3-(CH_2)_{16}-COOH$$

ステアリン酸

④(正)　ヒドロキシ酸の一つである乳酸 $CH_3CH(OH)COOH$ には分子内に不斉炭素原子があるため，1組の鏡像異性体が存在する。

CH_3, HO, C, H, COOH　　　CH_3, H, C, OH, HOOC

乳酸の鏡像異性体

ポイント

〔官能基の検出法〕

アンモニア性 $AgNO_3$ 水溶液〔銀鏡反応〕：

$-\underset{\displaystyle \underset{O}{\|}}{C}-H$ の検出　(銀鏡 Ag 生成)

フェーリング液：

$-\underset{\displaystyle \underset{O}{\|}}{C}-H$ の検出(赤色沈殿 Cu_2O 生成)

I_2 と NaOH 水溶液〔ヨードホルム反応〕：

$R-\underset{\displaystyle \underset{OH}{|}}{CH}-CH_3$, $R-\underset{\displaystyle \underset{O}{\|}}{C}-CH_3$ の検出

R は一般に炭化水素基または H

(特異臭の黄色結晶 CHI_3 生成)

〔鏡像異性体〕

・鏡像異性体：結合する4つの原子または原子団がすべて異なる炭素原子を，不斉炭素原子という。不斉炭素原子をもつ化合物には，互いに鏡像の関係にある，一対の鏡像異性体が存在する。

例）乳酸 $C_3H_6O_3$　CH_3, HO, C^*, COOH, H　不斉炭素原子

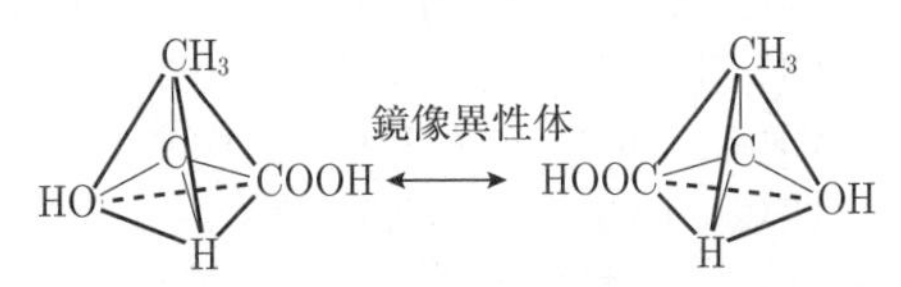

・鏡像異性体は一般的な物理的性質・化学的性質はほとんど同じだが，光学的性質(旋光性)が異なる(生理作用が異なることもある)。

問2　25　正解③

アルケン A の分子式を C_nH_{2n} とすると，アルケン A と Br_2 の反応は，

$$C_nH_{2n} + Br_2 \longrightarrow C_nH_{2n}Br_2$$

と表すことができる。アルケン A(モル質量 $14n$ (g/mol))と付加生成物(モル質量 $14n+160$ (g/mol))は物質量が互いに等しいから，

$$\frac{1.4\ \text{g}}{14n\ (\text{g/mol})} = \frac{5.4\ \text{g}}{14n+160\ (\text{g/mol})} \qquad \therefore\ n = 4$$

したがって，アルケン A の分子式は C_4H_8 である。

【別解】　付加した Br_2 の質量は，

$$5.4\ \text{g} - 1.4\ \text{g} = 4.0\ \text{g}$$

アルケン A と付加した Br_2 (モル質量 160 g/mol)は物質量が互いに等しいから，

$$\frac{1.4\ \text{g}}{14n\ (\text{g/mol})} = \frac{4.0\ \text{g}}{160\ (\text{g/mol})} \qquad \therefore\ n = 4$$

したがって，アルケン A の分子式は C_4H_8 である。

問3　**a**　26　正解③

式(1)の反応を次に示す。

$$CH_4 + Cl_2 \longrightarrow CH_3Cl + HCl$$

この反応は，CH_4 中の H 原子と Cl_2 中の Cl 原子が置き換わった形で反応が進んでいるため，置換反応と呼ばれる。

H, H, C, H, H　+ Cl−Cl ⟶ H, H, C, Cl, H　+ H−Cl

ポイント

〔鎖式飽和炭化水素の特徴〕

・アルカンといい，C_nH_{2n+2} の一般式で表される。
　例；メタン CH_4, エタン C_2H_6, プロパン C_3H_8, …

・直鎖状では炭素数が多いほど沸点が高い。

・紫外線照射下で，ハロゲンの単体(塩素や臭素)を作用させると置換反応が起こる。

b　27　正解④

問題文に「**段階3の反応が発熱反応である**」とあるので，実際に計算して確認してみる。結合を切断する場合は吸熱が起こり，反対に，結合を形成する場合は発熱が起こるので，エンタルピー変化は

243 kJ　(Cl−Cl 結合 1 mol の切断)　−　352 kJ　(C−Cl 結合 1 mol の形成)

= −109 kJ (< 0)

となり，確かに発熱反応である。したがって，

反応エンタルピー＝
　(切断される結合の結合エネルギー)
　　−(形成される結合の結合エネルギー)

で求められることがわかる。

段階1は，Cl−Cl 結合の切断のみであるから，反応エンタルピーは，

243 kJ − 0 kJ
(Cl − Cl 結合 1 mol の切断)

= 243 kJ（> 0）

となり，吸熱反応である。

段階 2 は，H − C 結合が切断され H − Cl 結合が形成されているから，反応エンタルピーは

440 kJ − 432 kJ
(H − C 結合 1 mol の切断) (H − Cl 結合 1 mol の形成)

= 8 kJ(> 0)

となり，吸熱反応である。

c 28 **正解 ①**

2 種類のラジカル($Cl\cdot$，$CH_3\cdot$)から生成する物質を考えると，

(1) $Cl\cdot$ どうしが結合した場合

$Cl\cdot + \cdot Cl \longrightarrow Cl-Cl$

(2) $CH_3\cdot$ と $Cl\cdot$ が結合した場合

$CH_3\cdot + \cdot Cl \longrightarrow CH_3-Cl$

(3) $CH_3\cdot$ どうしが結合した場合

$CH_3\cdot + \cdot CH_3 \longrightarrow CH_3-CH_3$

よって，HCl は生成しない。

d 29 **正解 ④**

2-メチルブタンに対して式(1)と同様の反応を行った場合，生成する塩素の一置換体の異性体は，次の 4 種類である。

```
              CH3                          CH3
              |                            |
CH3—CH2—CH—CH2          CH3—CH2—C—CH3
                   |                       |
                   Cl                      Cl

         CH3                               CH3
         |                                 |
CH3—CH—CH—CH3           CH2—CH2—CH—CH3
     |                      |
     Cl                     Cl
```

ポイント

〔構造異性体〕

分子式が同じで，構造式が異なる化合物どうし。

例 1；分子式 C_4H_{10} の構造異性体

```
                              CH3
                              |
CH3—CH2—CH2—CH3      CH3—CH—CH3
```

例 2；分子式 C_3H_7Cl の構造異性体

```
  H  H  H           H  H  H
  |  |  |           |  |  |
H—C—C—C—H        H—C—C—C—H
  |  |  |           |  |  |
  Cl H  H           H  Cl H
```

【参考】 **問 3** で扱ったような反応性の高いラジカル等が生じることによる連続的な反応を，連鎖反応という。クロロメタンの生成反応において，光(紫外線)を照射することにより安定な Cl_2 からラジカルである $Cl\cdot$ が生成する**段階 1** を，連鎖開始段階という。

段階 1 $Cl-Cl \longrightarrow Cl\cdot + \cdot Cl$

段階 1 で生成した $Cl\cdot$ は，**段階 2** において CH_4 から H 原子を引き抜いて安定な HCl となるが，同時にラジカルである $CH_3\cdot$ が生成する。

```
                 H                           H
                 |                           |
段階 2  Cl·  +  H:C—H  ——→  Cl:H  +  ·C—H
                 |                           |
                 H                           H
```

段階 2 で生成した $CH_3\cdot$ は，**段階 3** において Cl_2 から Cl 原子を引き抜いて安定な CH_3Cl となるが，同時に**段階 1** の生成物でもある $Cl\cdot$ が生成する。

```
                    H                           H
                    |                           |
段階 3  Cl:Cl  +  ·C—H  ——→  Cl·  +  Cl—C—H
                    |                           |
                    H                           H
```

段階 3 で生成した $Cl\cdot$ は，再び**段階 2** を引き起こす。このように，**段階 2** と**段階 3** は繰り返し起こり，反応初期に少量の $Cl\cdot$ が存在するだけで多くの CH_3Cl が生成する。**段階 2** と**段階 3** のように，連鎖開始段階で生成したラジカルと安定な分子が反応して別のラジカルと分子が生成する段階を，連鎖成長段階という。

段階 1 ～**段階 3** による連鎖反応は，不対電子をもったラジカルどうしが結合を形成すると，それ以上ラジカルが生成しないため連鎖反応が止まってしまう。この段階を連鎖停止段階という。連鎖停止段階についての出題が，**問 3 c** である。

$Cl\cdot$ が H 原子を引き抜く場合，位置選択性はなく完全にランダムに反応が進む。よって，CH_3Cl の生成量が増加していくと，$Cl\cdot$ は徐々に CH_3Cl からも H 原子を引き抜くようになり，その結果 $CH_2Cl\cdot$ が生成するようになる。生成した $CH_2Cl\cdot$ は，Cl_2 から Cl 原子を引き抜いて CH_2Cl_2 となる。このように，時間経過とともに置換反応が進んでいく。

$$CH_4 + Cl_2 \longrightarrow CH_3Cl + HCl$$
$$CH_3Cl + Cl_2 \longrightarrow CH_2Cl_2 + HCl$$
$$CH_2Cl_2 + Cl_2 \longrightarrow CHCl_3 + HCl$$
$$CHCl_3 + Cl_2 \longrightarrow CCl_4 + HCl$$

第 3 回
実 戦 問 題
解答・解説

化 学　第3回　(100点満点)

(解答・配点)

問題番号(配点)	設問(配点)	解答番号	正解	自己採点欄
第1問 (20)	1 (3)	1	①	
	2 (3)	2	②	
	3 a (4)	3	④	
	3 b (3)	4	③	
	4 (4)	5	⑤	
	5 (3)	6	②	
小計				
第2問 (20)	1 a (3)	7	④	
	1 b (4)	8	③	
	2 (3)	9	③	
	3 a (3)	10	⑤	
	3 b (3)	11	②	
	3 c (4)	12	③	
小計				
第3問 (20)	1 a (3)	13	③	
	1 b (4)	14	①	
	1 c (4)	15	③	
	2 a (3)	16	①	
	2 b (3)	17	④	
	2 c (3)*	18	⑥	
		19	⑤	
		20	②	
小計				

問題番号(配点)	設問(配点)	解答番号	正解	自己採点欄
第4問 (20)	1 (4)	21	①	
	2 (4)	22	③	
	3 a (4)	23	③	
	3 b (4)	24	④	
	3 c (4)	25	①	
小計				
第5問 (20)	1 (3)	26	②	
	2 (3)	27	①	
	3 (3)	28	①	
	3 (3)	29	④	
	4 (4)	30	②	
	5 (4)	31	①	
小計				
合計				

(注)　*は全部正解の場合のみ点を与える。

解　説

第１問

問１　1　正解①

Ⅰ　原油は，沸点の異なる種々の炭化水素などからなる混合物である。これらの混合物を用途に応じて分離するために，沸点の差を利用した精留塔(分留塔)が用いられる。液体から気体への，あるいは気体から液体への状態変化には，熱の出入りを伴うため，加熱や冷却が必要である。

Ⅱ　この操作はクロマトグラフィーとよばれ，物質による吸着力の違いを利用した分離方法である。この操作には，加熱や冷却の必要はない。

Ⅲ　出汁(だし)は液体，鰹の削り節は固体である。布を用いてこれらを分離する操作は，ろ過である。この操作には，加熱や冷却の必要はない。

問２　2　正解②

①(正)　親水コロイドのコロイド粒子は水との親和性が大きく，水分子に取り囲まれて(水和して)コロイド溶液になっている。このようなコロイド溶液では，少量の電解質を加えても沈殿は生じない。

②(誤)　疎水コロイドは水に対する親和性が小さいコロイドである。疎水コロイドでは粒子が同種の電荷を帯びていて，互いに反発することによりコロイド溶液中で分散している。疎水コロイドに少量の電解質を加えると，凝析する。水酸化鉄(Ⅲ)のコロイドは，正電荷を帯びている。

③(正)　スクロース分子はヒドロキシ基－OH を複数もつ。－OH は極性の大きい構造であり，水分子と水素結合を形成する。これによりスクロース分子は水和して溶解する。

④(正)　塩化ナトリウムが水に溶けるとき，水分子中で負の電荷($\delta-$)を帯びている酸素原子が Na^+ に，正の電荷($\delta+$)を帯びている水素原子が Cl^- に引き寄せられて水和する。このようにして水和したイオンが水中に拡散することで，塩化ナトリウムは水に溶解する。

問３　a　3　正解④

27℃，1.0×10^5 Pa で 0.40 g の気体の体積が 250 mL (0.250 L)であったことから，気体の状態方程式を用いて気体のモル質量を求めることができる。この気体のモル質量を M〔g/mol〕として，気体の状態方程式に代入すると，

$$1.0\times10^5\ \text{Pa}\times0.250\ \text{L}$$

$$=\frac{0.40\ \text{g}}{M\text{〔g/mol〕}}\times8.3\times10^3\ \text{Pa·L/(K·mol)}\times(273+27)\text{K}$$

よって，$M=39.84$ g/mol ≒ 40 g/mol

したがって，この気体の分子量は 40 である。

①～⑤の分子量は，それぞれ次のとおりである。①メタン CH_4 16，②窒素 N_2 28，③酸素 O_2 32，④アルゴン Ar 40，⑤二酸化炭素 CO_2 44

したがって，この気体は④アルゴンである。

b　4　正解③

容器に封入された気体であるから，物質量は一定である。

圧力 P を一定にして温度を下げると，シャルルの法則より，体積 V は絶対温度に比例して減少する。したがって，(P，V)を表す点はグラフ上で図アの□から●のように，右から左へ水平に動く。

次に，温度を一定にして体積 V を増加させると，ボイルの法則より，圧力 P は体積に反比例して減少する。したがって，(P，V)を表す点はグラフ上で図イの●から○のように，左上から右下に向けて反比例のグラフをたどる。

図ア，イの●を重ねて描くと図ウのようになる。当てはまるのは③である。

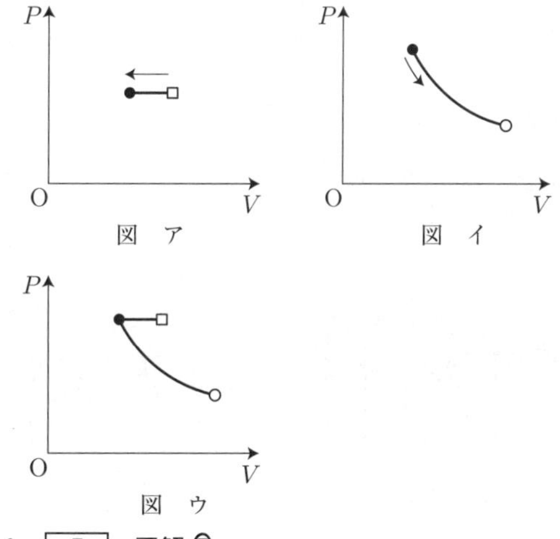

問４　5　正解⑤

図２より，硫酸ナトリウムの溶解度は 60℃で 45 g/100 g 水，20℃で 20 g/100 g 水とわかる。

60℃の硫酸ナトリウム飽和水溶液 200 g 中の Na_2SO_4 の質量を x〔g〕とすると，

溶質の質量：溶液の質量

$$=x\text{〔g〕}:200\ \text{g}=45\ \text{g}:(45\ \text{g}+100\ \text{g})$$

より x ≒ 62.1 g

20℃に冷却したときに析出する $Na_2SO_4\cdot10H_2O$ の

質量を m〔g〕とすると，析出した結晶(式量 322)中の Na_2SO_4(式量 142)の質量は，

$$\frac{142}{322} \times m\text{〔g〕}$$

よって，溶液中の Na_2SO_4 の質量は

$$62.1\,\text{g} - \frac{142}{322} \times m\text{〔g〕}$$

また，析出後の溶液の質量は $200\,\text{g} - m$〔g〕

溶質の質量：溶液の質量

$= 20\,\text{g} : (20\,\text{g} + 100\,\text{g})$

$= \left(62.1\,\text{g} - \frac{142}{322} \times m\text{〔g〕}\right) : (200\,\text{g} - m\text{〔g〕})$

よって，$m \fallingdotseq 105\,\text{g}$

問5 6 正解②

Ⅰ(正) ある粒子を中心として，その粒子から最も近いところに存在する粒子の数を配位数という。図3の中心にある原子に注目すると，その原子から最も近いところにある原子の数が8個であることがわかる。金属結晶は単位格子がくり返し配列された構造であり，立方体の各頂点にある原子についても8個の原子が最も近いところにある。

Ⅱ(正) 単位格子の中心にある原子は全体が単位格子中にある。また，8か所の頂点にある原子はそれぞれ $\frac{1}{8}$ 個分が単位格子内にある。したがって，単位格子内に含まれる原子の数は $1 + \frac{1}{8} \times 8 = 2$ 個である。

Ⅲ(誤) 体心立方格子では，図エのように原子が隣接している。

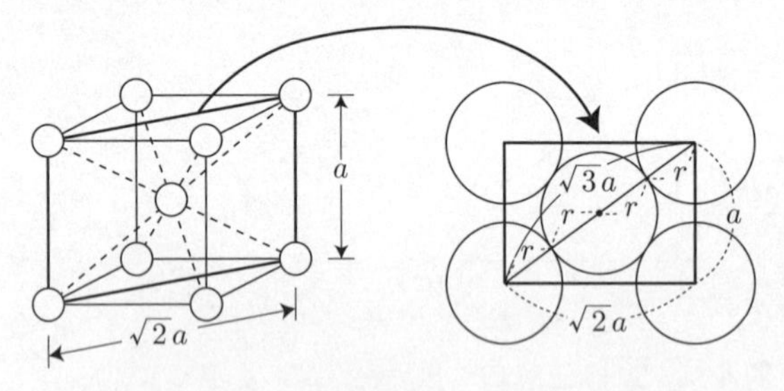

図 エ

図エの右図は，単位格子を，その中心にある原子を含む面で切断した断面である。断面は，短辺が単位格子の一辺の長さ a〔cm〕，長辺が $\sqrt{2}a$〔cm〕，対角線が $\sqrt{3}a$〔cm〕である。この断面では，頂点にある原子と中心にある原子が対角線上で接している。原子の半径を r とすると，

$$4r = \sqrt{3}a\text{〔cm〕}$$

よって，$r = \frac{\sqrt{3}a}{4}$〔cm〕である。

第2問

問1 a 7 正解④

おもな金属について，水および酸との反応性をまとめると，次の表アのようになる。

表 ア

<table>
<tr><td>イオン化列</td><td>Li</td><td>K</td><td>Ca</td><td>Na</td><td>Mg</td><td>Al</td><td>Zn</td><td>Fe</td><td>Ni</td><td>Sn</td><td>Pb</td><td>Cu</td><td>Hg</td><td>Ag</td><td>Pt</td><td>Au</td></tr>
<tr><td>水との反応</td><td colspan="4">常温で反応</td><td>熱水と反応</td><td colspan="3">高温の水蒸気と反応</td><td colspan="8">反応しない</td></tr>
<tr><td>酸との反応</td><td colspan="10">塩酸や希硫酸と反応して水素を発生する</td><td colspan="3">硝酸や熱濃硫酸と反応</td><td colspan="2">王水にのみ溶ける</td></tr>
</table>

※Pbは塩酸や希硫酸とは表面に難溶性の塩を生じてほとんど溶けない。

Mgは，冷水とはほとんど反応しないが，熱水とは反応して水素を発生する。また，塩酸や希硫酸と反応して水素を発生する。

b 8 正解③

硫酸マグネシウム $MgSO_4$ は水に可溶，硫酸バリウム $BaSO_4$ は水に難溶である。このため，Mg^{2+} を含む水溶液に希硫酸を加えても沈殿は生じないが，Ba^{2+} を含む水溶液に希硫酸を加えると，次の反応により，$BaSO_4$ の白色沈殿が生じる。

$$Ba^{2+} + SO_4^{2-} \longrightarrow BaSO_4\text{(白色)}\downarrow$$

よって，**D**では沈殿は生じないが，**E**では白色沈殿が生じる。

問2 9 正解③

与えられた化学反応式の係数を，次のように決定する。

$$a\,Al + b\,NaOH + c\,H_2O \longrightarrow d\,Na[Al(OH)_4] + e\,H_2$$

a を1とすると，$d = 1$，$b = 1$，$c = 3$，$e = \frac{3}{2}$ の順に決定される。全体を2倍して，

$$2Al + 2NaOH + 6H_2O \longrightarrow 2Na[Al(OH)_4] + 3H_2$$

係数より，発生する H_2 の物質量は，反応した Al の物質量の $\frac{3}{2}$ 倍であるとわかる。

Alのモル質量は 27 g/mol なので，0℃，1.013×10^5 Pa の状態において発生する H_2 の体積は，

$$\frac{0.45\,\text{g}}{27\,\text{g/mol}} \times \frac{3}{2} \times 22.4\,\text{L/mol} = 0.56\,\text{L}$$

問3 a 10 正解⑤

Siは原子番号14の典型元素で，周期表の第3周期14

族に属する。典型元素では，同じ族に属する元素どうしの価電子の数が互いに同じである。Si と同じ 14 族に属する元素として，$_{6}C$，$_{32}Ge$，$_{50}Sn$，$_{82}Pb$ などがある。

b 11 正解②

①(正)　ケイ素の単体とダイヤモンドは，いずれも共有結合の結晶である。

②(誤)　ダイヤモンドは無色透明だが，ケイ素の単体は灰色である。

③(正)　ケイ素の単体は半導体としての性質を示す。このため，太陽電池や集積回路(IC)の原料に用いられる。

④(正)　ダイヤモンドは極めて硬い物質で，宝石として用いられるほか，小さな結晶は研磨剤や切削剤としても用いられる。

c 12 正解③

図３の模式図**ア**～**ウ**を，それぞれ構造式で表すと，次のようになる(図ア)。

ア

⇨ $^-O-Si(O^-)_2-O^-$

$SiO_4{}^{4-}$

イ

⇨ $^-O-Si(O^-)_2-O-Si(O^-)_2-O^-$

$Si_2O_7{}^{6-}$

ウ

⇨ $\cdots-O-Si(O^-)_2-O-Si(O^-)_2-O-Si(O^-)_2-O-Si(O^-)_2-O-\cdots$

$SiO_3{}^{2-}$

図　ア

本問で与えられた模式図については，

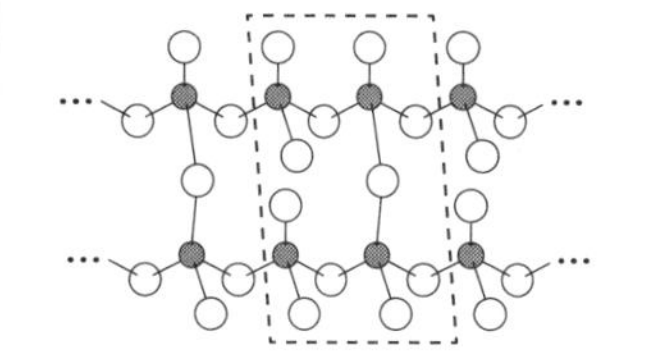

⇨ $\cdots-O-Si-O-Si-O-Si-O-Si-O-\cdots$（上下の鎖の Si が O を介して結合，各 Si に O^-）

図　イ

図イの右図より，くり返し単位の部分には，Si 原子が 4 個，O 原子が 11 個含まれており，-6 の電荷をもつことがわかる。よって，化学式は $Si_4O_{11}{}^{6-}$ と決まる。

なお，いずれの構造においても Si 原子は必ず四つの O 原子と共有結合し，O の酸化数は -2 であるため，Si の酸化数は $+4$ となる。したがって，次のように電荷を算出することができる。

$$(+4)\times 4+(-2)\times 11=-6$$

第３問

問１　a 13 正解③

①(正)　式(1)のエンタルピー変化 ΔH の符号が＋(プラス)であることから，NaCl(固)の水への溶解は吸熱変化である。

②(正)　式(2)より，塩酸と水酸化ナトリウム水溶液の中和エンタルピーは -56.5 kJ/mol であり，水酸化ナトリウム 0.100 mol の中和によって水 0.100 mol が生成するので，発生する熱は，

$$56.5\ \text{kJ/mol}\times 0.100\ \text{mol}=5.65\ \text{kJ}$$

③(誤)　式(5)より，H_2O(液)の生成エンタルピーは -286 kJ/mol である。H_2O(気)の生成エンタルピーは，式(5)－式(3)より $(-286)-(-44)=-242$ kJ/mol と求められ，これを付した化学反応式は次式のように表される。したがって，H_2O(気)の生成エンタルピーの絶対値 $|-242|$ は，H_2O(液)の生成エンタルピーの絶対値 $|-286|$ より小さい。

$$H_2(\text{気})+\frac{1}{2}O_2(\text{気})\longrightarrow H_2O(\text{気})\qquad \Delta H=-242\ \text{kJ}$$

④(正)　式(4)より，C(黒鉛) 1 mol が完全燃焼すると CO_2(気) 1 mol が生成するので，C(黒鉛)の燃焼エンタ

ルピーと CO_2(気)の生成エンタルピーは等しい。

⑤(正)　式(4)およびCのモル質量は12 g/molであることから，C(黒鉛)1 gあたりの燃焼による発熱量は，

$$\frac{394\ \mathrm{kJ/mol}}{12\ \mathrm{g/mol}} \fallingdotseq 32.8\ \mathrm{kJ/g}$$

式(5)および H_2 のモル質量は2.0 g/molであることから，H_2(気)1 gあたりの燃焼による発熱量は，

$$\frac{286\ \mathrm{kJ/mol}}{2.0\ \mathrm{g/mol}} = 143\ \mathrm{kJ/g}$$

よって，1 gあたりの燃焼による発熱量は，H_2(気)の方がC(黒鉛)より大きい。

b　14　正解①

式(6)の反応エンタルピー $\Delta H = x_1$〔kJ〕は，C_3H_6(気)と C_3H_8(気)の生成エンタルピーの差から求めることができる。C_3H_6(気)の生成エンタルピーを y〔kJ/mol〕とすると，その反応は式(9)のように表される。

$$3\mathrm{C}(黒鉛) + 3H_2(気) \longrightarrow C_3H_6(気)$$
$$\Delta H = y〔\mathrm{kJ}〕 \quad (9)$$

式(9)で，反応物も生成物も燃焼すると二酸化炭素と液体の水になることから，反応エンタルピー y は，生成物の燃焼エンタルピーの総和と反応物の燃焼エンタルピーの総和の差をとることで求めることができる。

式(4)，式(5)より，反応物の燃焼エンタルピーの総和は，

$$(-394)\ \mathrm{kJ} \times 3 + (-286)\ \mathrm{kJ} \times 3 = -2040\ \mathrm{kJ}$$

また，式(7)より，生成物のプロペン C_3H_6(気)の燃焼エンタルピーは -2058 kJ/molである。したがって，C_3H_6(気)の生成エンタルピー y は，

$$y = (-2040)\ \mathrm{kJ} - (-2058)\ \mathrm{kJ} = 18\ \mathrm{kJ}$$

となり，エンタルピーの図は図アのようになる。

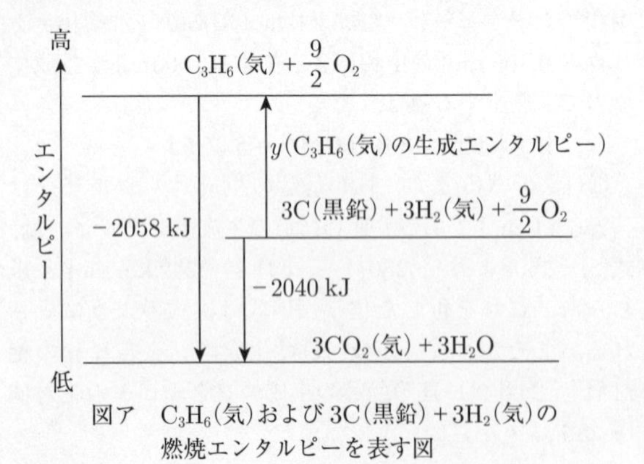

図ア　C_3H_6(気)および3C(黒鉛) + 3H_2(気)の燃焼エンタルピーを表す図

式(8)より，プロパン C_3H_8(気)の生成エンタルピーは -105 kJ/molであるから，

$$x_1 = -105\ \mathrm{kJ} - (18\ \mathrm{kJ}) = -123\ \mathrm{kJ}$$

［別解］　式(7)＋式(8)とすると，次のように，反応物側に C_3H_6(気)と H_2(気)が，生成物側に C_3H_8(気)がくる。

$$C_3H_6(気) + \frac{9}{2}O_2(気) + 3\mathrm{C}(黒鉛) + 4H_2(気)$$
$$\longrightarrow 3CO_2(気) + 3H_2O(液) + C_3H_8(気)$$
$$\Delta H = -2058\ \mathrm{kJ} - 105\ \mathrm{kJ} \quad (10)$$

ここで，式(10) − 式(4) × 3 − 式(5) × 3 を行うと，式(6)になる。

$$C_3H_6(気) + H_2(気) \longrightarrow C_3H_8(気)$$
$$\Delta H = -2058\ \mathrm{kJ} - 105\ \mathrm{kJ} - (-394)\ \mathrm{kJ} \times 3 - (-286)\ \mathrm{kJ} \times 3$$

したがって，$x_1 = -2058\ \mathrm{kJ} - 105\ \mathrm{kJ} - (-394)\ \mathrm{kJ} \times 3 - (-286)\ \mathrm{kJ} \times 3 = -123\ \mathrm{kJ}$

c　15　正解③

水溶液の温度変化のグラフは，図イのようになる。測定を開始して120秒後から，温度が一定の割合で低下していることがわかる。これは，発熱による急激な温度上昇が終了した後，水溶液の放熱が一定の割合で行われたことを示している。したがって，測定を開始して120秒後から得られるグラフを，水酸化ナトリウムを加えた直後まで延長して，0秒のときの温度が，放熱が無いとしたときの最高温度となる。その温度は25.0℃である。

溶解に使われた水酸化ナトリウムの物質量は $\frac{1.0}{40}$ mol，水溶液の質量は49 g + 1.0 g = 50 gであるから，求める x_2 は，

$$x_2 = \frac{50\ \mathrm{g} \times 4.2\ \mathrm{J/(g \cdot K)} \times (25.0 - 20.0)\ \mathrm{K}}{\frac{1.0}{40}\ \mathrm{mol}} \times 1.0\ \mathrm{mol}$$
$$= 4.2 \times 10^4\ \mathrm{J} = 42\ \mathrm{kJ}$$

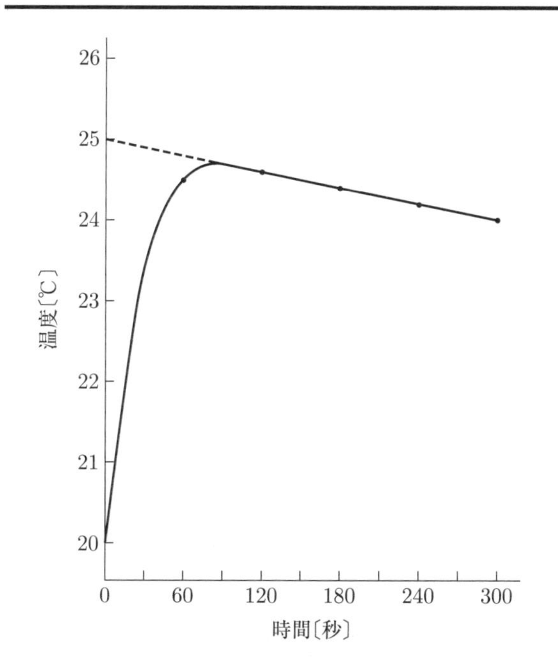

図イ　水溶液の温度変化

問2　a　16　正解①

①(誤)　銅より亜鉛の方がイオン化傾向は大きいので，亜鉛が電子を放出する負極となる。

②(正)　放電時，電池の負極では電子を放出する酸化反応が起こる。

③(正)　電池の負極につないだ電極(陰極)には負極から電子が流れ込むので，還元反応が起こる。

④(正)　電極に白金を用いて希硫酸を電気分解すると，陰極では，次式のように水素イオン H^+ が還元されて，水素 H_2 が発生する。

$$2H^+ + 2e^- \longrightarrow H_2$$

陽極では，次式のように溶媒の水 H_2O が酸化されて，酸素 O_2 が発生する。

$$2H_2O \longrightarrow O_2 + 4H^+ + 4e^-$$

b　17　正解④

①(正)，②(正)　銅の電解精錬では，陽極に粗銅板を，陰極に純銅板を，電解液に硫酸酸性の硫酸銅(Ⅱ)水溶液を用いて，低い電圧で電気分解を行う(陰極にステンレス板を用いることもある)。

④(誤)　電気分解を行うと，陽極の粗銅に含まれている亜鉛や鉄，ニッケルなどの銅よりイオン化傾向が大きい金属が，銅とともに陽イオンになって電解液中に溶け出す。一方，陰極の純銅では，銅(Ⅱ)イオンのみが電子を受け取り，銅になって析出する。したがって，電気分解を続けると，銅よりイオン化傾向が大きい金属が陽イオンになった分，電解液中の銅(Ⅱ)イオンの濃度が減少する。

③(正)，⑤(正)　電気分解を行うと，陽極の粗銅では銅原子が電子を失い，銅(Ⅱ)イオン Cu^{2+} となって溶け出す。粗銅中に不純物として含まれている銅よりイオン化傾向が小さい銀や金などの金属は，陽極からはがれ落ちて下にたまる。これを陽極泥という。なお，前述のとおり，亜鉛や鉄，ニッケルなどの銅よりイオン化傾向が大きい金属は，銅とともに陽イオンになって，電解液中に溶け出す。

c　18　正解⑥　　19　正解⑤
　20　正解②

亜鉛イオン Zn^{2+} は，2価のイオンであるから，増加する質量，つまり，析出する亜鉛の質量は，

$$\frac{0.50\ \text{A} \times 386\ \text{秒}}{9.65 \times 10^4\ \text{C/mol}} \times \frac{1}{2} \times 65\ \text{g/mol}$$
$$= 0.065\ \text{g} = 6.5 \times 10^{-2}\ \text{g}$$

第4問

問1　21　正解①

化学反応に関与する物質の減少量または増加量の比は，反応式の係数の比に等しい。たとえば，図1において，反応開始から50秒間で減少した気体X，気体Yの濃度および増加した気体Zの濃度はそれぞれ，

減少した気体X…
$$1.2\ \text{mol/L} - 0.4\ \text{mol/L} = 0.8\ \text{mol/L}$$
減少した気体Y…
$$1.0\ \text{mol/L} - 0.6\ \text{mol/L} = 0.4\ \text{mol/L}$$
増加した気体Z…
$$0.8\ \text{mol/L} - 0\ \text{mol/L} = 0.8\ \text{mol/L}$$

濃度変化の比は，

X：Y：Z = 0.8：0.4：0.8 = 2：1：2

よって，この反応を化学反応式で表すと，

$$2X + Y \longrightarrow 2Z$$

なお，単位時間あたりの濃度変化は反応速度であり，ある時間の2点を結ぶ線分の傾き(平均の反応速度)の比，あるいは，ある時刻における接線の傾き(瞬間の反応速度)の比も反応式の係数比に一致する。

問2　22　正解③

反応物の濃度が大きいほど反応速度は大きい。N_2 と H_2 の濃度は反応開始時から時間経過とともに減少していくため，正反応の反応速度は時間経過とともに減少していく。一方，逆反応の反応速度は NH_3 の濃度増加により時間経過とともに増大する。十分な時間が経過すると，正反応と逆反応の反応速度が等しくなり，平衡状態となる。

①(誤)，②(誤)　化学反応が起こるためには，活性化エネルギー以上のエネルギーをもった分子が衝突して遷移状態(活性化状態)を経由しなければならない。活性化エネルギーは時間により変化しない。

③(正)，④(誤)　この反応の正反応は発熱反応で，逆反応は吸熱反応である。反応開始から，正反応の反応速度の方が逆反応の反応速度よりも大きいうちは，発熱量が吸熱量を上回るので反応全体では熱が放出される。その後，時間経過に伴い，正反応の反応速度が小さく，逆反応の反応速度が大きくなることで，反応全体で放出される熱量は小さくなっていく。なお，十分な時間が経過して平衡状態になると，正反応と逆反応の速度が等しくなり，単位時間あたりの発熱量と吸熱量がつり合うため，反応全体で放出されるエネルギーは0となる。

問3　**a**　23　正解③

図2において，中和反応 $HA + NaOH \longrightarrow NaA + H_2O$ の中和点はT点である。したがって，横軸(水酸化ナトリウム水溶液の滴下量)に注目すると，水酸化ナトリウム水溶液を中和に必要な量の半分だけ加えた点はR点であることがわかる。なお，この点では，未反応のHAと生成したNaAの濃度が等しくなり，式(3)において，C_1 と C_2 が等しく，$[H^+] = K_a$ となる。また，設問文中に K_a の値が与えられており，$[H^+] = K_a = 1.0 \times 10^{-4}$ mol/L で，求める点のpHが4であることからも，正解がR点であることがわかる。

b　24　正解④

設問文より，溶液が緩衝液となる領域では，水素イオン濃度 $[H^+]$ が電離定数 K_a に近い値になる。したがって，調製したい緩衝液の水素イオン濃度の値に近い電離定数をもつ電離平衡を利用して緩衝液を調製すればよい。

pH 7.0，すなわち $[H^+] = 1.0 \times 10^{-7}$ mol/L の緩衝液を調製するためには，これに近い電離定数 $K_a = 3.7 \times 10^{-7}$ mol/L をもつ電離平衡として，

$$H_2PO_4^- \rightleftarrows HPO_4^{2-} + H^+$$

に注目する。設問文中におけるHAと A^- は，この電離平衡における $H_2PO_4^-$ と HPO_4^{2-} にそれぞれ対応するので，混合する化合物として NaH_2PO_4 と Na_2HPO_4 の組合せが最も適当であることがわかる。

c　25　正解①

$[H^+] = \dfrac{C_1}{C_2}K_a$ より，**b**で選択した組合せの緩衝液について，$[H^+] = 1.0 \times 10^{-7}$ mol/L，$K_a = 3.7 \times 10^{-7}$ mol/L を用いて $\dfrac{C_1}{C_2}$ の値を計算すると，

$$1.0 \times 10^{-7}\ \text{mol/L} = \frac{C_1}{C_2} \times 3.7 \times 10^{-7}\ \text{mol/L}$$

よって，$\dfrac{C_1}{C_2} = 0.270\cdots \fallingdotseq 0.27$

第5問

問1　26　正解②

分子式 C_3H_6 で，炭素原子間に不飽和結合(二重結合)をもつ化合物は，プロペンの1種類である。よって，プロペンの $-H$ 一つを $-Cl$ に置き換えると考えると，分子式 C_3H_5Cl の異性体は，次の4種類となる(図ア)。

プロペン(C_3H_6)：$H_2C{=}CH{-}CH_3$　──→　$-H$ を $-Cl$ にすると

$\underset{H}{\overset{Cl}{}}C{=}C\underset{H}{\overset{CH_3}{}}$ （Cl と CH₃ が同じ側）　　$\underset{Cl}{\overset{H}{}}C{=}C\underset{H}{\overset{CH_3}{}}$

シス・トランス異性体

$H_2C{=}C(Cl){-}CH_3$　　$H_2C{=}CH{-}CH_2{-}Cl$

問2　27　正解①

①(誤)　プロパンなどのアルカンは，$-OH$ や $-COOH$ などの極性が大きい官能基がないため，水には溶けにくく，有機溶媒に溶けやすい。

②(正)　シクロプロパンは，環状構造が不安定であるため，環を開く反応が起こりやすい。

③(正)　プロペン(プロピレン)は，付加重合により分子量の大きい高分子化合物を生じる。

$$n\,H_2C{=}CH{-}CH_3 \longrightarrow \left[\,CH_2{-}CH(CH_3)\,\right]_n$$

プロペン　　　　ポリプロピレン(PP)

④(正)　プロピン(メチルアセチレン)は炭素原子間に三重結合をもつ。三重結合は直線形の構造をとるため，三重結合している炭素原子とそれに結合する原子は同一直線上にある。

問3　28　正解①　　29　正解④

化合物A　エタノールに濃硫酸を加えて加熱すると，濃硫酸が脱水剤としてはたらき，エタノールの脱水が起こる。この反応の生成物は温度により異なり，160～170℃では分子内脱水によりエチレンが，130～140℃では分子間脱水によりジエチルエーテルが生じる。

$$C_2H_5OH \begin{cases} \xrightarrow{130\sim140℃} C_2H_5-O-C_2H_5 \ \text{ジエチルエーテル} \\ \xrightarrow{160\sim170℃} CH_2=CH_2 \ \text{エチレン} \end{cases}$$

化合物**B**　エタノールに硫酸酸性の二クロム酸カリウム水溶液を加えて加熱すると，二クロム酸カリウムが酸化剤としてはたらき，エタノールの酸化が起こる。第一級アルコールの酸化ではアルデヒドが生じる。したがって，この反応の生成物はアセトアルデヒドである。

$$C_2H_5OH \longrightarrow CH_3-CHO$$

アセトアルデヒド

なお，工業的には，アセトアルデヒドは塩化パラジウム(Ⅱ)$PdCl_2$と塩化銅(Ⅱ)$CuCl_2$を触媒として，エチレンを酸化して得られる。

問4　30　正解②

式(1)はアルコールと単体のナトリウムとの酸化還元反応で，この反応によって水素が発生すると同時に，アルコキシドイオン$R-O^-$とナトリウムイオンNa^+からなるナトリウムアルコキシド$R-ONa$が生じる。

$$2R-OH+2Na \longrightarrow 2R-ONa+H_2$$

式(2)は式(1)で生じたアルコキシドイオン$R-O^-$とヨウ化アルキル$R'-I$との反応で，この反応によってエーテルが生成する。

$$R-O^- + R'-I \longrightarrow R-O-R'+I^-$$

本問で考える分子式$C_4H_{10}O$で表される非対称構造のエーテルは，次の2種類である。

$$CH_3-O-CH_2-CH_2-CH_3 \quad CH_3-O-CH(CH_3)-CH_3$$

この2種類の化合物を式(1)・式(2)と同様の反応でつくるには，酸素原子の左右に結合するアルキル基をもつナトリウムアルコキシドとヨウ化アルキルを反応に用いればよい。各選択肢において，ナトリウムアルコキシドとヨウ化アルキルの反応は，次のとおりである。

① $CH_3-ONa+CH_3-CH_2-CH_2-I \longrightarrow CH_3-O-CH_2-CH_2-CH_3+NaI$

② $CH_3-CH_2-ONa+CH_3-CH_2-I \longrightarrow CH_3-CH_2-O-CH_2-CH_3+NaI$

③ $CH_3-CH_2-CH_2-ONa+CH_3-I \longrightarrow CH_3-CH_2-CH_2-O-CH_3+NaI$

④ $CH_3-CH(CH_3)-ONa+CH_3-I \longrightarrow CH_3-CH(CH_3)-O-CH_3+NaI$

②は左右対称の構造であるジエチルエーテルとなるため，適当でない。

問5　31　正解①

①(誤)　セッケンは，高級脂肪酸のナトリウム塩で，弱酸と強塩基の塩である。したがって，水溶液中では弱酸のイオンによる加水分解によって弱塩基性を示す。

$$\underset{\text{弱酸のイオン}}{R-COO^-} + H_2O \rightleftarrows R-COOH+OH^-$$

②(正)　高級脂肪酸のイオンは，Ca^{2+}やMg^{2+}などのイオンと水に不溶性の塩をつくる。このため，セッケン水に塩化カルシウム水溶液を加えると沈殿が生じる。

$$2R-COO^- + Ca^{2+} \longrightarrow (R-COO)_2Ca$$

③(正)　油脂は，グリセリンと高級脂肪酸とのエステルである。したがって，NaOHなどの塩基でけん化するとセッケンが得られる。

$$\underset{\text{油脂}}{C_3H_5(OCO-R)_3} + 3NaOH \longrightarrow \underset{\text{グリセリン}}{C_3H_5(OH)_3} + \underset{\text{セッケン}}{3R-COONa}$$

④(正)　合成洗剤は，セッケンと同様に親水基と疎水基(親油基)を合わせもつ界面活性剤であり，水溶液中では図イのようにミセルをつくる。

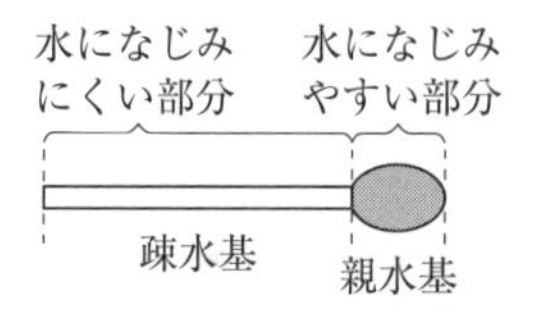

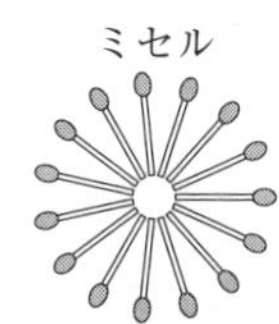

疎水基部分を内側に，親水基部分を外側にして球状に集まる。

図　イ

⑤(正)　セッケン水は弱塩基性を示すので，羊毛や絹などの動物性繊維の洗濯には適さない。これに対して，合成洗剤の水溶液は中性であるため，動物性繊維の洗濯に適している。

第 4 回

実 戦 問 題

解答・解説

化　学　第4回　(100点満点)

(解答・配点)

問題番号(配点)	設問(配点)	解答番号	正解	自己採点欄
第1問 (20)	1 (2)	1	②	
	2 (3)	2	③	
	3 (4)	3	③	
	4 (4)	4	⑤	
	5 a (3)	5	⑦	
	5 b (4)	6	②	
小計				
第2問 (20)	1 (4)*	7	②	
		8	⑤	
	2 (4)*	9	④	
		10	③	
	3 a (4)	11	①	
	3 b (4)	12	⑥	
	3 c (4)	13	④	
小計				
第3問 (20)	1 (3)	14	④	
	2 (3)	15	①	
	2 (3)	16	③	
	3 a (4)	17	②	
	3 b (3)	18	①	
	3 c (4)	19	④	
小計				
第4問 (20)	1 (3)	20	④	
	2 (4)	21	②	
	3 a (3)	22	④	
	3 b (2)	23	⑤	
	3 b (2)	24	①	
	3 b (2)	25	④	
	4 (4)	26	③	
小計				
第5問 (20)	1 (4)	27	②	
	2 (4)	28	②	
	3 a (2)	29	①	
	3 a (2)	30	③	
	3 b (4)	31	④	
	3 c (4)	32	③	
小計				
合計				

(注)　*は，両方正解の場合のみ点を与える。

解　説

第1問

問1 1 正解②

Ⅰ　電気伝導性の高い結晶には，銀 Ag，リチウム Li などの金属結晶や黒鉛(グラファイト)C などがある。金属結晶は自由電子が結晶内を移動することで，黒鉛は炭素原子の4つの価電子のうちの1つが層上を移動することで電気を導く。なお，イオン結晶である塩化ナトリウム NaCl は水溶液や融解液にすると電気伝導性が高くなるが，結晶状態では電気を導かない。

Ⅱ　分子間力がはたらいている結晶は，ヨウ素 I_2 などの分子結晶や黒鉛 C である。黒鉛 C は共有結合の結晶に分類されるが，下図のように，共有結合で正六角形が連続した層を形成しており，層の間には分子間力がはたらいている。

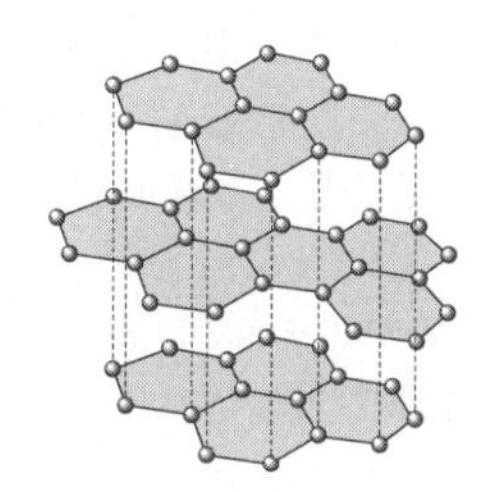

したがって，Ⅰ・Ⅱの記述の両方に当てはまる結晶は黒鉛 C である。

問2 2 正解③

NaCl 型の結晶格子において，1つの陽イオン(●)に隣り合って結合している陰イオン(○)の数は，次の図のように隣接する2つの単位格子を考えるとわかりやすい。図は1つの●と，その●に隣り合う○のみを表している。図より，1つの陽イオン(●)に隣り合う陰イオン(○)の数は6であり，NaCl 型の陽イオンの配位数は6である。

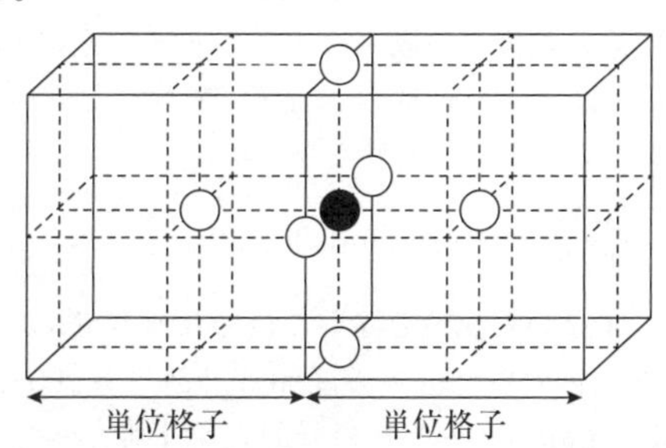

【別解】　陽イオンと陰イオンの数が1:1である単位格子であれば，単位格子内において，陽イオンと陰イオンを入れ替えても(●→○，○→●としても)，粒子の数や配位数が同じである場合が多い。

したがって，次の図で考えると陽イオン(●)の配位数は6である。

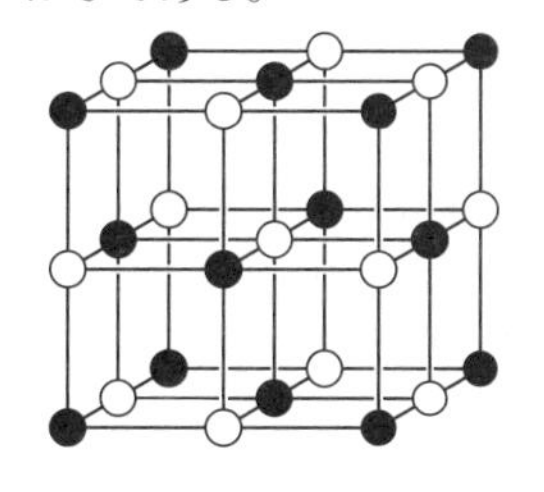

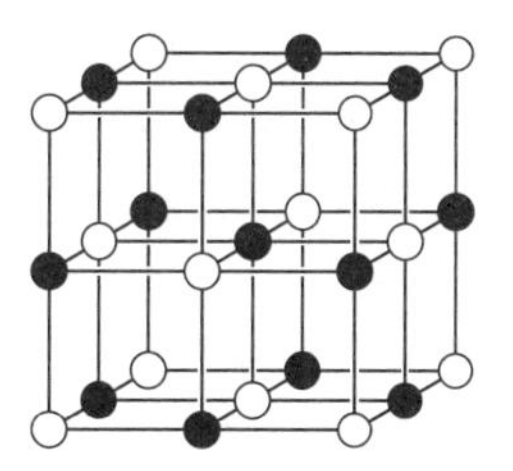

●：陽イオン　　○：陰イオン

問3 3 正解③

圧力 P(Pa)，体積 V(L)，物質量 n(mol)，気体定数 R(Pa·L/(K·mol))，絶対温度 T(K)には，気体の状態方程式が成立する。

$$PV = nRT$$

気体の状態方程式は，モル質量 M(g/mol)，質量 w(g)を用いると以下のように変形できる。

$$PV = \frac{w}{M}RT$$

さらに，密度 $d(\text{g/L}) = \dfrac{w(\text{g})}{V(\text{L})}$ より，

$$PM = dRT$$

したがって，$d = \dfrac{PM}{RT}$ となり，各気体についてデータを代入して整理し，密度の比較に必要な部分に着目すると，それぞれの状態での気体の密度は，メタン CH_4 が最も大きいとわかる。

番号	気体	$\dfrac{PM}{RT}$
①	水素 H_2	$\dfrac{1.0\times10^5\times2}{R\times300} \fallingdotseq \dfrac{0.67}{R}\times10^3$
②	二酸化炭素 CO_2	$\dfrac{1.0\times10^5\times44}{R\times450} \fallingdotseq \dfrac{9.8}{R}\times10^3$
③	メタン CH_4	$\dfrac{5.0\times10^5\times16}{R\times450} \fallingdotseq \dfrac{18}{R}\times10^3$
④	アルゴン Ar	$\dfrac{2.0\times10^5\times40}{R\times600} \fallingdotseq \dfrac{13}{R}\times10^3$

問4 4 正解⑤

はじめU字管内の水銀の液面差が 760 mm なので，A 内の気体の全圧が 760 mmHg であることがわかる。そこで A 内の水素 H_2 の分圧を x(mmHg)，酸素 O_2 の分圧を y(mmHg)とすると次の式が成立する。

$$x + y = 760 \qquad \cdots(1)$$

コックから水銀面までの体積は無視できるので，コックを閉めた後，全てのH_2，O_2はA内に，それぞれx(mmHg)，y(mmHg)のまま存在している。A内で起きる燃焼反応は次の通りである。

$$2H_2 + O_2 \longrightarrow 2H_2O$$

燃焼反応後，27℃に戻すと，反応の前後で体積と温度が等しいため，物質量と圧力が比例する。したがって，次のように27℃における各気体の分圧を用いて，反応量を整理することができる。

	$2H_2$	+ O_2	$\longrightarrow$ $2H_2O$	
反応前	x	y	0	
反応量	$-x$	$-\frac{1}{2}x$	$+x$	
反応後	0	$y-\frac{1}{2}x$	x	(mmHg)

(水H_2Oは全て気体で存在するとしたときの圧力を記している。)

その後，コックを開けても気体の体積の変化は無視できるので，残ったO_2の分圧は$y-\frac{1}{2}x$(mmHg)のままである。また，水滴が観察されたので，H_2Oは気液平衡の状態にあり，水蒸気の分圧は27 mmHgである。

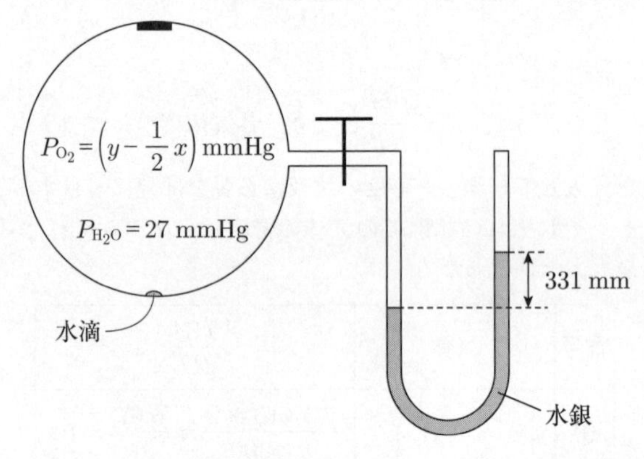

このとき，水銀の液面差が331 mmなのでA内の気体の全圧は331 mmHgとなっていることがわかるので，O_2とH_2Oからなる混合気体の圧力に関して以下の式が成立する。

$$\left(y-\frac{1}{2}x\right)+27=331 \quad \cdots(2)$$

(1)，(2)を連立すると，

$$x = 304\ \text{mmHg},\ y = 456\ \text{mmHg}$$

である。

分圧の比 = 物質量の比なので，はじめのH_2とO_2の物質量比は，

$$304 : 456 = 2 : 3$$

となる。

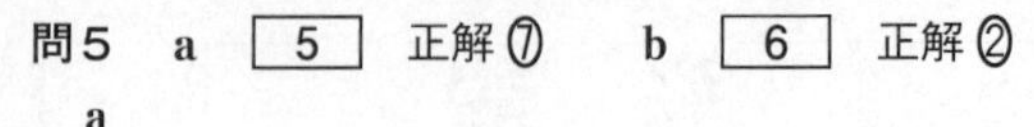

a

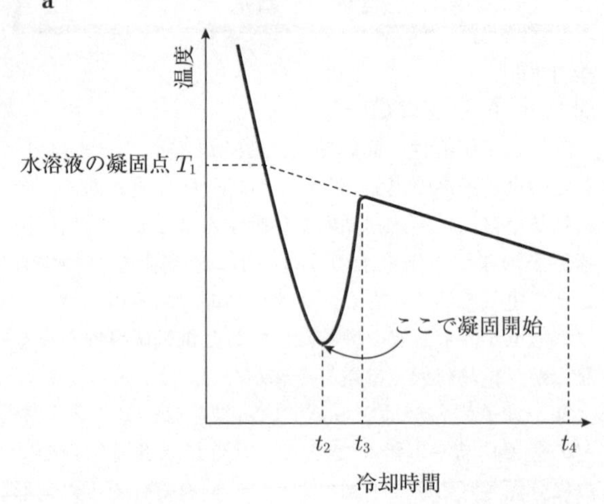

Ⅰ(誤) 液体を冷却していくと，液体状態のまま凝固点よりも温度が下がることがあり，この状態を過冷却という。水溶液の凝固点は，過冷却が起こらないとしたときに凝固が開始する温度であり，温度が低下するt_3～t_4の部分の直線を延ばし，冷却曲線と交わる点の温度T_1である。

Ⅱ(誤) t_2で凝固が始まると，t_3までは冷却による熱の吸収量よりも凝固による発熱量が大きく，温度が上昇する。その後t_3～t_4では溶媒である水の凝固により，水溶液の濃度が上昇することで，凝固点降下度が大きくなり，温度が低下していく。すなわち，t_3～t_4でも水の凝固(発熱変化)が起こっている。

Ⅲ(正) Ⅱで述べたように，t_2～t_4では水が凝固し続けている。溶媒である水の凝固により，水溶液の質量モル濃度は大きくなる。

b 水溶液中で0.100 molのNaClと0.100 molの$AgNO_3$を混合すると次の反応が起きる。

$$NaCl + AgNO_3 \longrightarrow NaNO_3 + AgCl$$

このとき生成する白色沈殿AはAgClである。Aをろ過して除いた後のろ液中のイオン全体の質量モル濃度(mol/kg)は，0.100 molの$NaNO_3$がNa^+とNO_3^-に完全に電離することに注意すると，

$$\frac{0.100\times 2}{1.00} = 0.200\ \text{mol/kg}$$

である。すなわち沈殿を除いて得られる$NaNO_3$水溶液のイオン全体の質量モル濃度(mol/kg)は0.200 mol/kgである。1 mol/kgあたりの凝固点降下度(= モル凝固点降下)が1.85 Kであるため，得られた溶液の凝固点降下度は，

$$1.85 \times 0.200 = 0.370\ \text{K}$$

となる。

第2問

問1 7 正解② 8 正解⑤

式(1)，(2)より，NaOH(固)の溶解エンタルピーは-45 kJ/mol，中和エンタルピーは-56 kJ/molであることが読みとれる。固体の水酸化ナトリウムを塩酸に溶解させると，NaOH(固)の溶解による発熱($\Delta H < 0$)と，NaOH aqとHCl aqの中和による発熱($\Delta H < 0$)が起こる。本問では，溶解したNaOH(固)(モル質量40 g/mol)の物質量と，中和によって生成したH_2O(液)の物質量に着目する必要がある。

溶解したNaOH(固)の物質量：$\dfrac{12}{40} = 0.30$ mol

塩酸中のHClの物質量：$1.0 \times \dfrac{200}{1000} = 0.20$ mol

中和によって生成したH_2O(液)の物質量：0.20 mol

以上より，固体の水酸化ナトリウム12 gを1.0 mol/Lの塩酸200 mLに完全に溶解させたときに発生する熱量は，

$$45\,\text{kJ/mol} \times 0.30\,\text{mol} + 56\,\text{kJ/mol} \times 0.20\,\text{mol} = 24.7\,\text{kJ} \fallingdotseq 25\,\text{kJ}$$

問2 9 正解④ 10 正解③

見慣れない反応が題材であるが，化学反応式を作成するための基本である次の点に注目すれば解答できる問題である。

- 化学反応式の両辺でそれぞれの元素の原子の数は等しい。
- イオンを含む反応式では両辺で，電荷の総和が等しくなる。

設問にある反応式と文について，注目すべき部分を抜粋すると，

$$\text{Cl}\cdot + O_3 \longrightarrow \boxed{\text{ア}} + \boxed{\text{イ}} \quad (7)$$

<u>イ も紫外線が当たると分解し酸素原子・O・を生じる。</u>

$$\boxed{\text{ア}} + \cdot\text{O}\cdot \longrightarrow \boxed{\text{イ}} + \text{Cl}\cdot \quad (8)$$

(8)式に注目すると，ア はClを，イ はOを含む物質であることがわかり，かつ(7)式より，イ の中にはClは含まれていないことがわかる。このことと，下線部から イ は酸素分子O_2であることがわかる。よって，(7)や(8)式より，ア は・OClとなる。なお，選択肢にはOCl^-もあるが，(4)や(5)式において両辺で電荷の総和が等しくならなければならないことを考慮すると，OCl^-はありえない。

光エネルギーによって解離した塩素原子のように，不対電子をもつ原子や原子団をラジカル(遊離基)といい，不対電子を・で示して，Cl・(・Clと表記してもよい)のように表す。ラジカルは非常に反応性が高く，反応が連続して繰り返し起こり，爆発的に進行することもある。このような反応を連鎖反応という。

オゾン層を破壊する原因物質の一つであるCCl_3Fなどのフロンは，紫外線によって解離して塩素原子(ラジカル)を生じる。

$$CCl_3F \xrightarrow{\text{紫外線}} \cdot CCl_2F + \text{Cl}\cdot$$

生じたCl・はオゾン分子O_3を分解し，・OClと酸素分子O_2を生成する。

$$\text{Cl}\cdot + O_3 \longrightarrow \cdot\text{OCl} + O_2$$

また，O_2分子も紫外線が当たると解離して酸素原子・O・を生じ，・OClと・O・が反応すると，再びCl・が生成する。

$$\cdot\text{OCl} + \cdot\text{O}\cdot \longrightarrow O_2 + \text{Cl}\cdot$$

その後，再び生じたCl・によって別のO_3が分解され，O_3の分解が連鎖的に繰り返される。以上のように，フロンから発生した少量のCl・によって大量のO_3が分解されたことが，オゾン層の破壊の原因の一つである。

このように光エネルギーを吸収して起こる化学反応を，光化学反応という。

問3 a 11 正解① b 12 正解⑥ c 13 正解④

a Ⅰ(正) C(mol/L)の一価の弱酸の電離定数をK_aとすると，$K_a = \dfrac{C\alpha^2}{1-\alpha}$と表される。電離度$\alpha$が1より十分に小さく，$1-\alpha \fallingdotseq 1$と近似できる場合，弱酸の電離度は，$\alpha \fallingdotseq \sqrt{\dfrac{K_a}{C}}$で表される。つまり，$K_a$が等しければ，濃度が大きいほど電離度は小さくなる。したがって，0.10 mol/Lの酢酸水溶液**A**と1.0 mol/Lの酢酸水溶液**B**を比較したとき，濃度の小さい**A**の方が，溶質である酢酸の電離度が大きい。

なお，0.10 mol/Lの酢酸水溶液**A**の電離度は($\sqrt{2.7} = 1.6$を用いて計算すると)，$\alpha = \sqrt{\dfrac{2.7\times10^{-5}}{0.10}} = 0.016$であり，1より十分に小さく，$1-\alpha \fallingdotseq 1$と近似することができると考えてよい。

Ⅱ(正) **Ⅰ**と同様に，電離度αが1より十分に小さい場合，$[H^+] = C\alpha = \sqrt{CK_a}$で表される。つまり，$K_a$が等しければ，濃度が大きいほど$[H^+]$が大きくなる。したがって，0.10 mol/Lの酢酸水溶液**A**と1.0 mol/Lの酢酸水溶液**B**を比較したとき，濃度の大きい**B**の方が，

$[H^+]$が大きい。

b **I**（誤） 点**ア**は，0.10 mol/L の CH_3COOH 水溶液 10 mL に，0.10 mol/L の NaOH 水溶液を 5.0 mL 滴下した点であり，生成した CH_3COONa は水溶液中ではほぼ完全に電離する。

$$CH_3COOH + NaOH \longrightarrow CH_3COONa + H_2O$$
$$CH_3COONa \longrightarrow CH_3COO^- + Na^+$$

生成した CH_3COO^- によって，溶質である CH_3COOH の電離平衡は左へ移動し，ほとんど CH_3COOH の状態で存在することになる。

$$CH_3COOH \rightleftarrows CH_3COO^- + H^+$$

生成した CH_3COONa（≒CH_3COO^-）の物質量：

$$0.10 \times \frac{5.0}{1000} = 5.0 \times 10^{-4}\,\text{mol}$$

水溶液中に残っている CH_3COOH の物質量：

$$0.10 \times \frac{10}{1000} - 0.10 \times \frac{5.0}{1000} = 5.0 \times 10^{-4}\,\text{mol}$$

したがって，水溶液中の CH_3COOH と CH_3COO^- の物質量の比は（ほぼ）1：1である。

II（正） **I** より，点**ア**付近では，CH_3COOH と CH_3COO^- の等量混合水溶液になっている。弱酸（または弱塩基）とその塩の混合水溶液に，少量の酸や塩基を加えても，pH はほとんど変化せず，ほぼ一定に保たれる。このような水溶液を緩衝液という。

例えば，点**ア**付近の水溶液に少量の H^+ を加えても，水溶液中に多量に存在する CH_3COO^- と反応して CH_3COOH が生成するため，水溶液中の H^+ の濃度はほとんど増加しない。

$$CH_3COO^- + H^+ \longrightarrow CH_3COOH$$

同様に，少量の OH^- を加えても，水溶液中に多量に存在する CH_3COOH と反応（中和）して CH_3COO^- と H_2O が生成するため，水溶液中の OH^- の濃度はほとんど増加しない。

$$CH_3COOH + OH^- \longrightarrow CH_3COO^- + H_2O$$

実際に，問題の図1の滴定曲線を見ると，点**ア**付近の水溶液に，強酸を少し加えても，もしくは強塩基を少し加えても，pH は大きく変化しないことがわかる。

III（誤） 点**イ**は，0.10 mol/L の CH_3COOH 水溶液 10 mL に，0.10 mol/L の NaOH 水溶液を 10 mL 滴下した点であり，水溶液中の CH_3COOH がすべて中和され CH_3COONa となっている点（中和点）である。CH_3COONa の完全電離によって生じた CH_3COO^- は，水溶液中でわずかに加水分解しているが，その量はわずかであり，水溶液中の CH_3COO^- のモル濃度は，生成した CH_3COONa のモル濃度とほぼ等しい。したがって，混合後の水溶液の体積は，混合前の水溶液の体積の和と考えると，

CH_3COO^-（≒生成した CH_3COONa）のモル濃度：

$$\frac{0.10 \times \frac{10}{1000}}{\frac{10+10}{1000}} = 0.050\,\text{mol/L}$$

c 点**ウ**は，0.10 mol/L の CH_3COOH 水溶液 10 mL に，0.10 mol/L の NaOH 水溶液 15 mL を滴下した点であり，CH_3COOH がすべて中和され，生成した CH_3COONa と中和せずに残った NaOH の混合水溶液となっている。弱酸の塩である CH_3COONa と NaOH のような強塩基が共存する場合，CH_3COO^- の加水分解反応の平衡は左へ移動し，ほとんど OH^- を放出しないと考えてよい。

$$CH_3COO^- + H_2O \rightleftarrows CH_3COOH + OH^-$$

したがって，点**ウ**での水溶液の pH は，水溶液中に残っている NaOH が放出する OH^- のモル濃度から計算すればよい。

水溶液中に残っている NaOH のモル濃度：

$$\frac{0.10 \times \frac{15}{1000} - 0.10 \times \frac{10}{1000}}{\frac{10+15}{1000}} = 0.020\,\text{mol/L}$$

よって，

$$[H^+] = \frac{K_w}{[OH^-]} = \frac{1.0 \times 10^{-14}}{0.020} = \frac{1.0 \times 10^{-12}}{2.0}\,\text{mol/L}$$

したがって，水溶液の pH は，

$$\text{pH} = -\log_{10}[H^+] = -\log_{10}\left(\frac{1.0 \times 10^{-12}}{2.0}\right)$$
$$= 12 + 0.30 = 12.3$$

第3問

問1 14 正解④

アルカリ金属は周期表1族に位置する元素のうち，水素を除いた6種類（Li，Na，K，Rb，Cs，Fr）のことを指す。本問ではこのうち，第4周期までの3種類の性質を検討する。

①（正） アルカリ金属はイオン化傾向が大きく，単体の還元力が強いため，常温の水と反応して水酸化物が生じるとともに，気体の水素を発生する。

（アルカリ金属の単体を M とすると，$2M + 2H_2O \longrightarrow 2MOH + H_2$）

②（正） アルカリ金属のイオンを含む水溶液を白金線につけ，ガスバーナーの外炎に入れると，金属イオンご

とに特有の炎の色が観察される。これを炎色反応という。例えばLi^+ならば赤色，Na^+ならば黄色，K^+ならば赤紫色の炎が観察される。

③(正)　①でも述べた通り，アルカリ金属の単体は反応性が高く酸素や水等と容易に反応するため，天然では化合物の形で存在し，単体として産出されることはない。

④(誤)　金属結晶は金属結合によって金属原子が集まってできている。金属結合は金属原子の原子核の正電荷が自由電子を引きつけあって生じているため，原子半径が大きくなり，自由電子と原子核の距離が遠くなるほどその引力は小さくなり，金属結合は弱くなる。

アルカリ金属の原子半径は，最外殻が外側になるほど大きくなり，原子番号の増加によって原子半径も大きくなることから，原子番号が大きいアルカリ金属ほど，融点は低くなる。

問2　15　正解①　　16　正解③

問題で提示された各元素の性質を記述ごとに検討していく。

I　与えられた元素のうち，常温常圧で単体が気体として存在するものは塩素とネオン，固体として存在するものはリンとケイ素である。

II　与えられた元素のうち，ネオンのみが第2周期に，その他の元素は第3周期に位置するので，**イ**がネオンNe，**ア**が塩素Clと決まる。

III　酸化物が白色の固体で，吸湿性を示すものは十酸化四リンP_4O_{10}である。十酸化四リンは以下のように水分を吸収してリン酸に変化するため，気体の乾燥剤として用いられる。

$$(P_4O_{10} + 6H_2O \longrightarrow 4H_3PO_4)$$

なお，ケイ素の酸化物には無色透明な水晶や，白色のケイ砂などさまざまなものがあるが，いずれの化合物も吸湿性をもたない。また，吸湿性をもつシリカゲルはケイ素の酸化物(二酸化ケイ素)ではないのでケイ素が**ウ**とはならない。以上より，**ウ**がリンP，**エ**がケイ素Siと決まる。

問3　a　17　正解②　　b　18　正解①
　　c　19　正解④

a　(1)式の両辺の対数をとると

$$\log_{10} K_{sp} = \log_{10}([Fe^{2+}][OH^-]^2)$$
$$= \log_{10}[Fe^{2+}] + \log_{10}[OH^-]^2 \quad ①$$

ここで，水のイオン積の関係式より

$$[OH^-] = \frac{K_w}{[H^+]} = \frac{1.0\times10^{-14}}{[H^+]} \quad ②$$

②を①に代入すると

$$\log_{10} K_{sp} = \log_{10}[Fe^{2+}] + \log_{10}\left(\frac{1.0\times10^{-14}}{[H^+]}\right)^2$$
$$= \log_{10}[Fe^{2+}] + \log_{10}(1.0\times10^{-14})^2 - \log_{10}[H^+]^2$$
$$= \log_{10}[Fe^{2+}] - 2\times14\log_{10}10 - 2\log_{10}[H^+]$$
$$= \log_{10}[Fe^{2+}] - 28 + 2\,\mathrm{pH}$$

よって，

$$\log_{10}[Fe^{2+}] = \log_{10} K_{sp} + \boxed{28 - 2\,\mathrm{pH}}$$

となる。これをpHを横軸に，$\log_{10}[Fe^{2+}]$を縦軸にとったグラフは傾きが-2の直線となるから，該当するグラフは**ア**と決まる。

なお，$Fe(OH)_2$の溶解度積K_{sp}の値が1.0×10^{-15} $(mol/L)^3$であるので，本問の直線の方程式にこの値を代入すると，関係式は

$$\log_{10}[Fe^{2+}] = 13 - 2\,\mathrm{pH}$$

となる。K_{sp}の値が与えられていないので，正確な関係式を求めることはできないが，直線の傾きからグラフがどちらに該当するかを判断することはできる点に注意すること。

b　次の図のようにpHを横軸に，$\log_{10}[M^{x+}]$を縦軸としてグラフをプロットすると，直線の傾きは-3となる。この直線の傾きの絶対値は，溶解度積の$[OH^-]$のべき乗数に一致するものであり，溶解度積は平衡定数の一種であることから，$[OH^-]$のべき乗数は金属イオンの価数に一致する。よって，この化合物は三価の陽イオンを含むと考えられる。

選択肢中の金属イオンのうち，安定な陽イオンが三価であるものはAlのみである。

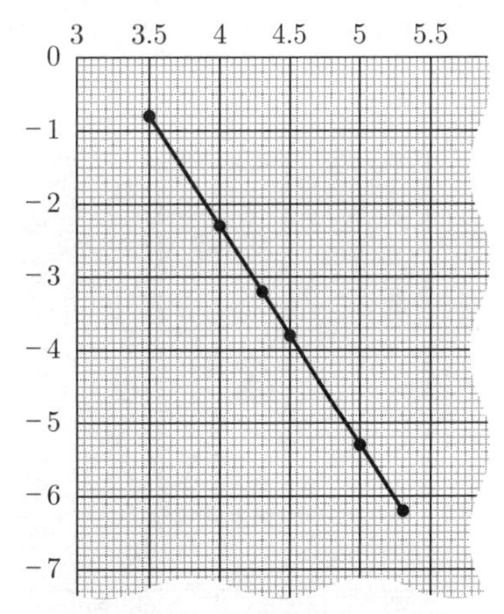

c　ある難溶性化合物が沈殿するか否かは，イオン濃度の積の値と溶解度積の値の大小で判断することができる。すなわち本問の場合，$Al(OH)_3$の沈殿が生じる条件は，

$$[Al^{3+}][OH^-]^3 > K_{sp}$$

である。両辺の対数をとり，**a**のように式変形を施したとしても不等号の向きは不変であるから

$$\log_{10}[Al^{3+}] > A - 3pH \quad (ただし A は定数)$$

となる。このことは先に作成したグラフにおいて，直線の上側の領域では沈殿が生じ，下側の領域では沈殿が生じない，また，沈殿が生じはじめる境界線はこの直線上の点ということを意味する。このことを図にまとめると下図のようになる。

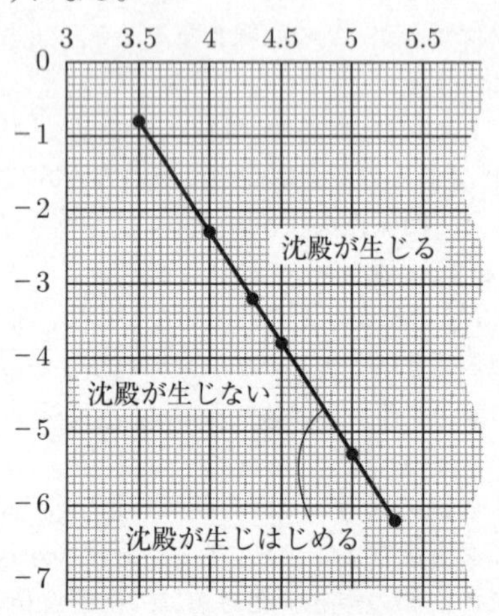

本問では，2.0×10^{-5} mol/L の Al^{3+} を含む水溶液 10 mL に，同量の水酸化ナトリウム水溶液を加えたので，Al^{3+} の濃度は $[Al^{3+}] = 1.0 \times 10^{-5}$ mol/L（$\log_{10}[Al^{3+}] = -5.0$）となっており，このときに $Al(OH)_3$ の沈殿が生成しはじめたことから，水溶液の pH の値は直線上の点となる。

よって，下図のようにグラフを読むと，pH = 4.9 である。

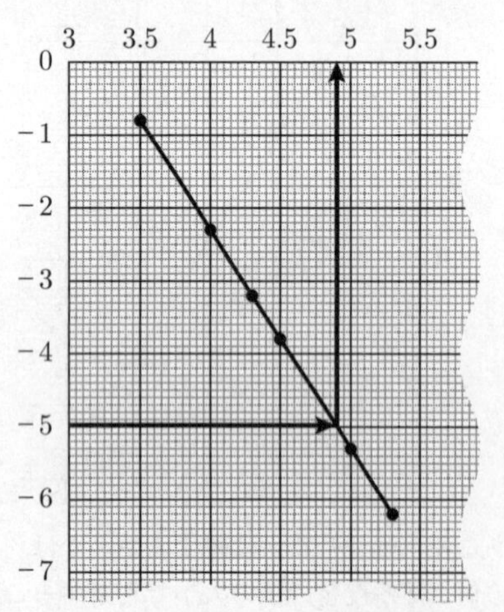

【別解】 $Al(OH)_3$ の溶解度積 $K_{sp} = [Al^{3+}][OH^-]^3$ の両辺の対数をとると，

$$\log_{10} K_{sp} = \log_{10}[Al^{3+}] + \log_{10}\left(\frac{1.0 \times 10^{-14}}{[H^+]}\right)^3$$
$$= \log_{10}[Al^{3+}] - 3 \times 14 \log_{10} 10 - 3\log_{10}[H^+]$$
$$= \log_{10}[Al^{3+}] - 42 + 3pH$$

これを表 1 のデータ（任意なので pH 5.0，$\log_{10}[Al^{3+}] = -5.3$）を代入し，

$$\log_{10} K_{sp} = -5.3 - 42 + 3 \times 5.0 = -32.3$$

この $\log_{10} K_{sp}$ の値を用いて，$[Al^{3+}] = 2.0 \times 10^{-5}$ mol/L $\times \frac{1}{2} = 1.0 \times 10^{-5}$ mol/L，すなわち $\log_{10}[Al^{3+}] = -5$ のときの pH を求めると，

$$\log_{10} K_{sp} = -5 - 42 + 3pH = -32.3$$
$$\therefore \ pH = 4.9$$

このように，グラフを用いずに解くこともできる。

第4問

問1 20 正解④

エタノールは分子内に，$CH_3-CH(OH)-R$ の構造をもつため，水酸化ナトリウム水溶液とヨウ素を加えて温めると，ヨードホルム CHI_3 の黄色沈殿を生じる。（ヨードホルム反応）

一方，メタノールはこの反応を示さないため，エタノールとメタノールの区別ができる。

なお，他の選択肢について，① 金属ナトリウムを加えると，共に反応して，H_2 の気体を発生する。② アルデヒドにアンモニア性硝酸銀水溶液を加えて加熱すると銀鏡が生じるが，メタノール，エタノールいずれもホルミル基（アルデヒド基）をもたないので，変化は見られない。③ カルボン酸やスルホン酸など，炭酸より強い酸は炭酸水素ナトリウムと反応して，二酸化炭素を発生させるが，メタノール，エタノールともに中性物質であり，炭酸水素ナトリウムを加えても変化は見られない。

問2 21 正解②

一般式 C_nH_{2n} で表される化合物には炭素間二重結合を1つもつアルケンと環状構造を1つもつシクロアルカンがある。分子式 C_4H_8 の化合物で考えられる構造は立体異性体を考慮しない場合，以下の5つがある。

$CH_2=CH-CH_2-CH_3$　　［$CH_3-CH=CH-CH_3$］

$CH_2=C(CH_3)-CH_3$　　CH_2-CH_2 / CH_2-CH_2（シクロブタン）　　$H_2C-CH(CH_3)-CH_2$（メチルシクロプロパン）

なお，［　　］で囲んだ化合物にはシス-トランス異性体が存在するため，立体異性体を区別する場合は合計で

6種類になる。

問3　a　22　正解④

b　23　正解⑤　　24　正解①

25　正解④

a　①(正)　アニリンは常温常圧で液体であり，水に溶けにくい油状物質である。

②(正)　アニリンは酸化されやすく，硫酸酸性の二クロム酸カリウム水溶液を加えると酸化されて黒色の物質(アニリンブラック)を生じる。

③(正)　アニリンに無水酢酸を作用させると，アミド結合をもつアセトアニリドを生じる。

$$C_6H_5-NH_2 + (CH_3CO)_2O \longrightarrow C_6H_5-NHCOCH_3 + CH_3COOH$$

④(誤)　塩化鉄(Ⅲ)水溶液はフェノール類と反応し紫色を呈するがアニリンとは反応しない。なお，アニリンにさらし粉水溶液を加えると赤紫色を呈する。

b　**操作Ⅰ**　ベンゼンに濃硝酸と濃硫酸の混合物を加えて加熱することでニトロ化が起こり，ニトロベンゼンが得られる。

$$C_6H_6 + \underset{\text{硝酸}}{HO-NO_2} \xrightarrow{\text{濃硫酸}} \underset{\text{ニトロベンゼン}}{C_6H_5-NO_2} + H_2O$$

操作Ⅱ　ニトロベンゼンを，濃塩酸とスズまたは鉄で還元することでアニリン塩酸塩が得られる。

$$2\underset{\text{ニトロベンゼン}}{C_6H_5-NO_2} + 3Sn + 14HCl \longrightarrow 2\underset{\text{アニリン塩酸塩}}{C_6H_5-NH_3Cl} + 3SnCl_4 + 4H_2O$$

なお，工業的にはニトロベンゼンをニッケルや白金などを触媒として，水素で還元してつくられる。

$$C_6H_5-NO_2 + 3H_2 \xrightarrow{\text{Ni または Pt}} C_6H_5-NH_2 + 2H_2O$$

操作Ⅲ　氷冷下でアニリン塩酸塩の水溶液に塩酸と亜硝酸ナトリウム水溶液を加えるとジアゾ化が起こり，塩化ベンゼンジアゾニウムの水溶液が得られる。

$$C_6H_5-NH_3Cl + HCl + NaNO_2 \xrightarrow{\text{ジアゾ化}} \underset{\text{塩化ベンゼンジアゾニウム}}{C_6H_5-N_2Cl} + NaCl + 2H_2O$$

操作Ⅳ　塩化ベンゼンジアゾニウムは低温の水溶液中では安定に存在するが温度が高くなる(5℃以上になる)と水と反応(加水分解)して窒素とフェノールを生じる。

$$C_6H_5-N_2Cl + H_2O \xrightarrow{\text{5℃以上}} C_6H_5-OH + N_2 + HCl$$

操作Ⅴ　フェノールに水酸化ナトリウム水溶液を加えると，中和反応によりナトリウムフェノキシドが得られる。

$$\underset{\text{フェノール}}{C_6H_5-OH} + NaOH \longrightarrow \underset{\text{ナトリウムフェノキシド}}{C_6H_5-ONa} + H_2O$$

操作Ⅵ　塩化ベンゼンジアゾニウムの水溶液にナトリウムフェノキシドの水溶液を加えるとカップリングが起こり，橙赤色の *p*-ヒドロキシアゾベンゼン(*p*-フェニルアゾフェノール)を生じる。

$$C_6H_5-N_2Cl + C_6H_5-ONa \longrightarrow \underset{p\text{-ヒドロキシアゾベンゼン}}{C_6H_5-N=N-C_6H_4-OH} + NaCl$$

問4　26　正解③

油脂を水酸化カリウム KOH でけん化すると，脂肪酸のカリウム塩とグリセリンが得られる。

RCOO−CH₂		RCOOK		CH₂OH
R′COO−CH	+ 3KOH ⟶	R′COOK	+	CHOH
R″COO−CH₂		R″COOK		CH₂OH
油脂		脂肪酸のカリウム塩		グリセリン

反応式より，油脂 1 mol を完全にけん化するのに 3 mol の水酸化カリウムが必要であることがわかり，油脂 44.2 g をけん化するのに必要な水酸化カリウムの物質量が 0.150 mol であったことから，油脂の分子量を M とすると，

$$\frac{44.2}{M} \times 3 = 0.150 \qquad M = 884$$

と求まる。油脂中を構成する不飽和脂肪酸中の炭素原子間の二重結合1個には水素分子1個を付加させることができるので，油脂1分子中に含まれる炭素間二重結合の数を n とすると，油脂 1 mol に付加する水素は n (mol) である。よって，油脂 25.0 g に付加する水素が0℃，1.013×10^5 Pa 下で 1.90 L 必要であったことから，

$$\frac{25.0}{884} \times n = \frac{1.90}{22.4} \qquad n \fallingdotseq 3$$

と求まる。

第5問

問1 27 正解 ②

①(正) ポリプロピレンは，プロピレン(プロペン) $CH_3CH=CH_2$ の付加重合によって得られる。ポリプロピレンは，同じアルケンであるエチレン(エテン) $CH_2=CH_2$ の付加重合によって得られるポリエチレンと性質が似ており，フィルムや容器，日用雑貨などに用いられる。

②(誤) フェノール樹脂は，フェノール C_6H_5OH とホルムアルデヒド HCHO の付加縮合によって得られる。フェノール樹脂は，電気絶縁性に優れており，プリント基板などに用いられる。なお，電気伝導性に優れている導電性高分子は，ポリアセチレンなどが知られており，コンデンサーや電池などに用いられている。

③(正) メタクリル樹脂(アクリル樹脂)は，メタクリル酸メチル $CH_2=C(CH_3)COOCH_3$ の付加重合によって得られるポリメタクリル酸メチルであり，有機ガラスともよばれる。メタクリル樹脂は，風防ガラスやプラスチックレンズに利用されている。

④(正) ポリスチレンは，スチレン $C_6H_5CH=CH_2$ の付加重合によって得られる。ポリスチレンは透明で加工しやすいため，透明容器に用いられる。また，発泡ポリスチレン(発泡スチロール)として断熱材や緩衝材に用いられる。

したがって，正解は ② である。

問2 28 正解 ②

回収したポリエチレンテレフタラート(PET)を，常温常圧においてアルカリ存在下，十分量のメタノールと反応させるメタノールアルカリ分解法において，ポリエチレンテレフタラートは次のように反応する。

$$\left[-\underset{\underset{O}{\|}}{C}-C_6H_4-\underset{\underset{O}{\|}}{C}-O-CH_2-CH_2-O- \right]_n + 2n\,CH_3-OH$$

$$\longrightarrow n\,CH_3-O-\underset{\underset{O}{\|}}{C}-C_6H_4-\underset{\underset{O}{\|}}{C}-O-CH_3$$

$$+ \; n\,HO-CH_2-CH_2-OH$$

ポリエチレンテレフタラート(分子量は $192n$) 96 g を完全に分解したときに生成するテレフタル酸ジメチル(分子量は 194)の質量は，上記の化学反応式の係数比に着目して，

$$\frac{96}{192n} \times n \times 194 = 97\ \text{g}$$

したがって，正解は ② である。

問3 a 29 正解 ① 30 正解 ③
b 31 正解 ④ c 32 正解 ③

a **実験Ⅰ**において，液体**A**に小片**ア**～**オ**を入れると，小片**ア**のみ液体**A**に浮いたので，小片**ア**の密度が最も小さいことがわかる。よって，小片**ア**の材質はポリプロピレンである。液体**A**では，小片**ア**のポリプロピレン(密度 0.91 g/cm^3)のみ浮いてそれ以外の小片は沈むので，液体**A**は2番目に密度の小さいポリスチレン(密度 1.05 g/cm^3)よりも密度が小さい必要がある。よって，液体**A**として水(密度 1.00 g/cm^3)を用いればよい。したがって，正解は ① である。

また，液体**B**に小片**ア**～**オ**を入れると，小片**ア**～**ウ**は浮いて小片**エ**と**オ**は沈んだので，小片**イ**と**ウ**の材質は密度が中程度のメタクリル樹脂(密度 1.20 g/cm^3)とポリスチレン(密度 1.05 g/cm^3)であり，小片**エ**と**オ**の材質は密度の大きいフェノール樹脂(密度 1.40 g/cm^3)とポリエチレンテレフタラート(密度 1.35 g/cm^3)である。よって，液体**B**の密度は，1.20 g/cm^3 よりも大きく 1.35 g/cm^3 よりも小さい必要があるので，液体**B**として 30％ヨウ化カリウム水溶液(密度 1.27 g/cm^3)を用いればよい。したがって，正解は ③ である。

b **実験Ⅱ**において，小片**ア**～**オ**をガスバーナーの炎から少し離して温め，その状態で引っ張ると，小片**ア**～**エ**は軟らかくなって伸びたが，小片**オ**は温めて引っ張ってもほとんど変化がなかった。この結果から，小片**ア**～**エ**はすべて熱可塑性樹脂であると考えられる。また，小片**オ**は$_{あ}$熱硬化性樹脂であると考えられる。

実験Ⅲにおいて，小片**ア**と**イ**は融けながら燃えて，すすなどの煙はほとんど生じなかった。これは，樹脂中の炭素原子がほぼ完全燃焼したためと考えらえる。また，小片**ウ**と**エ**は黒い煙を上げて燃えた。これは，樹脂中の炭素原子が燃焼する際，不完全燃焼が起こったためにすすが生じたからだと考えられる。一般に，ベンゼン環をもつ化合物を燃焼させると不完全燃焼が起こりやすく，黒い煙が生じやすい。よって，小片**ウ**と**エ**には$_{い}$ベンゼン環が存在していると考えられる。

したがって，正解は ④ である。

c **実験Ⅰ**～**実験Ⅲ**の結果をまとめていく。**実験Ⅰ**より，小片**ア**の材質がポリプロピレンであることが決定できる。また，小片**イ**と**ウ**の材質は密度が中程度のメタクリル樹脂またはポリスチレン，小片**エ**と**オ**の材質は密度の大きいフェノール樹脂またはポリエチレンテレフタ

ラートである。

<table>
<tr><th>小片</th><th>樹脂</th></tr>
<tr><td>ア</td><td>ポリプロピレン</td></tr>
<tr><td>イ</td><td rowspan="2">メタクリル樹脂
または
ポリスチレン</td></tr>
<tr><td>ウ</td></tr>
<tr><td>エ</td><td rowspan="2">フェノール樹脂
または
ポリエチレンテレフタラート</td></tr>
<tr><td>オ</td></tr>
</table>

実験Ⅱより，小片**ア**～**エ**が熱可塑性樹脂，小片**オ**が熱硬化性樹脂であるフェノール樹脂であることがわかった。このことから，小片**エ**と**オ**の材質が決定できる。

<table>
<tr><th>小片</th><th>樹脂</th></tr>
<tr><td>ア</td><td>ポリプロピレン</td></tr>
<tr><td>イ</td><td rowspan="2">メタクリル樹脂
または
ポリスチレン</td></tr>
<tr><td>ウ</td></tr>
<tr><td>エ</td><td>ポリエチレンテレフタラート</td></tr>
<tr><td>オ</td><td>フェノール樹脂</td></tr>
</table>

実験Ⅲより，小片**ウ**と**エ**にベンゼン環があることがわかった。よって，小片**ウ**の材質がポリスチレンと決定できるので，小片**イ**の材質はメタクリル樹脂であることがわかる。（参　考参照）

小片	樹脂
ア	ポリプロピレン
イ	**メタクリル樹脂**
ウ	**ポリスチレン**
エ	ポリエチレンテレフタラート
オ	フェノール樹脂

したがって，正解は③である。

参　考

・熱可塑性樹脂…加熱により軟らかくなり，冷やすと再び硬くなる樹脂で，一般に鎖状構造の高分子に多い。
（例）　ポリエチレン，ポリエチレンテレフタラート，ナイロン66
・熱硬化性樹脂…加熱によりさらに重合が進み，硬くなる樹脂で，一般に立体網目状構造の高分子に多い。
（例）　フェノール樹脂，尿素樹脂，メラミン樹脂

（熱可塑性樹脂の例）

合成樹脂	構造	単量体
ポリエチレン（PE）	$-[CH_2-CH_2]_n-$	$CH_2=CH_2$ エチレン
ポリプロピレン（PP）	$-[CH_2-CH(CH_3)]_n-$	$CH_2=CHCH_3$ プロペン（プロピレン）
ポリスチレン（PS）	$-[CH_2-CH(C_6H_5)]_n-$	$CH_2=CHC_6H_5$ スチレン
ポリ塩化ビニル（PVC）	$-[CH_2-CH(Cl)]_n-$	$CH_2=CHCl$ 塩化ビニル
ポリ酢酸ビニル（PVAc）	$-[CH_2-CH(OCOCH_3)]_n-$	$CH_2=CHOCOCH_3$ 酢酸ビニル
ポリメタクリル酸メチル（PMMA）（メタクリル樹脂）	$-[CH_2-C(CH_3)(COOCH_3)]_n-$	$CH_2=C(CH_3)COOCH_3$ メタクリル酸メチル
ポリテトラフルオロエチレン（PTFE）	$-[CF_2-CF_2]_n-$	$CF_2=CF_2$ テトラフルオロエチレン

（熱硬化性樹脂の例）

構造（一部）	単量体
尿素樹脂（構造式）	尿素 $(NH_2)_2CO$ ホルムアルデヒド HCHO
メラミン樹脂（構造式）	メラミン $C_3N_3(NH_2)_3$ ホルムアルデヒド HCHO
フェノール樹脂（構造式）	フェノール（構造式） ホルムアルデヒド HCHO

第 5 回
実 戦 問 題
解答・解説

化　学　**第5回**　(100点満点)

(解答・配点)

問題番号(配点)	設問(配点)		解答番号	正解	自己採点欄
第1問 (20)	1	(3)	1	①	
	2	(3)	2	④	
	3	a (3)	3	③	
		b (4)	4	②	
	4	a (3)	5	③	
		b (2)	6	④	
		c (2)	7	②	
小　計					
第2問 (20)	1	(3)	8	②	
	2	(4)	9	②	
	3	a (3)	10	①	
		b (3)	11	③	
	4	a (4)	12	④	
		b (3)	13	①	
小　計					
第3問 (20)	1	(3)	14	④	
	2	a (2)	15	②	
		(2)	16	③	
		b (3)	17	③	
	3	a (3)	18	④	
		b (3)	19	③	
		c (4)*	20	④	
			21	①	
			22	①	
小　計					

問題番号(配点)	設問(配点)		解答番号	正解	自己採点欄
第4問 (20)	1	(4)	23	②	
	2	(3)	24	③	
	3	(3)	25	④	
	4	a (4)*	26	④	
			27	⑥	
			28	⓪	
		b (3)	29	④	
		c (3)	30	⑥	
小　計					
第5問 (20)	1	(4)	31	③	
	2	(4)	32	⑥	
	3	a (4)	33	⑤	
		b (4)*	34	④	
			35	⑤	
		c (4)	36	②	
小　計					
合　計					

(注)　*は，全部正解の場合のみ点を与える。

解　説

第１問

問１　[1]　正解①

①～④は，いずれも分子結晶である。

①　氷は，極性分子 H_2O からなる。

②　ドライアイスは，無極性分子 CO_2 からなる。

③　ヨウ素は，無極性分子 I_2 からなる。

④　ナフタレンは，無極性分子 $C_{10}H_8$ からなる。

（①　δ^+ δ^- δ^+ H－O－H　折れ線形　②　δ^- δ^+ δ^- O＝C＝O　直線形　③　I－I　④）

問２　[2]　正解④

(a)「n，P 一定で，V が T に比例する」ので，シャルルの法則である。

(b)「T，P 一定で，V が n に比例する」ので，アボガドロの法則である。

〔参考〕　理想気体では，次の関係が成り立つ。

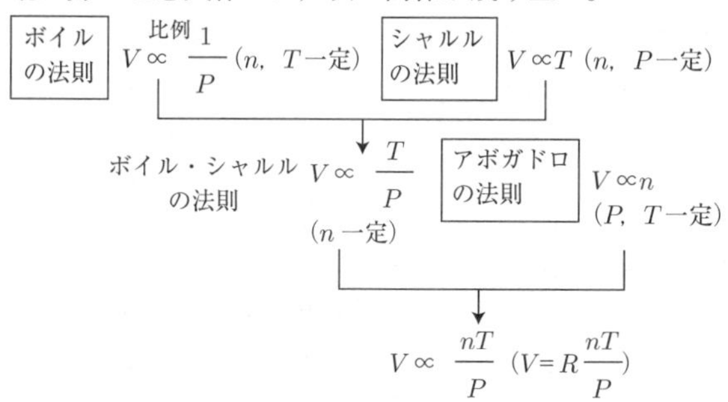

比例定数を R（気体定数）とおくと，
$PV = nRT$（理想気体の状態方程式）

問３　a　[3]　正解③

①(正)　図１より，同じ温度では，ジエチルエーテルの方がエタノールより蒸気圧曲線が上にあり，飽和蒸気圧が大きい。

②(正)　図１より，同じ圧力下では，水の方がエタノールより蒸気圧曲線が右側にあり，沸点が高い。

(注)　沸点：外圧（一般には大気圧）＝飽和蒸気圧となるときの液体の温度

③(誤)　大気圧下（約 1.0×10^5 Pa）で沸騰しているとき，液体の飽和蒸気圧＝大気圧となっているから，ジエチルエーテルと水の飽和蒸気圧はいずれも等しい。図１より，このときの液体の温度（沸点）はジエチルエーテルが 34℃，水が 100℃である。

④(正)　同じ温度で飽和蒸気圧を比べると，図１よりジエチルエーテル＞エタノール＞水となっている。液体中で分子間力が強くはたらくほど，分子どうしが離れにくく（蒸発しにくく）なるので，その温度での飽和蒸気圧は小さくなる。よって，水はジエチルエーテルやエタノールよりも分子間力が強くはたらくと考えてよい。

b　[4]　正解②

60℃一定のもとで，容器内に入っているエタノールと水は，はじめすべて気体となっている。物質量の比が１：１なので，この状態におけるそれぞれの分圧は等しい。ゆっくり加圧していくと，各分圧は互いに等しいまま増加していくが，水蒸気が先に飽和蒸気圧（約 0.20×10^5 Pa）に達する（下図）。このときまでそれぞれの分圧は等しいから，水蒸気が凝縮し始めるときの容器内の全圧は，

$$\underset{\text{水蒸気}}{0.20 \times 10^5\,\text{Pa}} + \underset{\text{エタノール蒸気}}{0.20 \times 10^5\,\text{Pa}} = \underline{4.0 \times 10^4}\,\text{Pa}$$

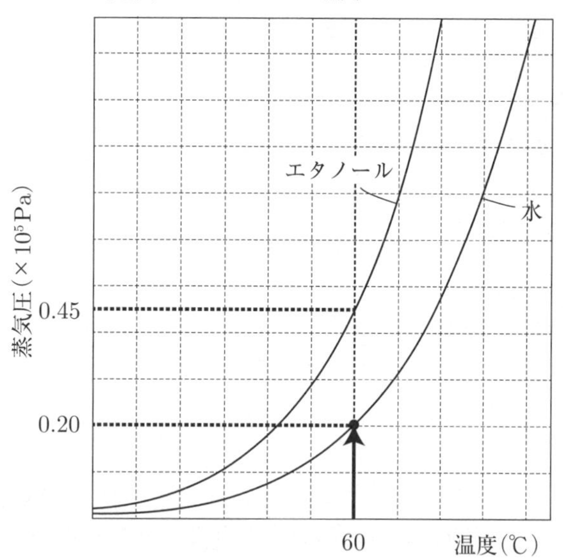

問４　a　[5]　正解③

図２の単位格子に含まれる各イオンの数を調べると，

チタンイオン	１個
Ba^{2+}	$\frac{1}{8} \times 8 = 1$ 個
O^{2-}	$\frac{1}{2} \times 6 = 3$ 個

よって，組成式は $\underline{BaTiO_3}$ である。

b 6 正解④

チタンイオンをTi^{n+}とおくと，組成式$BaTiO_3$の全体としての電荷は0なので，次式が成り立つ。

$$(+2)+(+n)+(-2)\times 3=0 \quad \therefore n=4$$

よってチタンイオンはTi^{4+}で表される。

c 7 正解②

下図のO^{2-}に着目すると，隣接するTi^{4+}は2個(a)，また隣接するBa^{2+}は4個(b)である。

よって，$a:b=2:4=\underline{1:2}$

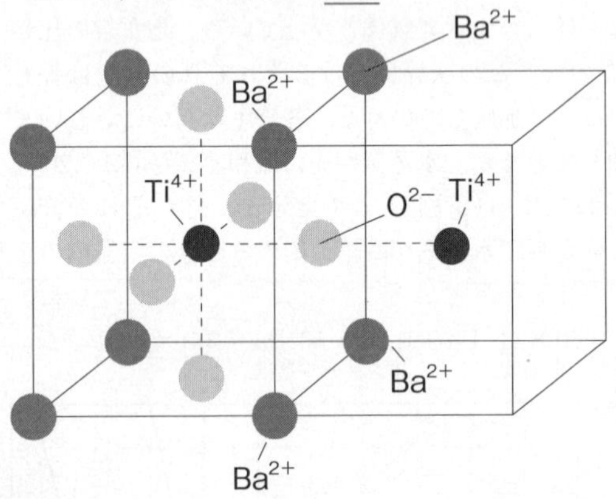

第2問

問1 8 正解②

一般に反応エンタルピーは，生成エンタルピーのデータから次の関係式を使って求めることができる。

反応エンタルピー

=(生成物の生成エンタルピーの和)

−(反応物の生成エンタルピーの和)

与えられた式は，

SO_2(気)$+2H_2S$(気) ⟶ $3S$(固)$+2H_2O$(液)

(反応物：SO_2(気)$+2H_2S$(気)　生成物：$3S$(固)$+2H_2O$(液))

$\Delta H=x$(kJ)

$\therefore \quad \Delta H=x=\{3\times 0+2\times(-286)\}-\{1\times(-297)+2\times(-20)\}$

(0：S(固)，−286：H_2O(液)，−297：SO_2(気)，−20：H_2S(気))

$=\underline{-235}$kJ

《参考》

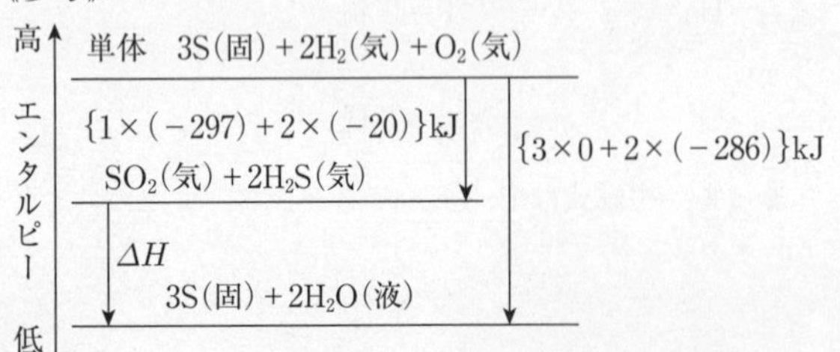

問2 9 正解②

電解槽Ⅰ，Ⅱで起こる変化は，それぞれ次式で表される(電極1〜4はすべてPt極)。

Ⅰ	電極1(+)	$4OH^- \longrightarrow O_2+2H_2O+4e^-$ ……(i)
	電極2(−)	$2H_2O+2e^- \longrightarrow H_2+2OH^-$ ……(ii)
Ⅱ	電極3(+)	$2H_2O \longrightarrow O_2+4H^++4e^-$ ……(iii)
	電極4(−)	$Cu^{2+}+2e^- \longrightarrow Cu$ ……(iv)

一定時間電気分解を行った後，電極4ではCu(原子量64)が0.320g析出したので，Ⅱに流れた電子e^-は式(iv)より，$\dfrac{0.320\,\text{g}}{64\,\text{g/mol}}\times 2=0.0100\,\text{mol}$

Ⅰ，Ⅱは直列につながっているので，Ⅰに流れた電子e^-も0.0100molである。このときⅠから発生した気体の総物質量は，式(i)，(ii)より，

$$\underbrace{0.0100\,\text{mol}\times\frac{1}{4}}_{O_2}+\underbrace{0.0100\,\text{mol}\times\frac{1}{2}}_{H_2}=\frac{0.0300}{4}\,\text{mol}$$

よって，Ⅰから発生した気体の総体積(0℃，1.013×10^5Pa)は，

$$\frac{0.0300}{4}\,\text{mol}\times 22.4\,\text{L/mol}=0.168\,\text{L}=\underline{168}\,\text{mL}$$

(または，気体の状態方程式$PV=nRT$より

$$V=\frac{nRT}{P}=\frac{0.0100\times\frac{3}{4}\times 8.31\times 10^3\times 273}{1.013\times 10^5}$$

$\fallingdotseq 0.168$L(168mL))

問3 **a** 10 正解①

濃度不明の酢酸水溶液のモル濃度をx(mol/L)とおくと，0.100mol/Lの水酸化ナトリウム水溶液による中和滴定の中和点について次式が成り立つ。ただし，この実験では酢酸水溶液とは別に純水を用いて同様の滴定(空試験，ブランクテスト)を行っているので，これによる滴下量の補正(9.70mL−0.30mL)をしておく。

$$\underset{CH_3COOH}{x(\text{mol/L})\times\frac{10.0}{1000}\,\text{L}\times 1}=\underset{NaOH}{0.100\,\text{mol/L}\times\frac{9.70-0.30}{1000}\,\text{L}\times 1}$$

(1：価数)

$\therefore \quad x=\underline{0.0940}$mol/L

〔参考〕 空試験：滴定ではいろいろな誤差が生じ得る。例えば強塩基水溶液を用いる滴定では，空気中からCO_2が溶け込んで炭酸塩を生じ，終点に影響を与えるのもその一つである。純水を用いて空試験を行うと，これらの誤差を見積もることができる。

b 11 正解③

pH5.0ではまだ酸性であるから，残っている酢酸と

生成した酢酸ナトリウムが共存した水溶液ができている。このような弱酸とその塩の混合水溶液は一般に緩衝液としての性質をもつ。はかりとった CH_3COOH の物質量を n_1(mol)，この時点までに加えた NaOH の物質量を n_2(mol) とすると，残っている CH_3COOH は $n_1 - n_2$(mol)，生成した CH_3COONa は n_2(mol) で表される。これらがある程度の濃度で共存する水溶液では，CH_3COONa はすべて電離し，CH_3COOH はほとんど電離していないとして近似計算ができる。

$$CH_3COONa \longrightarrow CH_3COO^- + Na^+$$

$$CH_3COOH \overset{K_a}{\rightleftarrows} CH_3COO^- + H^+$$

よって，このときの水溶液の体積を V(L) とすると，

$$[CH_3COO^-] \fallingdotseq \frac{n_2}{V} \text{(mol/L)},$$

$$[CH_3COOH] \fallingdotseq \frac{n_1 - n_2}{V} \text{(mol/L)}$$

K_a の式より，

$$[H^+] = K_a \times \frac{[CH_3COOH]}{[CH_3COO^-]} = K_a \times \frac{\frac{n_1 - n_2}{V}}{\frac{n_2}{V}}$$

$$= K_a \times \frac{n_1 - n_2}{n_2}$$

求める値 $\frac{n_2}{n_1}$ を x とおくと，$n_2 = n_1 x$ より，

$$[H^+] = K_a \times \frac{n_1 - n_1 x}{n_1 x} = K_a \times \frac{1-x}{x}$$

これに $[H^+] = 1.0 \times 10^{-5}$ mol/L (pH 5.0)，$K_a = 2.0 \times 10^{-5}$ mol/L を代入すると，

$$1.0 \times 10^{-5} = 2.0 \times 10^{-5} \times \frac{1-x}{x}$$

$$\therefore \quad x = \frac{2}{3} \fallingdotseq \underline{0.67} \text{ (倍)}$$

問4　a　12　正解④

式(2)($X + Y \rightleftarrows 2Z$) の平衡定数を K とおくと，K は次式で表される。

$$K = \frac{[Z]^2}{[X][Y]} \quad \cdots\cdots\text{(i)}$$

正反応（気体 Z の生成）および逆反応（気体 Z の分解）の反応速度は，それぞれ $v_1 = k_1[X][Y]$，$v_2 = k_2[Z]^2$ と表されるので，平衡状態 ($v_1 = v_2$) では次式が成り立つ。

$$k_1[X][Y] = k_2[Z]^2$$

よって，$\frac{k_1}{k_2} = \frac{[Z]^2}{[X][Y]}$ ……(ii)

このとき，[X]，[Y]，[Z] は，平衡状態での濃度(mol/L)であるから，式(i)，(ii)より次式が成り立つ。

$$K = \frac{k_1}{k_2} \quad \cdots\cdots\text{(iii)}$$

温度 T_1 における速度定数の値を式(iii)に代入すると，T_1 における K の値は次のように求まる。

$$K = \frac{3.2 \times 10^{-2} \text{mol/(L・min)}}{5.0 \times 10^{-4} \text{mol/(L・min)}} = 64$$

容積 V(L) の容器に気体 X と気体 Y を 1.0 mol ずつ入れ，温度 T_1 で平衡状態になったとき，X と Y がそれぞれ $1.0 - x$(mol) になっているとすると，式(2)より Z は $2x$(mol) 存在している。

	X	+	Y	⇄	2Z
平衡	$1.0-x$		$1.0-x$		$2x$ (mol)

このとき次式が成り立つ。

$$K = \frac{[Z]^2}{[X][Y]} = \frac{\left(\frac{2x}{V}\right)^2}{\frac{1.0-x}{V} \times \frac{1.0-x}{V}} = \left(\frac{2x}{1.0-x}\right)^2$$

$$= 64$$

$0 < x < 1.0$ より，$\frac{2x}{1.0-x} = 8.0 \quad \therefore \quad x = 0.80$

よって存在している Z の物質量は，$2x = \underline{1.6}$ mol

b　13　正解①

容器内の温度を T_1 から T_2 に上昇させると ($T_1 < T_2$)，正反応の速度定数 k_1 と逆反応の速度定数 k_2 はどちらも<u>大きくなる</u>。（速度定数は一般に反応の種類によらず，温度とともに大きくなる。）

〔参考〕　この可逆反応では正反応が発熱反応なので，温度を上昇させると，ルシャトリエの原理により平衡が左へ移動する。これはこの反応の平衡定数 K が温度を上昇させると小さくなることに対応している。

$$\left(\begin{array}{c}T\text{を上昇}\\ \text{させると}\end{array}\right) \quad \underset{\substack{\uparrow \\ \text{小さくなる}}}{K} = \frac{[Z]^2 \leftarrow \text{小さくなる}}{[X][Y] \leftarrow \text{大きくなる}} \Bigg\} \text{左へ平衡移動}$$

一方，$K = \frac{k_1}{k_2}$ において，T を上昇させると K は小さくなるのに対して k_1，k_2 はどちらも大きくなるので，k_2 の増加率の方が k_1 の増加率より大きいことがわかる。

第3問

問1 14 正解④

①(正) ケイ素Siは，地殻中に酸素Oに次いで多く存在する元素であるが，自然界に単体としては存在せず，酸化物など化合物の形で存在する。

②(正) ケイ素の単体は，電気炉中でけい砂(主成分：二酸化ケイ素SiO_2)をコークスCで還元して得ている。

$$SiO_2 + 2C \xrightarrow{\text{高温}} Si + 2CO$$

③(正) 二酸化ケイ素SiO_2は，自然界には主に石英として存在する。(石英の透明な結晶が水晶，砂状のものがけい砂である。)

④(誤) 二酸化ケイ素SiO_2に炭酸ナトリウムNa_2CO_3の固体を混ぜて融解させると，ケイ酸ナトリウムNa_2SiO_3が生じる。

$$SiO_2 + Na_2CO_3 \longrightarrow Na_2SiO_3 + CO_2$$

ケイ酸ナトリウムに水を加えて加熱すると，無色透明で粘性の大きな物質(水ガラス)が生じる。これに塩酸を加えると，白色ゲル状の物質(ケイ酸H_2SiO_3)が得られる。

$$Na_2SiO_3 + 2HCl \longrightarrow H_2SiO_3 + 2NaCl$$

これを加熱・脱水したものがシリカゲルとよばれる物質である。

問2 **a** 15 正解② 16 正解③

問題文に示されたPb^{2+}，Cu^{2+}，Zn^{2+}，Ca^{2+}，Na^+，Li^+のすべてを含む水溶液に対して**実験Ⅰ～Ⅴ**を行うと，以下のような結果になる。

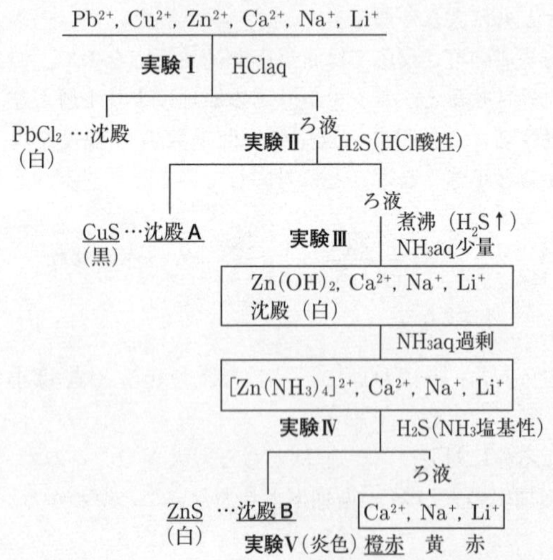

本問の水溶液に対する**実験Ⅰ**では沈殿が生じなかったので，Pb^{2+}はなかった。**実験Ⅱ**では沈殿が生じたので，Cu^{2+}があった。**実験Ⅲ・Ⅳ**では沈殿が生じたので，Zn^{2+}があった。また，本問の水溶液に含まれる金属イオンは3種類なので，残りの金属イオンは実験Ⅴの炎色(橙赤)よりCa^{2+}と決まる。以上より，はじめに存在していた金属イオンはCu^{2+}，Zn^{2+}，Ca^{2+}の3種類であり，沈殿**A**，**B**に含まれていた金属イオンは，それぞれCu^{2+}(②)，Zn^{2+}(③)である。

b 17 正解③

Ca^{2+}は2族にある元素のイオンである。これと同じ族にある元素は，ストロンチウムSr(③)である。

問3 **a** 18 正解④

①(正) 濃硫酸は水に対する溶解熱がかなり大きいので，水で希釈すると多量の熱を発生する。このため，濃硫酸の希釈は，冷却しながら水に濃硫酸を少しずつ加える。逆に濃硫酸に水を加えると，発生した熱で水が沸騰し，液体が飛散して危険である。

②(正) 濃硫酸は強い吸湿性をもつので，乾燥剤として利用される。

③(正) 濃硫酸は，粘性が大きい無色の液体である。また，不揮発性で沸点が高い。

④(誤) 加熱した濃硫酸(熱濃硫酸)は，強い酸化作用をもつが，イオン化傾向が非常に小さい白金や金は溶かさない。

b 19 正解③

接触法では，問題文に示された操作・反応**Ⅰ～Ⅲ**により濃硫酸を製造している。

$$\text{Ⅰ}\quad S + O_2 \longrightarrow SO_2$$
$$\text{Ⅱ}\quad 2SO_2 + O_2 \longrightarrow 2SO_3$$
$$\text{Ⅲ}\quad SO_3 + H_2O \longrightarrow H_2SO_4$$

S原子に着目すると$\underline{S} \xrightarrow{\text{Ⅰ}} \underline{S}O_2 \xrightarrow{\text{Ⅱ}} \underline{S}O_3 \xrightarrow{\text{Ⅲ}} H_2\underline{S}O_4$となり，理論上S1mol(32g)から$H_2SO_4$1mol(98g)が生成する。質量パーセント濃度98%の濃硫酸1.0t(1.0×10^6g)を得るのに理論上必要な硫黄Sの質量をx(kg)とおくと，次式が成り立つ。

$$\frac{1.0\times10^6\,\text{g}\times\dfrac{98}{100}}{\underset{(H_2SO_4\,\text{mol})}{98\,\text{g/mol}}} = \frac{x\times10^3\,\text{g}}{\underset{(\text{S mol})}{32\,\text{g/mol}}}$$

$$\therefore\quad x = \underline{320}\,\text{kg}$$

c 20 正解④ 21 正解①
22 正解①

$$\underset{}{H_2SO_4} \longrightarrow \underset{1.0\times10^{-2}}{H^+} + \underset{1.0\times10^{-2}}{HSO_4^-} \quad \cdots(1)\ (\text{mol/L})$$

式(1)の電離度は1.0なので，1.0×10^{-2}mol/Lの希硫酸の式(1)の電離で生じたH^+とHSO_4^-はいずれも1.0×10^{-2}mol/Lである。式(2)におけるHSO_4^-の電離度をα

とおくと，各成分の濃度は次のように表すことができる。

	HSO_4^-	$\rightleftarrows$ H^+	+ SO_4^{2-}	…(2)
初	1.0×10^{-2}	1.0×10^{-2}	0	(mol/L)
変化	$-1.0\times10^{-2}\alpha$	$+1.0\times10^{-2}\alpha$	$+1.0\times10^{-2}\alpha$	
平衡	$1.0\times10^{-2}(1-\alpha)$	$1.0\times10^{-2}(1+\alpha)$	$1.0\times10^{-2}\alpha$	

式(2)の電離定数を K とすると，$K=1.0\times10^{-2}$ mol/L なので，式(2)の電離平衡に対して次式が成り立つ。

$$K=\frac{[H^+][SO_4^{2-}]}{[HSO_4^-]}$$

$$=\frac{1.0\times10^{-2}(1+\alpha)\times1.0\times10^{-2}\alpha}{1.0\times10^{-2}(1-\alpha)}$$

$$=\frac{1.0\times10^{-2}(1+\alpha)\alpha}{1-\alpha}=1.0\times10^{-2}$$

$$\therefore\quad \alpha^2+2\alpha-1=0$$

$0<\alpha<1$ より，$\alpha\ \dfrac{-2+\sqrt{2^2-4\times(-1)}}{2}$

$=\sqrt{2}-1=\underline{4.1\times10^{-1}}$

第4問

問1 23 正解②

①～④のうち，③はカルボン酸 RCOOH なので加水分解されないが，①，②，④はエステル RCOOR′ なので加水分解される。よって，③はア，イから除外される。①，②，④について加水分解を行うと，以下のような生成物が得られる。

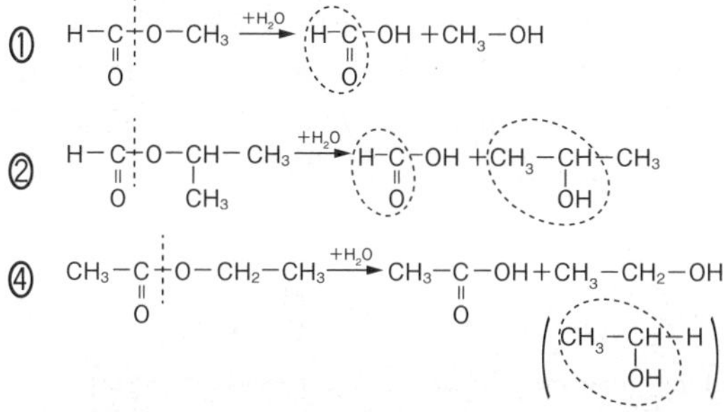

① $H-C(=O)-O-CH_3 \xrightarrow{+H_2O} H-C(=O)-OH + CH_3-OH$

② $H-C(=O)-O-CH(CH_3)-CH_3 \xrightarrow{+H_2O} H-C(=O)-OH + CH_3-CH(OH)-CH_3$

④ $CH_3-C(=O)-O-CH_2-CH_3 \xrightarrow{+H_2O} CH_3-C(=O)-OH + CH_3-CH_2-OH$ $\left(CH_3-CH(OH)-H\right)$

ア 加水分解生成物のうち，銀鏡反応を示すのは，ホルミル基 $-CHO$ をもつギ酸 HCOOH だけである。よって①，②が当てはまる。

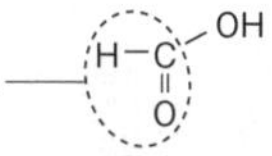

ホルミル基（還元性） $H-C(=O)-OH$
ギ酸

イ 加水分解生成物のうち，ヨードホルム反応を示すのは $CH_3CH(OH)-$ 基をもつ 2-プロパノール $CH_3CH(OH)CH_3$ とエタノール CH_3CH_2OH である。よって，②，④が当てはまる。以上より条件(ア・イ)をともに満たすのは，②である。

問2 24 正解③

①(正) クメンは次の構造式で表される化合物で，分子式は C_9H_{12} である。

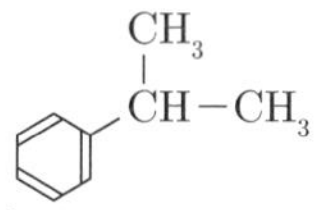

$C_6H_5-CH(CH_3)-CH_3$
クメン

②(正) ベンゼンとスチレンは組成式がいずれも CH で，元素分析によって得られる組成式だけでは区別ができない。

ベンゼン（分子式 C_6H_6）　スチレン $C_6H_5-CH=CH_2$（分子式 C_8H_8）

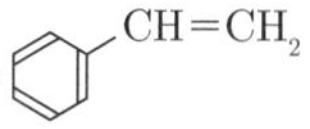

③(誤) トルエン分子の 1 個の H 原子を Cl 原子に置換したものとして，以下の $\underline{4}$ 種類の異性体がある。

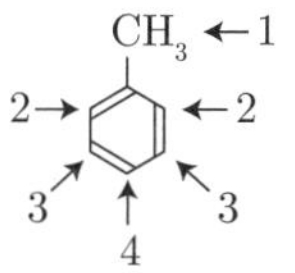

トルエン CH_3 ←1，2→，←2，3↗，↖3，↑4
（↑はClと置換するHの位置）

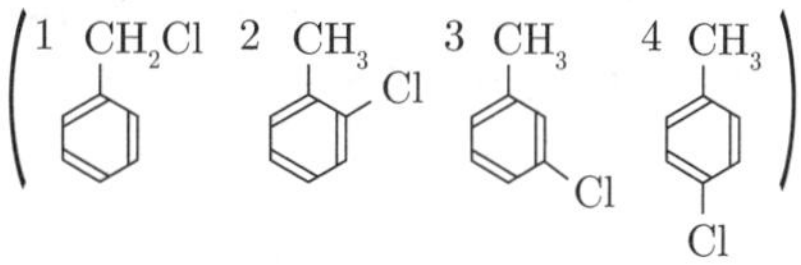

(1 $C_6H_5CH_2Cl$　2 CH_3, Cl（オルト）　3 CH_3, Cl（メタ）　4 CH_3, Cl（パラ）)

④(正) エチルベンゼンと m-キシレンは以下の構造式で表される化合物で，いずれも分子式 C_8H_{10} をもち，互いに構造異性体である。

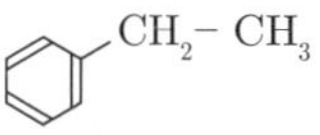

エチルベンゼン $C_6H_5-CH_2-CH_3$　　m-キシレン $C_6H_4(CH_3)_2$

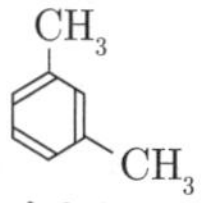

問3 25 正解④

①(正) ナイロン66は，ポリアミドの一種で，分子内に多数のアミド結合 $-NHCO-$ をもつ。

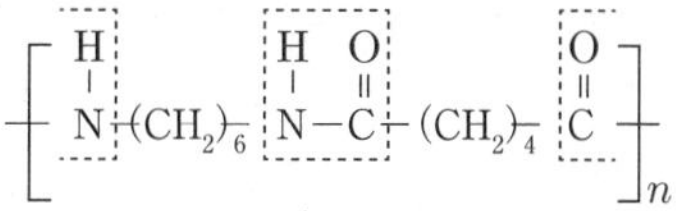

$$\left[\ N(H)-(CH_2)_6-N(H)-C(=O)-(CH_2)_4-C(=O)\ \right]_n$$
ナイロン66

②(正) 環状アミド(ラクタム)の一種である(ε-)カプロラクタムに少量の水を加えて加熱すると，環が開いて重合し，ナイロン6が得られる。

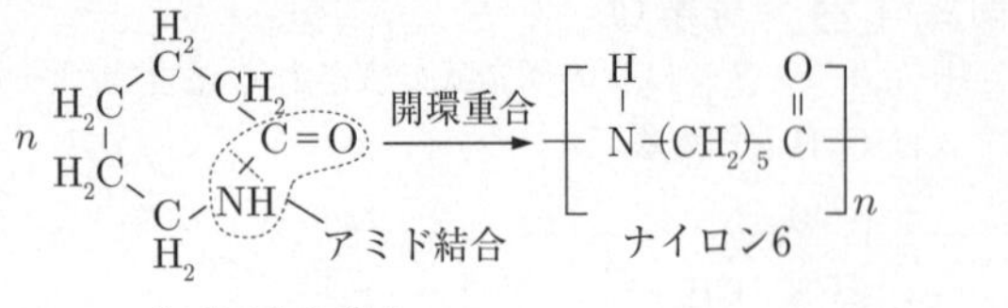

n ε-カプロラクタム（H_2C, $C=O$, NH の環状構造）$\xrightarrow{開環重合}$ $\left[\overset{H}{\underset{|}{N}} -(CH_2)_5- \overset{O}{\overset{||}{C}} \right]_n$ ナイロン6

アミド結合

ε-カプロラクタム

③(正)　ポリエチレンテレフタラート(PET)はポリエステルの一種で，2価アルコールのエチレングリコールと2価カルボン酸のテレフタル酸の縮合重合によって得られる。

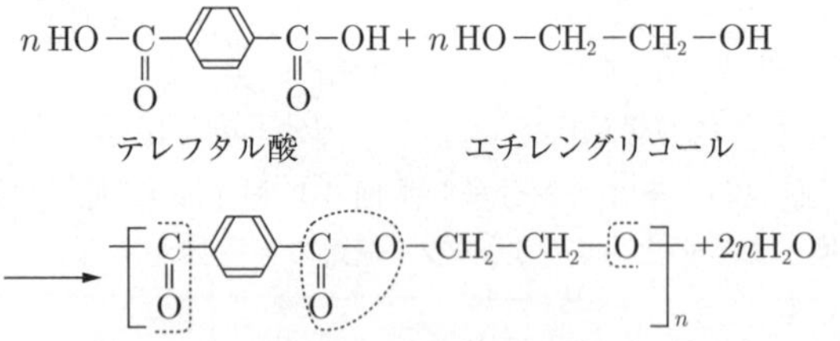

$$n\,HO-\underset{\underset{O}{||}}{C}-C_6H_4-\underset{\underset{O}{||}}{C}-OH + n\,HO-CH_2-CH_2-OH$$

テレフタル酸　　　エチレングリコール

$$\longrightarrow \left[\underset{\underset{O}{||}}{C}-C_6H_4-\underset{\underset{O}{||}}{C}-O-CH_2-CH_2-O \right]_n + 2nH_2O$$

ポリエチレンテレフタラート

④(誤)　ビニロンは，ポリ酢酸ビニルをけん化して得られる水溶性のポリビニルアルコールを，アセタール化して不溶性にしたものである。このとき，ポリビニルアルコールがもつ多数のヒドロキシ基$-OH$のうち，60〜70%をアセタール化せずにそのまま残すことで適度な吸湿性をもたせている。

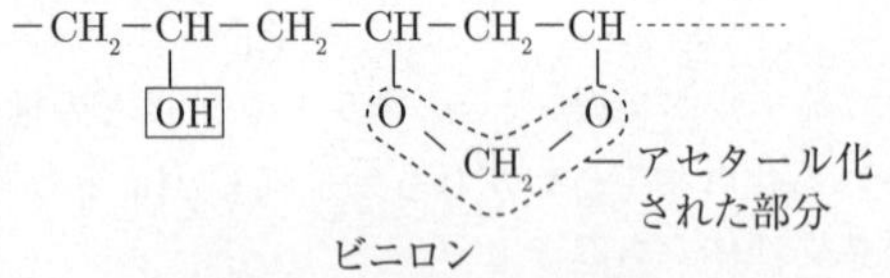

$$-CH_2-\underset{\underset{OH}{|}}{CH}-CH_2-\underset{\underset{O}{|}}{CH}-CH_2-\underset{\underset{O}{|}}{CH}\cdots\cdots$$

（2つのOはCH_2で結ばれる）— アセタール化された部分

ビニロン

問4　a　26　正解④　27　正解⑥
28　正解⓪

デンプン$(C_6H_{10}O_5)_n$ 1molを完全に加水分解すると，次の式(1)の反応により，グルコース$C_6H_{12}O_6$ n(mol)が得られる。

$$\underset{デンプン}{(C_6H_{10}O_5)_n} + nH_2O \xrightarrow{加水分解} \underset{グルコース}{nC_6H_{12}O_6} \quad (1)$$

また，グルコース1molをアルコール発酵させると，次の式(2)の反応により，エタノール2molが得られる。

$$\underset{グルコース}{C_6H_{12}O_6} \xrightarrow{アルコール発酵} \underset{エタノール}{2C_2H_5OH} + 2CO_2 \quad (2)$$

式(1)より，810gのデンプン$(C_6H_{10}O_5)_n$(分子量$162n$)を完全に加水分解して得られるグルコース$C_6H_{12}O_6$の物質量は，

$$\frac{810\,g}{162n\,(g/mol)} \times n = 5.00\,mol$$

式(2)より，このグルコースをすべてアルコール発酵して得られるエタノールC_2H_5OH(分子量46)の質量は，

$$5.00\,mol \times 2 \times 46\,g/mol = \underline{460}\,g$$

b　29　正解④

ヨウ素デンプン反応は，一般にα-グルコースの縮合重合体で起こる。この反応では，α-グルコースの縮合重合体がつくるらせん構造部分にI_2分子が入り込むことで呈色する。らせん構造が長いほどI_2分子が多数入り込み，呈色は濃い青(紫)色になる。枝分かれが多くらせん構造が短くなると，呈色は赤褐色になる。

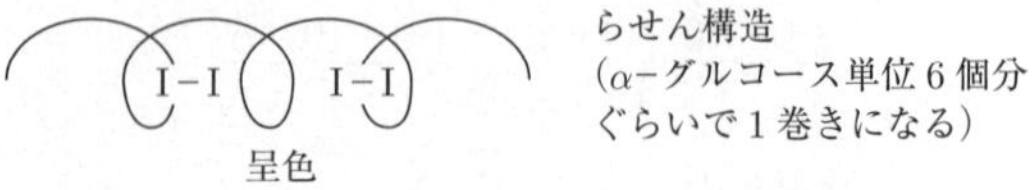

I−I　I−I
呈色
らせん構造
(α-グルコース単位6個分ぐらいで1巻きになる)

①(誤)　マルトース$C_{12}H_{22}O_{11}$は二糖類なので，らせん構造はなく呈色しない。

②(誤)　セルロース$(C_6H_{10}O_5)_n$はβ-グルコースの縮合重合体であり，らせん構造をつくらない(直線状)ので呈色しない。

③(誤)　タンパク質は，アミノ酸の縮合重合体であり呈色しない。

④(正)　グリコーゲンは，α-グルコースの縮合重合体であるが，枝分かれが多くらせん構造が短くなるので，呈色は赤褐色になる。(アミロペクチンもグリコーゲンと類似の呈色を示す。)

c　30　正解⑥

3種類の化合物**A**〜**C**に含まれる$-OH$は，グリコシド結合が切れて生じた部分と考えてよいので，加水分解前の**A**は1位，4位，6位で，**B**は1位，4位で，**C**は1位でグリコシド結合していたはずである。(下図参考)

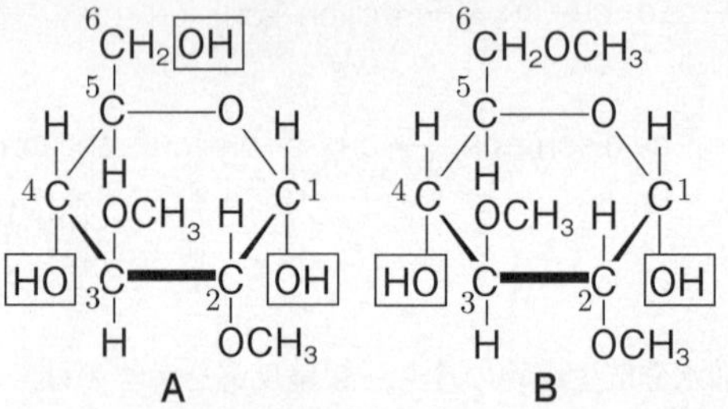

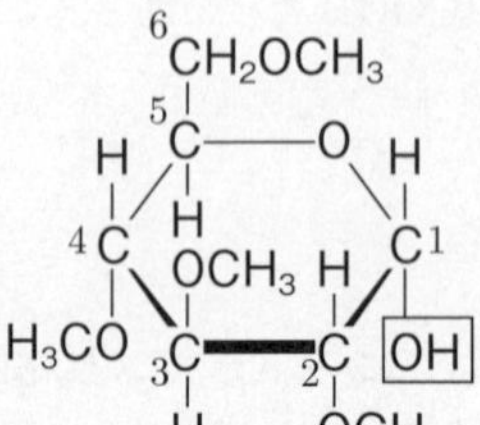

A：6位 CH_2[OH]，1位 [OH]，2位 OCH_3，3位 OCH_3，4位 [HO]

B：6位 CH_2OCH_3，1位 [OH]，2位 OCH_3，3位 OCH_3，4位 [HO]

C：6位 CH_2OCH_3，1位 [OH]，2位 OCH_3，3位 OCH_3，4位 H_3CO

したがって，問題文の説明より，加水分解前に**A**は^{6}C部分で枝分かれがあり，その枝の付け根にある**B**の^{1}C部分と縮合していたと考えてよい。なお，**C**は枝の

末端にあったものと考えてよい。

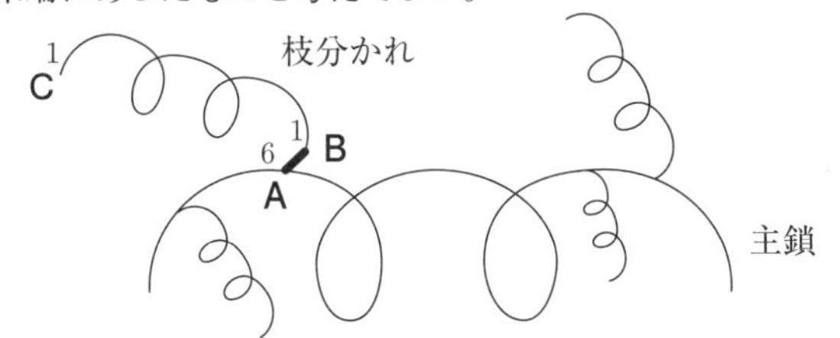

メチル化されたアミロペクチン

よって，図2のアはC，イはB，ウはAと対応する。

〔参考〕 AとCは枝分かれの数に対応してほぼ同物質量ずつ得られる。また，Bは主鎖や枝分かれの途中にも多数存在していたもので，最も多く得られる。

第5問

問1 31 正解③

①(正) アルカリ土類金属の単体はアルカリ金属の単体と比べて，一般に金属結合が強く，融点は高い。

	Na	Ca
単体の融点(℃)	98	839

②(正) CaやNaはイオン化傾向が大きく，常温の水と反応して水素を発生して溶ける。

$$Ca + 2H_2O \longrightarrow Ca(OH)_2 + H_2 \uparrow$$

$$2Na + 2H_2O \longrightarrow 2NaOH + H_2 \uparrow$$

③(誤) $Ca(OH)_2$ 水溶液とNaOH水溶液が同じモル濃度 C(mol/L)であるとすると，いずれも強塩基であるから，$Ca(OH)_2$ 水溶液の$[OH^-]$は$2C$，NaOH水溶液の$[OH^-]$はCとなる。したがって，$Ca(OH)_2$ 水溶液のほうが塩基性が強くpHは大きい。

④(正) 一般にアルカリ金属の硫酸塩は水に溶けやすいが，アルカリ土類金属の硫酸塩は水に溶けにくい。したがって，Na_2SO_4 は水に溶けやすいが，$CaSO_4$ は水に溶けにくい。

問2 32 正解⑥

3.7gの $CaCl_2$(式量111)が吸収した H_2O(分子量18)は $7.3\,g - 3.7\,g = 3.6\,g$

よって，$CaCl_2 \cdot nH_2O$ に含まれる $CaCl_2$ と H_2O の物質量の比について次式が成り立つ。

$$\text{物質量の比}\ \overset{CaCl_2}{\frac{3.7\,g}{111\,g/mol}} : \overset{H_2O}{\frac{3.6\,g}{18\,g/mol}} = 1 : n$$

$\therefore\ n = 6$

問3 **a** 33 正解⑤

希薄溶液の凝固点降下度 ΔT_f(K)は，溶質が非電解質の場合，溶質の質量モル濃度 m(mol/kg)に比例し，その比例定数 K_f(K・kg/mol)はモル凝固点降下とよばれる。

$$\Delta T_f = K_f m$$

ΔT_f は溶質粒子(分子，イオン)の種類にはよらず，溶質粒子の総質量モル濃度に比例する。溶質が水溶液中で完全に電離する電解質の場合は，電離後の総イオンの質量モル濃度に比例する。$CaCl_2$ 1molは水溶液中で Ca^{2+} 1molと Cl^- 2molの合計3molになるので，$CaCl_2$(式量111)1.11gの総イオンの質量モル濃度は，

$$\frac{1.11\,g}{111\,g/mol} \times 3 \times \frac{1000}{50}\,/kg = 0.600\,mol/kg$$

$$\therefore\ \Delta T_f = 1.85\,K \cdot kg/mol \times 0.600\,mol/kg = 1.11\,K$$

よって，この水溶液の凝固点は，$0 - 1.11 = -1.11$℃

b 34 正解④ 35 正解⑤

$CaCl_2$ 11.1gの溶解により発生する熱量は，

$$84\,kJ/mol \times \frac{11.1\,g}{111\,g/mol} = 8.4\,kJ$$

この熱量により水溶液(88.9 + 11.1)gの温度が25℃から t(℃)になったとすると，次式が成り立つ。

$$4.2 \times 10^{-3}\,kJ/(g \cdot K) \times (88.9 + 11.1)\,g \times (t - 25)\,K = 8.4\,kJ$$

$\therefore\ t = 45$℃

c 36 正解②

1000gの水のうち，x(mol)の水が氷になっていたとすると(氷水は0℃になっている)，この氷がすべて融解して0℃の水になるのに必要な熱量は，

$$6.0\,kJ/mol \times x\,(mol) = 6.0x\,(kJ)$$

さらに融けた氷も含めて1000gの水(0℃)と溶かした0℃の $CaCl_2$ 1.0mol(111g)が9.0℃になるのに必要な熱量は，

$$4.2 \times 10^{-3}\,kJ/(g \cdot K) \times (1000 + 111)\,g \times (9.0 - 0)\,K$$

これらの熱量は $CaCl_2$ 1.0molの溶解による発熱量84kJによって与えられるので，次式が成り立つ。

$$6.0x\,(kJ) + 4.2 \times 10^{-3} \times 1111 \times 9.0\,kJ = 84\,kJ$$

$\therefore\ x = 7.0\,mol$

2024 年度

大学入学共通テスト
本試験

解答・解説

■ 2024 年度　本試験「化学」得点別偏差値表

下記の表は大学入試センター公表の平均点と標準偏差をもとに作成したものです。

平均点　54.77　　標準偏差　20.95　　受験者数　180,779

得　点	偏差値	得　点	偏差値	得　点	偏差値	得　点	偏差値
100	71.6	70	57.3	40	42.9	10	28.6
99	71.1	69	56.8	39	42.5	9	28.2
98	70.6	68	56.3	38	42.0	8	27.7
97	70.2	67	55.8	37	41.5	7	27.2
96	69.7	66	55.4	36	41.0	6	26.7
95	69.2	65	54.9	35	40.6	5	26.2
94	68.7	64	54.4	34	40.1	4	25.8
93	68.2	63	53.9	33	39.6	3	25.3
92	67.8	62	53.5	32	39.1	2	24.8
91	67.3	61	53.0	31	38.7	1	24.3
90	66.8	60	52.5	30	38.2	0	23.9
89	66.3	59	52.0	29	37.7		
88	65.9	58	51.5	28	37.2		
87	65.4	57	51.1	27	36.7		
86	64.9	56	50.6	26	36.3		
85	64.4	55	50.1	25	35.8		
84	64.0	54	49.6	24	35.3		
83	63.5	53	49.2	23	34.8		
82	63.0	52	48.7	22	34.4		
81	62.5	51	48.2	21	33.9		
80	62.0	50	47.7	20	33.4		
79	61.6	49	47.2	19	32.9		
78	61.1	48	46.8	18	32.4		
77	60.6	47	46.3	17	32.0		
76	60.1	46	45.8	16	31.5		
75	59.7	45	45.3	15	31.0		
74	59.2	44	44.9	14	30.5		
73	58.7	43	44.4	13	30.1		
72	58.2	42	43.9	12	29.6		
71	57.7	41	43.4	11	29.1		

化　学　　2024年度　本試験　　(100点満点)

(解答・配点)

問題番号(配点)	設問	(配点)	解答番号	正解	自己採点欄
第1問 (20)	1	(3)	1	④	
	2	(4)	2	①	
	3	(3)	3	④	
	4	a (3)	4	④	
		b (3)	5	③	
		c (4)	6	⑤	
小計					
第2問 (20)	1	(3)	7	①	
	2	(3)	8	③	
	3	(3)	9	④	
	4	a (4)	10	④	
		b (4)	11	②	
		c (3)	12	④	
小計					
第3問 (20)	1	(4)*	13 - 14	① - ③	
	2	(3)	15	④	
	3	(2)	16	③	
		(2)	17	④	
	4	a (3)	18	③	
		b (3)	19	⑤	
		c (3)	20	②	
小計					
第4問 (20)	1	(4)	21	③	
	2	(3)	22	①	
	3	(4)	23	⑦	
	4	a (3)	24	②	
		b (3)	25	②	
		c (3)	26	⑤	
小計					
第5問 (20)	1	(4)	27	④	
	2	(4)	28	③	
	3	a (4)	29	④	
		b (4)	30	②	
		c (4)	31	①	
小計					
合計					

(注)

1　*は，全部正解の場合のみ点を与える。

2　－（ハイフン）でつながれた正解は，順序を問わない。

(現課程)

(第2問)

問1 市販の冷却剤には，硝酸アンモニウム NH_4NO_3(固)が水に溶解するときの吸熱反応を利用しているものがある。この反応のエンタルピー変化を表す図として最も適当なものを，次の ①～④ のうちから一つ選べ。ただし，太矢印は反応の進行方向を示す。 7

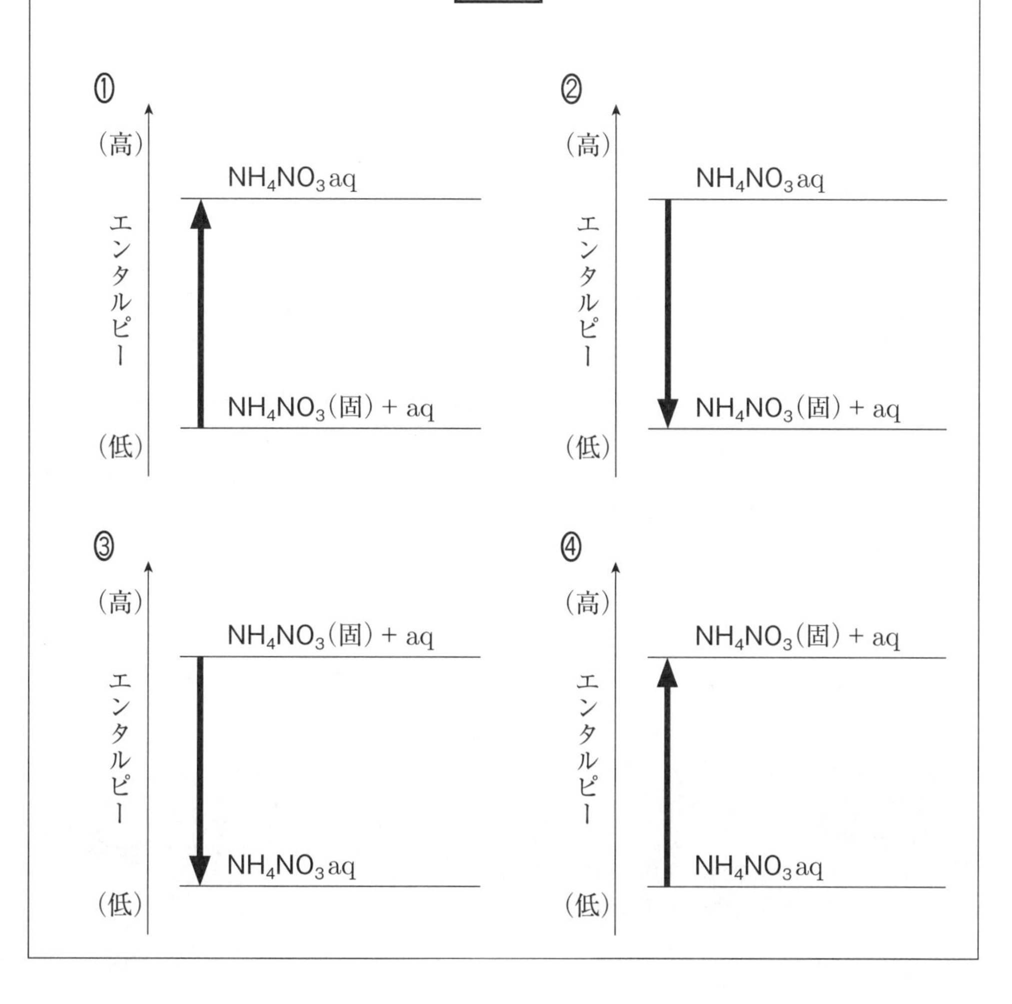

解説

第1問

問1 [1] 正解 ④

① NH_4^+は，NH_3とH^+が配位結合(一方の非共有電子対を他方と共有)してできたイオンである。

$$H:\underset{H}{\overset{H}{N}}: + \ H^+ \longrightarrow \left[H:\underset{H}{\overset{H}{N}}:H\right]^+$$

共有電子対　非共有電子対　アンモニウムイオン

② H_3O^+は，H_2OとH^+が配位結合してできたイオンである。

$$H:\underset{H}{\ddot{O}}: + \ H^+ \longrightarrow \left[H:\underset{H}{\ddot{O}}:H\right]^+$$

オキソニウムイオン

③ $[Ag(NH_3)_2]^+$は，Ag^+と2分子のNH_3が配位結合してできたイオンである。

$$H:\underset{H}{\overset{H}{N}}: + \ Ag^+ \ + \ :\underset{H}{\overset{H}{N}}:H \longrightarrow \left[H:\underset{H}{\overset{H}{N}}:Ag:\underset{H}{\overset{H}{N}}:H\right]^+$$

ジアンミン銀(Ⅰ)イオン

④ ギ酸イオン$HCOO^-$はギ酸HCOOHが電離してできたイオンである。

$$H:\underset{:O:}{C}:\ddot{O}:H \longrightarrow \left[H:\underset{:O:}{C}:\ddot{O}:\right]^- + H^+$$

問2 [2] 正解 ①

液体のメタンCH_4 16 gの体積をV_1(L)とすると，密度が$0.42\ g/cm^3 = 0.42 \times 10^3\ g/L$なので，

$$V_1 = \frac{16\ g}{0.42 \times 10^3\ g/L} = \frac{4}{105} L$$

気体のCH_4 16 g (1.0 mol)の300 K，1.0×10^5 Paにおける体積をV_2(L)とすると，気体の状態方程式($PV = nRT$)より，

$$V_2 = \left(\frac{nRT}{P} = \right)$$

$$\frac{1.0\ mol \times 8.3 \times 10^3\ Pa \cdot L/(K \cdot mol) \times 300\ K}{1.0 \times 10^5\ Pa}$$

$$= 24.9\ L$$

$$\therefore \quad \frac{V_2}{V_1} = \frac{24.9 \times 105}{4} \fallingdotseq \underline{6.5 \times 10^2}(倍)$$

問3 [3] 正解 ④

いろいろな粒子は，その大きさによりおよそ次のように分類できる。

分子・イオンの大きさ$< 10^{-9}$ m

10^{-9} m$<$コロイド粒子の大きさ$< 10^{-7}$ m

沈殿粒子の大きさ$> 10^{-7}$ m

ろ紙の目の大きさは$10^{-7} \sim 10^{-6}$ m，セロハンの膜などの半透膜の大きさは10^{-9} m程度なので，各粒子がこれらを通過できる(○)か否(×)かをまとめると，次図のようになる。

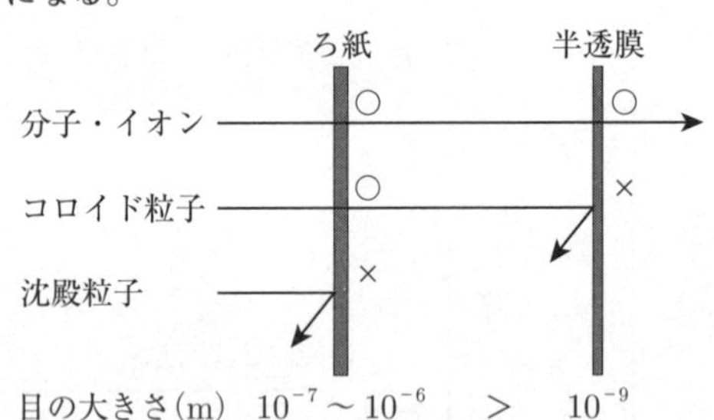

よって，ろ紙を通過できるものはグルコース(分子)とトリプシン(コロイド粒子)であり，さらにセロハンの膜(半透膜)も通過できるものは，グルコースである。砂(沈殿粒子)は，ろ紙もセロハンの膜も通過できない。

(注)分子・イオンを含むコロイド溶液をセロハンの袋に入れ，流水中に浸しておくと，分子・イオンが袋から流出してコロイド粒子が残るので，コロイド溶液を精製することができる(透析)。

問4 a [4] 正解 ④　b [5] 正解 ③　c [6] 正解 ⑤

a

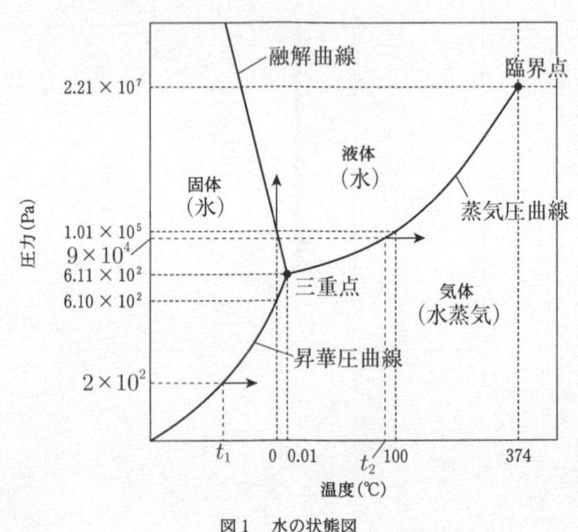

図1 水の状態図

①(正) 図1より，2×10^2 Paの圧力のもとで氷を加熱していくと，氷は0℃より低い温度(t_1)で水蒸気に変化(昇華)する。

②(正) 図1より，0℃のもとで1.01×10^5 Paの氷に

さらに圧力を加えると，氷は水に変化(融解)する。

③(正)　図1より，0.01℃，6.11×10^2 Pa（三重点）では，氷，水，水蒸気の三つの状態が共存できる。

④(誤)　図1より，9×10^4 Paの圧力のもとで水を加熱していくと，水は100℃より低い温度(t_2)で沸騰し，水蒸気に変化する。

	1.01×10^5 Pa下		9×10^4 Pa下
水の沸点(℃)	100	>	t_2

b　①(誤)　0℃での氷1gの体積をV_1(cm^3)，同温での水1gの体積をV_2(cm^3)とすると，0℃の氷の密度は$\frac{1}{V_1}$(g/cm^3)，同温での水の密度は$\frac{1}{V_2}$(g/cm^3)で表される。図2より，0℃での氷の密度は同温での水の密度より小さいので，次式が成り立つ。よって，V_1はV_2よりも大きい。

$$\frac{1}{V_1} < \frac{1}{V_2} \Rightarrow V_1 > V_2$$

②(誤)　図2より，氷の密度は0℃で最小になる。

③(正)　図2より，12℃での水の密度(0.995 g/cm^3)は，−4℃での過冷却の状態の水の密度(0.994 g/cm^3)よりも大きい。

④(誤)　図2より，水の密度は4℃で最大である。4℃の水の液面を冷却して温度を下げると，その液面の水の密度は小さくなる。つまりその部分の水は軽くなる。よって，温度の低い水が下の方へ移動することはない。

c　氷の融解熱は6.0 kJ/molであるから，1.01×10^5 Paのもとにある0℃の氷54 gに6.0 kJの熱を加えると，54 gのうち18 g(1.0 mol)の氷が融解して0℃の水になる。よって，残った0℃の氷は54 − 18 = 36 gである。図2より，1.01×10^5 Paのもとにある0℃の氷の密度は0.917 g/cm^{3}であるから，残った0℃の氷36 gの体積は，

$$\frac{36\ \text{g}}{0.917\ \text{g/cm}^3} \fallingdotseq \underline{39}\ \text{cm}^3$$

第2問

問1　[7]　正解　①

(旧課程)

NH_4NO_3(固) 1 molが多量の水に溶解するときに外界から吸収する熱量をQ〔kJ〕(Qは正の値)とすると，その熱化学方程式は次式で表される。

$$\underset{1\ \text{mol}}{NH_4NO_3(\text{固}) + aq} = \underset{1\ \text{mol}}{NH_4NO_3aq} - Q\ (\text{kJ})$$

この式はNH_4NO_3aq(生成物)がもつエネルギーの方がNH_4NO_3(固) + aq(反応物)がもつエネルギーよりQ〔kJ〕高いことを示す。よって，この反応のエネルギー図は以下のようになる。

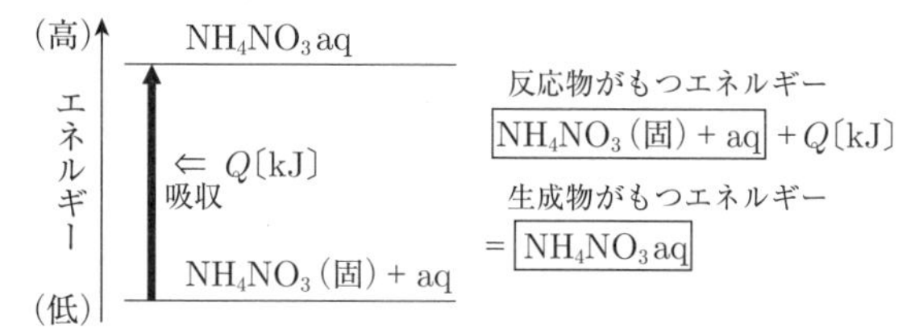

(現課程)

反応前のNH_4NO_3(固) + aqのエンタルピーをH_A，（1 mol）反応後のNH_4NO_3aqのエンタルピーをH_Bとすると，（1 mol）この反応のエンタルピー変化ΔHは次式で表される。

$$\Delta H = \underset{\text{後}}{H_B} - \underset{\text{前}}{H_A}$$

この反応は吸熱反応なので，$H_B > H_A$すなわち$\Delta H > 0$である。これを図で表すと，

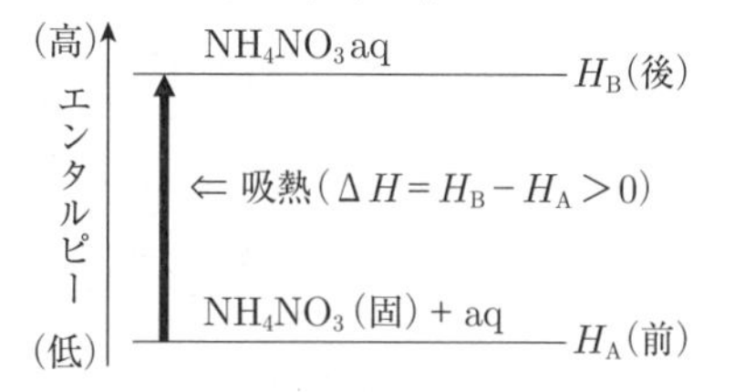

よって，正解は①である。

なお，上図をΔHを付した反応式で表すときは，次式のように書く。このとき，反応式の各係数はその物質の物質量(mol)も表す。

$$NH_4NO_3(\text{固}) + aq \longrightarrow NH_4NO_3aq \qquad \Delta H = H_B - H_A$$

問2　[8]　正解　③

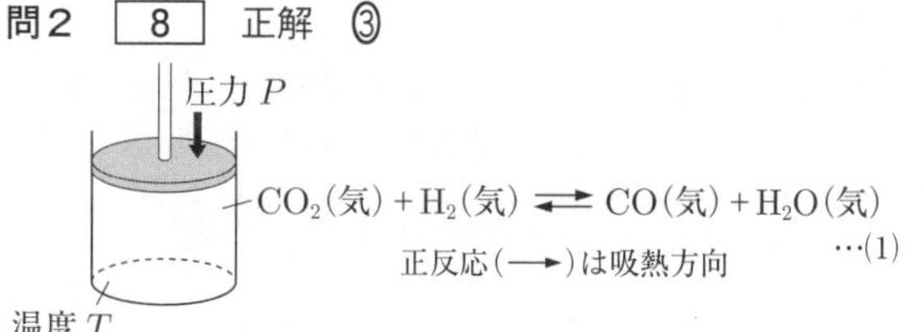

①～④の操作に対して，ルシャトリエの原理を適用する。

①　P一定にしてTを下げると，Tが上昇する方向(発熱方向)に平衡が移動する。すなわち式(1)の左へ平衡が移動する。その結果，COの物質量は減少する。

②　T一定にしてPを上げると，一般的にはPを下げる方向(平衡系の気体総分子数が減少する方向)に平衡が移動する。しかし，式(1)の平衡は左右どちらに移動しても気体総分子数は変化しない。よって，平衡移動は起

こらない。その結果，CO の物質量は変化しない。

$$\overbrace{CO_2(気) + H_2(気) \rightleftarrows CO(気) + H_2O(気)}^{平衡系}$$

気体分子数　1　+　1　　1　+　1

③ P, T一定にして平衡系のある成分（この場合はH_2）を加えると，その成分（H_2）の物質量が減少する方向に平衡が移動する。すなわち式(1)の平衡は右へ移動する。その結果，CO の物質量は増加する。

④ P, T一定にして平衡系と無関係の気体（この場合はAr）を加える操作は，次図に示すように，平衡系の圧力 Pr を下げる条件変化を与えたことになる。（② で述べたように）この平衡は平衡系の圧力を変化させても移動が起こらない。その結果，CO の物質量は変化しない。

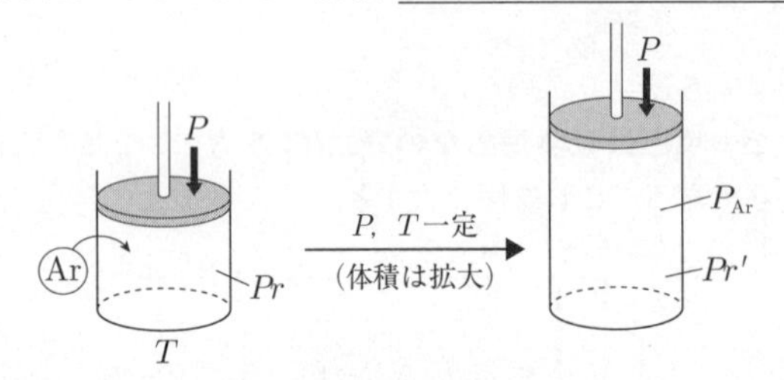

容器内圧力

$$P = \overbrace{P_{CO_2} + P_{H_2} + P_{CO} + P_{H_2O}}^{平衡系の圧力\ Pr}$$

$$\Longrightarrow P = \overbrace{P_{CO_2}' + P_{H_2}' + P_{CO}' + P_{H_2O}'}^{平衡系の圧力\ Pr'} + \overbrace{P_{Ar}}^{Ar分圧}$$

（注）容器内圧力 P と平衡系の圧力 Pr を区別すること（② では，Pr がつねに P に等しい）。

問３ 　9 　正解　④

放電時における各電池について，反応物の総量が1g消費されるときに流れる電子 e^- の物質量(mol)の大小を比較すればよい。式(2)～(4)を用いて，酸化剤・還元剤の反応前後の酸化数変化と e^- の授受の関係を調べると，以下のようになる（反応式の係数関係にも注意）。

アルカリマンガン乾電池

$$2\underset{+4}{\underline{Mn}}O_2 + \underset{0}{\underline{Zn}} + 2H_2O \longrightarrow 2\underset{+3}{\underline{Mn}}O(OH) + \underset{+2}{\underline{Zn}}(OH)_2 \quad \cdots(2)$$

（酸化数）　$2e^-$ が Zn から Mn へ

空気亜鉛電池

$$\underset{0}{\underline{O}_2} + 2\underset{0}{\underline{Zn}} \longrightarrow 2Zn\underset{-2}{\underline{O}} \quad \cdots(3)$$

（$4e^-$ が Zn から O へ）

リチウム電池

$$\underset{0}{\underline{Li}} + \underset{+4}{\underline{Mn}}O_2 \longrightarrow \underset{+1}{\underline{Li}}\underset{+3}{\underline{Mn}}O_2 \quad \cdots(4)$$

（e^- が Li から Mn へ）

よって，アルカリマンガン乾電池では，MnO_2（式量87）2 mol と Zn（式量65）1 mol と H_2O（式量18）2 mol が消費されると e^- 2 mol が流れるので，反応物の総量が1g消費されるときに流れる e^- の物質量は，

$$\frac{1\,g}{(87\times2+65\times1+18\times2)\,g}\times2\,mol$$

$$=\frac{2}{275}\,mol=\frac{1}{137.5}\,mol$$

同様に，空気亜鉛電池では，O_2（式量32）1 mol と Zn（式量65）2 mol が消費されると e^- 4 mol が流れるので，

$$\frac{1\,g}{(32\times1+65\times2)\,g}\times4\,mol=\frac{4}{162}\,mol$$

$$=\frac{1}{40.5}\,mol$$

リチウム電池では，Li（式量6.9）1 mol と MnO_2（式量87）1 mol が消費されると e^- 1 mol が流れるので，

$$\frac{1\,g}{(6.9\times1+87\times1)\,g}\times1\,mol=\frac{1}{93.9}\,mol$$

以上より，反応物の総量が1kg消費されるときに流れる電気量 Q の大小関係は，

空気亜鉛電池 ＞ リチウム電池 ＞ アルカリマンガン乾電池

となる。

問４　a　10　正解　④　　b　11　正解　②
　　　c　12　正解　④

a　1価弱酸 HA の水溶液中における電離平衡は，以下のように表される。

	HA	⇄	H^+	+	A^-
電離前	c		0		0
変化	$-c\alpha$		$+c\alpha$		$+c\alpha$
電離後	$c(1-\alpha)$		$c\alpha$		$c\alpha$

水の電離で生じる H^+ を無視すると，電離定数 K_a は次式で表される。

$$K_a=\frac{[H^+][A^-]}{[HA]}=\frac{c\alpha\times c\alpha}{c(1-\alpha)}=\frac{c\alpha^2}{1-\alpha}$$

（温度一定なので，K_a は一定）

α が1より十分小さいとき，$1-\alpha \fallingdotseq 1$ と近似できるので，

$$K_a \fallingdotseq c\alpha^2 \qquad \therefore\ \alpha=\sqrt{\frac{K_a}{c}}$$

（c が大きくなると，α は小さくなる）

上式より，グラフ①，②，③は明らかに不適である。$c=c_0$ のとき $\alpha=\alpha_0$ とするので，たとえば $c=4c_0$ のときの α は，

$$\alpha = \sqrt{\frac{K_a}{4c_0}} = \frac{1}{2}\sqrt{\frac{K_a}{c_0}} = \frac{1}{2}\alpha_0$$

よって，④が当てはまる。

b　0.10 mol/L の HA 水溶液 10.0 mL に，0.10 mol/L の NaOH 水溶液 2.5 mL を滴下すると，中和反応により HA と A^- の物質量は以下のように変化する。

はじめのHA　$0.10\ \text{mol/L} \times \frac{10.0}{1000}\text{L} = 1.0 \times 10^{-3}\ \text{mol}$

加えた OH^- (NaOH)　$0.10\ \text{mol/L} \times \frac{2.5}{1000}\text{L} = 0.25 \times 10^{-3}\ \text{mol}$

	HA	+ OH^-	⟶ A^-	+ H_2O
反応前	1.0×10^{-3}	0.25×10^{-3}	0	(mol)
変化	-0.25×10^{-3}	-0.25×10^{-3}	$+0.25\times10^{-3}$	
反応後	0.75×10^{-3}	0	0.25×10^{-3}	(mol)

反応後の体積は 10.0 mL + 2.5 mL = 12.5 mL = 12.5×10^{-3} L になっているので，HA，A^- のモル濃度は，

$$[\text{HA}] = \frac{0.75 \times 10^{-3}\ \text{mol}}{12.5 \times 10^{-3}\ \text{L}} = 6.0 \times 10^{-2}\ \text{mol/L}$$

$$[\text{A}^-] = \frac{0.25 \times 10^{-3}\ \text{mol}}{12.5 \times 10^{-3}\ \text{L}} = 2.0 \times 10^{-2}\ \text{mol/L}$$

反応後の$[H^+]$は 8.1×10^{-5} mol/L になっているので，これらを K_a の式に代入すると，

$$K_a = \frac{[\text{H}^+][\text{A}^-]}{[\text{HA}]} = \frac{8.1 \times 10^{-5}\ \text{mol/L} \times 2.0 \times 10^{-2}\ \text{mol/L}}{6.0 \times 10^{-2}\ \text{mol/L}} = 2.7 \times 10^{-5}\ \text{mol/L}$$

［参考］　反応前にあった HA がちょうど半分中和されたとき（NaOH 水溶液を 5.0 mL 滴下したとき），$[HA] = [A^-]$となるので$[H^+]$は K_a と等しくなる。

$$K_a = \frac{[\text{H}^+][\text{A}^-]}{[\text{HA}]} = [\text{H}^+] = 2.7\times10^{-5}\ \text{mol/L}$$

c　①（正）　一般に，水溶液中の陽イオンの総電荷（＋）と陰イオンの総電荷（－）は，電気的バランスがとられているため，つねに等しくなっている。ここでの水溶液中のイオン（A^-，H^+，OH^-）はすべて 1 価なので，陽イオンの総数と陰イオンの総数は等しい。よって次式が成り立つ。

$$[\text{H}^+] = [\text{A}^-] + [\text{OH}^-]$$

②（正）　一般に，温度が一定のとき，水溶液中の$[H^+]$と$[OH^-]$の積（水のイオン積）は一定である。

水のイオン積　$K_w = [\text{H}^+][\text{OH}^-]$

（25℃では $1.0 \times 10^{-14}\ (\text{mol/L})^2$）

③（正）　中和点（NaOH 水溶液の滴下量 10.0 mL）の前までは，以下のように H^+が反応するとともに HA の電離平衡の移動により H^+が A^-とともに放出されていく。

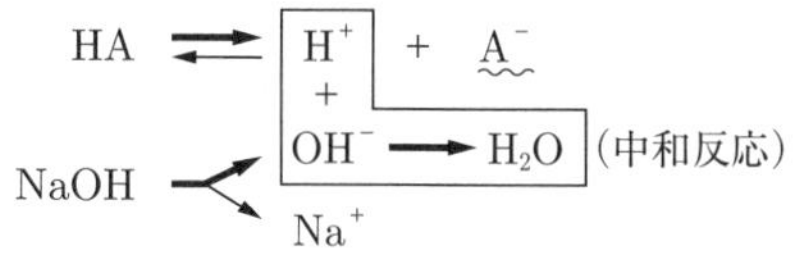

HA ⇄ H^+ + A^-
H^+ + OH^- ⟶ H_2O（中和反応）
NaOH ⟶ OH^- + Na^+

④（誤）　中和点を過ぎると，中和反応は終了しているので A^-の物質量は変化しなくなる。しかし，さらに NaOH 水溶液を滴下していくと水溶液全体の体積が増すため，A^-のモル濃度$[A^-]$は減少する。

［参考］　A^-の物質量は滴下量 10.0 mL（中和点）で最大となり，その値は HA のはじめの物質量と同じで 1.0×10^{-3} mol である。このとき水溶液全体の体積は 10.0 mL + 10.0 mL = 20.0 mL であるから，$[A^-]$の最大値は

$$[\text{A}^-] = \frac{1.0 \times 10^{-3}\ \text{mol}}{20.0 \times 10^{-3}\ \text{L}} = 5.0 \times 10^{-2}\ \text{mol/L}$$

（図 1 で確認できる）

第3問

問1　13 ・ 14　正解 ①・③（順不同）

①（誤）　ナトリウムはエタノールと反応して水素を発生させるので，エタノール中に保存することはできない。

$$2CH_3CH_2OH + 2Na \longrightarrow 2CH_3CH_2ONa + H_2\uparrow$$

ナトリウムやカリウムは，石油（灯油）中に保存する。

②（正）　強酸や強塩基が皮膚に付着したときは，ただちに多量の水で洗い流すのがよい。

③（誤）　濃硫酸から希硫酸をつくるときは，容器を水で冷やし，かき混ぜながら水に少しずつ濃硫酸を加える。濃硫酸に水を加えると，急激な発熱により水が沸騰して液体が飛散する危険性がある。

④（正）　濃硝酸は光や熱で次のように分解するので，保存するときは褐色びんに入れ冷暗所に置いておく。

$$4HNO_3 \longrightarrow 2H_2O + 4NO_2 + O_2$$

⑤（正）　硫化水素は極めて毒性が強い気体で，取り扱うときはドラフト内で行う。室内にもれた場合は，窓を開け，よく換気を行う必要がある。

問2　15　正解　④

題意により，アスタチン At の物理的・化学的性質を，同じ 17 族（ハロゲン）元素の F，Cl，Br，I の性質から推定する。

①（正）　F，Cl，Br，I の単体は，この順に融点・沸点が高くなるので，I の単体に続く At の単体の融点・沸点は，ハロゲン単体の中で最も高いと推定される。

②（正）　F，Cl，Br，I の単体は，この順に常温で水

に溶けにくくなる(水と反応しにくくなる)ので，Ｉの単体と同様にAtの単体は水に溶けにくいと推定される。

③(正)　F，Cl，Br，Ｉの銀塩は，この順に難溶性が高くなるので，Ｉの銀塩と同様にAtの銀塩AgAtは難溶性と推定される。

④(誤)　F，Cl，Br，Ｉの単体は，この順に酸化力が弱くなるので，Brの単体に続くAtの単体の酸化力は，ハロゲン単体の中で最も弱いと推定される。よって，Br_2 に At^- を加えると酸化力が $Br_2 > At_2$ なので次の酸化還元反応が起こると考えられる。

$$Br_2 + 2At^- \longrightarrow 2Br^- + At_2$$

問３　16　正解　③　　17　正解　④

ア　ステンレス鋼は，鉄Feにクロム<u>Cr</u>やニッケルNiを添加した合金で，クロムが酸化被膜を形成するためさびにくい。

イ　トタンは，鉄Feに亜鉛<u>Zn</u>をめっきしたもので，イオン化傾向が Zn ＞ Fe であるため，鉄がさびにくい。

問４　**a**　18　正解　③　　**b**　19　正解　⑤
　　c　20　正解　②

a　式(1)の反応におけるNi原子とS原子について，それらの酸化数変化を調べると，以下のようになる。

還元剤　酸化剤

$$NiS + 2CuCl_2 \longrightarrow NiCl_2 + 2CuCl + S \quad (1)$$

S：−2 → 0（増加）　Cu：+2 → +1（減少）

Ni原子は，酸化数が+2 (Ni^{2+}) のままで変化せず，酸化も還元もされない。S原子は，酸化数が−2から0に増加し，酸化される。よって③が当てはまる。

なお，Cu原子は，酸化数が+2から+1に減少し，還元される。Cl原子は，酸化数が−1 (Cl^-) のままで変化せず，酸化も還元もされない。

［参考］

還元剤　$NiS \longrightarrow Ni^{2+} + S\downarrow + 2e^-$

酸化剤　$2Cu^{2+} + 2e^- \longrightarrow 2Cu^+$

b　式(1)と式(2)の反応によって，すべてのNiSが $NiCl_2$ として水溶液中に溶解し，生成したCuClはすべて $CuCl_2$ に戻されるので，全体としての反応式は式(1)と式(2)からCuClと $CuCl_2$ を消去すれば得られる。

$$NiS + \cancel{2CuCl_2} \longrightarrow NiCl_2 + \cancel{2CuCl} + S \quad (1)$$
$$+)\ \cancel{2CuCl} + Cl_2 \longrightarrow \cancel{2CuCl_2} \quad (2)$$
$$NiS + Cl_2 \longrightarrow NiCl_2 + S \quad (1)+(2)$$

1 ： 1

したがって，全体としてはNiS 1 molあたり Cl_2 1 molが消費されることがわかる。

加えたNiS(式量91)は36.4 kgなので，その物質量は，

$$\frac{36.4 \times 10^3\ \text{g}}{91\ \text{g/mol}} = 400\ \text{mol}$$

よって，消費された Cl_2 も<u>400</u> molである。

［参考］　固体のNiSから $NiCl_2aq$ を得るための式(1)，(2)の酸化還元反応を，模式的に表すと次図のようになる。

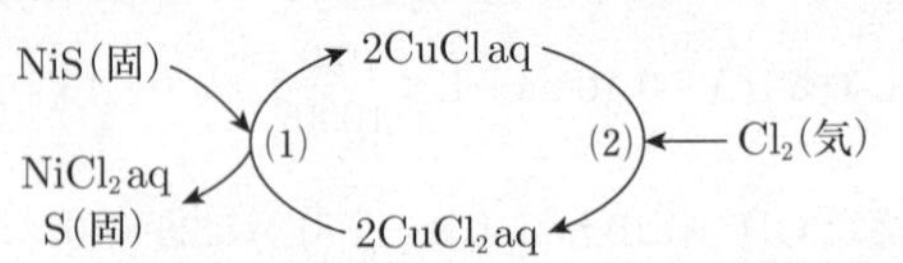

c　陽極で発生した Cl_2 の物質量を n_{Cl_2} (mol)とおくと，気体の状態方程式 $PV_{Cl_2} = n_{Cl_2}RT$ より，

$$n_{Cl_2} = \frac{PV_{Cl_2}}{RT}\ \text{(mol)}$$

この間に陽極に流れた電子 e^- の物質量を n_e (mol)とすると，式(5)より，

$$n_e = 2n_{Cl_2} = \frac{2PV_{Cl_2}}{RT}\ \text{(mol)}$$

一方，この間に陰極に流れた e^- の物質量のうち，式(3)の反応で流れた分を n_{e1} (mol)，式(4)の反応で流れた分を n_{e2} (mol)とおくと，$n_e = n_{e1} + n_{e2}$ が成り立つ。

式(4)と $PV_{H_2} = n_{H_2}RT$ より，

$$n_{e2} = 2n_{H_2} = \frac{2PV_{H_2}}{RT}\ \text{(mol)}$$

よって，

$$n_{e1} = n_e - n_{e2} = \frac{2PV_{Cl_2}}{RT} - \frac{2PV_{H_2}}{RT} = \frac{2P(V_{Cl_2} - V_{H_2})}{RT}\ \text{(mol)}$$

式(3)より析出したNiの物質量は $\frac{1}{2}n_{e1}$ (mol)であるから，その質量 w (g)は，

$$w = \frac{1}{2}n_{e1}\ \text{(mol)} \times M\ \text{(g/mol)} = \frac{1}{2} \times \frac{2P(V_{Cl_2} - V_{H_2})}{RT} \times M\ \text{(g)} = \underline{\frac{MP(V_{Cl_2} - V_{H_2})}{RT}}\ \text{(g)}$$

第４問

問１　21　正解　③

エチレン(エテン) $CH_2=CH_2$ を，パラジウム－銅触媒($PdCl_2$，$CuCl_2$)を用いて空気酸化すると，アセトアルデヒド CH_3CHO (**A**)が得られる。この反応はアセトアルデヒドの工業的製法(ワッカー法)として利用されて

いる。

$$2CH_2=CH_2 + O_2 \xrightarrow[H_2O]{(PdCl_2,\ CuCl_2)} 2CH_3-C(=O)-H$$

［参考］ プロピレン(プロペン) $CH_3CH=CH_2$ を，同様の反応で酸化すると，アセトン CH_3COCH_3 が得られる。

$$2CH_3CH=CH_2 + O_2 \xrightarrow[H_2O,\ 加熱]{(PdCl_2,\ CuCl_2)} 2CH_3-C(=O)-CH_3$$

問2 22 正解 ①

①(誤) デンプンは，溶性成分と不溶性成分からなる。溶性成分であるアミロースは，直鎖状構造をもつ分子からなり，水に溶けやすい。一方，不溶性成分であるアミロペクチンは，枝分かれの多い構造をもつ分子からなり，水に溶けにくい。

②(正) アクリル繊維は，アクリロニトリル $CH_2=CH-CN$ が付加重合した高分子を主成分とする合成繊維で，塩化ビニル，酢酸ビニルなどを共重合させたものもある。

$$n\,CH_2=CH(CN) \xrightarrow{付加重合} \left[CH_2-CH(CN)\right]_n$$

アクリロニトリル　　　　ポリアクリロニトリル

［参考］ アクリロニトリルと塩化ビニルを共重合させた繊維は難燃性が高く，カーペットやカーテンなどに用いられる。

③(正) 生ゴムに，その質量の数%(5～8%)の硫黄を加えて加熱(140℃)すると，鎖状のゴム分子のところどころに硫黄(S)原子が橋を架けるように結合し，架橋構造が生じる(このような操作を「加硫」という)。これにより，ゴムの弾性，強度などが増す。

④(正) レーヨンは再生繊維の一つで，天然高分子化合物であるセルロースを適切な溶媒に溶解させた後，紡糸することにより繊維として再生させたものである。

問3 23 正解 ⑦

検出反応**ア**～**ウ**について，観察される特有の変化とその要因を，以下に示す。

ア ニンヒドリン反応
赤紫～青(紫)色に呈色する
⇒ アミノ基 $-NH_2$ の存在

イ キサントプロテイン反応
濃 HNO_3 で黄色，さらに NH_3 水で橙黄色に呈色する
⇒ ベンゼン環の存在(ニトロ化)

ウ ビウレット反応
赤紫色に呈色する
⇒ ペプチド結合2つ以上の存在
(トリペプチド以上)

図1のトリペプチドは，チロシン，アラニン，システインの3種の α-アミノ酸が，この順に1分子ずつペプチド結合したものである。

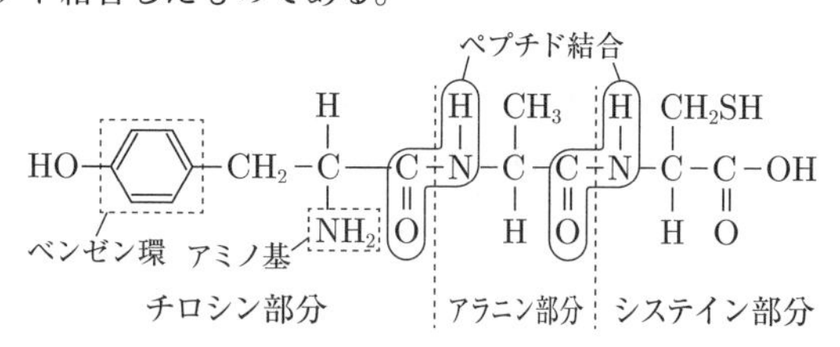

このトリペプチドは，アミノ基をもつので**ア**の反応が起こる。また，ベンゼン環をもつので，**イ**の反応が起こる。トリペプチドはペプチド結合を2個もつので**ウ**の反応が起こる。

(注)硫黄の検出反応
硫黄原子を含むペプチドの水溶液に NaOH を加えて加熱し，$(CH_3COO)_2Pb$ 水溶液を加えると，PbS の黒色沈殿が生じる。本問のトリペプチドはシステイン部分にS原子を含むので，この反応が起こる。

問4 a 24 正解 ②　b 25 正解 ②
c 26 正解 ⑤

a ①(正) サリシンを希硫酸と加熱すると，グリコシド結合が次のように加水分解される。

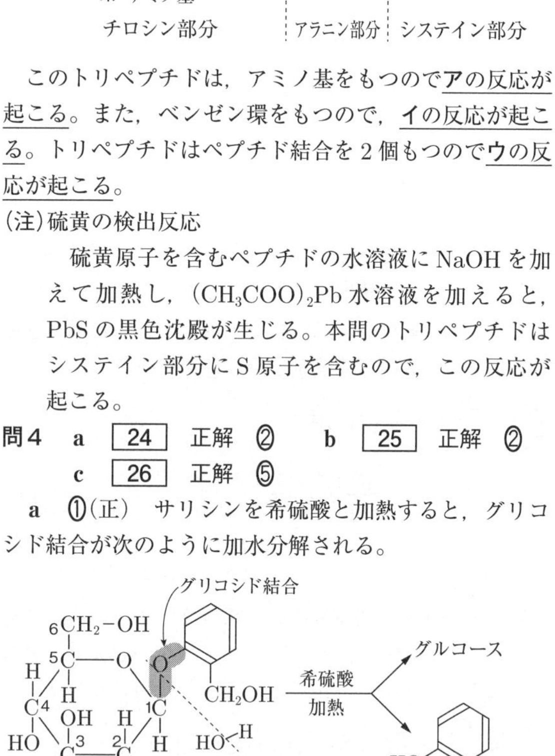

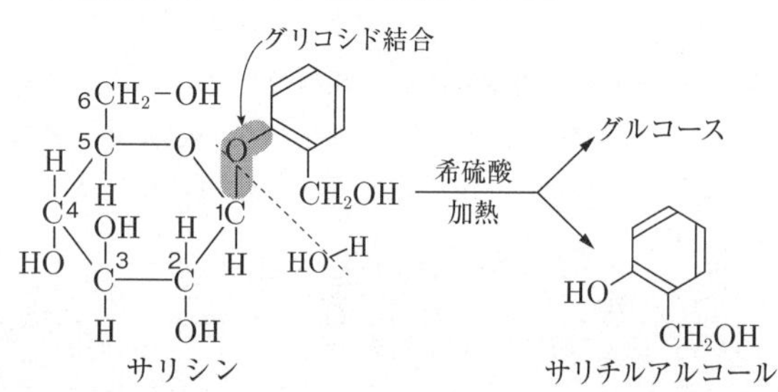

②(誤) サリシンは，グルコース部分の1位の炭素原子に $-OH$ 基が結合していないので，水溶液中で鎖状構造をとることができない。このため還元性がなく，銀鏡反応を示さない。

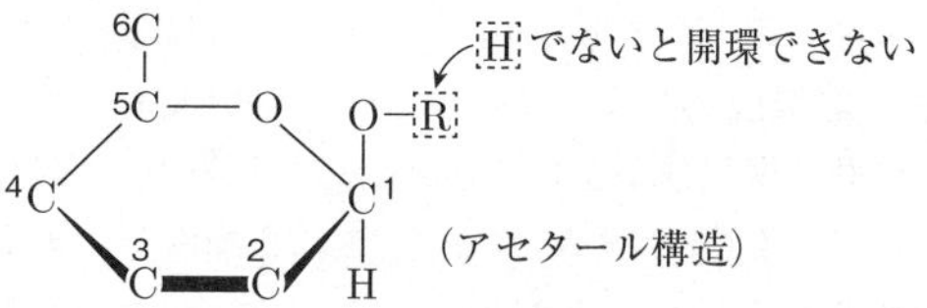

H でないと開環できない
(アセタール構造)

(注)上図の R が H のとき，水溶液中で次のように開環して鎖状構造が生じるので還元性を示す。

（ヘミアセタール構造）　鎖状構造　（ヘミアセタール構造）

ホルミル基（還元性）

③（正）　ナトリウムフェノキシドと二酸化炭素を高温・高圧で反応させると，次の反応が起こりサリチル酸ナトリウムが生成する。これに希硫酸を加えて酸性にすると，サリチル酸が得られる。

$C_6H_5ONa + CO_2 \longrightarrow C_6H_4(OH)COONa$（サリチル酸ナトリウム）

$\xrightarrow{希 H_2SO_4} C_6H_4(OH)COOH$（サリチル酸）

④（正）　サリチル酸とメタノールから得られるエステル（サリチル酸メチル）は，特有の香りをもつ無色の液体で，筋肉などの消炎鎮痛剤や香料に用いられる。

$C_6H_4(OH)COOH + CH_3OH \xrightarrow[濃 H_2SO_4]{エステル化} C_6H_4(OH)COOCH_3 + H_2O$

サリチル酸メチル

（注）サリチル酸に無水酢酸を作用させて得られるエステル（アセチルサリチル酸）は無色無臭の固体で，アスピリンともいい，解熱鎮痛剤などに用いられる。

$C_6H_4(OH)COOH + CH_3-CO-O-CO-CH_3 \xrightarrow{アセチル化} C_6H_4(O-CO-CH_3)COOH + CH_3COOH$

アセチルサリチル酸

b　図3のペニシリンGの構造内にあるβ-ラクタム環を，選択肢のアミノ酸 $H_2N\!-\!(CH_2)_n\!-\!COOH$ ①～⑤に合わせて環状分子としてとり出して見ると，次のような環状アミド（ラクタム）になる。これを加水分解すると，②が得られる。

ペニシリンG中のβ-ラクタム環　⇒　β-ラクタム

$\xrightleftharpoons[分子内脱水\ -H_2O]{加水分解\ +H_2O}$ $H_2N-CH_2(\beta)-CH_2(\alpha)-COOH$

②　β-アミノ酸

c　図5の合成経路で起こる反応と得られる化合物は，以下の通りである。

トルエン $\xrightarrow[ニトロ化]{濃 HNO_3,\ 濃 H_2SO_4}$ A $O_2N-C_6H_4-CH_3$　p-ニトロトルエン

（他に o-ニトロトルエン）

$\xrightarrow[酸化]{KMnO_4}$ B $O_2N-C_6H_4-COOH$　p-ニトロ安息香酸（⑤）$\xrightarrow[還元]{Sn,\ HCl}$ C $H_2N-C_6H_4-COOH$　p-アミノ安息香酸

$\xrightarrow[エステル化]{CH_3CH_2OH,\ 濃 H_2SO_4}$ $H_2N-C_6H_4-CO-O-CH_2-CH_3$　p-アミノ安息香酸エチル

第5問

問1　27　正解　④

図1より，一定体積の尿中のテストステロンの質量とそれに由来するイオンA^+の信号強度は比例関係にあることがわかる。尿3.0 mL中のテストステロンの質量が5.0×10^{-8} gのときのA^+の信号強度を100とするとき，ある選手の尿3.0 mLから得られたA^+の信号強度は10であったので，この選手の尿3.0 mL中のテストステロンの質量は，

$$5.0\times10^{-8}\,\mathrm{g}\times\frac{10}{100}$$

よって，この選手の尿90 mL中に含まれるテストステロンの質量は，

$$5.0\times10^{-8}\,\mathrm{g}\times\frac{10}{100}\times\frac{90}{3.0}=\underline{1.5\times10^{-7}}\,\mathrm{g}$$

問2　28　正解　③

求める金属試料**X**中に含まれていたAgの物質量（^{107}Agと^{109}Agの総物質量）をx（mol）とおく。

実験Ⅰ：質量分析法により得られた結果より，^{107}Agと^{109}Agの各物質量について次式が成り立つ。

$^{107}Ag : x\,(mol) \times \dfrac{50.0}{100} = \dfrac{1}{2}x\,(mol)$

$^{109}Ag : x\,(mol) \times \dfrac{50.0}{100} = \dfrac{1}{2}x\,(mol)$

実験Ⅱ：**実験Ⅰ**で調製した溶液 200 mL から 100 mL を取り分けたものに含まれていた ^{107}Ag と ^{109}Ag の各物質量は，

$^{107}Ag : \dfrac{1}{2}x\,(mol) \times \dfrac{100\,mL}{200\,mL} = \dfrac{1}{4}x\,(mol)$

$^{109}Ag : \dfrac{1}{2}x\,(mol) \times \dfrac{100\,mL}{200\,mL} = \dfrac{1}{4}x\,(mol)$

これに ^{107}Ag だけを含む Ag 粉末を 5.00×10^{-3} mol 添加して溶解させた溶液に含まれる ^{107}Ag と ^{109}Ag の各物質量は，

$^{107}Ag : \dfrac{1}{4}x + 5.00 \times 10^{-3}\,(mol)$

$^{109}Ag : \dfrac{1}{4}x\,(mol)$

質量分析法により得られた結果より，

$\dfrac{1}{4}x + 5.00 \times 10^{-3}\,(mol) : \dfrac{1}{4}x\,(mol)$

$= 75.0 : 25.0 = 3 : 1$

$\therefore\ x = \underline{1.00 \times 10^{-2}}\ mol$

問3　**a**　29　正解　④　　**b**　30　正解　②
　　　c　31　正解　①

a　$CH_3{}^{35}Cl$ の相対質量は $12 + 1 \times 3 + 35 = 50$，$CH_3{}^{37}Cl$ の相対質量は $12 + 1 \times 3 + 37 = 52$ である。図3や表1で示されたメタンの質量スペクトルの相対強度から推測すると，同じ同位体からなる分子であれば，その「分子イオン」は「断片イオン」より生じやすい。したがって，相対質量 50 の「分子イオン」 $CH_3{}^{35}Cl^+$ の相対強度が 100 であると考えてよい。一方，相対質量 52 の「分子イオン」 $CH_3{}^{37}Cl^+$ も生じやすいが，^{35}Cl と ^{37}Cl の存在比が 3 : 1 なので，その相対強度は $CH_3{}^{35}Cl^+$ の $\dfrac{1}{3}$ ぐらい，すなわち $\dfrac{100}{3} \fallingdotseq 33$ ぐらいになると考えてよい。以上を満たす質量スペクトルは ④ である。

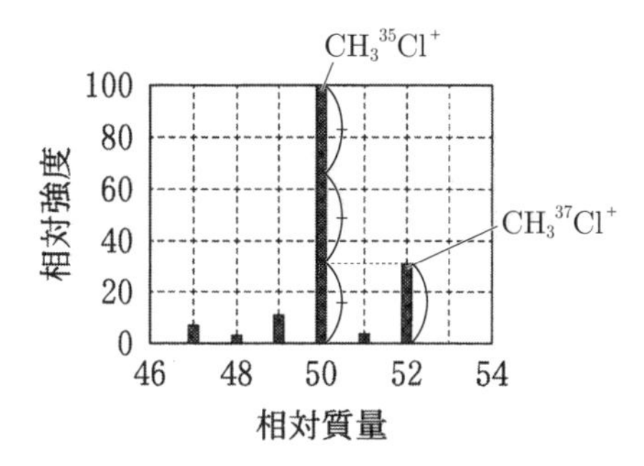

b　分子イオン $^{12}C^{16}O^+$ の相対質量は，

$12 + 15.995 = 27.995$

分子イオン $^{12}C_2{}^1H_4{}^+$ の相対質量は，

$12 \times 2 + 1.008 \times 4 = 28.032$

分子イオン $^{14}N_2$ の相対質量は，

$14.003 \times 2 = 28.006$

これらを，図4の質量スペクトルに照らし合わせると，**ア**が $^{12}C^{16}O^+$，**イ**が $^{14}N_2{}^+$，**ウ**が $^{12}C_2{}^1H_4{}^+$ であることがわかる。

c　図5より，メチルビニルケトン $CH_3COCH=CH_2$（分子量 70）から生じうる「断片イオン」としては，以下のようなものが考えられる。

	$CH_3{}^+$	$CH_2=CH^+$	(CO^+)	CH_3CO^+	$CH_2=CHCO^+$
式量	15	27	(28)	43	55

また，メチルビニルケトンの「分子イオン」は $CH_3COCH=CH_2{}^+$（式量 70）である。質量スペクトルは，これらのすべてか一部のものから生じたと判断してよい。よって ① が適する。なお，CO^+(28) の質量スペクトルは見られないので，生じにくい「断片イオン」と考えられる。

2023 年度

大学入学共通テスト 本試験

解答・解説

■ 2023 年度　本試験「化学」得点別偏差値表

下記の表は大学入試センター公表の平均点と標準偏差をもとに作成したものです。

平均点　54.01　　標準偏差　20.71　　受験者数　182,224

得　点	偏差値	得　点	偏差値	得　点	偏差値	得　点	偏差値
100	72.2	70	57.7	40	43.2	10	28.7
99	71.7	69	57.2	39	42.8	9	28.3
98	71.2	68	56.8	38	42.3	8	27.8
97	70.8	67	56.3	37	41.8	7	27.3
96	70.3	66	55.8	36	41.3	6	26.8
95	69.8	65	55.3	35	40.8	5	26.3
94	69.3	64	54.8	34	40.3	4	25.9
93	68.8	63	54.3	33	39.9	3	25.4
92	68.3	62	53.9	32	39.4	2	24.9
91	67.9	61	53.4	31	38.9	1	24.4
90	67.4	60	52.9	30	38.4	0	23.9
89	66.9	59	52.4	29	37.9		
88	66.4	58	51.9	28	37.4		
87	65.9	57	51.4	27	37.0		
86	65.4	56	51.0	26	36.5		
85	65.0	55	50.5	25	36.0		
84	64.5	54	50.0	24	35.5		
83	64.0	53	49.5	23	35.0		
82	63.5	52	49.0	22	34.5		
81	63.0	51	48.5	21	34.1		
80	62.5	50	48.1	20	33.6		
79	62.1	49	47.6	19	33.1		
78	61.6	48	47.1	18	32.6		
77	61.1	47	46.6	17	32.1		
76	60.6	46	46.1	16	31.6		
75	60.1	45	45.6	15	31.2		
74	59.7	44	45.2	14	30.7		
73	59.2	43	44.7	13	30.2		
72	58.7	42	44.2	12	29.7		
71	58.2	41	43.7	11	29.2		

※理科②では得点調整が行われましたので，次ページの表を用いて得点を換算したうえでご参照ください。

2023年度　本試験　理科②換算表

例えば「化学」の結果が50点であれば,「素点」の50の行の「化学」の列のマスにある57が調整後の「化学」の得点となります。

また,「生物」の結果が60点であれば,「素点」の60の行の「生物」の列のマスにある72が調整後の「生物」の得点になります。

素点	物理	化学	生物
0	0	0	0
1	1	1	1
2	2	2	2
3	3	3	3
4	4	4	4
5	5	5	5
6	6	6	6
7	7	7	7
8	8	8	8
9	9	9	9
10	10	10	10
11	11	11	12
12	12	12	13
13	13	14	14
14	14	15	15
15	15	16	16
16	16	17	17
17	17	18	19
18	18	19	20
19	19	21	21
20	20	22	23
21	21	23	24
22	22	24	25
23	23	26	27
24	24	27	28
25	25	28	30
26	26	29	31
27	27	31	32
28	28	32	34
29	29	33	35
30	30	34	37
31	31	36	38
32	32	37	40
33	33	38	41
34	34	39	43
35	35	40	44
36	36	42	46
37	37	43	47
38	38	44	48
39	39	45	50
40	40	46	51
41	41	47	52
42	42	49	53
43	43	50	55
44	44	51	56
45	45	52	57
46	46	53	58
47	47	54	59
48	48	55	60
49	49	56	61
50	50	57	62
51	51	58	63
52	52	59	64
53	53	60	65
54	54	61	66
55	55	62	67
56	56	63	68
57	57	64	69
58	58	65	70
59	59	66	71
60	60	67	72
61	61	68	73
62	62	69	73
63	63	70	74
64	64	71	75
65	65	72	76
66	66	73	77
67	67	74	78
68	68	75	78
69	69	75	79
70	70	76	80
71	71	77	81
72	72	78	82
73	73	79	82
74	74	80	83
75	75	81	84
76	76	82	84
77	77	83	85
78	78	84	86
79	79	84	87
80	80	85	87
81	81	86	88
82	82	87	88
83	83	88	89
84	84	88	90
85	85	89	90
86	86	90	91
87	87	91	92
88	88	92	92
89	89	93	93
90	90	93	94
91	91	94	94
92	92	95	95
93	93	95	96
94	94	96	96
95	95	97	97
96	96	97	97
97	97	98	98
98	98	99	99
99	99	99	99
100	100	100	100

化　学　　2023年度　本試験　（100点満点）

（解答・配点）

問題番号（配点）	設問（配点）		解答番号	正解	自己採点欄
第1問（20）	1	（3）	1	③	
	2	（3）	2	⑥	
	3	（4）	3	②	
	4	a（2）	4	②	
		a（2）	5	①	
		b（3）	6	②	
		c（3）*	7	②	
			8	①	
小計					
第2問（20）	1	（3）	9	⑥	
	2	（2）（2）	10 - 11	③ - ④	
	3	（4）	12	④	
	4	a（3）	13	④	
		b（3）	14	⑥	
		c（3）	15	⑤	
小計					
第3問（20）	1	（4）	16	④	
	2	（4）*	17 - 18	③ - ⑤	
	3	a（2）	19	⑤	
		a（2）	20	②	
		b（4）	21	③	
		c（4）	22	④	
小計					
第4問（20）	1	（3）	23	②	
	2	（4）	24	②	
	3	（4）	25	④	
	4	a（3）*	26	⓪	
			27	②	
			28	⓪	
		b（3）	29	③	
		c（3）	30	④	
小計					
第5問（20）	1	a（4）	31	②	
		b（4）	32	①	
	2	（4）	33	③	
	3	a（4）	34	③	
		b（4）	35	④	
小計					
合計					

（注）

1　＊は，全部正解の場合のみ点を与える。

2　－（ハイフン）でつながれた正解は，順序を問わない。

（現課程）

（第２問）

問１　二酸化炭素 CO_2 とアンモニア NH_3 を高温・高圧で反応させると，尿素 $(NH_2)_2CO$ が生成する。このときの反応は式(1)で表される。式(1)の反応エンタルピー x は何 kJ か。最も適当な数値を，後の ①～⑧ のうちから一つ選べ。ただし，CO_2(気)，NH_3(気)，$(NH_2)_2CO$(固)，水 H_2O(液)の生成エンタルピーは，それぞれ -394 kJ/mol，-46 kJ/mol，-333 kJ/mol，-286 kJ/mol とする。［ 9 ］kJ

$$CO_2(\text{気}) + 2NH_3(\text{気}) \longrightarrow (NH_2)_2CO(\text{固}) + H_2O(\text{液}) \qquad \Delta H = x\,(\text{kJ}) \quad (1)$$

① -179　② -153　③ -133　④ -107
⑤ 107　⑥ 133　⑦ 153　⑧ 179

解　説

第１問

問１　［ 1 ］　正解　③

①～④ の物質について，含まれる化学結合がわかるように表すと，以下のようになる。

① H_3C-CHO（H−C(H)(H)−C(=O)−H）　② $H-C\equiv C-H$　③ $Br-Br$　④ Ba^{2+} Cl^- Cl^-

① は単結合と二重結合，② は単結合と三重結合，③ は単結合のみ，④ はイオン結合のみからなる。よって，すべての化学結合が単結合からなる物質は ③ である。

問２　［ 2 ］　正解　⑥

海藻のテングサを乾燥して熱湯で溶出させると，流動性のあるコロイド溶液（ゾル）が得られる。この溶液を冷却すると，流動性を失ってかたまり（(a)<u>ゲル</u>）となる。ゲルから水分を除去して乾燥させたものを(b)<u>キセロゲル</u>といい，テングサからはキセロゲルとして乾燥した寒天（多糖類）が得られる。

問３　［ 3 ］　正解　②

圧縮前の水蒸気の物質量を n_0 とすると，気体の状態方程式（$PV=nRT$）より，

$$n_0\left(=\frac{PV}{RT}\right)=\frac{3.0\times10^3\times24.9}{RT} \quad \cdots\cdots(1)$$

圧縮後の飽和水蒸気の物質量を n_1 とすると，

$$n_1\left(=\frac{PV}{RT}\right)=\frac{3.6\times10^3\times8.3}{RT} \quad \cdots\cdots(2)$$

圧縮前後について H_2O の全物質量は一定なので，圧縮後に生じた液体の水の物質量を n_2 とすると，次式が成り立つ。

$$n_0=n_1+n_2 \quad \cdots\cdots(3)$$

式(1)，(2)を式(3)に代入すると，

$$\frac{3.0\times10^3\times24.9}{RT}=\frac{3.6\times10^3\times8.3}{RT}+n_2$$

よって，

$$n_2=\frac{(3.0\times24.9-3.6\times8.3)\times10^3}{8.3\times10^3\times300}\fallingdotseq \underline{0.018}\text{ mol}$$

問４　a　［ 4 ］　正解　②　［ 5 ］　正解　①
b　［ 6 ］　正解　②
c　［ 7 ］　正解　②　［ 8 ］　正解　①

a　ア　CaS の結晶構造（図２）は NaCl と同じ型であり，結晶中の Ca^{2+} と S^{2-} の配位数（1 個のイオンに隣接

する反対符号のイオンの数)は，以下の図に示すようにいずれも $\underset{\boxed{4}}{\underline{6}}$ である。

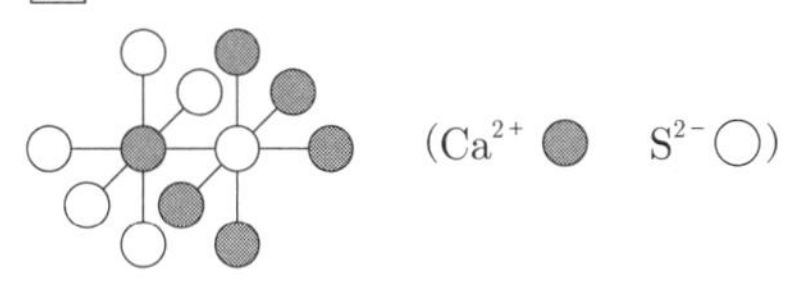

(注)　1個のイオンに配位する(接する) 6個のイオンは正八面体の頂点に位置している。

イ　CaS の結晶の単位格子(立方体)の一辺長は，図2より $2(R_S + r_{Ca})$ である。よって，その体積 V は，

$$V = \{2(R_S + r_{Ca})\}^3 = \underset{\boxed{5}}{\underline{8(R_S + r_{Ca})^3}}$$

b　CaS の結晶 40 g の体積(cm^3)は，メスシリンダーの液面の目盛より，

$$55 - 40 = 15$$

よって，CaS の結晶の密度 d (g/cm^3)は，

$$d = \frac{40\ g}{15\ cm^3} = \frac{8}{3}\ g/cm^3$$

一方，単位格子には Ca^{2+} と S^{2-} が4個ずつ含まれる(CaS 単位として4個含まれる)ので，単位格子に含まれる CaS (式量 72)の質量(g)は，

$$\frac{72\ g/mol}{6.0 \times 10^{23}/mol} \times 4 = 4.8 \times 10^{-22}\ g$$

よって，単位格子の密度は $\dfrac{4.8 \times 10^{-22}}{V}$ (g/cm^3)で表される。

結晶の密度は単位格子の密度と等しいので，

$$d = \frac{4.8 \times 10^{-22}}{V} (g/cm^3) = \frac{8}{3}\ g/cm^3$$

$$\therefore\quad V = \underline{1.8 \times 10^{-22}}\ cm^3$$

c　ウ，エ　題意より，大きい方のイオンの半径 R が小さい方のイオンの半径 r に比べてさらに大きくなると，次図のように大きい方のイオンどうしが接するようになる。

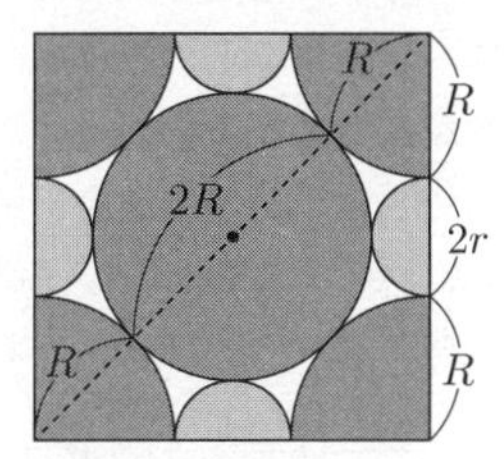

このとき，次式が成り立つ。

$$(R + 2R + R) : (R + 2r + R) = \sqrt{2} : 1$$

簡単にすると，$R + r = \sqrt{2}R$

$$\therefore\quad R = \frac{r}{\sqrt{2} - 1} = \frac{r(\sqrt{2} + 1)}{(\sqrt{2} - 1)(\sqrt{2} + 1)} = (\sqrt{2} + 1)r$$

よって，R が $(\sqrt{\underset{\boxed{7}}{\underline{2}}} + \underset{\boxed{8}}{\underline{1}})r$ 以上になると，結晶構造が不安定になる。

第2問

問1　[9]　正解　⑥

(旧課程)

生成熱は，化合物 1 mol がその成分元素の単体から生じるときに発生または吸収する熱量である。ある反応の反応熱を求めるには，

反応熱 = (生成物の生成熱の和)

　　　　　　　　　－(反応物の生成熱の和)

の関係を利用すればよい。

$$\overbrace{CO_2(気) + 2NH_3(気)}^{反応物}$$

$$= \overbrace{(NH_2)_2CO(固) + H_2O(液)}^{生成物} + \overset{反応熱}{Q\ kJ} \qquad (1)$$

式(1)の反応熱　　　　生成物の生成熱の和

$$Q = (333\ kJ/mol \times 1\ mol + 286\ kJ/mol \times 1\ mol)$$

反応物の生成熱の和

$$- (394\ kJ/mol \times 1\ mol + 46\ kJ/mol \times 2\ mol)$$

$$= \underline{133}\ kJ$$

[参考]

大　C(固) + O_2(気) + N_2(気) + $3H_2$(気)　…単体

エネルギー　$(394 \times 1 + 46 \times 2)$ kJ　　$(333 \times 1 + 286 \times 1)$ kJ

CO_2(気) + $2NH_3$(気)

$(NH_2)_2CO$(固) + H_2O(液)　Q kJ

小

(現課程)

生成エンタルピーは，化合物 1 mol がその成分元素の単体から生じるときのエンタルピー変化である。ある反応の反応エンタルピーを求めるには，

反応エンタルピー ΔH

= (生成物の生成エンタルピーの和)

　　　　　－(反応物の生成エンタルピーの和)

の関係を利用すればよい。

$$\overbrace{CO_2(気) + 2NH_3(気)}^{反応物}$$

$$\longrightarrow \overbrace{(NH_2)_2CO(固) + H_2O(液)}^{生成物}$$

$$\Delta H = x(kJ) \qquad (1)$$

式(1)の反応エンタルピー ΔH

生成物の生成エンタルピーの和

$$x = (-333\ kJ/mol \times 1\ mol - 286\ kJ/mol \times 1\ mol)$$

$\underbrace{}_{}$ 反応物の生成エンタルピーの和

$-(-394\ \text{kJ/mol}\times 1\ \text{mol}-46\ \text{kJ/mol}\times 2\ \text{mol})$

$=\underline{-133}\ \text{kJ}$

よって，正解は③

[参考]

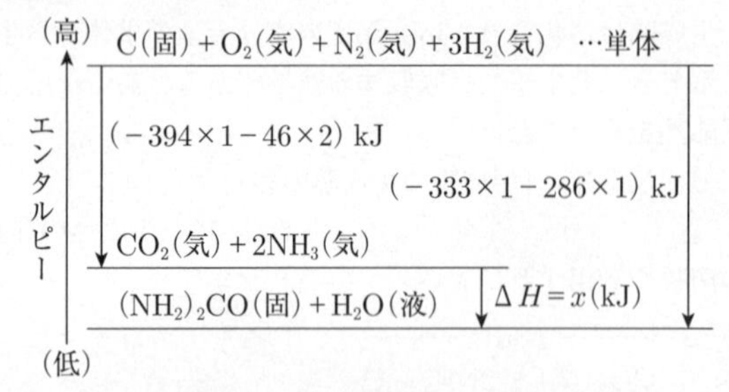

問2 [10]・[11] 正解 ③・④（順不同）

図1より，電解槽V，Wは直列に連結されているので，電解槽V（$AgNO_3$ 水溶液）の各電極では，次の反応が起こる。

電極	反応	
陰極A(白金)	$Ag^+ + e^- \longrightarrow Ag$(析出)	…(i)
陽極B(白金)	$2H_2O \longrightarrow O_2 + 4H^+ + 4e^-$	…(ii)

また，電解槽W（NaCl水溶液）の各電極では，次の反応が起こる(槽Vと槽Wは直列)。

電極	反応	
陰極C(炭素)	$2H_2O + 2e^- \longrightarrow H_2 + 2OH^-$	…(iii)
陽極D(炭素)	$2Cl^- \longrightarrow Cl_2 + 2e^-$	…(iv)

①(正) 電極Bでは，式(ii)の反応が起こって，H^+が水溶液中に生成したので，槽Vの水素イオン濃度が増加した。

②(正) 電極Aでは，式(i)の反応が起こって，銀Agが極Aに析出した。

③(誤) 電極Bでは，式(ii)の反応が起こって，酸素$\underline{O_2}$が発生した。

④(誤) 電極Cでは，式(iii)の反応に示すように，ナトリウムイオンNa^+は還元されず，H_2Oが還元されて水素$\underline{H_2}$が発生した(水溶液中にはOH^-が生成した)。

(注) イオン化傾向の大きい金属のイオン(K^+，Ca^{2+}，Na^+，Mg^{2+}，Al^{3+}など)は，水溶液の電気分解では還元されない。

⑤(正) 電極Dでは，式(iv)の反応が起こって，塩素Cl_2が発生した。

問3 [12] 正解 ④

容器Xの容積をV(L)とすると，一定温度Tにおける式(2)の平衡定数Kは，与えられたデータより以下のように求まる。

$$H_2(\text{気}) + I_2(\text{気}) \overset{K}{\rightleftarrows} 2HI(\text{気}) \qquad (2)$$

平衡 0.40 mol　0.40 mol　3.2 mol

$$K=\frac{[HI]^2}{[H_2][I_2]}=\frac{\left(\frac{3.2}{V}\right)^2}{\frac{0.40}{V}\times\frac{0.40}{V}}=\left(\frac{3.2}{0.40}\right)^2=64$$

容積$\frac{V}{2}$(L)の容器YにHI 1.0 molのみを入れ，同じ一定温度Tに保って平衡状態に達したとき，HIが$2x$(mol)減少していたとすると，平衡状態における各物質の物質量は次のように表される。

$$H_2(\text{気}) + I_2(\text{気}) \rightleftarrows 2HI(\text{気})$$

平衡 x(mol)　x(mol)　$(1.0-2x)$ mol

〔$x>0$，$1.0-2x>0$ より，$0<x<0.50$〕

平衡定数Kは温度で決まるので，次式が成り立つ。

$$K=\frac{\left(\frac{1.0-2x}{\frac{V}{2}}\right)^2}{\frac{x}{\frac{V}{2}}\times\frac{x}{\frac{V}{2}}}=\left(\frac{1.0-2x}{x}\right)^2=64$$

$0<x<0.50$ より $\frac{1.0-2x}{x}=8.0$　∴　$x=0.10$

よって，このときのHIの物質量は，

$1.0-2x=1.0-2\times 0.10=\underline{0.80}$ mol

問4 a [13] 正解 ④　b [14] 正解 ⑥

c [15] 正解 ⑤

a ①(正) 水溶液中の$FeCl_3$は，H_2O_2の分解反応の触媒としてはたらく。このため少量の$FeCl_3$水溶液を加えると，反応が促進され反応速度が大きくなる。

②(正) 肝臓，血液，植物などに含まれる酵素カタラーゼは，H_2O_2の分解反応に対して適切な条件下では触媒としてはたらく。このため反応速度が大きくなる。

③(正) 一般に反応系の温度を上げると，活性化エネルギーを超えるエネルギーをもつ反応系粒子の割合が増すため，反応速度が大きくなる。

④(誤) H_2O_2の分解反応に対してMnO_2は触媒としてはたらく。反応の前後で触媒自身は変化しない。

b 「H_2O_2の分解反応の平均反応速度」をH_2O_2の平均分解速度$\overline{v}_{H_2O_2}=\frac{-\Delta[H_2O_2]}{\Delta t}$〔mol/(L·min)〕とすると，

$$\overline{v}_{H_2O_2}=\frac{-\Delta[H_2O_2]}{\Delta t}=\frac{\frac{-\Delta n_{H_2O_2}}{V}}{\Delta t}=\left(\frac{-\Delta n_{H_2O_2}}{\Delta t}\right)\times\frac{1}{V}$$

ここで，$\frac{-\Delta n_{H_2O_2}}{\Delta t}$ はH_2O_2の物質量減少速度

(mol/min)，Vは水溶液の体積(L)を表す(題意により，Vは一定で 0.0100 L)。

式(3)より，$\dfrac{-\Delta n_{H_2O_2}}{\Delta t}$(mol/min)は O_2 の発生速度 $\dfrac{\Delta n_{O_2}}{\Delta t}$(mol/min)の 2 倍になるので，

$$\overline{v}_{H_2O_2}=\left(\frac{-\Delta n_{H_2O_2}}{\Delta t}\right)\times\frac{1}{V}=\frac{2\Delta n_{O_2}}{\Delta t}\times\frac{1}{V}$$

表 1 より，1.0 min から 2.0 min の間に発生した O_2 は $(0.747-0.417)\times10^{-3}$ mol であるから，この間における $\overline{v}_{H_2O_2}$ は上式より，

$$\overline{v}_{H_2O_2}=\frac{2\times(0.747-0.417)\times10^{-3}\,\text{mol}}{(2.0-1.0)\,\text{min}}\times\frac{1}{0.0100\,\text{L}}$$
$$=\underline{6.6\times10^{-2}}\,\text{mol/(L·min)}$$

c　図 2 の結果を得た実験と別の反応条件であっても，同じ濃度と体積の H_2O_2 水溶液を用いたので，H_2O_2 がすべて分解するまでに発生する O_2 の物質量は同じはずである。この値を $n_{O_2(max)}$ とすると，式(3)より，

$$n_{O_2(max)}=(0.400\,\text{mol/L}\times0.0100\,\text{L})\times\frac{1}{2}$$
$$=2.00\times10^{-3}\,\text{mol}$$

選択肢 ①，②，③，⑥ は，発生した O_2 の物質量が $n_{O_2(max)}$ を超えているので，明らかに不適である。よって，④か ⑤ に限定できる。

H_2O_2 の分解速度 $v_{H_2O_2}$ は，問題文にあるように，H_2O_2 の濃度に比例(1 次反応)するので，反応速度定数を k とすると，反応速度式は次式で表される。

$$v_{H_2O_2}=k[H_2O_2]$$

別の反応条件下では，反応速度定数が 2.0 倍になるので，$[H_2O_2]$が等しければ $v_{H_2O_2}$ は図 2 の実験のときの 2.0 倍になる。反応開始時($t=0$)は，図 2 のときと$[H_2O_2]$が等しいので，この付近の曲線の接線の傾き($v_{H_2O_2}$ に相当)が図 2 のときの 2 倍くらいになる ⑤ が適する。

第 3 問

問 1　16　正解　④

①(正)　ハロゲン化水素の水溶液のうち，フッ化水素 HF の水溶液(フッ化水素酸)だけが弱酸性を示す。その他(HCl，HBr，HI)の水溶液は，いずれも強酸性を示す。

②(正)　ハロゲン化水素の水溶液に銀イオン Ag^+ が加わると，HCl，HBr，HI の水溶液ではそれぞれ AgCl，AgBr，AgI の沈殿が生じるが，HF の水溶液では AgF が水溶性のため沈殿が生じない。

③(正)　HF は，HCl，HBr，HI と比べて分子量が最も小さいにもかかわらず，沸点が最も高い。これは HF 分子が互いに水素結合により強く引き合うためである。

$$HCl < HBr < HI \ll HF$$

沸点　低 ――――→ 高

④(誤)　ハロゲン単体の酸化力(e^-を奪う力)は $F_2 > Cl_2 > Br_2 > I_2$ の順になっているので，I_2 が HF を酸化して F_2 を生じる反応は起こらない。逆に F_2 が HI を酸化して I_2 を生じる反応が起こる。

$$F_2 + 2HI \longrightarrow 2HF + I_2$$

(新課程)

問 2　17・18　正解 ③・⑤ (順不同)

水溶液 **A** には Ag^+，Al^{3+}，Cu^{2+}，Fe^{3+}，Zn^{2+} のうち二つの金属イオンが含まれるが，これらのすべてが含まれる水溶液を想定して，これに対して図 1 の**操作Ⅰ～Ⅳ**を行ってみると以下のような結果になる。

Ag^+, Al^{3+}, Cu^{2+}, Fe^{3+}, Zn^{2+} を含む水溶液
- **操作Ⅰ**　HClaq を加える
  - AgCl…沈殿
  - ろ液(HCl 酸性)
    - **操作Ⅱ**　H_2S を十分に吹き込む(Fe^{3+} は還元されて Fe^{2+} になる)
      - CuS…沈殿
      - ろ液
        - **操作Ⅲ**　煮沸(H_2S を追い出す)　HNO_3aq を加えて熱する(Fe^{2+} は酸化されて Fe^{3+} になる)　冷却後，過剰量の NH_3aq を加えて弱塩基性とする
          - $Fe(OH)_3$，$Al(OH)_3$ …沈殿
          - ろ液(NH_3 塩基性)…$[Zn(NH_3)_4]^{2+}$
            - **操作Ⅳ**　H_2S を十分に吹き込む
              - ZnS…沈殿
              - ろ液

水溶液 **A** に対する**操作Ⅰ～Ⅳ**の結果より，**操作Ⅰ**と**操作Ⅲ**では沈殿が生じなかったので，水溶液 **A** には Ag^+，Fe^{3+}，Al^{3+} が含まれない。よって，水溶液 **A** に含まれる二つの金属イオンは $\underline{Cu^{2+}\text{ と }Zn^{2+}}$ である。

問 3　**a**　19　正解　⑤　　20　正解　②
　　　b　21　正解　③　　**c**　22　正解　④

a　金属の単体 **Y** は，室温の水と反応して H_2 を発生するので，イオン化傾向が大きい 1 族の Li，Na，K，2 族の Ca のいずれかと考えられる(Mg は，室温の水とはほとんど反応しないが，熱水とは反応する)。この反応の反応式は，**Y** が 1 族か 2 族で以下のように異なる(なお，室温の水と反応する **Y** は，希塩酸(H^+)とも反応して H_2 を発生する)。

Y が 1 族のとき：

$$2Y + 2H_2O \longrightarrow 2YOH + H_2 \qquad \cdots(i)$$

Yが2族のとき：

$Y + 2H_2O \longrightarrow Y(OH)_2 + H_2$ …(ii)

図2より，Yの質量 w (mg)に対する発生した H_2 の体積 V (mL)の比の値 $\frac{V}{w}$ (直線の傾き)は約0.50である。

また，Y(原子量 M_Y とする)が1族とすると，式(i)より次の関係式が成り立つ。

$$\frac{w \times 10^{-3}\,(\text{g})}{M_Y\,(\text{g/mol})} : \frac{V \times 10^{-3}\,(\text{L})}{22.4\,\text{L/mol}} = \overset{Y}{2} : \overset{H_2}{1}\,(\text{物質量の比})$$

これを変形すると，

$$M_Y = 11.2 \times \frac{w}{V}$$

$$\therefore\quad M_Y = 11.2 \times \frac{1}{0.50} = 22.4$$

よって，Yの原子量は22～23となり，YとしてNa(原子量23)が当てはまる。 20

（Yが2族とすると，式(ii)より $Y : H_2 = 1 : 1$ なので同様にして次の関係式が導かれる。

$$M_Y = 22.4 \times \frac{w}{V} = 22.4 \times \frac{1}{0.50} = 44.8$$

よって，Yの原子量は44～45となり，Caは当てはまらない。）

一方，希塩酸(H^+)と反応して H_2 を発生する金属の単体Xは，題意よりYと異なり2族でイオン化傾向が比較的小さいものと考えられる。2族のXと希塩酸の反応は次式で表される。

$X + 2HCl \longrightarrow XCl_2 + H_2$ …(iii)

図2より，X(原子量 M_X とする)の質量 w (mg)に対する発生した H_2 の体積 V (mL)の比の値 $\left(\frac{V}{w}\right)$ は，約0.93である。式(iii)より，Yのときと同様にして次の関係式が導かれる。

$$M_X = 22.4 \times \frac{w}{V} = 22.4 \times \frac{1}{0.93} \fallingdotseq 24.1$$

よって，XとしてMg (原子量24)が当てはまる。 21

(注) H_2 の物質量を求めるのに22.4 L/molを用いずに，与えられた気体定数 R の値を用いてもよい。

$PV = nRT$ より，

$$\frac{V}{n} = \frac{RT}{P} = \frac{8.31 \times 10^3 \times 273}{1.013 \times 10^5}\,\text{L/mol}$$

$$\fallingdotseq 22.4\,\text{L/mol}$$

b ソーダ石灰(NaOHとCaOの均一混合物)には H_2O と CO_2 の両方を吸収する性質がある。一方，塩化カルシウム $CaCl_2$ には H_2O を吸収する性質があるが，CO_2 を吸収する性質はない(酸化銅(Ⅱ)CuOにはいずれの性質もほとんどない)。したがって，吸収管B，Cにそれぞれ1種類の気体のみを捕集するにはBに塩化カルシウムを，Cにソーダ石灰を入れておく必要がある。

H_2O, CO_2, (O_2) ⟶ B [$CaCl_2$]（H_2O 吸収） —CO_2 (O_2)⟶ C [ソーダ石灰]（CO_2 吸収） ⟶ 排気 (O_2) …(正)

H_2O, CO_2, (O_2) ⟶ B [ソーダ石灰]（H_2O, CO_2 吸収） —(O_2)⟶ C [$CaCl_2$] ⟶ 排気 (O_2) …(誤)

c 図3の反応管の内部では，次の反応が起こる。

$$\overset{1}{Mg(OH)_2} \longrightarrow \overset{1}{MgO} + \overset{1}{H_2O} \quad \cdots(\text{iv})$$

$$\overset{1}{MgCO_3} \longrightarrow \overset{1}{MgO} + \overset{1}{CO_2} \quad \cdots(\text{v})$$

加熱前の混合物Aに含まれていた $Mg(OH)_2$ の物質量を x (mol)，$MgCO_3$ の物質量を y (mol)，MgOの物質量を z (mol)とする。

捕集された H_2O (分子量18)は0.18 g，CO_2 (分子量44)は0.22 gであり，式(iv)，式(v)より，物質量の比は $Mg(OH)_2 : H_2O = 1 : 1$，$MgCO_3 : CO_2 = 1 : 1$ なので，

$$x = \frac{0.18\,\text{g}}{18\,\text{g/mol}} = 0.010\,\text{mol}$$

$$y = \frac{0.22\,\text{g}}{44\,\text{g/mol}} = 0.0050\,\text{mol}$$

加熱後に残ったのはMgO (式量40) 2.00 gのみなので，次式が成り立つ。

$$(0.010 + 0.0050 + z)\,\text{mol} \times 40\,\text{g/mol} = 2.00\,\text{g}$$

（0.010：反応(iv)で生じたMgO，0.0050：反応(v)で生じたMgO，z：加熱前にあったMgO）

$$\therefore\quad z = 0.035\,\text{mol}$$

よって，加熱前の混合物Aに含まれていたMg成分のうち，MgOとして存在していたMgの割合(モル%)は，

$$\frac{z}{x + y + z} \times 100 = \frac{0.035}{0.010 + 0.0050 + 0.035} \times 100$$

$$= 70\%$$

第4問

問1 23 正解 ②

ア ヨードホルム反応を示すアルコールは，一般に次の構造をもつ。

$CH_3-CH(OH)-R$　（① $CH_3-CH(OH)-CH_3$）

①（2-プロパノール）はこの構造をもつが，その他はこの構造をもたない。よって，②，③，④はヨードホルム反応を示さない。

イ　①～④について，

アルコール $\xrightarrow{分子内脱水}$ アルケン $\xrightarrow{臭素付加}$

の反応を行うと，以下のような化合物が生成する（C*は不斉炭素原子）。

① $CH_3-CH(OH)-CH_3 \xrightarrow{-H_2O} CH_3-CH=CH_2$

② $CH_3-CH_2-CH_2(OH) \xrightarrow{-H_2O} CH_3-CH=CH_2$

$CH_3-CH=CH_2 \xrightarrow{+Br_2} CH_3-C^*H(Br)-CH_2(Br)$

③ $CH_3-C(CH_3)(OH)-CH_3 \xrightarrow{-H_2O} CH_3-C(CH_3)=CH_2$

④ $CH_3-CH(CH_3)-CH_2(OH) \xrightarrow{-H_2O} CH_3-C(CH_3)=CH_2$

$CH_3-C(CH_3)=CH_2 \xrightarrow{+Br_2} CH_3-C(CH_3)(Br)-CH_2(Br)$

よって，①，②から生成する化合物は不斉炭素原子をもつ。以上より，条件（ア，イ）をともに満たすアルコールは②である。

問2　24　正解　②

①（正）　フタル酸を加熱すると，分子内で脱水が起こり，酸無水物（$R-CO-O-CO-R$）の一種である無水フタル酸が生成する。

フタル酸 $\xrightarrow{加熱}$ 無水フタル酸 ＋ H_2O

②（誤）　アニリンは芳香族アミンの一種で，水や水酸化ナトリウム水溶液には溶けにくいが，弱塩基性なので塩酸には中和されて塩となり溶ける。

$C_6H_5NH_2$（アニリン） ＋ HCl ⟶ $C_6H_5NH_3Cl$（アニリン塩酸塩）

③（正）　ジクロロベンゼンには，次の3種類の構造異性体が存在する。

o-ジクロロベンゼン　*m*-ジクロロベンゼン　*p*-ジクロロベンゼン

④（正）　アセチルサリチル酸は，ベンゼン環の炭素原子に直接結合したヒドロキシ基 $-OH$（フェノール性ヒドロキシ基）をもたないので，$FeCl_3$ 水溶液を加えても呈色しない。

（$C_6H_4(O-CO-CH_3)(CO-OH)$）
アセチルサリチル酸

（注）　サリチル酸，サリチル酸メチルはフェノール性ヒドロキシ基をもつので，$FeCl_3$ 水溶液を加えると呈色する。

サリチル酸（$C_6H_4(OH)(CO-OH)$） $\xrightarrow{FeCl_3aq}$ 赤紫色

サリチル酸メチル（$C_6H_4(OH)(CO-O-CH_3)$） $\xrightarrow{FeCl_3aq}$ 赤紫色

問3　25　正解　④

①（正）　セルロースは，多数の β-グルコース分子が直鎖状に縮合重合した構造をもち，分子全体としては直線上に伸びている。ヒドロキシ基を多数もち，分子内および平行に並んだ分子間に水素結合が形成され，分子どうしが互いに強く結びついている。

分子内水素結合
分子間水素結合

（注）　デンプンは，多数の α-グルコース分子が鎖状（直鎖状または枝分かれ状）に縮合重合した構造をもち，鎖状部分はらせん構造をとり，分子内に水素結合が形成されている。

②（正）　DNA分子の二重らせん構造中では，ポリヌ

クレオチド鎖2本が，相互にある構成塩基のアデニンとチミン，グアニンとシトシンとの間でそれぞれ水素結合をつくり，分子間で多数の塩基対を形成している。

③(正)　タンパク質のポリペプチド鎖は，分子内や分子間で形成される水素結合により次図に示すような α-ヘリックスや β-シートの二次構造をつくる。

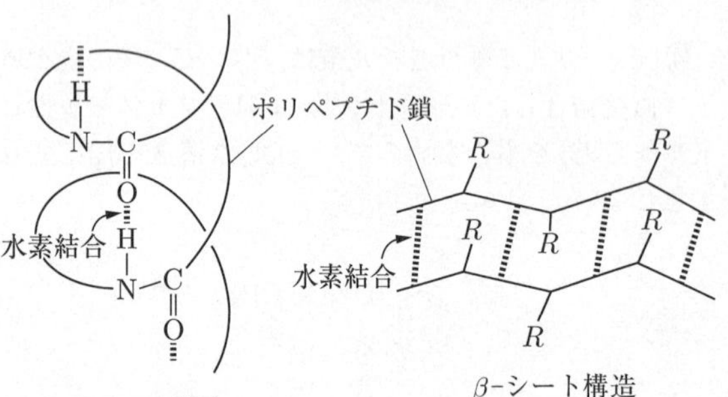

α-ヘリックス構造　　　β-シート構造

④(誤)　ポリプロピレンは C，H のみからなる高分子化合物であり，分子内や分子間で水素結合が形成されることはない。

$$\cdots-CH_2-\underset{\displaystyle CH_3}{\overset{}{CH}}-CH_2-\underset{\displaystyle CH_3}{CH}-CH_2-\underset{\displaystyle CH_3}{CH}-\cdots$$

ポリプロピレン

(注)　水素結合は，電気陰性度の大きい原子(F，O，N)の間に H 原子が仲立ちとなって，分子間や分子内で生じる引力である。

問4　a　[26]　正解　⓪　　[27]　正解　②

[28]　正解　⓪

b　[29]　正解　③　　c　[30]　正解　④

a　**X** 1分子に含まれる C=C 結合の数は4個なので，44.1 g の **X**（分子量 882）に含まれる C=C 結合の物質量は，

$$\frac{44.1\ \mathrm{g}}{882\ \mathrm{g/mol}}\times 4 = 0.200\ \mathrm{mol}$$

C=C 結合 1 mol あたり消費される H_2 は 1 mol なので，44.1 g の **X** に消費される H_2 は 0 . 2 0 mol である。
[26] [27] [28]

b　**X** を加水分解して得られた脂肪酸 **A**，**B** は，いずれも MnO_4^- と反応したことから，**A**，**B** はともに C=C 結合をもつと考えられる。また，**X** を加水分解して得られた **A** と **B** の物質量比は 1：2 であるから，図1より **X** 1分子から得られる **A** は1分子，**B** は2分子である。よって，**A** 1分子に含まれる C=C 結合の数を x 個，**B** 1分子に含まれる C=C 結合の数を y 個とすると，**X** 1分子に含まれる C=C 結合の数について次式が成り立つ。

$$x\times 1 + y\times 2 = 4$$

x，y は0でない正の整数であるから，上式より $x=2$，$y=1$ と決まる。A は炭素数 18 で C=C 結合を2個含むので，③ が当てはまる。

c　**b** の考察より，**X** 1分子を構成する **A** は1分子，**B** は2分子である。**X** には鏡像異性体が存在するので，不斉炭素原子(C^*)をもつ。これより **X** の構造式は次のように決まる。

$CH_2-O-CO-R_A$
$\overset{*}{C}H-O-CO-R_B$　　$(R_A \neq R_B)$
$CH_2-O-CO-R_B$

不斉炭素原子

X をある酵素で部分的に加水分解すると，**A**，**B**，化合物 **Y** のみが物質量比 1：1：1 で生成し，かつ **Y** は不斉炭素原子をもたないので次式のような加水分解が生じたことがわかる。

$CH_2-O-CO-R_A$
$\overset{*}{C}H-O-CO-R_B$　$+\ 2H_2O \xrightarrow{\text{酵素}}$
$CH_2-O-CO-R_B$

不斉炭素原子

X

$R_A-CO-OH$　+　$R_B-CO-OH$　+　CH_2-O-[H]ア ／ $CH-O-$[CO$-R_B$]イ ／ CH_2-O-H

A　　**B**　　**Y**

不斉炭素原子ではない

［参考］　油脂はトリグリセリドで，酵素リパーゼにより，**Y** のようなモノグリセリドに加水分解される。

第5問

問1　a　[31]　正解　②　　b　[32]　正解　①

a　①(正)　弱酸(H_2S)の塩(FeS)に強酸(希 H_2SO_4aq)を加えると，弱酸(H_2S)が遊離して気体(H_2S)が発生する反応である。

$$FeS + H_2SO_4 \longrightarrow FeSO_4 + H_2S\uparrow$$

②(誤)　強酸(H_2SO_4)の塩(Na_2SO_4)に強酸(H_2SO_4)を加えても変化はない。

(注)　弱酸(H_2SO_3)の塩(Na_2SO_3)に強酸(希 H_2SO_4aq)を加えると，弱酸(H_2SO_3)が遊離して気体(SO_2)が発生する。

$Na_2SO_3 + H_2SO_4 \longrightarrow Na_2SO_4 + H_2O + SO_2\uparrow$

③(正)　H_2S の水溶液に SO_2 を通じて反応させると，H_2S が還元剤，SO_2 が酸化剤としてはたらいて単体の硫黄 S が生じ，水溶液が白濁する。

$$2H_2\underline{S} + \underline{S}O_2 \longrightarrow 2H_2O + 3\underline{S}\downarrow$$

（酸化数）　-2　$+4$　　　　0

④(正)　NaOH の水溶液に SO_2 を通じると，中和反応が起こり，塩(亜硫酸ナトリウム Na_2SO_3)が生じる。

$SO_2 + H_2O \longrightarrow H_2SO_3$

$H_2SO_3 + 2NaOH \longrightarrow Na_2SO_3 + 2H_2O$

$SO_2 + 2NaOH \longrightarrow Na_2SO_3 + H_2O$

b　$2SO_2(気) + O_2(気) \rightleftarrows 2SO_3(気)$
（右は発熱方向）

①(誤)　温度一定で平衡状態の圧力を減少させると，ルシャトリエの原理により圧力が増加する方向すなわち気体の分子数が増加する方向(左)に平衡が移動する。

②(正)　圧力一定で平衡状態の温度を上昇させると，ルシャトリエの原理により温度が低下する方向すなわち吸熱方向(左)に平衡が移動する。

③(正)　正反応(右向き)の反応速度式は，速度定数を k とすると次式のように表される。

$$v = k[SO_2]^x[O_2]^y$$

反応次数 x，y は反応式の係数と一致するとは限らない。これは 1 つの反応式で表された反応が 1 段階の反応(素反応)とは限らないからである。一般に反応次数は実験によって決定されるのが原則である。

④(正)　平衡状態では，正反応(右向き)と逆反応(左向き)の反応速度が等しくなっている。このとき各成分の濃度は一定となるので反応が停止しているように見えるが，正逆とも反応は停止していない。

問2　33　正解　③

「**実験**」の記述より，H_2S を過剰の I_2 と反応させた後，残った I_2 を $Na_2S_2O_3$ と反応させる方法により，H_2S の量を求めることがわかる。

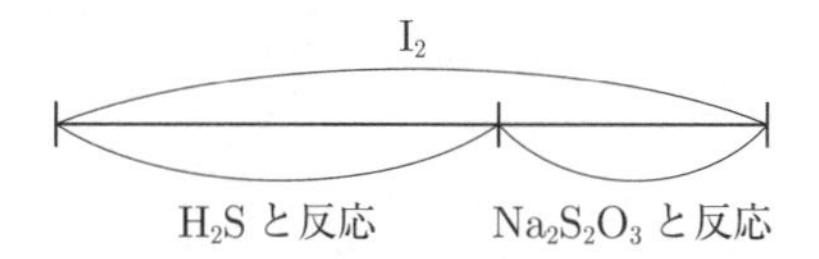

H_2S と I_2 の反応の反応式は，式(2)＋式(3)より e^- を消去すると

$$H_2S + I_2 \longrightarrow S\downarrow + 2H^+ + 2I^- \qquad (i)$$

（H_2S が還元剤，I_2 が酸化剤としてはたらき，単体の硫黄 S が沈殿する。）

I_2 と $Na_2S_2O_3$ の反応の反応式は，式(3)＋式(4)より e^- を消去すると

$$I_2 + 2S_2O_3^{2-} \longrightarrow 2I^- + S_4O_6^{2-} \qquad (ii)$$

（I_2 が酸化剤，$Na_2S_2O_3$ が還元剤としてはたらく）

(注)　この酸化還元滴定の終点の少し手前(溶けている I_2 の褐色が薄くなるのでわかる)で，指示薬としてデンプンを加えると水溶液が青色になる(ヨウ素デンプン反応)。さらに滴定を続けて I_2 が完全に消失すると，青色が消えて無色になるので終点がわかる。

求める H_2S の量を x (mol)とすると，式(i)の反応で x (mol)の I_2 が減少するので，残った I_2 (分子量 254)は

$$\left(\frac{0.127}{254} - x\right)\text{mol}$$

式(ii)より，終点までに滴下した $Na_2S_2O_3$ の物質量は残った I_2 の 2 倍なので，次式が成り立つ。

$$\left(\frac{0.127}{254} - x\right)\text{mol} \times 2$$

$$= 5.00 \times 10^{-2}\ \text{mol/L} \times \frac{5.00}{1000}\text{L}$$

$$\therefore\ x = 3.75 \times 10^{-4}\ \text{mol}$$

よって，この実験で用いた気体試料 **A** に含まれていた H_2S の 0℃，1.013×10^5 Pa における体積 V(L)は，気体の状態方程式($PV = nRT$)より，

$$V\left(= \frac{nRT}{P}\right) = \frac{3.75 \times 10^{-4} \times 8.31 \times 10^3 \times 273}{1.013 \times 10^5}$$

$$= 8.398 \times 10^{-3}\ \text{L}(\underline{8.40}\ \text{mL})$$

（または，
$V = 3.75 \times 10^{-4}\ \text{mol} \times 22.4 \times 10^3\ \text{mL/mol}$
$\fallingdotseq \underline{8.40}\ \text{mL}$）

問3　**a**　34　正解　③　　**b**　35　正解　④

a　表 1 のデータを与えられた方眼紙にプロットすると，$\log_{10} T$ とモル濃度 c は直線関係にあることが確認できる(次図)。これは図 1 の説明文にある「$\log_{10} T$ は c と比例関係」という記述に合致している。

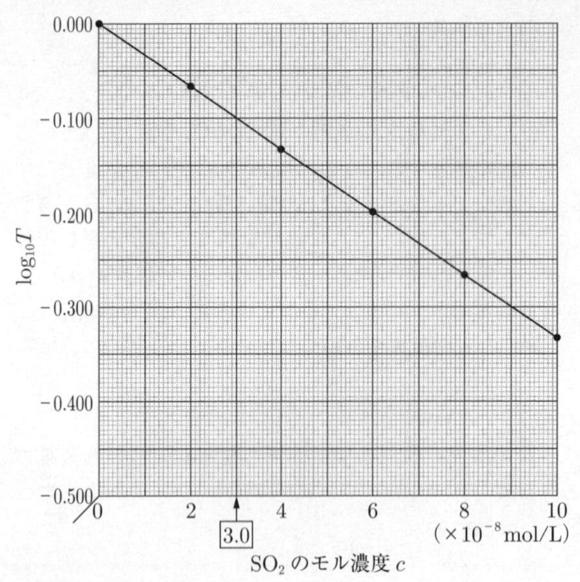

透過率 $T = 0.80$ のとき

$$\log_{10} T = \log_{10} 0.80 = \log(2^3 \times 10^{-1}) = 3\log 2 - 1$$
$$= 3 \times 0.30 - 1 = -0.10$$

なので，上図より，$\log_{10} T = -0.10$ のとき，c は $\boxed{3.0}$ $\times 10^{-8}$ mol/L と読み取れる。

(別解)　問題文にある図1の説明より，$\log_{10} T$ と c は比例関係にあるので，表1より

$$\frac{c - 2.0 \times 10^{-8}}{(4.0 - 2.0) \times 10^{-8}} = \frac{-0.10 - (-0.067)}{(-0.133) - (-0.067)}$$

$$\therefore \quad c = \boxed{3.0} \times 10^{-8}\ \text{mol/L}$$

b　図1の説明文にある「$\log_{10} T$ は L と比例関係」という記述より，容器の長さ L が図2のように2倍($L \to 2L$)になると，$\log_{10} T$ も2倍になるはずである。よって，長さ $2L$ のときの透過率を T' とすると次式が成り立つ。

$$\log_{10} T' = 2\log_{10} T = \log_{10} T^2 = \log_{10}(0.80)^2$$
$$\therefore \quad T' = (0.80)^2 = \underline{0.64}$$

(別解)　長さ $2L$ の容器は，長さ L の容器を直列に並べたものなので，左側の L の容器を透過した光の量が I_1，さらに右側の L の容器を透過した光の量を I_2 とすると，それぞれの透過率について次式が成り立つ。

$I_0 \longrightarrow$ [L] $\xrightarrow{I_1}$ [L] $\longrightarrow I_2$

透過率　$\dfrac{I_1}{I_0} = 0.80$　　$\dfrac{I_2}{I_1} = 0.80$

よって，全体の透過率 T は

$$T = \frac{I_2}{I_0} = \frac{I_1}{I_0} \times \frac{I_2}{I_1} = 0.80 \times 0.80 = \underline{0.64}$$

2022 年度

大学入学共通テスト
本試験

解答・解説

■ 2022 年度　本試験「化学」得点別偏差値表

下記の表は大学入試センター公表の平均点と標準偏差をもとに作成したものです。

平均点　47.63　　標準偏差　20.28　　受験者数　184,028

得点	偏差値	得点	偏差値	得点	偏差値	得点	偏差値
100	75.8	70	61.0	40	46.2	10	31.4
99	75.3	69	60.5	39	45.7	9	31.0
98	74.8	68	60.0	38	45.3	8	30.5
97	74.3	67	59.6	37	44.8	7	30.0
96	73.9	66	59.1	36	44.3	6	29.5
95	73.4	65	58.6	35	43.8	5	29.0
94	72.9	64	58.1	34	43.3	4	28.5
93	72.4	63	57.6	33	42.8	3	28.0
92	71.9	62	57.1	32	42.3	2	27.5
91	71.4	61	56.6	31	41.8	1	27.0
90	70.9	60	56.1	30	41.3	0	26.5
89	70.4	59	55.6	29	40.8		
88	69.9	58	55.1	28	40.3		
87	69.4	57	54.6	27	39.8		
86	68.9	56	54.1	26	39.3		
85	68.4	55	53.6	25	38.8		
84	67.9	54	53.1	24	38.3		
83	67.4	53	52.6	23	37.9		
82	66.9	52	52.2	22	37.4		
81	66.5	51	51.7	21	36.9		
80	66.0	50	51.2	20	36.4		
79	65.5	49	50.7	19	35.9		
78	65.0	48	50.2	18	35.4		
77	64.5	47	49.7	17	34.9		
76	64.0	46	49.2	16	34.4		
75	63.5	45	48.7	15	33.9		
74	63.0	44	48.2	14	33.4		
73	62.5	43	47.7	13	32.9		
72	62.0	42	47.2	12	32.4		
71	61.5	41	46.7	11	31.9		

化　学　2022年度　本試験　(100点満点)

(解答・配点)

問題番号(配点)	設問(配点)		解答番号	正解	自己採点欄
第1問 (20)	1	(3)	1	②	
	2	(3)	2	②	
	3	(4)	3	④	
	4	(3)	4	④	
	5	a (3)	5	②	
		b (4)	6	③	
小計					
第2問 (20)	1	(3)	7	③	
	2	(3)	8	③	
	3	(3)	9	①	
	4	a (4)	10	④	
		b (3)	11	④	
		c (4)	12	④	
小計					
第3問 (20)	1	(4)	13	③	
	2	(4)	14	①	
	3	a (4)	15	⑤	
		b (4)	16	①	
		c (4)	17	②	
小計					
第4問 (20)	1	(3)	18	④	
	2	(2)	19	②	
		(2)	20	②	
	3	(4)	21	⑤	
	4	a (2)	22	②	
		b (3)	23	⑤	
		c (4)*1	24	④	
小計					
第5問 (20)	1	(4)	25	③	
	2	a (4)	26	④	
		b (4)	27	③	
		c (4)*2	28	③	
			29	②	
			30	⑧	
		d (4)*2	31	②	
			32	⑤	
			33	⑤	
小計					
合計					

(注)

1　＊1は，③を解答した場合は2点を与える。

2　＊2は，全部正解の場合のみ点を与える。

(現課程)

(第5問　問2)

b　式(1)の反応における反応エンタルピーを求めたい。式(1)の反応，SO_2 から SO_3 への酸化反応，および O_2 から O_3 が生成する反応は，それぞれ式(2)，(3)，(4)で表される。

$$(R^1)(H)C{=}C(R^2)(R^3)\text{(気)} + O_3\text{(気)} + SO_2\text{(気)} \longrightarrow$$

$$(R^1)(H)C{=}O\text{(気)} + O{=}C(R^2)(R^3)\text{(気)} + SO_3\text{(気)} \qquad \Delta H = x\,\text{(kJ)} \qquad (2)$$

$$SO_2\text{(気)} + \frac{1}{2}O_2\text{(気)} \longrightarrow SO_3\text{(気)} \qquad \Delta H = -99\text{kJ} \qquad (3)$$

$$\frac{3}{2}O_2\text{(気)} \longrightarrow O_3\text{(気)} \qquad \Delta H = 143\text{kJ} \qquad (4)$$

各化合物の気体の生成エンタルピーが表1の値であるとき，式(2)の反応エンタルピー x は何kJか。最も適当な数値を，後の①～⑥のうちから一つ選べ。

[27] kJ

表1　各化合物の気体の生成エンタルピー

化合物	生成エンタルピー(kJ/mol)
$(R^1)(H)C{=}C(R^2)(R^3)$	−67
$(R^1)(H)C{=}O$	−186
$O{=}C(R^2)(R^3)$	−217

①　−221　　②　−229　　③　−578

④　−799　　⑤　−1020　　⑥　−1306

解　説

第１問

問１　[1]　正解　②

L殻に電子を3個もつ原子の電子配置は，K殻(2)L殻(3)であるから，この原子がもつ電子の数は $2+3=5$ で，陽子の数も5である。よって，この原子の元素は原子番号5のホウ素<u>B</u>である。

(注)　原子の電子配置

電子殻	K	L	M	N	…
n	1	2	3	4	…
収容できる電子数 $2n^2$	2	8	18	32	…

問２　[2]　正解　②

窒素化合物に占める窒素原子の式量の割合を比べればよい。

$$(NH_2)_2CO\left(\frac{14\times2}{60}\right) > NH_4NO_3\left(\frac{14\times2}{80}\right)$$

$$> NH_4Cl\left(\frac{14}{53.5}\right) > (NH_4)_2SO_4\left(\frac{14\times2}{132}\right)$$

よって，窒素の含有率(質量パーセント)が最も高いものは，<u>$(NH_2)_2CO$</u> である。

問３　[3]　正解　④

混合気体の平均モル質量を $\overline{M}$〔g/mol〕(平均分子量 $\overline{M}$)，質量を w〔g〕，体積を V〔L〕，絶対温度を T〔K〕，気体定数を R〔Pa・L/(mol・K)〕とすると，理想気体の状態方程式より次の式(1)が成り立つ。

$$p_0V=\frac{w}{\overline{M}}RT \qquad \cdots\cdots(1)$$

混合気体の密度を d〔g/L〕とすると，$d=\dfrac{w}{V}$ であるから，式(1)より次の式(2)が得られる。

$$d=\frac{w}{V}=\frac{p_0\overline{M}}{RT} \qquad \cdots\cdots(2)$$

一方，混合気体中の貴ガスAの分子量を M_A，分圧を p_A，貴ガスBの分子量を M_B，分圧を p_B とすると，次の式(3)が成り立つ。

モル分率

$$\overline{M}=M_A\times\boxed{\frac{p_A}{p_0}}+M_B\times\boxed{\frac{p_B}{p_0}}$$

$$=M_A\times\frac{p_A}{p_0}+M_B\times\frac{p_0-p_A}{p_0} \qquad \cdots\cdots(3)$$

(注)　貴ガスは単原子分子として存在するので，分子量＝原子量である。

式(2)に式(3)を代入すると，

$$d=\frac{p_0}{RT}\left(M_A\times\frac{p_A}{p_0}+M_B\times\frac{p_0-p_A}{p_0}\right)$$

これを選択肢のグラフの縦軸 d と横軸 p_A に合わせて変形すると，次の式(4)が得られる。

$$d=-\frac{M_B-M_A}{RT}p_A+\frac{M_B}{RT}p_0 \qquad \cdots\cdots(4)$$

(注)　題意により，$M_B>M_A$ である。

式(4)は，グラフが傾き $-\dfrac{M_B-M_A}{RT}(<0)$ の直線(p_0，T 一定)であることを示す。よって ④ が当てはまる。

[参考]

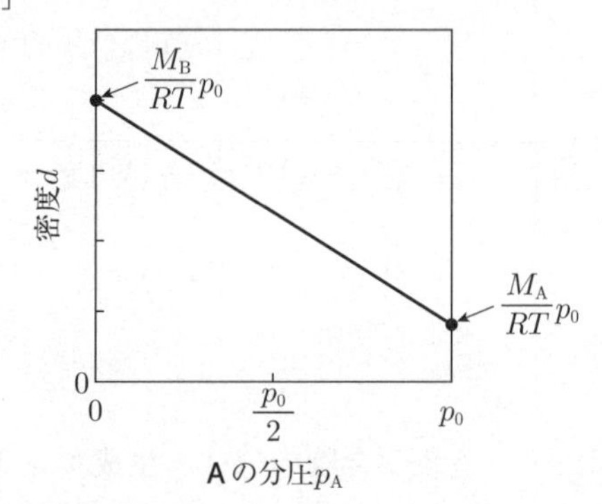

問４　[4]　正解　④

①(正)　構成粒子が規則性をもたずに配列している固体を非晶質(アモルファス)という。非晶質は，結晶と異なり一定の融点を示さない。ガラス(ソーダ石灰ガラスなど)は，SiとOがつくる立体構造の中に，Na^+ や Ca^{2+} などが入り込んだケイ酸塩のアモルファスであり，一定の融点を示さない。

②(正)　ある種の金属や合金を融解状態から急冷すると，金属が結晶にならずに，原子が不規則に配列することがある。このような構造をもつものを，アモルファス金属またはアモルファス合金という。

③(正)　石英ガラス(SiとOの配列が不規則になった非晶質の二酸化ケイ素)で作られた細い繊維は，光通信用の光ファイバーとして利用される。

④(誤)　ポリエチレンなど高分子化合物の多くは，結晶の部分と非晶質の部分が入り混じった状態をとる。非晶質の部分は低密度で強度が小さいので，非晶質の部分の割合が増えると，全体として<u>軟らかくなる</u>。

(注)　上記のような構造をもつ高分子化合物は，加熱すると分子間力の弱い非結晶の部分から軟化するので，一定の融点を示さない。

問５　a　[5]　正解　②　　b　[6]　正解　③

a　図1より，1.0×10^5 Pa の O_2 の溶解度($\times10^{-3}$ mol/1 L 水)は，10℃で1.75，20℃で1.40である。よって，1.0×10^5 Pa で O_2 が水20 L に接しているとき，同じ圧力で10℃から20℃にすると，溶解している O_2 は，$(1.75-1.40)\times10^{-3}$ mol/L × 20 L = 7.0×10^{-3} mol 減少する。

b　図1より，1.0×10^5 Pa の N_2 の溶解度($\times10^{-3}$ mol/1 L 水)は，20℃で0.70である。20℃でピストンに 5.0×10^5 Pa の圧力を加えたとき，空気中の N_2 の分圧は $5.0\times10^5\ \mathrm{Pa}\times\dfrac{4}{4+1}=4.0\times10^5$ Pa となる。よって，水1.0 L に溶解している N_2 の物質量は，ヘンリーの法則より，

$$0.70\times10^{-3}\ \mathrm{mol}\times\frac{4.0\times10^5\ \mathrm{Pa}}{1.0\times10^5\ \mathrm{Pa}}=2.8\times10^{-3}\ \mathrm{mol}$$

温度一定でピストンを引き上げ，空気の圧力を $\dfrac{1}{5}$ 倍の 1.0×10^5 Pa にすると，N_2 の分圧も $\dfrac{1}{5}$ 倍になるので，水1.0 L に溶解している N_2 の物質量は，

$$2.8\times10^{-3}\ \mathrm{mol}\times\frac{1}{5}=0.56\times10^{-3}\ \mathrm{mol}$$

以上より，遊離した N_2 の0℃，1.013×10^5 Pa のもとでの体積を V〔L〕とすると，理想気体の状態方程式 $PV=nRT$ より，

$$V=\frac{nRT}{P}$$

$$=\frac{(2.8-0.56)\times10^{-3}\times8.31\times10^3\times273}{1.013\times10^5}$$

$\therefore\quad V\fallingdotseq50\times10^{-3}$ L(50 mL)

［別解］　標準状態(0℃，1.013×10^5 Pa)の気体1 mol の体積は22.4 L なので，

$(2.8-0.56)\times10^{-3}$ mol × 22.4 L/mol

$\fallingdotseq50\times10^{-3}$ L(50 mL)

第2問

問1　7　正解　③

①　炭化水素を酸素の中で完全燃焼させると，CO_2 と H_2O に変化し，エネルギー的に安定になる。このときのエネルギー変化分は外部へ放出されるので発熱が生じる。

大 ↑ エネルギー

$C_xH_y+(x+\frac{y}{4})O_2$

⇒発熱

$xCO_2+\frac{y}{2}H_2O$

②　強酸の希薄水溶液に強塩基の希薄水溶液を加えると，次式で表される中和反応が起こり，発熱が生じる。

$H^+aq+OH^-aq\longrightarrow H_2O$(液)　$\Delta H=-Q$ kJ$(Q>0)$

希薄水溶液中の強酸と強塩基の中和エンタルピー ΔH の値は，酸・塩基の種類によらず一定で，−56.5 kJ/mol である。

③　電解質が多量の水に溶解するとき，物質により発熱が生じたり，吸熱が生じたりする。

例：NaOH(固)の溶解エンタルピー　−44.5 kJ/mol

NH_4NO_3(固)の溶解エンタルピー　25.7 kJ/mol

④　純物質の状態変化による発熱・吸熱は，状態変化の種類により決まっている。

固体 $\underset{\text{凝固}}{\overset{\text{融解}}{\rightleftarrows}}$ 液体 $\underset{\text{凝縮}}{\overset{\text{蒸発}}{\rightleftarrows}}$ 気体 $\left(\begin{matrix}\longrightarrow \text{吸熱}\\ \longleftarrow \text{発熱}\end{matrix}\right)$

常圧で純物質の液体が凝固して固体になるときは，発熱が生じる。

問2　8　正解　③

混合前の各水溶液中の酢酸ナトリウム CH_3COONa と塩化水素 HCl の物質量は，それぞれ 0.060 mol/L × $\dfrac{50}{1000}$ L = 3.0×10^{-3} mol である。これらの水溶液(各50 mL)を混合すると，次の反応が起こり，酢酸 CH_3COOH 3.0×10^{-3} mol と塩化ナトリウム NaCl 3.0×10^{-3} mol が溶けた混合水溶液(100 mL)ができる。

	CH_3COONa	+ HCl	⟶ CH_3COOH	+ NaCl	
反応前	3.0×10^{-3}	3.0×10^{-3}	0	0	(mol)
変化	-3.0×10^{-3}	-3.0×10^{-3}	$+3.0\times10^{-3}$	$+3.0\times10^{-3}$	
反応後	0	0	3.0×10^{-3}	3.0×10^{-3}	

(注)　この反応は，一般に〔弱酸の塩＋強酸 ⟶ 弱酸＋強酸の塩〕で表される弱酸遊離の反応である。

よって，この混合水溶液の水素イオン濃度は，生成した酢酸の濃度で決まる。生成した酢酸の濃度を c (mol/L)とすると，

$$c=\frac{3.0\times10^{-3}\ \mathrm{mol}}{0.10\ \mathrm{L}}=3.0\times10^{-2}\ \mathrm{mol/L}$$

酢酸の電離定数を K_a (mol/L)とすると，近似式より

$$[H^+]=\sqrt{K_ac}=\sqrt{2.7\times10^{-5}\times3.0\times10^{-2}}$$

$= \sqrt{81 \times 10^{-8}} = \underline{9.0 \times 10^{-4}}$ mol/L

（酢酸の電離度を α とすると

$$\alpha = \sqrt{\frac{K_a}{c}} = \sqrt{\frac{2.7 \times 10^{-5}}{3.0 \times 10^{-2}}} = 3.0 \times 10^{-2} \ll 1$$

となり，$1-\alpha \fallingdotseq 1$ と近似できる。）

［参考］ 近似式の誘導

$$CH_3COOH \rightleftarrows CH_3COO^- + H^+$$

平衡　$c(1-\alpha)$　　$c\alpha$　　$c\alpha$

$$K_a = \frac{[CH_3COO^-][H^+]}{[CH_3COOH]} = \frac{c\alpha \cdot c\alpha}{c(1-\alpha)} = \frac{c\alpha^2}{1-\alpha}$$

$\alpha \ll 1$ のとき $1-\alpha \fallingdotseq 1$ より，$K_a \fallingdotseq c\alpha^2$

よって，$\alpha = \boxed{\sqrt{\frac{K_a}{c}}}$，$[H^+] = c\alpha = c\sqrt{\frac{K_a}{c}} = \boxed{\sqrt{K_a c}}$

問3　9　正解　①

平衡状態での[B]を x (mol/L)とすると，[A]，[B]，[C]の関係は，以下のように表される。

	A	⇄	B	+	C	……(1)
はじめ	1		0		0	(mol/L)
変化	$-x$		$+x$		$+x$	
平衡	$1-x$		x		x	

式(1)の平衡定数を K とすると，

$$K = \frac{[B][C]}{[A]} = \frac{x \times x}{1-x} = \frac{x^2}{1-x}$$

一方，平衡状態では $v_1 = v_2$ が成り立つので，

$k_1[A] = k_2[B][C]$

$$K = \frac{[B][C]}{[A]} = \frac{k_1}{k_2} = \frac{1 \times 10^{-6}\ /\text{s}}{6 \times 10^{-6}\ \text{L/(mol·s)}}$$

$$= \frac{1}{6}\ \text{mol/L}$$

よって，$\frac{x^2}{1-x} = \frac{1}{6}$ $(0 < x < 1)$

変形すると，$6x^2 + x - 1 = 0$　$(2x+1)(3x-1) = 0$

∴　$x = \frac{1}{3}$ mol/L

問4　a　10　正解　④　b　11　正解　④
c　12　正解　④

a　水素吸蔵合金 X 248 g の体積は，

$$\frac{248\ \text{g}}{6.2\ \text{g/cm}^3} = 40.0\ \text{cm}^3$$

これに吸蔵できる H_2 の体積(0℃，1.013×10^5 Pa)は，

$40.0\ \text{cm}^3 \times 1200 = 4.80 \times 10^4\ \text{cm}^3 = 48.0$ L

この H_2 の物質量を n (mol)とすると，理想気体の状態方程式($PV = nRT$)より，

$$n = \frac{PV}{RT} = \frac{1.013 \times 10^5 \times 48.0}{8.3 \times 10^3 \times 273} \fallingdotseq \underline{2.1}\ \text{mol}$$

［別解］ 0℃，1.013×10^5 Pa の理想気体 1 mol の体積は 22.4 L であるから，

$$n = \frac{48.0\ \text{L}}{22.4\ \text{L/mol}} \fallingdotseq \underline{2.1}\ \text{mol}$$

b　リン酸型燃料電池を放電させると，負極・正極ではそれぞれ次の変化が起こる。

負極：$H_2 \longrightarrow 2H^+ + 2e^-$　……(1)

正極：$O_2 + 4H^+ + 4e^- \longrightarrow 2H_2O$　……(2)

負極側から $\underline{H_2}$（ア）を供給すると，その一部が式(1)のように変化し，電子 e^- を外部回路に放出する。$\underline{残った H_2}$（ウ）は排出される。一方，正極側から $\underline{O_2}$（イ）を供給すると，その一部が外部回路から電子 e^- を受け取って式(2)のように変化し，H_2O を生じる。$\underline{残った O_2 と生成した H_2O}$（エ）は排出される。

式(1)×2＋式(2)より e^- を消去すると，次の式(3)に示す全体としての反応式が得られる。

$2H_2 + O_2 \longrightarrow 2H_2O$　……(3)

c　式(3)より，H_2 2.00 mol と O_2 1.00 mol が反応したとき，外部回路に流れた電子 e^- は 4.00 mol である。

（
2.00 mol　　1.00 mol　　2.00 mol
$\underline{2H_2}$ + $\underline{O_2}$ ⟶ $2H_2O$
$4e^-$（$2H_2$ から O_2 へ）
4.00 mol
）

よって，流れた電気量は，

9.65×10^4 C/mol × 4.00 mol = $\underline{3.86 \times 10^5}$ C

第3問

問1　13　正解　③

$AlK(SO_4)_2 \cdot 12H_2O$（ミョウバン）水溶液(無色)には Al^{3+}，K^+，SO_4^{2-} の各イオンが溶けており，NaCl 水溶液(無色)には Na^+，Cl^- の各イオンが溶けている。

ア　アンモニア水を加えると，NaCl 水溶液は変化がなく，ミョウバン水溶液は白色沈殿を生じるので，区別することができる。

$Al^{3+} \xrightarrow{NH_3 aq} Al(OH)_3\downarrow$ 白色沈殿

イ　$CaBr_2$ 水溶液を加えると，NaCl 水溶液は変化がなく，ミョウバン水溶液は白色沈殿を生じるので，区別することができる。

$SO_4^{2-} \xrightarrow{CaBr_2 aq} CaSO_4\downarrow$ 白色沈殿

ウ　ミョウバンは，その組成式より 2 種類の塩［$Al_2(SO_4)_3$ と K_2SO_4］が複合した塩とみることができる(このような塩を，複塩という)。

$2AlK(SO_4)_2 \Longrightarrow Al_2(SO_4)_3 + K_2SO_4$

したがって，ミョウバン水溶液は，これら2種類の塩を1：1の物質量比で溶かしたものと同一になる。

$Al_2(SO_4)_3$ は，強酸 H_2SO_4 と弱塩基 $Al(OH)_3$ が中和してできた正塩なので，その水溶液は加水分解により弱い酸性を示す。K_2SO_4 は，強酸 H_2SO_4 と強塩基 KOH が中和してできた正塩なので，加水分解はなく，その水溶液は中性を示す。したがって，これらが合わさったミョウバン水溶液は弱い酸性を示し，フェノールフタレイン溶液を加えても無色のままである。また，NaCl 水溶液は中性なので，フェノールフタレイン溶液を加えてもやはり無色のままである。よって，二つの試薬を区別することができない。

エ　ミョウバン水溶液では，次の変化が起こる。

陽極：$2H_2O \longrightarrow O_2 + 4H^+ + 4e^-$

陰極：$2H_2O + 2e^- \longrightarrow H_2 + 2OH^-$

NaCl 水溶液では，次の変化が起こる。

陽極：$2Cl^- \longrightarrow Cl_2 + 2e^-$

陰極：$2H_2O + 2e^- \longrightarrow H_2 + 2OH^-$

ミョウバン水溶液では陽極から無色・無臭の気体 O_2 が発生し，NaCl 水溶液では陽極から黄緑色・刺激臭の塩素が発生するので，区別することができる。

問2　14　正解　①

金属単体Mと O_2 から酸化物 M_xO_y が生成する反応は，次の化学反応式で表すことができる。

$$xM + \frac{y}{2}O_2 \longrightarrow M_xO_y \quad \cdots\cdots(1)$$

Mの物質量を変化させていくとき，生成する M_xO_y の質量が最大となるのは，Mと O_2 が過不足なく反応したときである。図1より，このとき反応したMの物質量は 2.00×10^{-2} mol である。また，Mの物質量と O_2 の物質量の和は 3.00×10^{-2} mol に保っているので，このとき消費された O_2 の物質量は，$(3.00 \times 10^{-2} - 2.00 \times 10^{-2})$ mol $= 1.00 \times 10^{-2}$ mol である。式(1)より，Mと O_2 は $x : \frac{y}{2}$ の物質量比で過不足なく反応するので，次の関係式が成り立つ。

$$x : \frac{y}{2} = 2.00 \times 10^{-2} : 1.00 \times 10^{-2} \qquad \therefore \quad x = y$$

よって，酸化物の組成式は MO である。

問3　a　15　正解　⑤　　b　16　正解　①

c　17　正解　②

a　CO_2 を水に溶かすと，炭酸が生じて酸性を示す。

$CO_2 + H_2O \rightleftarrows H^+ + HCO_3^-$

Na_2CO_3 を水に溶かすと，加水分解が起こり，塩基性を示す。

$Na_2CO_3 \longrightarrow 2Na^+ + CO_3^{2-}$

$CO_3^{2-} + H_2O \rightleftarrows HCO_3^- + OH^-$

NH_4Cl を水に溶かすと，加水分解が起こり，酸性を示す。

$NH_4Cl \longrightarrow NH_4^+ + Cl^-$

$NH_4^+ + H_2O \rightleftarrows NH_3 + H_3O^+$

b　①(誤)　アンモニアソーダ法では，次の反応にともなってできる4種のイオン(Na^+, NH_4^+, Cl^-, HCO_3^-)の混合水溶液から生じうる塩の中で，$NaHCO_3$ が他の塩(NaCl，NH_4Cl など)と比べて水への溶解度がかなり小さいことを利用し，$NaHCO_3$ だけを沈殿させて回収している。

$CO_2 + H_2O \rightleftarrows HCO_3^- + H^+$ ／ NH_3 ―中和→ $NH_4^+ + HCO_3^-$

(飽和 NaClaq) ⟶ $Cl^- + Na^+$

HCO_3^- と Na^+ → $NaHCO_3$(固)

これをまとめると式(1)になる。

$$\underset{\text{飽和}}{NaCl} + H_2O + NH_3 + CO_2 \longrightarrow \underset{\text{沈殿}}{NaHCO_3\downarrow} + NH_4Cl \quad \cdots\cdots(1)$$

②(正)　NH_3 は水に極めて溶けやすいが，CO_2 は溶けやすくはない。そこで NaCl 飽和水溶液に，NH_3 を先に十分に溶かした後で CO_2 を通じると，中和反応が起こり，CO_2 を溶かしやすくすることができる。

③(正)　式(1)以外の反応は，次の通り。

$2NaHCO_3 \longrightarrow Na_2CO_3 + H_2O + \boxed{CO_2} \quad \cdots\cdots(2)$　→(1)へ

$CaCO_3 \longrightarrow CaO + \boxed{CO_2} \quad \cdots\cdots(3)$　→(1)へ

$CaO + H_2O \longrightarrow Ca(OH)_2 \quad \cdots\cdots(4)$

$Ca(OH)_2 + 2NH_4Cl \longrightarrow CaCl_2 + 2H_2O + \boxed{2NH_3} \quad \cdots\cdots(5)$　→(1)へ

式(1)～(5)の反応は，いずれも触媒を必要としない。

④(正)　式(2)に示すように，$NaHCO_3$ の熱分解により，Na_2CO_3 と CO_2 と H_2O が生成する。

c　アンモニアソーダ法の全体としての反応は，式(1)×2＋式(2)＋式(3)＋式(4)＋式(5)により，次のようにまとめることができる。

$2NaCl + CaCO_3 \longrightarrow Na_2CO_3 + CaCl_2$

上式より，NaCl（式量 58.5）58.5 kg と反応する $CaCO_3$（式量 100）を x (kg)とすると，次の関係式が成り立つ。

$58.5\ \text{kg} : x\ (\text{kg}) = 2 \times 58.5 : 100$

∴　$x = \underline{50.0}$ kg

第4問

問1　18　正解　④

①(正)　メタン CH_4 に十分な量の Cl_2 を混ぜて光(紫外線)をあてると，次の置換反応が連鎖的に起こり，4種類の塩素化物が順次生成する。

$$CH_4 \xrightarrow[光]{Cl_2} CH_3Cl \longrightarrow CH_2Cl_2 \longrightarrow CHCl_3 \longrightarrow CCl_4$$

クロロメタン　ジクロロメタン　トリクロロメタン　テトラクロロメタン

（例　H−C(H)(H)−H ＋ Cl−Cl ⟶ H−C(Cl)(H)−H ＋ H−Cl）

②(正)　ブロモベンゼンは極性分子で，ベンゼンは無極性分子である。また，分子量はブロモベンゼンの方がベンゼンより大きい。したがって，ブロモベンゼンの方がベンゼンより分子間力が強く，沸点が高いと推定できる。

［参考］

	ブロモベンゼン	ベンゼン
沸点(℃)	156	80

③(正)　クロロプレンなどのジエン化合物は，合成ゴムの単量体として利用される。

$$n\ CH_2=C(Cl)-CH=CH_2 \xrightarrow{付加重合} \left[CH_2-C(Cl)=CH-CH_2 \right]_n$$

クロロプレン　　ポリクロロプレン

④(誤)　プロピン $CH_3C≡CH$ 1分子に Br_2 2分子を付加すると，次の化合物が得られる。

$$\overset{3}{C}H_3\overset{2}{C}≡\overset{1}{C}H \xrightarrow{Br_2} \overset{3}{C}H_3\overset{2}{C}Br=\overset{1}{C}HBr \xrightarrow{Br_2} \underline{\overset{3}{C}H_3\overset{2}{C}Br_2\overset{1}{C}HBr_2}$$

1,1,2,2−テトラブロモプロパン

問2　19　正解　②　　20　正解　②

問題文より，ニトロ化の反応プロセスを次のように表すことができる。

フェノール $\xrightarrow[ニトロ化]{HNO_3\ (H_2SO_4)}$ ニトロフェノール ⟶ ジニトロフェノール ⟶ 2, 4, 6−トリニトロフェノール

これより，フェノールのニトロ化は，−OH に対してオルト位とパラ位に起こっていくことがわかる。

（OH に対し　オルト位　オルト位　パラ位）

したがって，ニトロフェノールとしては，次に示す 19 2種類が生じたと考えられる。

（o−ニトロフェノール，p−ニトロフェノール）

また，ジニトロフェノールとしては，次に示す 20 2種類が生じたと考えられる。

（2,6−ジニトロフェノール，2,4−ジニトロフェノール）

問3　21　正解　⑤

①(正)　タンパク質の多くは，α−ヘリックスや β−シートのような部分的な立体構造(二次構造)の他に，分子全体が各タンパク質に特有の複雑な立体構造(三次構造)をとる。三次構造は，構成アミノ酸(α−アミノ酸 $RCH(NH_2)COOH$)の R− 中の官能基どうしが相互にジスルフィド結合(−S−S−)，イオン結合($-NH_3^+\ ^-OOC-$)，水素結合(−N−H……O=C−)などを形成することでつくられる。

②(正)　タンパク質を加熱したり，酸・塩基，重金属イオン，アルコールなどを作用させると，二次，三次などの高次構造が変化して，分子の形状が変わる。このため，タンパク質の性質が変化する(変性)。

(注)　このとき，タンパク質をつくる構成アミノ酸の配列順序(一次構造)は，変化していない。

③(正)　セルロースをアセチル化してトリアセチルセルロースにした後，一部を加水分解してジアセチルセルロースにすると，アセトンに溶けるようになる。このアセトン溶液から紡糸して得られたものが，アセテート繊維である。

(注)　アセテートは，人工透析に必要な透析膜として利用されている。

④(正)　天然ゴムはシス形ポリイソプレンからなり，分子全体が曲がりくねった球状の形をとる。このため力が加わると分子全体が伸びた形となり，力が加わってい

ないと元の形にもどる。これにより特有のゴム弾性を示す。天然ゴムを空気中に放置すると，分子内に含まれる二重結合部分が酸素によってしだいに酸化され，構造が変化する。このためゴム弾性を失い，劣化していく。

ゴム分子　力を加えて引き伸ばす　ゴム分子
力を除くと元にもどる
曲がりくねった状態　引き伸ばした状態

［参考］

引き伸ばした状態のポリイソプレン

イソプレン
(2−メチル 1, 3−ブタジエン)

⑤(誤)　ポリエチレンテレフタラート(PET)を完全に加水分解すると，2種類の化合物(テレフタル酸とエチレングリコール)になる。一方，ポリ乳酸を完全に加水分解すると，1種類の化合物(乳酸)になる。

PET $\xrightarrow{+2n H_2O}$ n テレフタル酸 + $n HO-CH_2-CH_2-OH$（エチレングリコール）

ポリ乳酸 $\xrightarrow{+n H_2O}$ $n HO-CH(CH_3)-COOH$（乳酸）

問4　a　22　正解　②　　b　23　正解　⑤
　c　24　正解　④

a　還元反応($-COOH \longrightarrow -CH_2OH$)が進むにつれて，ジカルボン酸の割合は減少し，その分，ヒドロキシ酸と2価アルコールの割合は増加すると考えられる(0〜48 h)。ジカルボン酸がすべて消失すると(48 h)，それ以降(48 h〜)はヒドロキシ酸が2価アルコールに変化していくので，ヒドロキシ酸が減少し，その分，2価アルコールが増加すると考えられる。以上の考察により，図2のAはジカルボン酸，Bは2価アルコール，Cはヒドロキシ酸と決まる。

b　Yの元素分析値より，Yの組成式を求めてみる。

炭素 C：$176\ \mathrm{mg} \times \frac{12}{44} = 48\ \mathrm{mg}$

水素 H：$54\ \mathrm{mg} \times \frac{2.0}{18} = 6.0\ \mathrm{mg}$

酸素 O：$86\ \mathrm{mg} - (48 + 6.0)\ \mathrm{mg} = 32\ \mathrm{mg}$

原子数の比　$C:H:O = \frac{48}{12} : \frac{6.0}{1.0} : \frac{32}{16} = 2:3:1$

よって，Yの組成式は C_2H_3O と決まる。

また，YはC原子を4個もつので，Yの分子式は $(C_2H_3O) \times 2 = C_4H_6O_2$ と決まる。選択肢の②$C_4H_8O_3$，④$C_4H_4O_3$，⑥$C_4H_8O_2$ はYと分子式が違うのでYではない(①，③，⑤はいずれも分子式がYと一致する)。

Yは銀鏡反応を示さないので$-CHO$基をもたない。また，$NaHCO_3$水溶液を加えてもCO_2を生じないので，$-COOH$基をもたない。これらの事実より，①，③もYではない。よって，Yは⑤と決まる。Yは，反応の途中で次のように生成したと考えられる。

$HO-CO-CH_2-CH_2-CO-OH$（ジカルボン酸）$\xrightarrow{還元}$

$HO-CH_2-CH_2-CH_2-CO-OH$（ヒドロキシ酸）$\xrightarrow[-H_2O]{エステル化}$ 環状エステル Y(⑤)

c　分子式 $C_5H_8O_4$ をもつジカルボン酸に含まれる$-COOH$ 2個のうち1個を還元すると($-COOH \longrightarrow -CH_2OH$)，分子式 $C_5H_{10}O_3$ をもつヒドロキシ酸が得られる。図3にある4種類のジカルボン酸について，この反応を行うと，以下のようなヒドロキシ酸が生じうる(＊は不斉炭素原子)。

$HOOC-CH_2-CH_2-CH_2-COOH \xrightarrow{還元} HOOC-CH_2-CH_2-CH_2-CH_2OH$　(1種)

$CH_3-CH(COOH)-CH_2-COOH \xrightarrow{還元}$
$CH_3-C^*H(COOH)-CH_2-CH_2OH$
$CH_3-C^*H(CH_2OH)-CH_2-COOH$　(2種)

$CH_3-CH_2-CH-COOH$
　　　　　　　|
　　　　　　$COOH$

$\xrightarrow{還元}$ $CH_3-CH_2-C^*H-CH_2OH$　（1種）
　　　　　　　　　　|
　　　　　　　　　$COOH$

$CH_3-C(COOH)_2-CH_3$ $\xrightarrow{還元}$ $CH_3-C(CH_2OH)(COOH)-CH_3$　（1種）

よって，生成するヒドロキシ酸は，立体異性体を区別しないで数えると $1+2+1+1=$ [ア] 5種類あり，そのうち不斉炭素原子（＊）をもつものは [イ] 3種類存在する。

第5問

問1 25 正解 ③

①（正）　エチレンなど，アルケンの炭素原子間二重結合（C＝C）は，その結合軸で自由に回転できない。

回転できない

エチレン

$H_2C=CH_2$

②（正）　シクロアルケンは，環1個とその環内に二重結合1個をもつ炭化水素である。飽和鎖式の炭化水素（アルカン）の一般式は C_nH_{2n+2} で表されるから，シクロアルケンの一般式は，アルカンよりHが4個少ない C_nH_{2n-2}（$n \geqq 3$）で表される。

シクロヘキセン（C_6H_{10}）

③（誤）　1-ブチンの4個の炭素原子（C^1 ～ C^4）のうち3個（C^1 ～ C^3）は同一直線上にあるが，メチル基 $-CH_3$ の炭素原子（C^4）はその直線上にはない。

回転できない

回転できる

$H-C\equiv C-CH_2-CH_3$

同一直線上

1-ブチン

④（正）　触媒を用いてアセチレンを付加重合させると，ポリアセチレンが得られる。

$n\,CH\equiv CH \longrightarrow -[CH=CH]_n-$

アセチレン　　　　ポリアセチレン

ポリアセチレンは繰り返し単位中に二重結合を一つもつ。

［参考］　ポリアセチレンにヨウ素などを加えると，金属に近い電気伝導性を示す導電性高分子が得られる。

問2　a　26　正解　④　　b　27　正解　③
　　　c　28　正解　③　　29　正解　②
　　　　　30　正解　⑧
　　　d　31　正解　②　　32　正解　⑤
　　　　　33　正解　⑤

a　アルデヒド **B** の R^1 は，題意によりH，CH_3，CH_3CH_2 のいずれかであるが，ヨードホルム反応を示さないので，R^1 はHまたは CH_3CH_2 である。

$R^1(H)C=O$　〔R^1 はHまたは CH_3CH_2〕

B

（注）　CH_3-CO-R（RはHまたはアルキル基）の構造をもつ化合物は，ヨードホルム反応を示す。

ケトン **C** の R^2，R^3 は題意によりどちらも CH_3，CH_3CH_2 のいずれかであるが，ヨードホルム反応を示すので，R^2，R^3 の片方又は両方が CH_3 である。

$R^2R^3C=O$　〔(R^2, R^3) は CH_3 と CH_3CH_2 または CH_3 と CH_3〕

C

一方，アルケン **A** の分子式 C_6H_{12} より，R^1，R^2，R^3 の炭素数の合計は $6-2=4$ である。

$R^1(H)C=CR^2R^3$

A（分子式 C_6H_{12}）

以上を踏まえて，R^1，R^2，R^3 について可能な炭素数の割り当てを検討すればよい。R^1 をHとすると，(R^2, R^3) の炭素数合計は4となるので，当てはまらない。R^1 を CH_3CH_2 とすると，(R^2, R^3) の炭素数合計は2となるので CH_3，CH_3 と決まる。

（旧課程）

b　表1に生成熱のデータが与えられているので，反応熱＝（生成物の生成熱の総和）－（反応物の生成熱の総和）の関係を用いて，式(2)の反応熱 Q を生成熱を用いて表すと，次のようになる。ここで，SO_2（気），SO_3（気）の生成熱（kJ/mol）をそれぞれ $Q_{生(SO_2)}$，$Q_{生(SO_3)}$ とおく。また，式(4)より O_3（気）の生成熱は，-143 kJ/mol である。

（注）　生成熱：生成物1 molが，その成分元素の単体（常温・常圧で最も安定なものとする）から生じるとき

に，発生または吸収する熱量

$$Q = \overbrace{\left(\mathrm{R^1(H)C{=}O}(気),\ \mathrm{O{=}C(R^2)R^3}(気),\ \mathrm{SO_3}(気)の生成熱の総和\right)}^{式(2)の右辺}$$

$$- \overbrace{\left(\mathrm{R^1(H)C{=}C(R^2)R^3}(気),\ \mathrm{O_3}(気),\ \mathrm{SO_2}(気)の生成熱の総和\right)}^{式(2)の左辺}$$

$$= (186\ \mathrm{kJ} + 217\ \mathrm{kJ} + Q_{生(\mathrm{SO_3})}) - (67\ \mathrm{kJ} - 143\ \mathrm{kJ} + Q_{生(\mathrm{SO_2})})$$

$$= 479\ \mathrm{kJ} + (Q_{生(\mathrm{SO_3})} - Q_{生(\mathrm{SO_2})})$$

一方，式(3)より，

$$\underset{反応熱}{99} = \underset{\substack{式(3)右辺の\\生成熱の総和}}{Q_{生(\mathrm{SO_3})}} - \underset{\substack{式(3)左辺の\\生成熱の総和}}{Q_{生(\mathrm{SO_2})}}$$

$$\therefore\ Q = 479\ \mathrm{kJ} + 99\ \mathrm{kJ} = \underline{578}\ \mathrm{kJ}$$

[参考]

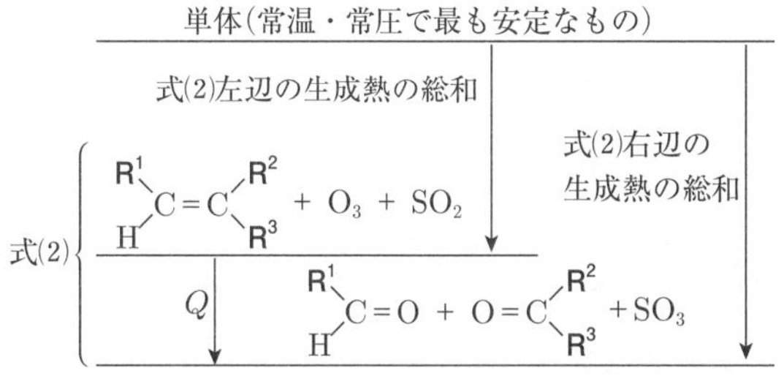

[別解]

式(2)－式(3)＋式(4)より，$\mathrm{O_3}$(気)，$\mathrm{SO_2}$(気)，$\mathrm{SO_3}$(気)を消去すると，

$$\mathrm{R^1(H)C{=}C(R^2)R^3}(気) + \mathrm{O_2}(気) = \mathrm{R^1(H)C{=}O}(気) + \mathrm{O{=}C(R^2)R^3}(気) + Q - 99 - 143 \quad \cdots(5)$$

式(5)と表1より，

$$\underset{反応熱}{(Q-99-143)\mathrm{kJ}} = \underset{\substack{式(5)右辺の\\生成熱の総和}}{(186+217)\mathrm{kJ}} - \underset{\substack{式(5)左辺の\\生成熱の総和}}{(67+0)\mathrm{kJ}}$$

$$\therefore\ Q = \underline{578}\ \mathrm{kJ}$$

(現課程)

b　表1に生成エンタルピーのデータが与えられているので，

反応エンタルピー
＝(生成物の生成エンタルピーの総和)
－(反応物の生成エンタルピーの総和)

の関係を用いて，式(2)の反応エンタルピーを生成エンタルピーを用いて表すと，次のようになる。ここで，$\mathrm{SO_2}$(気)，$\mathrm{SO_3}$(気)の生成エンタルピー(kJ/mol)をそれぞれ$\Delta H_{生(\mathrm{SO_2})}$，$\Delta H_{生(\mathrm{SO_3})}$とおく。また，式(4)より$\mathrm{O_3}$(気)の生成エンタルピーは，143 kJ/mol である。

$$\Delta H = x$$

$$= \overbrace{\left(\mathrm{R^1(H)C{=}O}(気),\ \mathrm{O{=}C(R^2)R^3}(気),\ \mathrm{SO_3}(気)の生成エンタルピーの総和\right)}^{式(2)の右辺}$$

$$- \overbrace{\left(\mathrm{R^1(H)C{=}C(R^2)R^3}(気),\ \mathrm{O_3}(気),\ \mathrm{SO_2}(気)の生成エンタルピーの総和\right)}^{式(2)の左辺}$$

$$= (-186\ \mathrm{kJ} - 217\ \mathrm{kJ} + \Delta H_{生(\mathrm{SO_3})}) - (-67\ \mathrm{kJ} + 143\ \mathrm{kJ} + \Delta H_{生(\mathrm{SO_2})})$$

$$= -479\ \mathrm{kJ} + (\Delta H_{生(\mathrm{SO_3})} - \Delta H_{生(\mathrm{SO_2})})$$

一方，式(3)より，

$$\underset{\substack{反応\\エンタルピー}}{-99} = \underset{\substack{式(3)右辺の\\生成エンタルピーの総和}}{\Delta H_{生(\mathrm{SO_3})}} - \underset{\substack{式(3)左辺の\\生成エンタルピーの総和}}{\Delta H_{生(\mathrm{SO_2})}}$$

$$\therefore\ x = -479\ \mathrm{kJ} - 99\ \mathrm{kJ} = \underline{-578}\ \mathrm{kJ}$$

よって，正解は③

[別解]

式(2)－式(3)＋式(4)より，$\mathrm{O_3}$(気)，$\mathrm{SO_2}$(気)，$\mathrm{SO_3}$(気)を消去すると，

$$\mathrm{R^1(H)C{=}C(R^2)R^3}(気) + \mathrm{O_2}(気) \longrightarrow \mathrm{R^1(H)C{=}O}(気) + \mathrm{O{=}C(R^2)R^3}(気)$$

$$\Delta H = x - (-99) + 143\ (\mathrm{kJ}) \quad \cdots(5)$$

式(5)と表1より，

$$\underset{反応エンタルピー}{x-(-99)+143\ (\mathrm{kJ})} = \underset{\substack{式(5)右辺の\\生成エンタルピーの総和}}{(-186-217)\mathrm{kJ}} - \underset{\substack{式(5)左辺の\\生成エンタルピーの総和}}{(-67+0)\mathrm{kJ}}$$

$$\therefore\ x = \underline{-578}\ \mathrm{kJ}$$

c　図1より，**A**のモル濃度は，1.0秒後に4.4×10^{-7} mol/L, 6.0秒後に2.8×10^{-7} mol/Lとなっている。よって，この間の**A**が減少する平均の反応速度$\bar{v}$は，

$$\bar{v} = \frac{-\Delta[\mathrm{A}]}{\Delta t} = \frac{-(2.8-4.4)\times10^{-7}\ \mathrm{mol/L}}{(6.0-1.0)\mathrm{s}}$$

$$= \underline{\boxed{3}.\boxed{2} \times 10^{-\boxed{8}}}\ \mathrm{mol/(L{\cdot}s)}$$

d　表2の実験1，3より，[A]を一定(1.0×10^{-7} mol/L)にして$[\mathrm{O_3}]$を$\dfrac{6.0\times10^{-7}\ \mathrm{mol/L}}{2.0\times10^{-7}\ \mathrm{mol/L}} = 3$倍にすると，$v$は$\dfrac{1.5\times10^{-8}}{5.0\times10^{-9}} = 3$倍になることがわかる。よって，反応速度式$v = k[\mathrm{A}]^a[\mathrm{O_3}]^b$における反応次数$b$の値は1であり，$v = k[\mathrm{A}]^a[\mathrm{O_3}]$と表される。また，実験1，2より，[A]を4倍，$[\mathrm{O_3}]$を$\dfrac{1}{2}$倍にすると，$v$は2倍になるので，反応次数$a$の値も1である。よって，この反応の反応速度式は$v = k[\mathrm{A}][\mathrm{O_3}]$と表される。

［別解］ 反応次数 a の決定

表2の実験1，3より，反応速度式は $v = k[\mathrm{A}]^a[\mathrm{O_3}]$ と表されるので，次に v，k，［A］，$[\mathrm{O_3}]$ の単位に着目すると，

$$\underset{v}{\mathrm{mol/(L\cdot s)}} = \underset{k}{\mathrm{L/(mol\cdot s)}} \times \underset{[\mathrm{A}]^a}{(\mathrm{mol/L})^a} \times \underset{[\mathrm{O_3}]}{(\mathrm{mol/L})}$$

$$\therefore \quad \mathrm{mol/L} = (\mathrm{mol/L})^a$$

よって，$a = 1$ が決まる。

反応速度定数 k の値は実験1～3のいずれからも求められる(一般的には，各実験の平均値を求めるが，本問では同じ値になる)。例えば実験1より，

$$5.0\times10^{-9}\ \mathrm{mol/(L\cdot s)}$$
$$= k\times(1.0\times10^{-7})\mathrm{mol/L}\times(2.0\times10^{-7})\mathrm{mol/L}$$
$$\therefore \quad k = \underline{\boxed{2}.\boxed{5}\times10^{\boxed{5}}}\ \mathrm{L/(mol\cdot s)}$$

［参考］ アルケンAと O_3 から化合物**X**が生成する反応は，次式で表される。

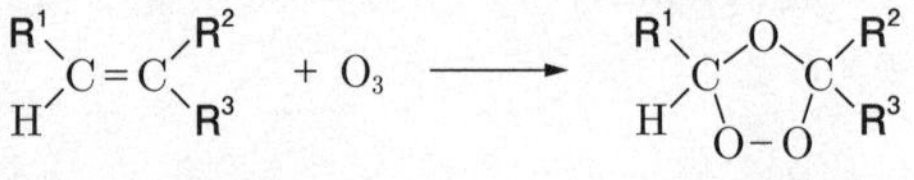

$$\mathrm{R^1(H)C{=}CR^2R^3} + \mathrm{O_3} \longrightarrow \text{(オゾニド)}$$

アルケン**A**
(C_6H_{12})

オゾニド**X**
($C_6H_{12}O_3$)

Xは SO_2 で還元されて，アルデヒド**B**とケトン**C**になる。

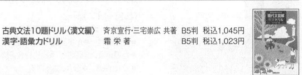

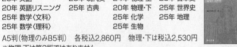

① 20240711